本书由哈尔滨森鹰窗业股份有限公司支持出版

被动房・零能房・产能房
——能效方案比较

［德］路德维希・隆恩 布卡德・舒尔茨－达鲁普 迈克尔・特里布斯 格诺特・瓦伦丁 编著

陈守恭 李继元 译

中国建筑工业出版社

著作权合同登记图字：01-2020-5590号

图书在版编目（CIP）数据

被动房·零能房·产能房：能效方案比较／（德）路德维希·隆恩等编著；陈守恭，李继元译．—北京：中国建筑工业出版社，2020.9
ISBN 978-7-112-25214-5

Ⅰ.①被… Ⅱ.①路…②陈…③李… Ⅲ.①生态建筑—建筑设计—研究 Ⅳ.①TU201.5

中国版本图书馆CIP数据核字（2020）第092796号

Passiv-, Nullenergie - oder Plusenergiehaus: Energiekonzepte im Vergleich
by Rongen / Schulze Darup / Tribus / Vallentin

责任编辑：程素荣 姚丹宁
责任校对：张惠雯

被动房·零能房·产能房——能效方案比较

［德］路德维希·隆恩 布卡德·舒尔茨-达鲁普 迈克尔·特里布斯 格诺特·瓦伦丁 编著
陈守恭 李继元 译

*

中国建筑工业出版社出版、发行（北京海淀三里河路9号）
各地新华书店、建筑书店经销
北京建筑工业印刷厂制版
天津图文方嘉印刷有限公司印刷

*

开本：965×1270毫米 1/16 印张：22 字数：635千字
2020年10月第一版 2020年10月第一次印刷
定价：258.00元

ISBN 978-7-112-25214-5
（35943）

费斯特教授序

德国的"能源转向"政策能否成功，关系到建筑新建和整修领域中能否改弦易辙。目前，德国全部能耗超过三分之一为建筑的运营所用，而其大部分用于采暖。被动房标准与普通建筑相比可使能耗减少约90%。要使完全依赖可再生能源的能源供应设置不仅成为可能，更成为经济可承受，高效节能是关键。

政策方面，人们也逐渐认识到建筑领域对能源转向和气候保护的意义。从2021年起，欧洲建筑准则中"近零能耗"建筑将成为规范。因为只有在建筑中高效用能，屋顶上得到的太阳能才足以应付需要。否则冬天总有季节储能不能覆盖的供应缺口。可再生能源终究不是随时、随处可得，更不是漫无限制。因此，减少消耗是可持续解决方案的前提。

在德国达姆施塔特（Darmstadt）第一座被动房建成后近25年的今天，被动房标准在国际上取得了稳固的地位。无论是独户住宅或高层办公楼，还是新建或整修，实践证明，在每一种建筑上都可以成功应用，而其好处不只是节能。被动房标准同时保证了非常高的热舒适性，以及长久的建筑使用寿命。

建造被动房没有什么玄妙。但在规划时必须注意一些要点，才能最终达到预期的节能目标。本书在传播必要的专业知识方面，作出了贡献。

沃尔夫冈·费斯特教授
Prof. Dr. Wolfgang Feist
被动房研究所创立人

作者序

能源争夺，环境高污染，气候改变和随之而来的自然灾害，这些话题几乎每天都在媒体报道中出现，而且与日俱增。

我们在这个星球上能否继续存活最重要的问题，以及我们这个时代攸关生死的挑战，毫无疑问是气候和环境保护的问题，还有与之相连的，大幅降低二氧化碳排放的问题。换言之，我们全世界必须首先迅速减少能量消耗。

这也是欧盟导则（导则 2010/31/EU）制定的原因。“近零能耗建筑”对建筑物整体能效在法律上规定了能效最低标准，从 2019 年起适用于所有公共建筑，2021 年起适用于欧盟所有建筑。这是一个雄心万丈的目标，而我们已经可以也必须利用今天已有的奇数经济有效地解决。欧洲应该在实现气候保护上率先行动。因为对于发展中与门槛国家而言，人们追求更高的生活标准，必然与更高的能量需求相连。因此，超过一世纪利用化石能源建立了富裕生活的已发展国家，必须改变思路，寻找后化石能源时代的答案。

每个时代的建筑师和工程师都在寻找，也多半寻获了那个时代问题的答案。气候保护与资源有效利用的要求也是一个大好机会，将节能与建筑文化汇流。

建筑环境对我们的幸福感有重大影响。建筑学比以前不再仅是表面的设计，“好的建筑”就是整体结构、功能、艺术价值和幸福感融为一体的呈现。建筑还要能够在此之外，以高水准的造型设计，应对生态与经济的挑战。高效节能和创新技术这些方面，不仅是规划者的新工具，而且理所当然地要被应用于新建筑或整修建筑的高品质美学设计之中。

有使命感的建筑师们，应当义不容辞地要将整个社会的发展和挑战融入他的设计中。建筑文化与建筑艺术，作为不同文化自我认知的表现，将可持续性的原初意义，结合到城市、社区、建筑物的外貌与功能的交相呼应之中。

作者借此书全面介绍了建筑节能的标准：被动房、零能房、产能房，并互相比较，同时为规划提供了从设计到细节的帮助。而其基本在于能效，应用被动房部件构成了明日建筑的基础。只有在能耗极低的建筑中，以经济性可接受的方式，才可能令可再生能源得到应用，实现欧盟“近零能耗”的目标。

作者在本书中所介绍的实例，展示了 2020 年代建筑的样貌。

主编 / 主要作者
隆恩 / 舒尔茨－达鲁普 / 特里布斯 / 瓦伦丁
Ludwig Rongen
Burkhard Schulze Darup
Michael Tribus
Gernot Vallentin

译者序

本书德文原版于2015年问世。为了尽快传播被动房前沿知识，译者在2016年末就完成了中文翻译。然而几经波折，直到如今中文版才与读者见面。这几年间，气候变迁带来的自然灾害日益明显，被动房日益普及，其大幅节能减排的功效被寄以厚望，人们更迫切地需要被动房理论、实践与展望的信息。

即使略有迟到，原书中唯一失去部分时效性的，是讨论2014年版德国节能条例的第2章，已在中文版中大幅删减。而无论是中国在2019年推出的，或欧盟各国将在2021年实施的近零能耗标准，都验证了本书的前瞻性：被动房、零能房、产能房是建筑节能减排的必经之路。

另一方面，中文版增加了更多中国的被动房案例：如原书中已有介绍的哈尔滨森鹰窗业项目，在中文版中作了增补。这个世界最大的被动房工厂，正由本书领衔编者隆恩教授设计。又如青岛被动房体验中心，也是本书三位主编者的共同作品。

本书前9章阐述了被动房的理论与方法，从建筑部件、单体建筑到城镇社区，勾勒出建筑节能减排的终极目标与实践路线图。第10章的18个实际案例，不仅展现了被动房标准下的建筑美学，巧思创意，更提供了大量材料设备、节点细部、实际成本的具体信息，有高度的参考价值。

译者特别感谢原书的作者，特别是隆恩教授的支持，哈尔滨森鹰窗业股份有限公司对本书的赞助，以及中国建筑工业出版社程素荣编审不厌其详的反复校对与纠错。

陈守恭　博士

作者、译者简介

主编

Prof. Dipl.-Ing. Ludwig Rongen
路德维希·隆恩教授

1953年生，隆恩建筑师事务所（RONGEN ARCHITEKTEN GmbH）的创办人。德国爱尔福尔特应用科学大学建筑系、建筑结构与设计专业教授，并在该校开设“被动房认证设计师”课程。他还是四川大学及西南交通大学客座教授，尤其在被动房建设领域中建立了国际性的声誉。许多开创性的先锋项目都出于他之手：第一所被动房养老院，第一座模块被动房，第一座用外挂立面整修后达到新建标准的被动房，第一座用内保温整修后达到Ener-PHit被动房整修认证的非住宅建筑。受德国联邦环境基金会、法国圣戈班集团委托，针对不同城市如迪拜、拉斯维加斯、杰卡特灵布尔克、上海、东京，与被动房研究所共同进行了“5个不同气候区的被动房”研究项目。参与众多专业著作、国际会议演讲、国内及国际节能协会等领域。

RoA RONGEN TRIBUS VALLENTIN GmbH（2014）的创立者之一，参与的国际项目，如青岛被动房技术体验中心（2014），为青岛生态园中第一栋获得被动房认证的建筑。

www. rongen-architekten. de

Dr. Burkhard Schulze-Darup
布卡德·舒尔茨－达鲁普

1955年生，毕业于柏林科技大学建筑系城市规划及项目参与专业。1987年成立Schulze-Darup & Partner建筑师事务所，推动可持续及高能效建筑示范项目，研究项目包括：被动房技术及室内空气品质（2001）、10倍能效建筑改造（2003）、德国能源署 / 复兴银行低能耗房示范系列现况追踪（2004～2007）、城市规划层面大规模有效实现高能效整修方案（2008～2011），以及许多为达成2050年建筑对气候无负担目标的住宅方案及社区规划。他还是顾问及咨询委员会成员，联邦建设部可持续建筑专家委员会副主席。参与写作，演讲及再教育方案，如再教育联网“能源与建筑文化”（DGS 2012～2016）。

www. schulze-darup. de

主编

Dr. Arch. Michael Tribus
迈克尔・特里布斯

1967年生，在弗洛伦斯大学、维也纳大学学习建筑，以及格拉斯果夫大学交换学习。自1997年起，在特里布斯（Michael Tribus Architecture）建筑师事务所主要从事被动房规划设计，高度重视造型美感，完成了超过50个项目（多数在南蒂罗尔及意大利北部），并经常参与新建及改造被动房项目的竞标及可行性研究。开创性的被动房项目有Bozen的原国家邮局改造为行政楼，为第一个获得被动房认证的改建公共建筑（2004～2006）。其他重要或获奖项目及发表作品：多户住宅“Lochbaur”（2006）；Schwimmhaus“AutarcHome”（2007），独栋别墅“Pernstich”（2009）；医院整修“Crema”（2013）；学校“Raldon”（2012～2014）；学校及宿舍整修“Frankenberg”（2011～2014）；欧盟“SINFONIA”项目顾问，为Bozen市提供可行性研究（2013～2014）。

RoA RONGEN TRIBUS VALLENTIN GmbH（2014）的创立者之一。参与的国际项目，如青岛被动房技术体验中心（2014），为青岛生态园中第一栋获得被动房认证的建筑。

www. michaeltribus. com und www. roa-ltd. eu

Dipl.-Ing. Gernot Vallentin
格诺特・瓦伦丁

1962年生，建筑师及经认证被动房规划师。与其夫人Rena Vallentin在Dorfen和慕尼黑共同经营Architektur Werkstatt Vallentin GmbH建筑师事务所。曾在最早致力于生态建筑的柏林Schiedhelm教授事务所中实习。研究重点是被动房及产能房，兼顾美学、生态及经济性。Erding地区能源转型协会发起人之一并任主席多年，被动房研究所工作组会员。有众多关于实现节能建筑及市政方案的国内外演讲及著作。2013年发起“在气候变迁及能源转型时代的新建筑备忘录”，促进建筑新思维。2012年起，与Ludwig Rongen和Michael Tribus一起共同参与中国项目。2012年因其在节能建筑方面的贡献获联邦十字奖章。

RoA RONGEN TRIBUS VALLENTIN GmbH（2014）的创立者之一。参与的国际项目，如青岛被动房技术体验中心（2014），为青岛生态园中第一栋获得被动房认证的建筑。

www. vallentin-architektur. de, www. roa-ltd. de

作者

Dr.-Ing. Benjamin Krick
克里克

1976 年生，德国被动房研究所研究员。研究重点：部件认证及建筑能源供应可持续评估。

撰写本书第 3 章、第 4.4 节、第 9.1 节
www.passiv.de

Dipl.-Phzs. Ursula Rath
拉特

1953 年生，1981 年创立 ebök 工程设计公司，2005 年创立顾问公司CONSISTE。研究重点：节电及高效能源利用。

撰写本书第 7.1 节
www.consiste.de

Prof. Dr.-Ing. Rolf-Peter Strauß
施特劳布

1961 年生，亚琛工业大学机械工程系毕业，1994 年工程热力学博士。2000 年任职 Viessmann GmbH 新技术研发部，随后任布来梅大学暖通空调技术及可再生能源教授。研究重点：被动房通风与柴粒炉。

撰写本书第 6 章

厉峻超

1987 年生，毕业于德国魏玛包豪斯建筑学院，建筑学硕士。自 2015 年起，担任隆恩建筑师事务所联席合伙人，主要从事被动房节能建筑项目的设计、施工管理与技术推广。负责完成的德国项目：亚琛工大学生公寓（被动房新建项目），拜耳集团酒店竞赛项目，多个校园类公共建筑节能改造项目。负责完成的中国项目：哈尔滨森鹰窗业全球首座被动房工厂、办公楼项目，青岛中德生态园西门子中心，内蒙古集装箱被动房项目。

撰写本书第 10.06 章中文稿。

译者

陈守恭博士 Dr.-Ing. Shou-Kong Chen

1950年生，德国斯图加特大学工程博士，高级工程师，资深技术及策略顾问。德国被动房研究所代表，被动房设计师，被动房设计师培训讲师。创立Borgen International GmbH及上海被动房建筑科技有限公司，从事工程、建筑、节能技术咨询。曾任黄河小浪底水利枢纽工程二标总工程师、长江旭普林工程公司总经理、香港建设（集团）公司执行董事。专长：结构力学、建筑节能技术、地震工程、施工技术、项目管理以及可再生能源技术（风电、水电）。参与许多大型基础建设以及建筑工程项目，为被动房项目提供设计及施工咨询，参与德国被动房研究所在中国的咨询认证项目，并参加相关会议及演讲。翻译有被动房相关著作，如《在中国各气候区建被动房》、《五倍级》（建筑专章）。

本书全书翻译、校订、编排。
www.borgen-international.com

李继元

1968年生，毕业于北京外国语学院德语系。长期从事对外经贸和外事工作，历任黑龙江省纺织品进出口公司总经理办公室秘书、中国轻工业品进出口总公司德国汉堡代表处常驻代表、哈尔滨市人民政府外事侨务办公室秘书、哈尔滨量具刃具集团德国子公司（Kelch GmbH）中方总经理，以及中国通用技术集团德国科隆德玛斯有限公司（Genertec Temax GmbH）业务部经理。作为RoA Rongen Architekten项目咨询人，全面参与中国青岛中德生态园西门子中心项目的沟通谈判和签约实施。

本书第一部分（第1～9章）初译稿、校对。

致谢

谨代表本书编著者，诚挚感谢哈尔滨森鹰窗业股份有限公司边书平董事长的慷慨赞助，使本书中文版得以出版。而且森鹰窗业在哈尔滨建成了世界上最大的被动房工厂，为气候与环境保护、生态、高标准建筑文化的兼容并蓄，树立了动人的范例（请参阅第 10.2 章）。

另一位要感谢的是本杰明·克里克（Benjamin Krick）博士，德国被动房研究所的主要科学家之一。克里克博士撰写了本书重要的章节“被动房的规划和实施指引”、“窗户”和“可再生一次能源方案”。在他撰写的特别重要的章节中，为读者们生动解释了什么是“被动房”，让即使对被动房缺乏经验的规划者也能清楚了解。

我们要特别感谢陈守恭博士，他翻译了本书的大部分内容，并审阅校订了全书翻译。除此以外，陈博士主持了本书的全部出版事宜，与作者、出版者、赞助者进行了所有谈判和讨论，陈博士是促成本书出版的推动者。

我们还要感谢李继元先生（隆恩建筑师事务所的代表），他翻译了本书的部分内容，以及厉峻超建筑师（隆恩建筑师事务所的建筑师兼合伙人），他进行了图例的中文编排，并为陈博士提供了支持。

路德维希·隆恩教授（Prof. Ludwig Rongen）

目 录

第 1 章

被动房 / 零能房 / 产能房概述

在建筑领域，实现能源转型的技术大部分都已具备。不同于交通和工业领域的是，我们可以运用市场现有的组件，到 2050 年在建筑领域达到环境无负担的目标。

德国已经完成大部分建设。因此，要成功地实现气候保护目标，关键在于既有建筑。新建建筑应首先采用这些技术，并广泛应用。这个转变过程始于德国节能条例（EnEV）的调整和鼓励机制的共同作用。借助这些手段，一些具有指导意义的项目首先得到资助，随后复制到许多示范项目，再扩展到对符合某种标准的大量资助，比如德国复兴信贷银行的资助计划。按照这种方式，低能耗建筑得以在 20 年内发展成为常规标准，未来几年还会产生更多的标准。

但前提是必要措施的经济性问题。扣除物价指数的影响，一栋建筑按照德国现行节能条例建造的成本，与按照 1990 年，1995 年和 2004 年相关隔热保温和节能条例要求建造的标准建筑持平（见第 8 章）。

与符合德国现行节能条例的建筑相比，按照德国复兴信贷银行的“节能建筑”计划，一栋“能效房 40”或被动房，即便现在，就有可能从第一个月开始为业主节约成本，前提是建筑的优化规划。本书将对此做基础性的描述，为相当于 2020 年代建筑要求的标准提供实践性的指导。

出发点是，被动房标准将构成建筑节能的基础。应用可再生能源的建筑设备作为补充，成功的前提是供应体系的相互联网。

被动房

被动房标准在过去的四分之一世纪中已经得到确立，项目数量不断增长。成功并非偶然，而是源于合乎经济的基本概念和贯彻始终的质量保障。特别重要的是为建筑使用者提供了高舒适性，才有这样的成果。

被动房的定义很简单：以供暖面积计算的供暖需求小于 15kWh/（m^2a）。此外，还要考虑最大一次能源需求不得超过 115kWh/（m^2a），这包括供暖、制冷、热水制备和电力，以及日常用电。原则上，供暖可以由必须安装的新风系统非常经济地获得。在高效节能建筑中很容易做到单位面积供暖负荷小于 10W/m^2。当然，从 11 月至 3 月被动房也需要少量供暖。供暖设备的选择余地很大，但应该考虑到，即使在最寒冷的日子，15～20 个茶烛的热量就能满足一个独栋别墅的采暖需求。由此推想，出现适合未来建筑的成本低廉的供暖系统也不是幻想。

“被动房”的概念是 1988 年在瑞典隆德大学访问研究期间，由波·亚当逊教授（Bo Adamson）和沃尔夫冈·费斯特（Wolfgang Feist）共同提出的。第一栋被动房由沃尔夫冈·费斯特于 1991 年在德国达姆施塔特建成。

零能房

零能房是指其所产生的能量正好与其消耗的能量相等。按照计算方法和能量平衡界限划分，零能房有很多大不相同的定义。

最简单的是，零能耗的平衡界限应能满足供暖和热水制备。如果加入用电需求，就像被动房和产能房那样，则明显扩大了要求。除此之外还有更多的要求，例如考虑包括流转性，甚至建筑建造时消耗的灰色能源。

在这里，应该将“零能房”概念视为许多积极实现气候无负担建筑的努力的一个代表，太阳房概念也属于这一范畴。太阳房以一种很吸引人的方式，借助大型太阳能加热器，并与建筑内建的（跨季）存储器相结合。除了已经很高的成本外，几乎总是要配置额外的供暖，比如使用固体燃料炉，因为跨季热能存储特别麻烦而且昂贵。

产能房

这里选择德国建设部关于给予“产能房标准”示范项目资助的公告作为产能房定义的基础。[1]

图 1 埃尔朗根的产能房（图片来源：Wimmer）

核心条件为，年一次能源需求要小于 0kWh /（m^2a）；同时，年终端能源需求也要小于 0kWh /（m^2a）。计入能量需求平衡的能耗和被动房一样，包括供暖、热水制备、制冷、辅助能耗，以及住宅建筑中的日常用电需求，或非住宅建筑的总用电需求。

是否符合标准，可以如前述的示范项目按 DIN V 18599 进行验证。但因为这涉及高能效的标准，所以推荐应用被动房规划设计软件包（PHPP）进行计算。该软件针对高能效的特点而设计，可以很方便地进行设计优化与验证。

一般而言，建议将地块的界限作为能量平衡的界限，这对单户住宅和小型多户住宅是合理的。而在非常密集的建筑情况下需要核实，是否计入在地块界限外产生的外部能源；如果能证明该外部能源在总体能量平衡中可以长期提供，并可在当地获得，则是允许的。

许多年前，就有很多建筑师和倡议者在讨论产能房这一议题。特别值得一提的是弗赖堡的罗尔夫 • 迪施（Rolf Disch）的贡献。曼弗里德 • 黑格（Manfred Hegger）和他的学生在 2007 年和 2009 年两度获得迪卡依太阳能竞赛奖，让这个议题更加引人注目。此后，主动房的概念即被打上从被动房到产能房的发展的烙印。德国能源署的项目进程“能效房＋之路”为未来气候无负担新建建筑和旧房改造标准奠定了基础。

文献与资料来源

注［1］：veröffentlicht in der BMVBS-Broschüre “Wege zum Effizienzhaus Plus” 发表于德国交通、建设和城市发展部的宣传册《能效房＋之路》

第 2 章

德国节能条例的下一步

1952 年，德国 DIN 4108 标准中“建筑的隔热保温”是德国的第一个关于隔热保温的标准。该标准规定外墙的 U 值为 2.1W/（m^2K），针对的是无保温的全砖外墙构造。这个要求是根据建筑物理上最低保温提出的。1973 年的能源危机使得节约能源再次成为立法的焦点。1976 年的节约能源法为 1977 年的第一个保温条例（WSchV077）奠定了基础。该条例规定了以今天的眼光来看不够积极的传热系数。在 1984 年的第二版保温条例中首次针对既有建筑提出了要求。1995 年的第三版保温条例包括了新建建筑最大年供暖需求值，以及对既有应采取的措施。除了考虑到传导损失外，首次将通风热损失，以及太阳能得热和内部得热纳入在能量平衡的计算当中。

在 2002 年的节能条例（EnEV）中合并了隔热保温条例和供暖设备条例。按照节能条例进行能量平衡计算时就可以将热量损失，以及房屋外墙得热和建筑设备得热计算进去，形成总的能量平衡。

2002 年，欧盟建筑指令第一版也同时公布，目的是改善欧盟范围内建筑物的能效。德国节能条例 2007 版的修订，主要是引入建筑物能效证明，以及在能耗考虑中纳入了非住宅建筑的空调和照明。而节能条例 2009 版对新建建筑和既有建筑的要求提高了大约 30%。自 2014 年 5 月节能条例 2014 版生效，但是到 2016 年才又将要求再提高约 25%（表 1）。

在此之后设定的目标，就是按照欧盟建筑指令 EPBD 所要求的，将全欧盟层面自 2019 年起适用所有公共建筑，自 2020 年 12 月 31 日起适用其他建筑的“近零能耗标准”，转化为本国法律。为此有一个建筑能效法（GEG）国会草案，将节能条例之外的节能法（EvEG），可再生能源供暖法（EEWärmeG）纳入其中。

节能条例 2014、KfW 节能房 55、KfW 节能房 40、被动房和节能房＋要求的节能建筑构件性能对比　表 1

	EnEV 节能条例		KfW 节能房 55		KfW 节能房 40		被动房		节能房＋	
		U 值		U 值		U 值		U 值		U 值
	[cm]	$[W/m^2K]$	[cm]	$[W/m^2K]$	[cm]	$[W/m^2K]$	[cm]	$[W/m^2K]$	[cm]	$[W/m^2K]$
外墙	16	0.24	20	0.20	22–24	0.16	25–30	≤ 0.15	25–30	≤ 0.15
屋顶	24	0.2–0.24	28	0.16	30–35	0.14	30–40	≤ 0.15	30–40	≤ 0.15
底板 / 地下室顶板	12	0.30	16	0.24	20	0.20	20–25	≤ 0.15	20–25	≤ 0.15
窗	g ＝ 0.6	≤ 1.30	g ≦ 0.5	≤ 1.0	g ≦ 0.5	≤ 0.9	g ≦ 0.5	≤ 0.8	g ≦ 0.5	≤ 0.8
热桥	ΔU_{WB} ＝ 0.05 － 0.1		ΔU_{WB} ≤ 0.05		ΔU_{WB} ≤ 0.05		ΔU_{WB} ≤ 0.02 － 0.0		ΔU_{WB} ≤ 0.02 － 0.0	
气密性	n_{50} ≤ $1.5h^{-1}$		n_{50} ≤ $1.5h^{-1}$		n_{50} ≤ $0.6h^{-1}$		n_{50} ≤ $0.6h^{-1}$		n_{50} ≤ $0.6h^{-1}$	
通风	排风设备		排风 / 送风－排风		送风 / 排风热回收		送风 / 排风热回收		送风 / 排风热回收	
采暖	化石能源		化石能源		部分可再生		部分可再生		可再生	
电力使用	辅助电力		辅助电力		辅助电力		高效		高效	
可再生能源	如太阳能热水器		如太阳能热水器		采暖 / 热水		视情况采暖 / 热水		采暖 / 热水 / 电力	
智能电网					有利		有利		推荐	

2020 年建筑能效法会是什么样子?

在遵循欧盟建筑能效指令的前进道路上，未来几年能源标准将向“节能房＋”的方向继续发展。

图 2.1 以举例的方式列出了符合不同标准的节能部件，从中可以清楚地看到朝向高度节能标准的发展趋势。

若要预测 2020 年的建筑能效标准，不妨观察一下过去节能建筑的学习曲线。正如低能耗建筑标准引入 15 年后，在 2002 年的节能条例中得以确立；由此类推，2020 年也应该顺理成章地采用被动房建筑部件。前进道路上的最后障碍不在于建筑外围护。预备在 2020 年建造房屋的人，只需设想一下 20 年后哪些标准仍然适用。建筑围护部件应当做到在 30 年甚至 60 年的使用年限中无需进行节能的更新改进，就能满足节能标准，才算是符合经济利益的。从这个角度的考虑出发，自然就会选择高品质的建筑围护。在最优化规划下的增量投资十分有限，并且，有了高度节能的建筑本体，建筑设备上的成本就可以更低。

从学习曲线看节能建筑的经济性

此外，从业主方面考虑，相对于建筑围护 30～60 年的投资周期，建筑设备的初次更新期大约在 20 年后。采用的建筑设备越简单便宜，设备在改造周期内的后续成本就越少。

图 2.1 中展示的是产能房部品的成本走势。在过去数十年里，被动房标准的非透明建筑部件的价格和缓下降。由于提高保温层厚度，自然会使投资相对于低节能标准有所增加。值得注意的是高节能窗在过去 20 年里的成本走势。最迟自 2016 年起，结合高效窗框（U_f = 0.6-0.9W/[m^2K]）的 3 层玻璃窗（U_w = 0.5-0.7W/[m^2K]）就已经成为生产主流。接下来几年，通风设备和供暖系统的发展，可能节省达 10%～40%。因为供暖需求在 10～20kWh/(m^2a) 间的高能效建筑将成为普遍的标准，供暖设备工业会转向相应的低功率设备，可能带来明显的节约。由于可再生部件的应用，产能建筑系统的总投资会稍有增加。而可再生能源会对业主的收支平衡更为有利，因为能源付出的运营成本降低了，电力也是自产的。图中光伏产业的成本曲线特别突出，在短短 15 年间，从小众产品发展成为未来产能的支柱。

这个发展趋势表明，到 2020 年，本书中所描述的标准将被大多数的规划者和业主视为未来的合理标准所接受。由此所得出的居住成本，扣除通胀因素后比过去十年更低（见第 8 章）。这种建筑的高舒适性和保值性则是锦上添花的额外利好。

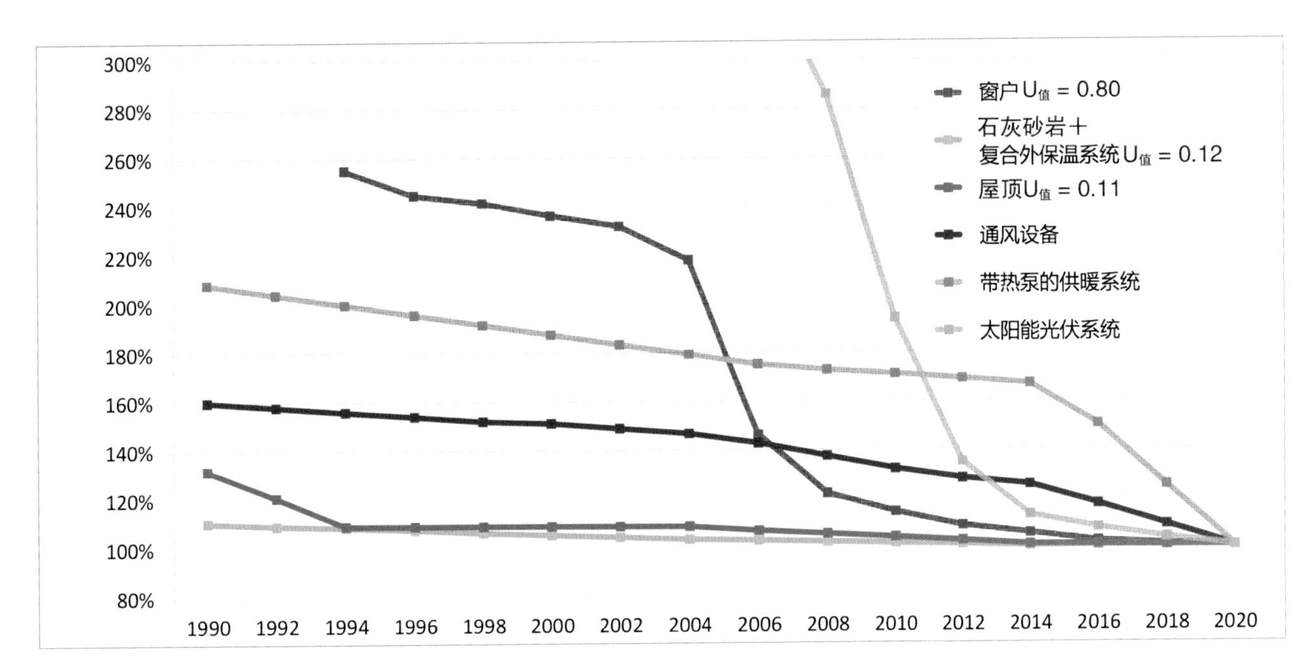

图 2.1 2020 年建筑标准的节能部件成本发展趋势：过去 10 年窗和光伏的成本曲线显示出大幅改进，成本急剧下降。未来几年建筑设备的通风和供暖领域也会有同样的效果，因为高能效建筑系统会成为市场主流，供暖领域的功率需求也会明显降低（来源：Schulze-Darup）

第 3 章

被动房规划和实施指引

3.1

被动房基础

被动房的能耗很低，以这种方式，被动房远远走在必要的、政治上追求的能源转型之前。它带来的供暖成本节约，超过了建造增量成本。因此，被动房是有利可图的，至少在住户就是业主时如此。此外，热工性能改善的结构与必要的通风系统相结合，明显提高了舒适度。这不仅仅给用户和环境带来好处：由于能耗降低，能源可以更加多样，减少对化石能源的依赖，外交政策可以更为灵活。资本将不再流向地球上问题地区的化石能源，而转向热工性能更好的建筑产品，以及为地方创造价值的当地工作岗位。不仅是国家，整个大多数是中小企业所支撑的建筑行业都将获利。无论是泛指的高能效建筑还是特指的被动房，对所有参与者都意味着盈利。如今要做的就是让被动房更普遍地实现，如后续章节所述，只要掌握了一些背景知识，建造被动房并非难事。

最高能效建筑原则

舒适的、有气候调节的建筑，可以视为一种服务。这种服务可以通过两种方式获得：一种是主动的，另一种是被动的。

主动的方式

主动的方式是用高能源投入，来平衡从热工性能相对较差的建筑围护流失的热量。这种方式表现为高能耗成本、复杂昂贵的建筑设备、外部构件的表面低温，以及由此导致的不舒适感。

被动的方式

被动的方式是以显著改进的建筑围护为支撑。通过提高建筑表面温度，从而改善了舒适度。热量损失降低到如此程度，使得通过窗户获取的太阳能和建筑的内部热源——人体和电器散热——就足以在全年大部分时间维持建筑物内舒适的温度。只有在隆冬季节，才需要补充供暖。被动房的定义表明，补充供暖可以通过必须的新风系统来实现。按照这种方式，就可以省去额外的供暖分配系统，这为简化建筑设备，为更经济地建造奠定了基础。原则上，通过卫生所必须的新风来供暖是可能的，但并不强制要求使用这种供暖分配方式。恰恰相反，很低的供暖功率为多种形式的供暖系统提供了可能性，并且由于能量需求低，一切都更加简化。与“主动房”相比，更经济实惠。

进一步观察可以看到，五个原则构成了建造被动房的基础（图 3.1）。

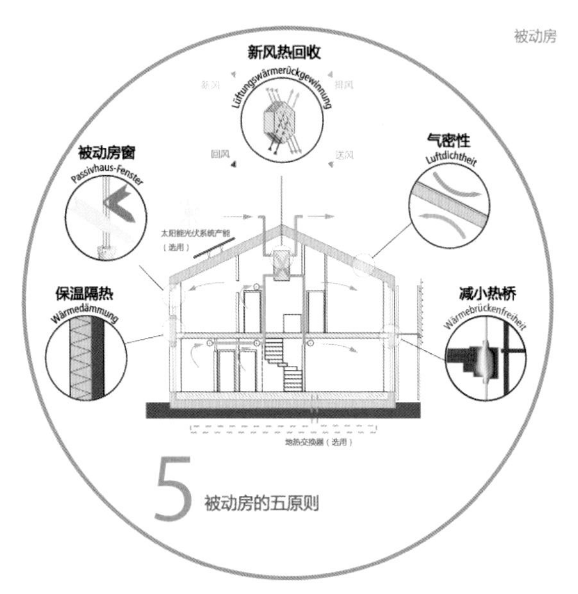

图 3.1 被动房的五原则（来源：© 被动房屋研究所）

保温维护

不透明建筑围护的优良保温构成了第一个原则：地板、墙体、屋顶均采用U值非常好，约0.15W/（m^2K）的材料建造。在被动房发展的初期，保温层厚度常须超过30cm，屋顶保暖层甚至曾经超过40cm。而今天通过改进保温材料，应用其他建造围护构件以及建筑设备手段，在极端情况下使用小于10cm厚度的保温材料都有可能。单一材料高度保温的加气混凝土墙体以及轻型砖也是可行的。

得大于失的窗户

第二个原则就是窗户：3层玻璃加上保温隔热窗框可使能量平衡为正值。在供暖期，窗户获得的能量也大于流失的，因此减轻了供暖系统的负担，这一方面取得了很大的进步。观察全生命周期的投资成本和能耗成本可以看到，现在被动房窗对于业主来说是能够盈利的。

热桥

第三个原则也涉及建筑外围护，解决的是其薄弱环节：热桥。在最高能效的建筑上，应该做到热桥最小化，以避免能量损失及产生低温部位，这些地方会带来卫生问题。大多数热桥可以通过改变结构方案避免，比如将阳台结构与建筑主体分离，但这样的措施常常不能实施或不经济。那么就应该权衡建筑物理的必要性和经济的合理性，尽可能减少热桥。比如采用特殊的隔热连接构件，即所谓的“隔热篓”（Isokorb），能够很大程度地将暖楼板与冷阳台作热工分隔。

气密性

在一般民间常有争议的第四个原则是气密性。常会听到吓人的说法，诸如人在气密建筑里会闷死，或者墙体不再能“呼吸”。前者纯属臆想，后者则出于误解。墙体的“呼吸”不是指它通过空气的能力，而是指通过湿气的能力，气密性不等于不能透湿。要制造出气密的平面，可以使用黏土抹灰，或可透湿气的建筑用纸，这完全取决于业主或规划师。还需要补充说明的是，就算最能呼吸的建筑材料，在通过墙体交换湿气方面所起的作用，与通风系统相比只能说非常次要。气密的重要性有三个原因：如果围护不气密，夸张地说，风会穿透建筑物，将温暖的空气带到室外，换来冷空气，能量损失和不舒服的吹风感因此造成。而当暖空气从内向外流动，穿过不气密的结构时会变冷，空气的相对湿度升高，从而导致结露和发霉。其后果就是损害居住者的健康，也损坏建筑物，建筑物也会减值。此外，足够气密的建筑围护是通风设备（第五个原则）能发挥作用的前提。

通风设备

带有热回收功能的通风设备持续不断地提供新鲜空气，新风在冬季可以预热，夏季则稍作预冷。缺少了通风系统，被动房的能耗将几乎翻倍。与前述的各项原则相反，通风系统直到目前还没有踏入独立经济价值的门槛，也就是说，通风系统只有与其他原则结合，作为综合措施后才值得。除了已经提及的节能效果外，与传统的窗户通风相比，其优势是显而易见的：通过预热的新风获得明显的舒适度提高，不必被迫开窗通风。通风设备使有害物质和过高的室内湿度都能保持在不足为虑的水平。很好地避免了发霉、建筑损坏和污浊空气。此外，空气还是预过滤的，这确实是个优势，不仅是对过敏人群。当然，带通风系统的建筑仍然可以开窗。经验表明：如果室内的空气质量好，只须在例外的情况下开窗，比如举办生日聚会或者煎鱼的时候。很多被动房住户整个夏天把通风系统关掉，开窗通风。在冬季，仅当通风设备能够带来节约的情况下才开启。可是，如果通风设备不工作了怎么办？那就如同在一栋没有通风设备的房建筑一样：打开窗户！经常会听到这样的论点，就是通风设备风机的耗电比通风设备节约的热能还多。在 20 世纪 70 年代初第一台样机研发的初始阶段，确实曾经如此。而现在，通风系统的全年综合性能系数已经超过了 16，就是说，一个单位电力的投入，能够节约 16 个单位的热能。

节能而舒适

舒适感有很多方面，作为个人的幸福感受而具有很强的主观性。一个人在一栋建筑里是否感觉舒服，取决于诸如建筑的比例、建筑的色彩、气味和人群。当然，客观因素也会影响人的舒适感，比如温度和湿度。如果温湿度都控制在一个特定范围内，该建筑则具有温度和卫生意义上的舒适性，就会让人感到舒服。

热舒适性

如果室内空气温度在 18～24℃，而相对空气湿度在 38%～75% 之间，人就感觉舒服。通常，如果空气湿度越高，就要保持空气温度更低，以便使人感觉舒适（图 3.2）。在核心舒适区外的部分，其室内气候还可以认为是舒服的。即使长期处于这个范围内，也不会带来健康的损害，例如因为空气过于干燥。但建筑设备的目标必须是能够使室内气候保持在核心舒适区内。

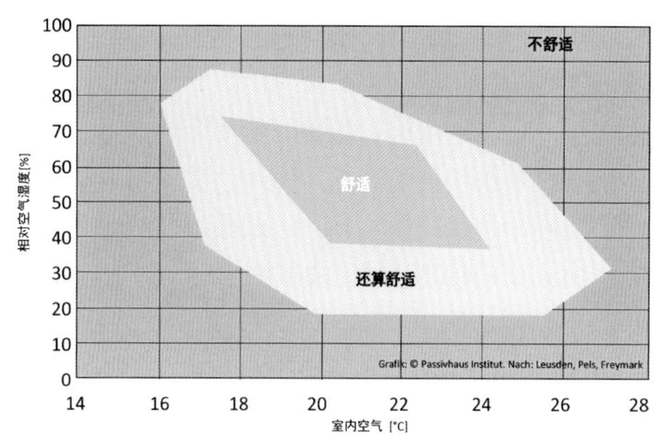

图 3.2 热 / 湿舒适度

图 3.2 中没有显示表面温度的影响。表面温度和空气温度的平均值，就是所谓的使用温度或感受温度。如果空气温暖舒适，而周围空间表面温度较低，那么室内气候就让人感到不舒服。与此相反，如果空间表面很温暖，即使空气温度较低，室内气候也已经让人感觉舒服。这种效应在瓷砖壁炉的辐射采暖上已经为人熟知。在高能效建筑中，由保温性能极好的构件建造的表面自然是温暖的——这也是理想室内气候的重要组成部分。必要的温度质量取决于外部气候。外部气候越温和，建筑围护的保温性能方面的要求就更低，类似的论述见第 4 章第 4 节中“窗户”。

湿舒适性

带通风设备的建筑常令人联想到干燥的空气。这是因为在通常情况下，空气输送过多会使空气相对湿度降低，这与空气存储湿度能力与温度的相关性有关。空气温度越高，其存储湿气的能力也越大。相对空气湿度，是指空气中的水分含量与空气所能存储的最大水分含量之比。比如，若冬季室外空气湿度为70%，即空气中的水分达到了可存储量的70%。现在冷空气进入了室内，其温度升高。空气温度越高，可存储的水汽也越多。空气的“水分存储容器”变大，尽管绝对空气水分保持不变，但其饱和度降低了，空气变得干燥。而空气会由于湿源，比如人体、衣物晾干、做饭、盥洗、室内植物，而湿度升高。但如果换气频率过高，就会导致不舒服的空气湿度下降。大多数情况下，只要减少换气次数就会有帮助。很多时候这种方式能够使人感觉不到空气质量的下降，在室内晾晒衣物也会有使湿度得到补偿。可是如果湿源很少，比如在办公楼内，建议安装可回收湿气的通风系统。当室外特别冷，也就是外部空气的绝对湿度特别低时，就可以将湿度回收，此类产品市场上已经越来越多。

霉菌无机可乘：卫生条件

卫生条件解决的是截然相反的问题。当室内空气温度20℃，相对湿度50%时，表面温度低于12.6℃，就会导致发霉的卫生问题；如果表面温度低于9.6℃，还会结露。发生这样的情况是因为相对空气湿度在冷的地方更高（由于水分存储能力较低）。如果局部空气湿度长期超过80%，就会发霉；如果相对湿度达到100%，也会结露。评价发霉或结露的较好指标是温度因素 f_{Rsi}，该指标描述了室内外空气温度差与室内空气温度和局部表面温度差之间的关系。温度因素为1时，局部表面温度与室内空气温度一致。当温度系数为0.5时，表面温度恰好处于室内外温度中间。对于德国的凉爽温和气候来说，温度系数不应低于0.7，以免出现卫生问题。这也可以通过良好的建筑围护实现。外部气候越温暖，对所使用的建筑构件的保温性能要求也更低。这样对于温度气候区比如罗马来说，只要相对空气湿度不是过高，温度因素为0.5就足以保证不出现卫生问题。但这一思路引出了新的问题。

卫生与换气

在更换既有建筑的窗户后，往往就会带来卫生问题。罪魁祸首很清楚：热工改造措施是导致发霉和建筑损害的原因。因为老式窗户一般不气密，可以非控制的换气。一方面，降低舒适度，并导致大量能量损失（以及不可避免的采暖成本）；另一方面，由于不气密，水汽得以被排放出去，室内空气保持比较干燥。

如果用优质保温窗户取代老式的非气密窗户，会带来严重的卫生问题：由于窗户气密，换气减少，使用者必须经常通风以排出室内产生的潮气。但是使用者的通风换气行为常常不能配合新情况，其结果是空气湿度升高，并带来卫生问题，甚至在室内温度最低的部位发生结露。如果安装了优质保温窗户，室内温度最低的部位就很可能不再是窗户区域（该处的湿气和霉斑容易被发现和清除），而可能出现在比如外角或内墙连接部位，还可能出现在柜子后面，那里会受到霉菌侵害和结露。

由于这个原因，必须在更换窗户时提供通风方案，或者至少指出可能发生的问题。切除密封条以增加通风，或用与窗户一体，但无热回收和控制系统的通风，只会有条件地解决这一问题，但必然导致过高的热损失。带有热回收功能的通风设备可以可靠地解决卫生问题，进一步提高室内空气质量，而能耗成本很低。应该采用高效的中央通风系统，并实现溢流方案。通过溢流方案可以使预热后的新风进入人员停留房间，从那里流入走廊，再从浴室、卫生间和厨房抽掉。

经济性和效率

对经济性的考虑不能局限于投资成本。只考虑投资回收期也所见太浅，会导致错误的最优化计算。正确的经济性评估数值是一项措施的现金价值，该现金价值是全生命周期内的投资成本、可能的维护成本和能源成本共同构成的。当然，高能效建筑的许多部件比标准部件昂贵。增加保温隔热层就会增加成本。同样，与抽风机相比，带热回收的通风系统也比较贵，而3层玻璃窗也比2层玻璃窗贵。但是，如果脚手架已经搭好，灰浆也非刷不可，举例来说，16cm和26cm厚的保温隔热层的成本差别就没那么重要了。3层玻璃窗户的增量成本也有限，而且窗户反正都是要安装的。如果规划施工得宜，被动房的投资成本比按照节能规范要求的最低标准房高3%～8%，按全生命周期计算，这投资是值得的。

如何评价一个措施的经济性呢？以对外墙改造的两项措施为例，其一是“粉刷更新”，就是只对外立面做粉刷；另一个是保温改造，在全生命周期内的投资成本和能源成本做比较。“保温改造”资金需求较大，要通过贷款解决。不过，这一措施的年能源成本较少。如果贷款月供比“粉刷更新”方案的能源成本增量少，那么，这项措施就具有经济性。“全生命周期成本”图3.3所示，经济性最优的保温材料厚度在24～36cm之间。最佳成本曲线在这里最为平缓。因为在计算最佳成本时用的是不变的能源成本，如果按较高的能源成本计算，应该往36cm厚方向选择保温材料。与窗户相关的个别措施的经济性在第4.4节中还有举例。

这里所说的措施也可以应用到整栋建筑上，那么就会有一条曲线，显示与建筑物供暖需求相关的成本发展。如前所述，被动房由于较低的能量需求，可以不用再配置单独的采暖系统，因为所需要的极少供暖能量通过新风系统就可以满足。在这种情况下，额外的供暖分配系统的成本就不存在了。在“建筑物全生命周期成本”的曲线折点处15kWh/(m^2a)可以明显看到，折点处表示的是最理想的成本值。同样，如果以增长的能源价格来计算的话，成本的最小值还会继续向供暖能量需求减少的方向发展。

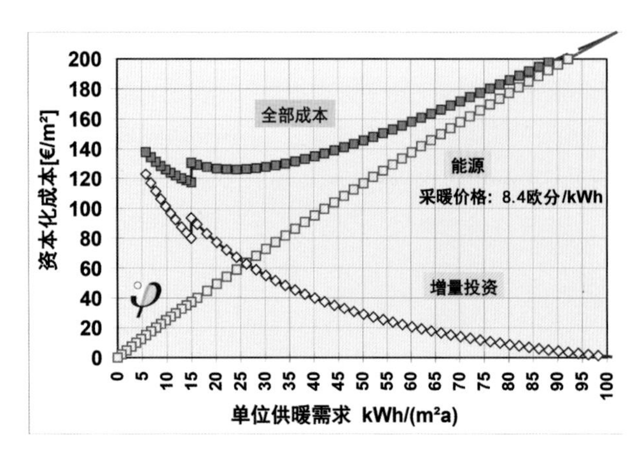

图 3.3 全生命周期成本“建筑物”（© 被动房研究所）

紧凑性与朝向

紧凑的建筑：节约成本和能耗

建筑的能量平衡，取决于能量获得和能量损失之和（见第 3.2 节）。能量损失还与建筑的面积有关。建筑的外表面积越大，能量损失越多。建筑物的紧凑性很重要，紧凑性可以通过建筑的面积 / 体积比（体形系数）评估。体形系数为进行热交换的外围护面积与其所包围的容积之比。相同体积的情况下，单层平房的外表面积比独立的两层单户别墅的外表面积要大，因为后者的两层结构使得地面和屋顶的面积减半。如果独立的两层单户住宅变成了处于联排别墅的中间户，那么，双侧外墙的面积不再计算，紧凑性进一步明显提高，体形系数值下降。体形系数越小，表明建筑的紧凑性越好，在建筑材料品质相同的情况下，供暖需求就越少。联排房可以相互保温，这可从下面的图中看出。一栋是需要供暖的单层平房，一栋是独立的单户别墅，还有一栋是联排房，每栋住宅的体积相同。图 3.4 所描述的是三者间的供暖需求，可借此对比“旧建筑”和被动房在热工品质上的差别。

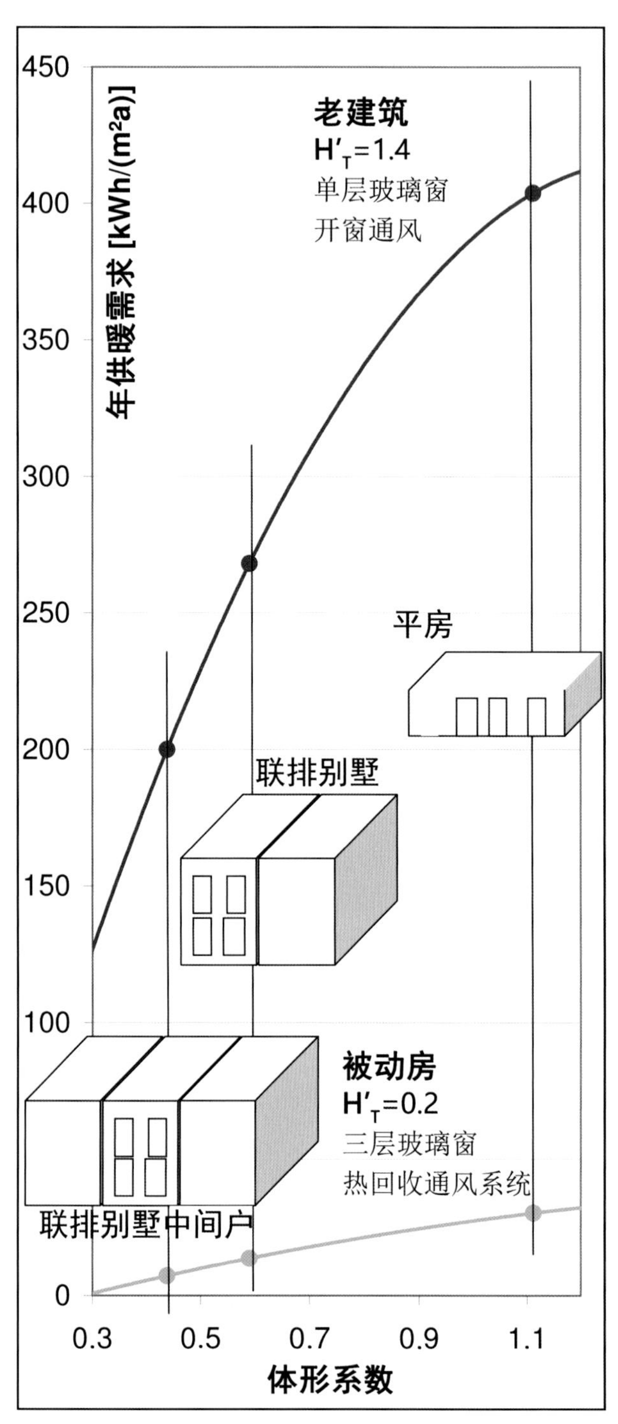

图 3.4 紧凑性对供暖需求的影响（© 被动房研究所）

在建材质量相同的情况下，结构紧凑的建筑除了能耗成本少的优点外，其投资成本也少：一方面土地面积可以比较小；另一方面是外围护的表面积也小。紧凑地建造房屋，意味着双重的成本节约。

太阳辅助供暖

建筑的太阳得热越多，供暖需求就越少。太阳能得热的多少取决于窗的大小和朝向，也受玻璃 g- 值的影响。g 值表示的是太阳辐射到玻璃上的能量有多少透过玻璃实际上进入了建筑物内（相关内容见第 4.4 节）。

建筑南侧太阳能得热最大。若在南侧设置了大窗，则能够捕获更多的太阳能。若建筑转到向相反方向，能量需求明显升高，如下图所示（图 3.5）。

南向布置的大窗获得的太阳能最多。但是通过窗户损失的热量却比墙体要多。在能源平衡上，是小窗好，还是大窗好呢？有最理想的情况吗？图 3.6 回答了这些问题，描述了窗户面积对被动房能源需求的影响。

图中显示，配置 3 层玻璃窗的最高能效建筑随着南向窗户面积的增加，其供暖需求减少。若窗户质量差或在寒冷气候条件下，就不是这样的情况。在冬季有利的情况，夏季很快就会变成问题：大面积的窗户会导致建筑物过热。

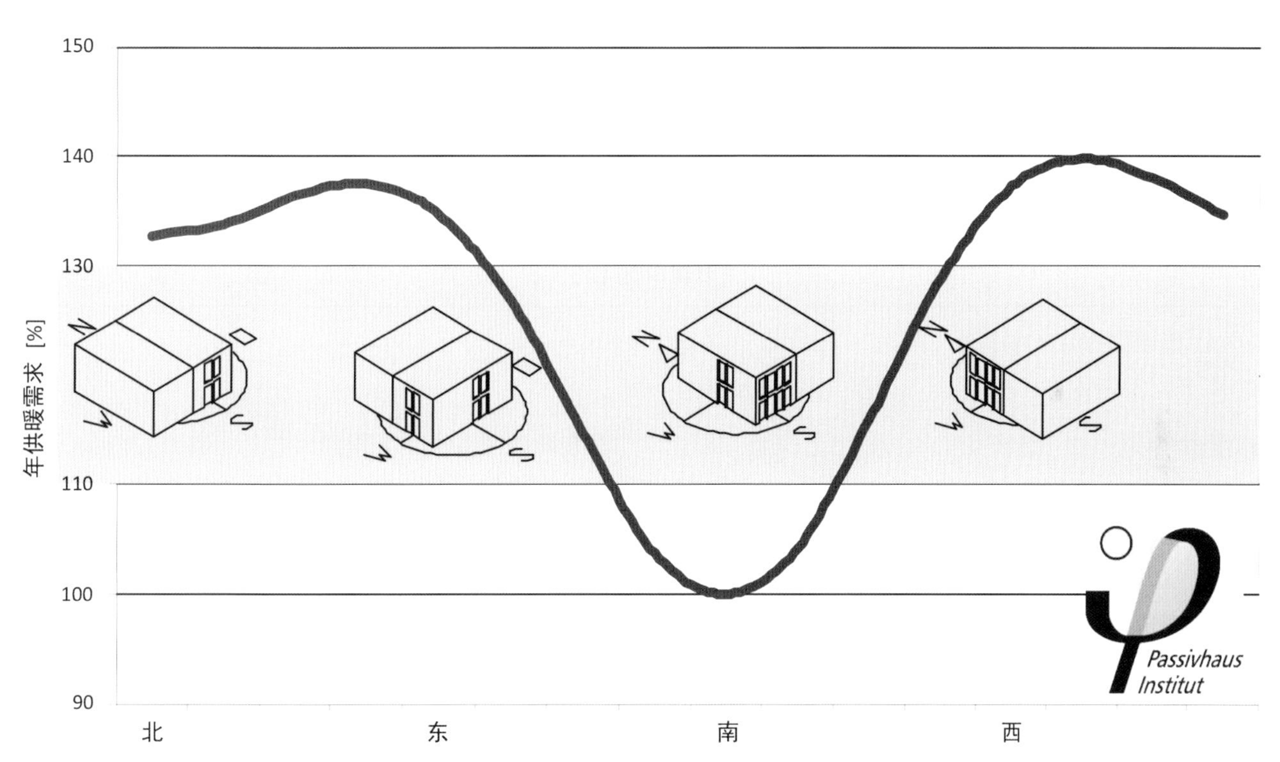

图 3.5 房屋朝向对供暖需求的影响（© 被动房研究所）

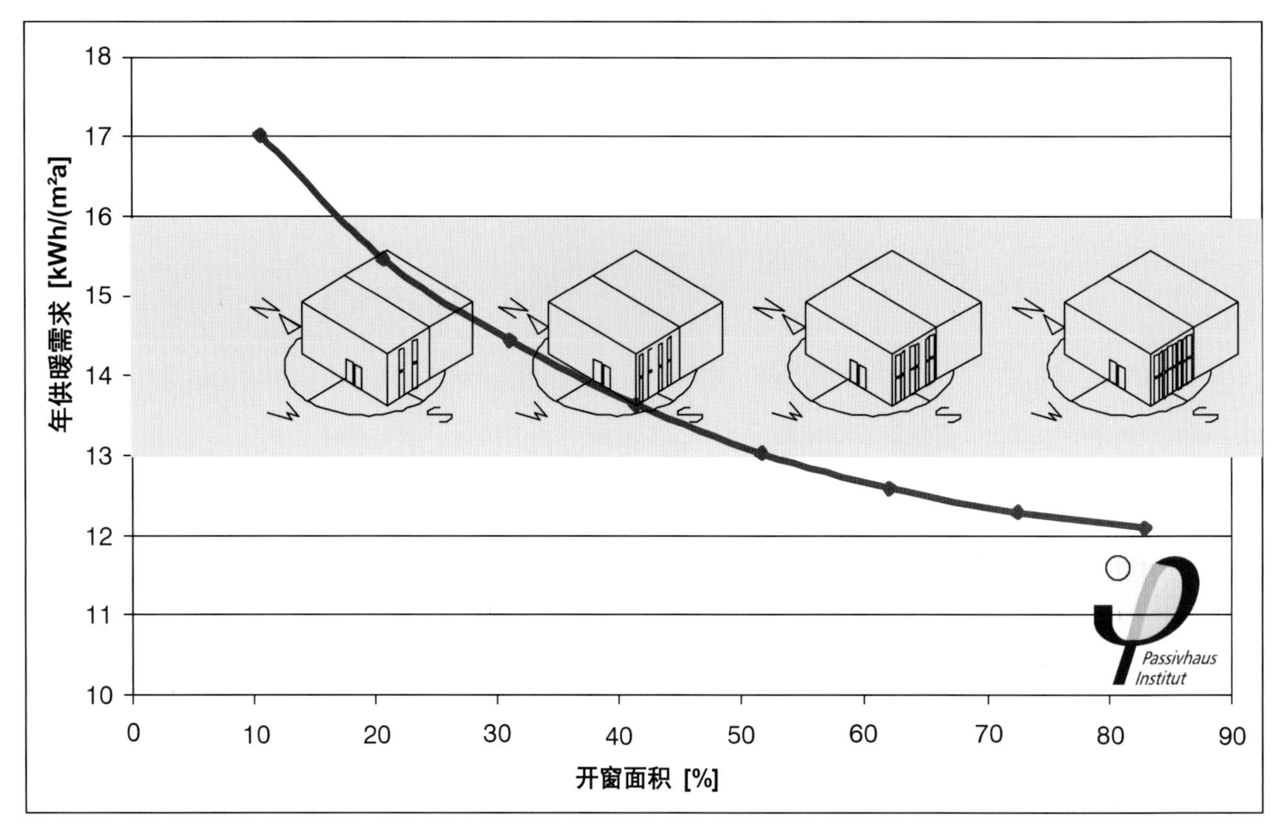

图 3.6 能量需求与窗户面积的关系

夏季防热

白天太阳辐射能通过窗户进入室内，并使室内变暖。如果建筑内有加热缓慢的蓄热体是有利的，这样温度就会缓慢上升。如果晚上室外比室内温度低，建筑就会重新冷却下来。建筑的保温隔热越好，温度变化就会越慢。冬季当然希望这样，但夏季就要有避免过热的策略。这一策略概括为两点：减少能量获取和向外排出多余热量。

要减少能量获取，首先，尽量减小“内部负荷”很重要，比如在办公大楼内尤其重要，这意味着要注意电力的高效利用，要使用节能的电器和照明。其次，减少太阳能负荷。可在建筑的南侧采用固定的水平遮阳装置，比如伸出的屋檐或阳台。这些遮挡设施可以遮挡住夏季入射角高的太阳光，而冬天太阳入射角低，又能使阳光温暖地照进室内。

在东西两个方向，太阳的入射角一直是较低的，所以水平遮阳的帮助就不大。最有意义的是在这里安装活动的遮阳系统，比如百叶帘。这里外遮阳比内遮阳效果好很多，因为如果采用内遮阳系统，阳光就已经照射到室内了。

当然，也可以通过遮阳玻璃来减少太阳热量的进入。但若如此，则冬季的太阳得热也会减少，因此不值得推荐。

通过减少内部负荷以及遮阳措施，可以使夏季的温度升高得到控制。

如果室外温度比室内高，通风系统的热交换器发挥的是“冷回收”的作用，有助于控制温度升高。此外，室外空气通过地热交换器还能得到一些冷却。

在夜晚，如果室外比室内凉爽，就可以很容易打开窗户降温，也可以用通风设备的抽气扇辅助降温。如果冬季通过热泵供暖，那么，夏季也可以通过热泵降温。额外增加的能耗可简单地通过光伏设备补偿，因为光伏设备生产的太阳能与制冷需求能够很好地配合。

被动房在其他气候区

被动房是在全世界范围都适用的方案。保护能源的最高原则是在地球的任何气候区都能适用。达到标准的策略和措施则因气候区不同而有所不同，所以寒冷气候区的要求就更严格。在斯堪的纳维亚，墙体的 U 值须明显低于 0.1W/（m^2K）。在那里，即便是 4 层玻璃的窗户也是值得推荐的。通风系统需有湿回收功能，一方面是防止结冰，另一方面是防止室内空气过于干燥。在南方的地中海周边，要求就很低。一般来说，墙体的 U 值在 0.3 左右就足够了。3 层玻璃窗并不都是必须的，不过，选择带遮阳涂层的玻璃窗则是非常有意义的。通常情况下，有排气设备就够了。但在炎热气候条件下，要求又重新提高了，因为遮阳非常重要。所谓的“冷色涂料”会有帮助，因为冷色可以反射大部分光线，使自身不会急剧增温。热回收功能只用来对外部空气预冷，良好的保温层和 3 层玻璃窗有助于将热量挡在室外。热带气候条件下，除湿是至关重要的。这里也需要配备湿回收装置，需要时还应安装热泵。这样，室内的空气会比室外干燥，水蒸气扩散的方向逆转。因此，做内保温会是建筑物理上的正确方案。

3.2

计算和建筑热工

盈与亏：最重要是平衡

冬天室外寒冷，室内则应该温暖舒适。就像一杯热咖啡，在杯中逐渐冷却，直到和环境温度相同。房子也会损失热量，因为温度始终是趋向均衡状态变化的。要想使室内温暖，就必须营造出一个室内温暖室外寒冷的不均衡状态，并且能够保持。这就需要能量，所以，就必须供暖，而且供应的热量正好等于通过建筑外围护和通风系统所损失的热量。也就是说，从室内向室外的失热与供暖得热的平衡值为零，室内的温度才能恒定不变。

免费得热

除了供暖以外，在能量平衡表中的“贷方”项下还有一个所谓的“免费得热”，即通过窗户获取的太阳得热，以及“内部热源”。内部热源包括人体散热平均每人 60～100W，以及烹饪和洗涤所释放的热量。而建筑物内使用的所有电力都会转换成热能并减轻供暖负担。尽管如此使用节能电器和照明设施还是非常有意义的，因为电力比供暖的热量要昂贵得多，还因为效率低下的电器在夏季也要用电，而夏天根本不需要供暖。

在未经改造的老旧建筑里，这种免费得热几乎是无足轻重的，因为热量的损失非常大。与此相反，在被动房里，免费得热却对供暖发挥着显著的作用。在真正的零供暖节能房里，即使在隆冬季节免费得热也足够保持室内温暖。

热量平衡

下面的图（图 3.7）显示了根据被动房规划程序包（PHPP）得出的被动房供暖热量平衡。不透明的建筑外部构件（墙体、楼板、屋顶）带来的热量损失与通过窗户产生的热量损失大致相等。由于高效的热回收功能，通风设备的热量损失影响不大，损失的总能量刚好是所需供暖的 3 倍。三分之二的热量损失通过自然热源，即太阳得热和内部得热实现平衡。当在 PHPP 中对能源损失和太阳能得热进行精密的计算时，内部得热却是建立在概估的基础上。因此随着人员密度、电器配备、有人的时间或烹饪习惯的不同，这里会出现比较大的起伏。

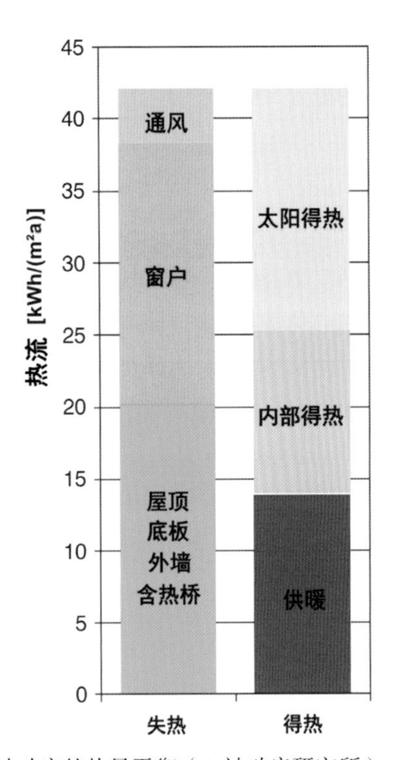

图 3.7 被动房的热量平衡（© 被动房研究所）

不只是采暖！

如前所述，老式建筑的供暖需求所占比例很大。而建筑越高效节能，热水和电力需求所占比重就更大，意义也更大。因此，被动房热水制备的能源需求与供暖热量需求相当，而电力需求通常还更高。因此，应该将建筑因运营所发生的全部能耗计入能量平衡中，否则就得不到全貌。

现行的节能规范所规定的能源平衡项目包括采暖和热水需求，以及用来驱动建筑设备（比如泵、换气扇，采暖控制系统）必须的所谓的辅助电力。被动房的能量平衡计算还包括生活用电。产能房还能供能，其所供能源来自于建筑自身配备的太阳能设备。不过，没有清楚定义的是，是否把生活用电纳入能量平衡表。德国联邦建设部在“节能房＋”上明确了标准，把生活用电也作为能量平衡的一部分。

从一次能源到使用能量

从能源到采暖散热片的过程中，能量载体是变化的。从散热器供应给房间的热量就是“使用热量”，一般称作“使用能量”。在能量载体“热水”将热量从锅炉输送到散热器的过程中会产生热量损失。锅炉中提供给热水的热能必须比抵达房间的使用能量多。比如说，水是通过燃气锅炉加热的。其间会有废气损失。向建筑供应的能量就必然比到达房间的能量多。向建筑供应的能量被称为“终端能量”。按所使用的采暖系统不同，终端能量要乘上的一个该设备的“能效系数”，得到使用能量。能效系数反应的是从终端能量到使用能量过程中的转换损失。因为终端能源都能通过比如煤气表、电表很好的计量，所以，适合对不同建筑物的能效进行比较。

然而，当终端能量进入“建筑”体系时，已经经历了漫长的历史。比如燃料油，从阿拉伯沙漠开采出原油，然后通过输油管道运送到港口，装入油轮运往鹿特丹的炼油厂，再由油罐车从炼油厂运到当地用户的储油罐。油在这一运输过程中显然有能量损失。开采和运输必然耗能，在炼油厂还会有进一步的损失。举例来说，如果损失的部分占 10%，那么，要想使进入建筑物的终端能量达到 100%，就必须在阿拉伯沙漠中从钻井里采获 110% 的能源，这称为一次能源。我们以一次能源系数描述损失量，在此例中为 110% 或 1.1。

可再生燃料比如柴粒也存在类似的情况。这里也会有从森林（比如木材的干燥和制成颗粒）再经过运输（如同原油）而产生的损失。柴粒的一次能源系数大约为1.2，不过，按照现行的节能规范，柴粒的一次能源系数是按0.2计。理由很简单：树木能生长，是因为它在太阳的帮助下从空气中吸收二氧化碳。这相当于存储下来的太阳能，而这一可再生的太阳能的一次能源系数以零计。剩下的只是不可再生的部分，即在干燥、制粒和运输过程中所消耗的能量（图3.8）。

在电力能源方面就更加复杂了。在老式的火力发电厂里，只有大约三分之一的一次能源实际上转化为电能，还要加上从电厂到用户的能量损失。这种发电厂的一次能源系数超过3.0，这个数值是非常高的。好一些的发电厂，比如天然气－蒸汽联合发电厂由天然气驱动，一次能源的大约60%可转换为电能。水电站和风电站的一次能源系数非常低，不可再生部分只略大于零。

供电系统向用户提供的电力是从不同发电厂输送过来的组合电力，因此就有一个“混合的”一次能源系数。这个一次能源系数的值在持续降低，因为较好的电厂取代了老旧电厂，而且新开发的可再生能源也越来越多。

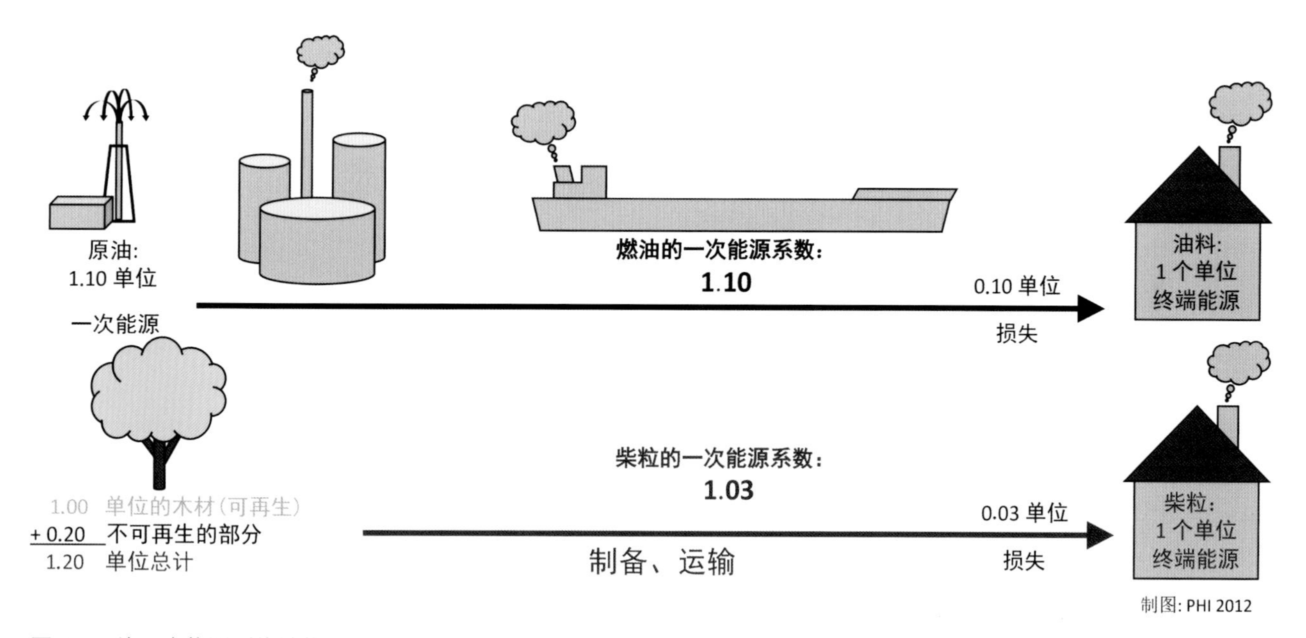

图3.8 从一次能源到终端能量

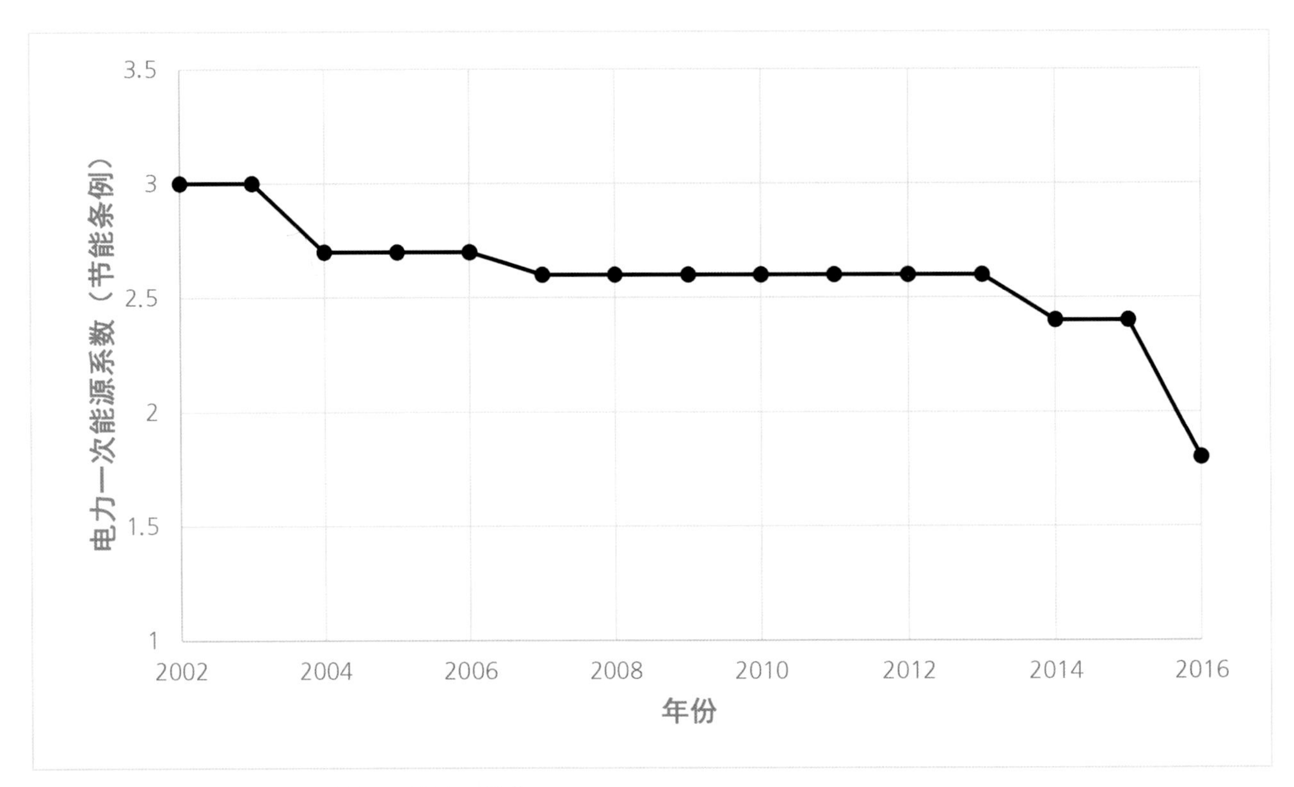

图 3.9 节能条例中电力的一次能源系数发展趋势

因为一次能源系数不停地变化，所以当一次能源系数（以及作平衡计算的建筑）不是建立在同一基础上时（图 3.9），它就不适合用来对不同建造年代和不同节能标准的房屋进行比较。所以，配备热泵而不对建筑围护或建筑设备作任何改动的建筑，其供暖一次能源需求却会减少，比如从 2002 年的 50kW/（m^2a）降低到 2016 年的 30kWh/（m^2a）。

非透明建筑围护：损失最小化

建筑的承重结构寿命很长，有时候会长达几百年，保温层、窗户和门的使用年限在 25～50 年。因此，特别重要的是在这些地方采用能得到的最好的质量。因为大多数情况下，在建筑部件的生命周期结束前对保温做后续的改造是不值得的。因此，今天做出的“错误建筑决策”，可能要在半个世纪后才能够弥补。建筑外围护效能的最重要指标是建筑部件的传热系数 U 值（W/[m^2K]）。U 值越低，保暖隔热效果就越好。U 值取决于两个重要因素：所使用的保温材料的导热系数 λ（W/[mK]）和保温材料的厚度 d（m）。高度节能建筑所要求的传热系数很低，外热阻 R_{Se} 和内热阻 R_{Si}（m^2/W）只是次要的。

U 值作为衡量建筑部件保温性能的标准，可用以下公式计算：

$$U = \frac{1}{R_{Si} + \frac{d1}{\lambda 1} + \frac{d2}{\lambda 2} + \cdots + \frac{dn}{\lambda n} + R_{Se}}$$

公式中的“d1”、“d2”和“dn”指墙体材料的不同厚度。表 1 中列出了一些保温材料及其导热系数，同时也列出了被动房墙体所须保温材料的厚度。

保温材料和被动房所需的材料厚度（0.15W/[m²K]）

表 1

保温材料	导热系数 λ [W/（mK）]	保温材料厚度 [cm]
甲阶酚醛树脂泡沫	0.021	14
EPS 发泡聚苯乙烯	0.032	21
XPS 挤塑聚苯乙烯	0.035	23
岩棉	0.035	23
木纤维保温材料	0.038	25
纤维素绒	0.040	26
泡沫玻璃	0.042	28
软木	0.045	30
秸秆	0.052	34

U 值也是一项重要的舒适度标准。如果 U 值高于 0.85W/（m²K）就可能在外部温度低的情况下导致不舒服的辐射热流失，并产生穿堂风。要避免这种情况，比如双层玻璃窗户下需安装暖气散热片，以平衡上述效应。

老旧建筑的外墙 U 值大多数都在 0.85W/（m²K）以上，这就会导致不舒适。无论墙体是按照现行节能条例还是被动房标准，图 3.10 给出了两种情况的热舒适度。

保温标准

未来建筑
(U= 0.12 W/(m²K)

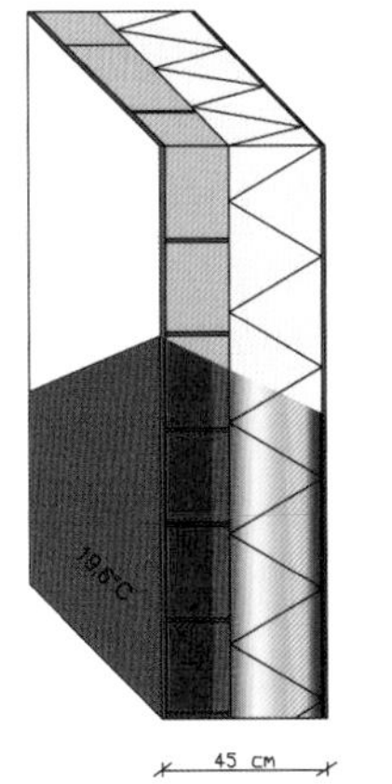

新建筑
(U= 0.28 W/(m²K)

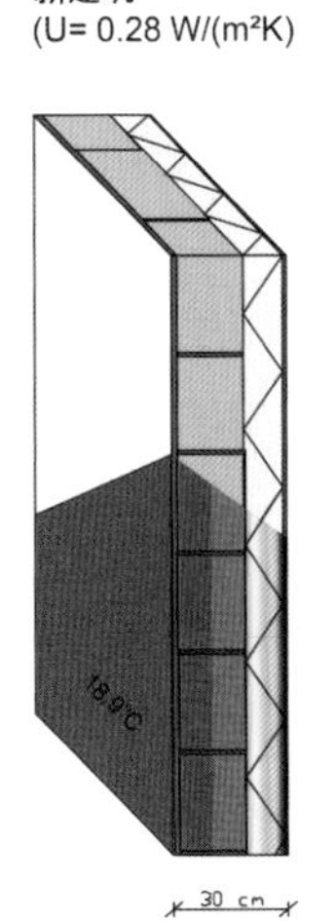

老建筑
(U= 1.4 W/(m²K)

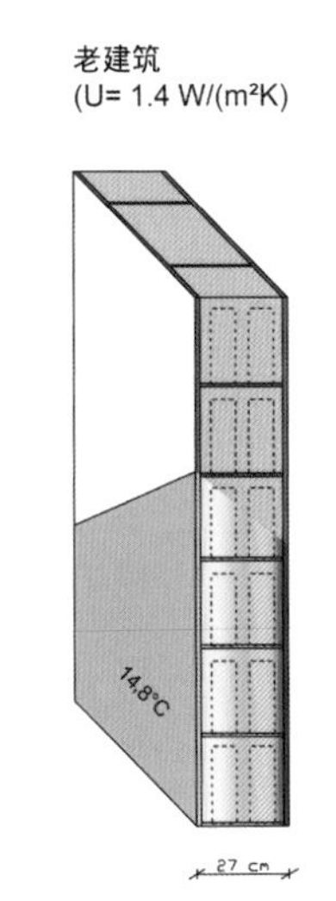

图 3.10 不同保温标准的墙体和产生的表面温度
（© Passivhaus Institut）

重要的是合适的 U 值!

先进建筑的外墙和屋顶 U 值应在 0.10 和 0.15W/（m²K）之间，底板的保温可略差些，因为冬季土壤没有室外空气那么冷。至于使用哪种保温材料和哪种建筑方式，对于热损失来说是无关紧要的。只有 U 值才是起决定作用的，即便把生产保温材料的能耗（灰色能耗）也计算进来，也依然适用。举例说明：

一栋现有建筑的外墙 U 值为 1.4W/（m²K），将使用聚苯材料做保温改造。墙体原来的热损失是 120kWh/（m²K）。如果按照燃油供暖设备的设备能效系数 1.1 和燃油的一次能源系数也为 1.1 计算，相应的一次能源需求为 146kWh/（m²a）。

如果按照节能条例的要求改造成 U 值为 0.3kWh/(m²a)，就要使用厚度为 8.5cm 的保温材料。在这种情况下，供暖节约的能量为 97kWh/（m²a），一次能源节约 117kWh/（m²a）；相对来说，生产保温材料的一次能源消耗是 24kWh。就是说，在第一年就可以实现节约一次能源 93kWh/（m²a），保温材料的计算摊销时间为 0.2 年。假定保温材料的使用年限仅为 25 年，按节能条例的标准改造后，这段时间里一次能源的节约为 2900kWh/m²。

如果按被动房标准改造，与老旧建筑相比，一次能源节约为 132kWh/（m²a）。达到这一水平，需要采用 19cm 厚的保温层，一次能源的消耗为 55kWh/（m²a）。虽然计算摊销时间提高到 0.4 年，但 25 年的使用时间里却可以节约一次能源 3200kWh/m²。

从上述的计算例子可以看到，考虑到能耗的摊销，在保温层上的投入是绝对值得和有意义的。把原油存在保温层里比用于取暖燃烧有意义得多。此外，保温材料在使用后还可以在材料循环中再利用。与之相反的，油料燃烧后，就永远不能再进入材料循环中了。

这个例子，假设使用的保温材料是含一次能源相对较多的聚苯乙烯。如果使用其他保温材料，如矿棉、纤维素甚至秸秆，因为灰色能耗和运营能耗的缘故，一次能源平衡在整个使用期内的结果还更好。由于灰色能耗所占比例反正很少，保温材料的选择就没有那么重要，如图 3.11 所示。

从中得出的结论是，好的保温性能比材料选择重要。如果能够保证这一点，第二步就可以对所选择的结构和保温材料进行优化。这为个人倾向以及其他个别标准，比如防火、力学特性、建筑生物学的考虑、透汽和吸收特性，或成本等，开辟了广阔的空间。图 3.12 展示的是一些精选出来的例子。不受结构和材料选择的限制，为了保证保温材料能够完美地发挥作用，需要遵守各种材料的加工准则和适用范围。

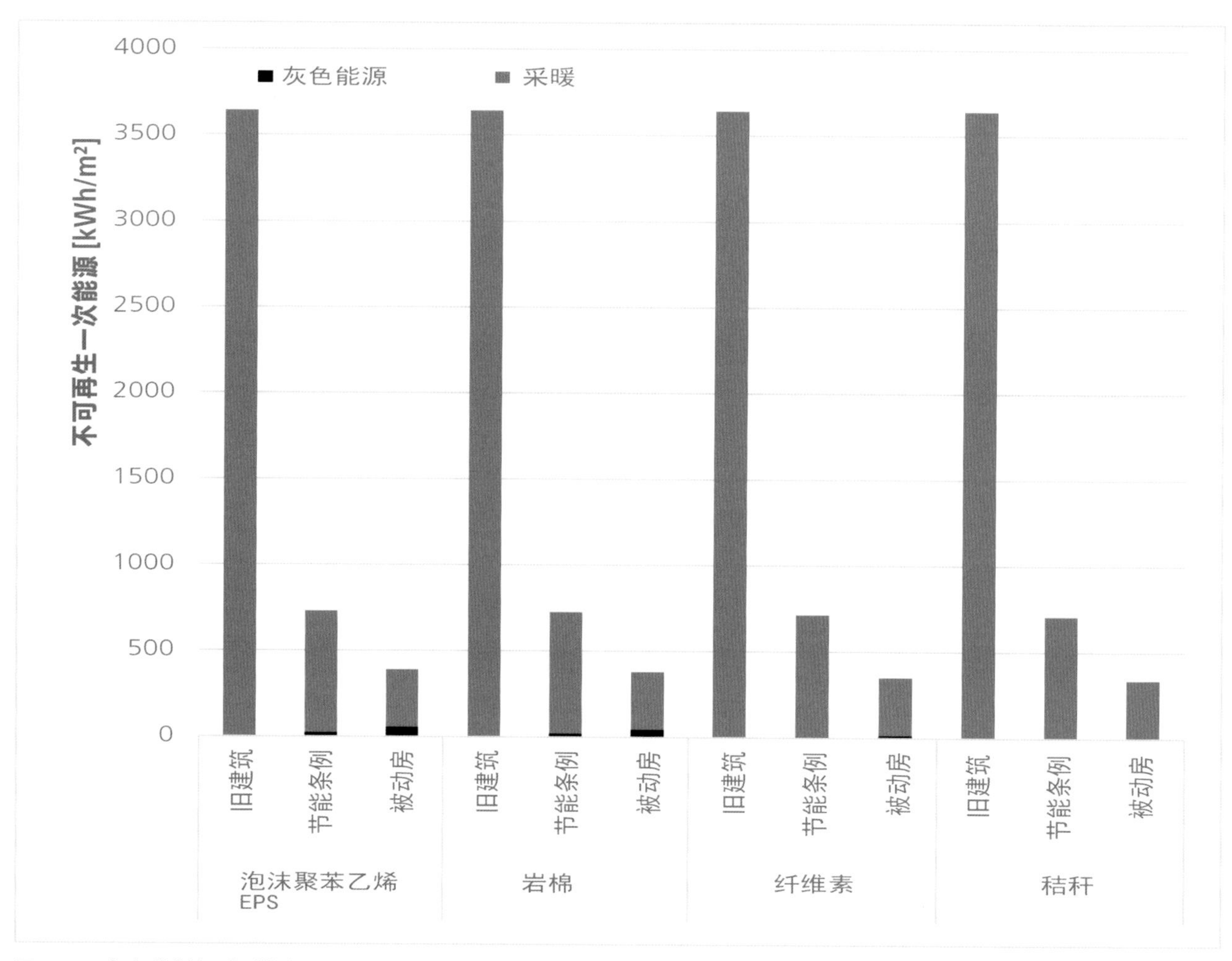

图 3.11 灰色能耗与采暖能耗的关系

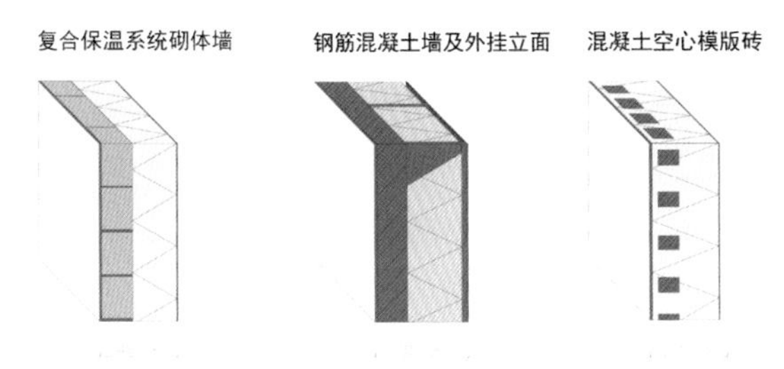

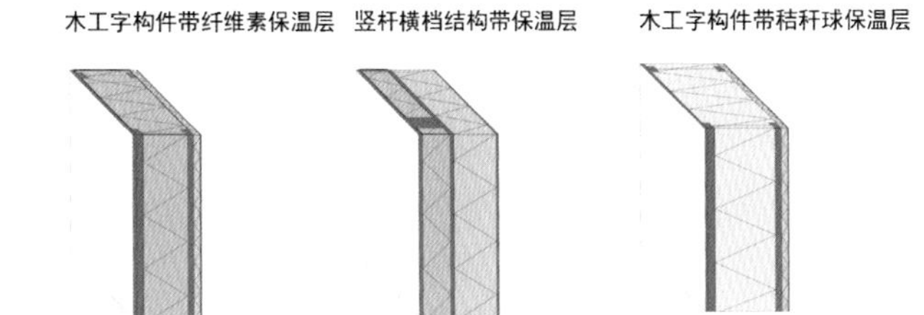

图3.12 适用于被动房的墙体结构（© Passivhaus Institut）

透明建筑部件：利用太阳能，防过热

窗舒适度考虑特别重要。双层玻璃窗在中凉气候区达不到“窗户U值小于0.85W/（m^2K）”的舒适度标准。必须在窗户下方安装供热器。如果安装3层玻璃窗，最好再配上保温窗框，就不需要散热器了，这不仅节约投资成本也给了装潢设计更多自由。

3层玻璃是当今的技术前沿，由3层玻璃组成，其间填充惰性气体。惰性气体，通常用氩气，可以减少玻璃的传导损失。因为与空气相比，氩气的导热性更低。外层玻璃内侧的特殊涂层可提升保温效果，然而涂层也会减少进入室内的太阳能。因为冬季日照时间短，室外始终比室内温度低。因此，良好的U值保温比获取更多太阳能重要。3层玻璃还没有达到技术发展的顶端，4层玻璃产品正要跨入市场，未来真空玻璃也可能变得重要。在这一方面，未来5～10年的市场将处于什么状态，目前很难预测。

窗的热量损失

对于窗户的热量损失来说，玻璃的U值（U_g）及其的面积（A_g），窗框的U值（Uf）及其面积（A_f）至关重要。另外，玻璃边缘热桥损失（Ψ_g），和安装方式热桥（$\Psi_{安装}$）及其安装长度（l_g和$l_{安装}$）也会产生影响。

关于窗的U值有很大的混淆，因为还有一个自10多年前就不再使用的窗户K值。这个窗户的K值不包括玻璃边缘的热量损失，因此在同一窗户上与按规范得出的窗户U值相比低得太多。现行规范允许通过热流模拟测量和计算U值，测量得出的往往是明显偏好的结果。而在实践中却证明是不现实的，特别是塑料窗框。如需要有效的输入数据进行建筑物能量平衡计算，无论如何都应使用基于热流模拟计算得出的数值。在招标时，经常会对窗户的最大U值提出要求。被动房研究所对温偏凉气候区建筑出具认证时，窗户的参考U值都定于0.7W/（m^2K）（图3.13）。

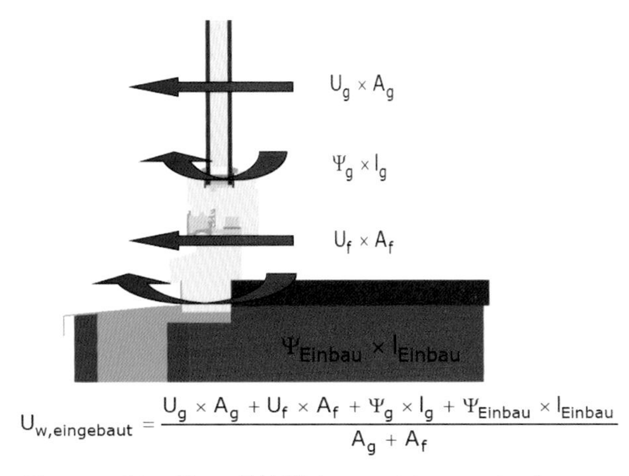

图3.13 窗U值U_w的计算（© Passivhaus Institut）

其他研究机构认可明显更好的玻璃 U 值，这样则不能从窗户 U 值直接推断出窗框的保温性能。使用质量极好玻璃的问题是，在实际中有不能遵守的危险，比如说出于安全考虑必须使用更厚的玻璃，就会减少玻璃间的空隙，最坏的情况是整栋建筑都达不到规定的要求。

得热

有两个数值影响窗户的得热效果：玻璃的总得热系数 g 和窗框面积比。g 值是指从外部照射在玻璃上的能量最终实际进入室内的那一部分。如果 g 值为 80%，说明外部照射在玻璃上的阳光辐射能量有 80% 进入了室内。g 值为 50%，就只有一半的太阳能进入室内。玻璃越厚，表面涂层越多，g 值就越小。正因为如此，玻璃的每毫米厚度就会减少 g 值约 1%。很显然，3 层玻璃的 g 值要比双层玻璃的 g 值低。后者的传热系数 U_g 值为 1.1W/（m^2K）时其得热系数约 80%。而 3 层玻璃的 U 值和 g 值受所选择的涂层影响。比如 U 值优化玻璃 g 值为约 50% 时，其 U 值为 0.55W/（m^2K）。这样的玻璃用于阳光较少的窗户上，比如建筑物的北侧，或者需要强遮阳的情况。g 值优化玻璃用于阳光充足的南立面位置。比如 U 值为 0.65W/（m^2K）的玻璃，g 值为 60%。计算能源平衡时要数字可靠，就会倾向使用 U 值优化的玻璃。如果屋子朝南的方向前面有棵树或矗立着邻居的高楼，得热就受到影响，但损失依然存在。

另一个影响得热的因素是窗框面积，窗框不能直接获得太阳能。实际上，窗框只会损失而无法获得能量，而且窗框的 U 值大部分情况下都比玻璃的 U 值差。因此，推荐尽可能选择可见宽度窄的窗框。窗户的尺寸也会产生影响：窗框的可见宽度不变情况下，窗框面积比例随着窗户尺寸的增大而减小。考虑到得热和热损因素，建议尽可能采用大窗户。当然窗户的尺寸大，对玻璃的力学要求会提高，其价格也随之提高。需用较厚的玻璃。这也对玻璃的 g 值产生负面影响。如果没有其他要求，比如防坠落安全要求，通常的 4mm 厚玻璃可以加工到的最大尺寸约为 1.4m×2.7m。由于经济原因，窗户不应超过上述尺寸。

遮阳系统

明亮、自然采光的房间美观又健康。应用自然采光可以减少对人工照明的需求，因此可以在两方面减少电能需求：照明本身的能源节约和可能的制冷能源节约。但是伴随自然采光也可能会带来问题，即在冬季期望获得的太阳能，在夏季会导致过热。由于光照太强，冬天也可能出现眩光，遮阳和防眩可能有必要。理想的系统应该是：在夏季和冬季都能减少眩光，同时在冬季容许太阳能得热，在夏季又能遮阳。

南向立面由于高角度的太阳辐射产生得热负荷，为防止夏季过热，固定式水平遮阳装置是值得推荐的方案，此方案的防眩效果也是可以接受的。因为东西两个方向的太阳照射角度比南面低，固定式水平遮阳系统就不适合。

外遮阳系统比如百叶窗能起到很好的夏季遮阳和防眩作用。如果百叶窗的叶片部分能够随意控制并引导光线，就可以把光线引向顶棚，避免炫光。这样即使叶片关闭，也不可以需要人工照明。缺点是，用外遮阳系统冬季防眩会明显较少进入室内的太阳能。这个问题可以通过外加一个内部防眩装置来解决。然而应该注意的是，不能让内帘导致的高温负荷损害内侧玻璃。外遮阳的缺点还有对恶劣天气的抵抗力差，以及维护和清洗费事。

内遮阳系统发挥的作用有限，因为在阳光抵达遮阳系统前，太阳能已经进入了室内。但内遮阳系统作为冬季的防眩装置是适合的。

下表给出了不同遮阳措施的遮阳系数。如果遮阳系数为1，表明没有任何遮阳；系数为0，则表示完全彻底的遮阳。

不同遮阳措施的遮阳系数 **表2**

遮阳措施	遮阳系数	
	外置	内置
百叶帘关闭	0.06	0.7
百叶帘开启45°	0.1	0.75
卷帘 白色	0.24	0.6
卷帘 灰色	0.12	0.8
膜	—	0.6

安装于玻璃内的遮阳系统提供了其他可能性。装在夹层窗的空气间隙层内的这样系统不受风雨影响，并且容易维护。但夹层窗很贵，而且无法用雨固定玻璃的窗户系统。如果遮阳装置在封闭的玻璃之间，如果遮阳故障，就必须换掉整片玻璃。然而，过去几年产品在寿命方面取得了进步。由于内装遮阳带来额外热负荷，至少应对中间的玻璃做钢化处理。在经济性方面，某些情况下内装遮阳窗户与外遮阳相比，投资成本上已有优势。一般来说，内装遮阳的维护成本较少。

经济性

过去数年间，3层玻璃窗的市场份额明显提升。目前（2014年）占到了大约60%，同时3层玻璃的制造成本也迅速降低。毫无疑问，3层玻璃在德国代表着最佳的经济性。安装了两层玻璃的人虽然节省了几个欧元的投资成本，但明显地会在采暖上要付出更多。今天，无论从经济还是生态角度看，使用双层保温玻璃窗户都是不负责任的。

到目前为止，还有些不清楚的是，制造额外带暖边的3层玻璃窗户在经济上是否值得。为了找到答案，被动房研究所举办了2014年部件奖（COMPONENT AWARD 2014）的竞赛活动（图3.14）：

邀请了经认证的被动房窗制造商，为一栋单户住宅的窗户报价。来自木窗、铝包木窗和铝塑窗类别的41种窗参加了竞赛。产品间相互比较，并与一个按2009节能条例要求的参照建筑“标准窗”做比较。

对投资和能源成本全生命周期进行观察，与标准窗相比，全部参赛的被动房窗平均节省12%，含安装平均投资成本为511欧元/m^2。

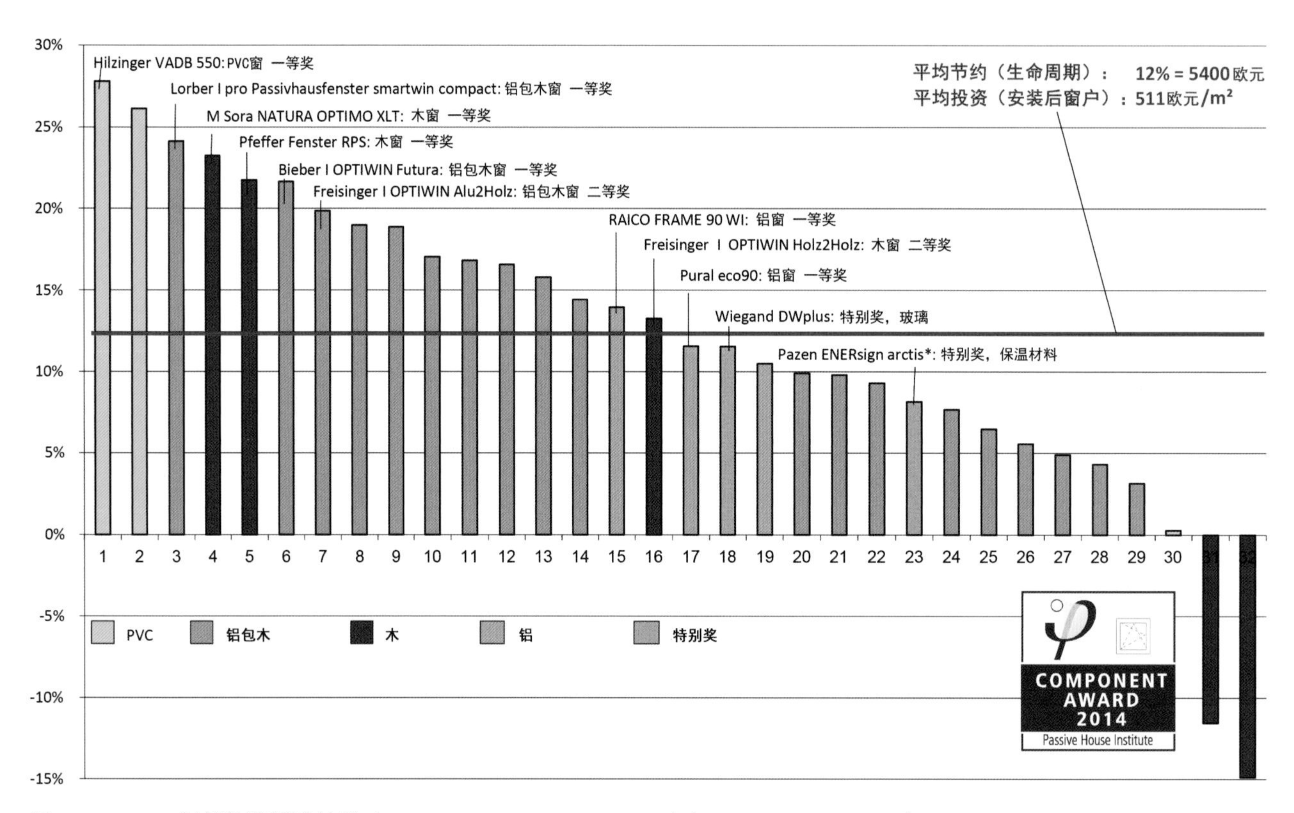

图 3.14 2014 年部件奖评选结果（COMPONENT AWARD 2014）（© Passivhaus Institut）

下面以 COMPONENT AWARD 2014 评选结果为基础的例子来说明最高效能的窗给业主带来的盈利：例子中的建筑需要大约 40m² 的窗。使用标准窗，含安装的成本为 16920 欧元。使用被动房窗的成本为 18600 欧元。贷款的实际利率（名义利率扣除通胀）为 2%，贷款期限 20 年。“标准窗”的年供为 1035 欧元，被动房窗的年供为 1137 欧元。标准窗将带来每年 250 欧元的取暖成本，但被动房窗的能量平衡几乎持平：能量的损失几乎与太阳能得热相当，取暖能耗成本只有 3 欧元。因此，标准窗每年的总支出为 1285 欧元；而被动房窗则只有 1140 欧元，节省了 145 欧元或相当于 11%。20 年后还清贷款时，使用者每年可以从节约中获利 247 欧元。

除了窗的热工品质和制造类型，对于经济性还应注意：

- 固定窗扇价格便宜，而且大多数情况下比可开窗扇的保温性好。如果可能，应采用固定窗扇。然而，用户的接受度也很重要，每个房间至少要有一个可开窗扇。还应该考虑到，固定窗扇的外侧无法从内部清洗。
- 分隔成多个小块的和有特殊的玻璃隔条的窗会提高热量的损失，减少太阳能得热。因此应该建造整面大块的窗户。
- 如果玻璃的尺寸不大于 1.4m×2.7m，应尽可能使用价格低廉的 4mm 玻璃。

热桥背后的玄机

热桥是指热工性能薄弱之处，也是建筑外围护受到干扰的地方。在这些部位，热量的损失比正常未受干扰部位高。因为损失的热量多，所以热桥部位的建筑内表面温度较低。如果这些部位太冷，就会在湿度较高时产生有害健康的霉菌，同时损害建筑物。总体而言，保温隔热好，可以提高温度，也包括热桥部位。因此就表面温度看，高能效建筑的卫生健康问题总是少于低能效建筑。

一般来说，热桥分为线状和点状两种。线状热桥，例如顶板结合部、外挑的阳台板、外角、山墙或屋檐。点状热桥是单一的外围护上穿透点，包括：雨篷悬挂点、电气管路穿透点、保温材料固定销和干挂立面的支撑结构。

热桥的计算

热桥的计算借助于热流模拟。视应用情况，基于有限元法或有限差分法的程序可以计算二维或三维空间的热流。以这些程序为基础，可通过以下 3 个步骤确定热桥：

1 使用被动房规划设计程序包（PHPP）或热流程序，确定某一高度（h）通过未受干扰的建筑部件的热流 Q_{reg}（W/m）

$Q_{reg} = U \times h \times \Delta\theta$

2 使用热流程序确定通过真实建筑部件的热流 Q_{WB}（m）。重要的是，代入的建筑部件高度（h）和温差（$\Delta\theta$）要与第一步中的相同。

3 以下列公式计算热桥损失系数 Ψ（W/[mK]）：

$$\Psi = \frac{Q_{WB} - Q_{reg}}{\Delta\theta}$$

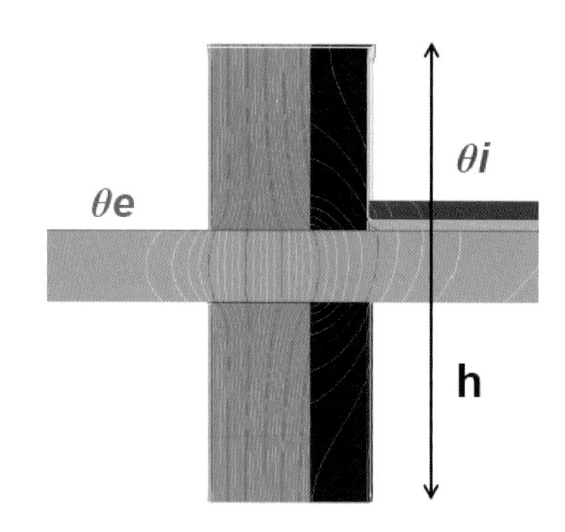

热桥举例

一个线状热桥的例子是两段不同厚度的墙体衔接成的一堵墙。墙体材料有相同的导热性，在能量平衡程序工具中输入两段墙体的面积。然而，在两段墙体之间却产生了热桥。为什么？因为在两段墙的连接点产生了一个额外的面与周围环境进行热交换。这里的能量损失大于两个 U 值和其所属的面进行平衡计算所得的结果。图 3.15 说明了这一问题：

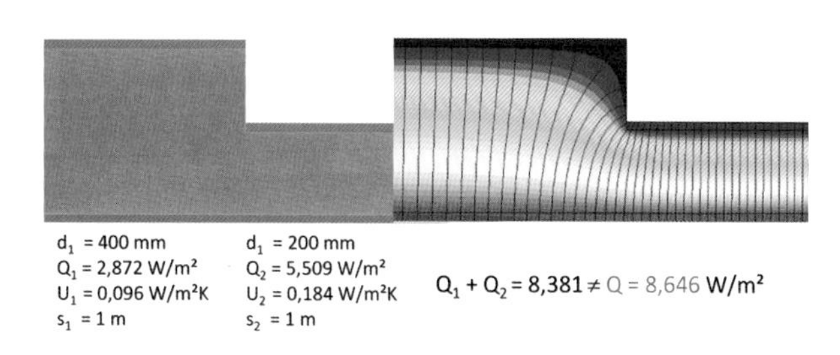

差额：在简化的$\Sigma U_i \times A_i \times \Delta\theta$计算中，忽略了二维热流效应：

Y = 0.0088 W/mK

图 3.15 不同厚度构件衔接处产生的热桥（© Passivhaus Institut）

另一个线状热桥的例子是一个外挑的混凝土板。如果混凝土楼板直接穿过保温层成为外部阳台，那么，保温的外维护就被导热性很高的混凝土完全穿透，产生巨大的热桥。在老旧建筑上，这个部位常常会发霉或者出现霉斑。热桥是可以避免的，办法是在建筑物本体的外面做阳台。这样保温层就可以不受影响地连续铺设，但这样常常是做不到的。折中的办法是做“隔热”处理，就是不让混凝土楼板直接穿过保温层。阳台板是通过特殊部件，所谓的“隔热篓”（Isokörbe）与楼板衔接。如此，按力学要求不同，高达75%热桥可以消除。应保持内侧够高温度，以避免卫生问题。如果将外挑混凝土板穿过保温墙体所产生的热桥，与穿过未保温墙体所产生的热桥相比，就会发现：前者的热桥损失系数反而较高（图3.16）。

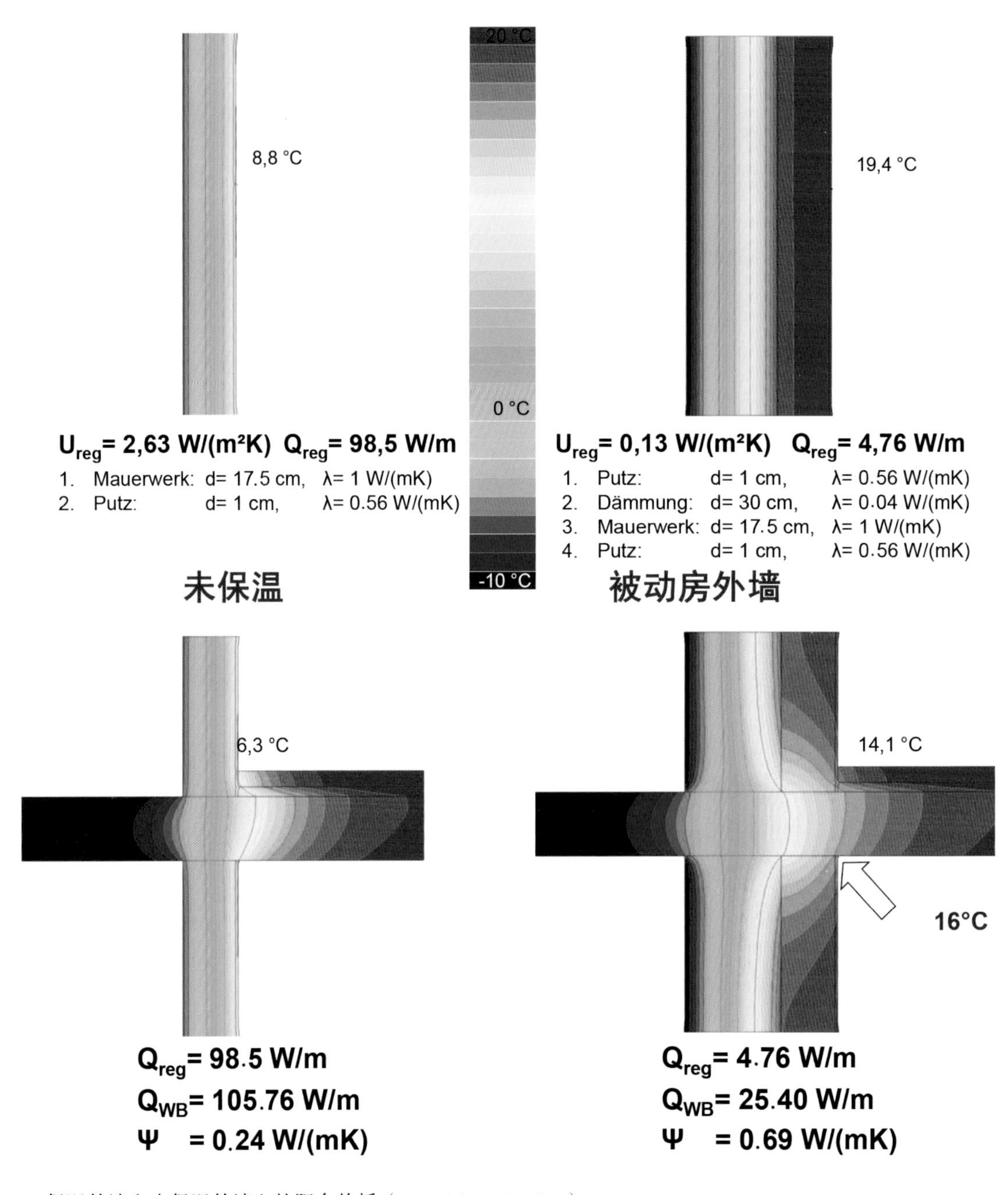

图3.16 保温外墙和未保温外墙上的阳台热桥（© assivhaus Institut）

这会使人产生错误的印象：墙体保温加剧了热桥问题。下图（图3.17）说明了其原因：未保温墙体损失的热量本来就很高，外挑的阳台板的恶化效果相对有限。而保温墙体如不受干扰损失的热量少得多，阳台板的恶化效果就非常明显。热桥损失系数总与薄弱的建筑部件相关。重要的是，保温措施明显地减少了总的热量损失，使内部表面温度提升到超过临界的12.6℃。低于这个温度，在一般室内空气湿度下就会发霉。

在建筑的外角，比如屋檐，会产生几何热桥。在这种情况下，外表面相对的是一个较小的内表面。在能源平衡计算上，惯常使用的是外部尺寸计算法。依照这个方法计算，热损失就被系统性地“高估”了。细部结构做得好，还会因此产生负热桥。这样整栋建筑的所有热桥的总值就可能是负数。建筑物也会被冠以“无热桥”的美名。

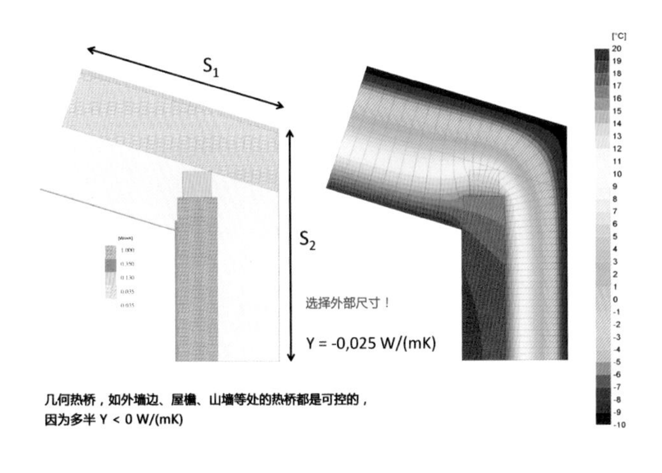

图3.17 屋檐细部的负热桥示例（© Passivhaus Institut）

将背通风立面固定在承重墙上并穿透保温层的立面锚栓是点状热桥的例子。如果锚栓是铝制的，就会使墙体的热损失翻一倍：通过锚栓损失的热量几乎与通过墙体其他部分的一样多。值得庆幸的是，还有更好的解决方案，就是用导热性较差的不锈钢代替铝。适当的材料选择，可使穿透的横断面减小，并减少锚栓的数量，使得“立面锚栓”的额外热损失几乎可以忽略不计（图3.18）。

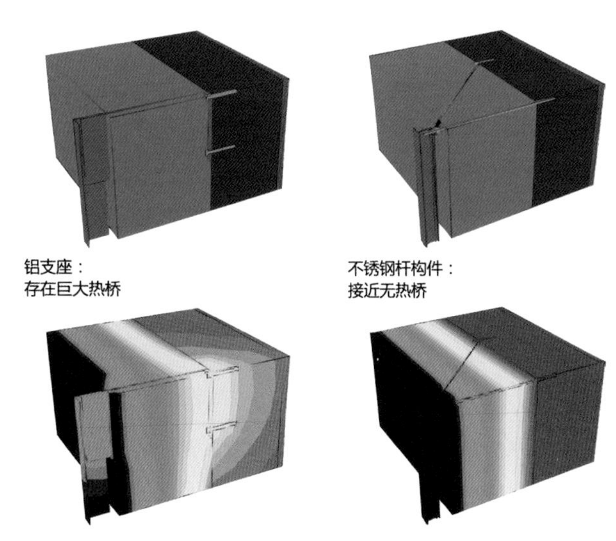

图3.18 点状热桥示例：外立面铝锚栓与不锈钢锚栓性能对比

轻松建造被动房：用PHPP和Design-PH计算能量平衡

PHPP—不仅是能量平衡计算软件

要准确可靠地设计一栋最高能效的建筑，比如被动房、最低能耗房、零能房，或产能屋，一个可靠的规划设计软件是必不可少的。PHPP（被动房设计规划程序包）是一个基于Excel的规划工具，建筑师、规划师可以借助它对项目做专业的规划和优化。PHPP还包含了窗户设计辅助（考虑最佳舒适度）、居室通风（考虑湿度足够情况下最佳空气质量）和建筑设备。PHPP将整座建筑作为一个整体来对待，包括通风和建筑设备。PHPP使用手册并不只解释说明如何向计算表格中输入数据，还提供了大量有关建筑部件优化布局的技巧（气密性、无热桥和低成本），以及规划流程和质量监控方面的建议。

符合实际情况的能耗评估

自 20 世纪 90 年代中期，被动房研究所就推出了程序包 PHPP，并不断地继续研发。其他按照节能条例要求而研发的能源平衡软件首要目的是验证符合最低标准。PHPP 与此不同，它所用的按月算法目标是得出贴近实际的能耗预测。PHPP 的基础是一个 Excel 工作簿。经过了上百个已建和检验量测的项目验证，并一直在持续校准。其结果有目共睹：凡是使用被动房规划设计包精心规划的建筑，所预期的指标最终都能实现。下图展示的是建筑类型相同，但节能标准不同的住宅小区。平均而言，所量测的能耗与预计的能量需求极为吻合（图 3.19）。

不仅适用于被动房

PHPP 设计软件包包括一个 CD 光盘，里面是 Excel 文件夹、案例文件和许多其他的规划工具，以及一本使用手册。使用手册不仅解释了 PHPP 的计算流程，而且还就建造被动房的其他重点做了说明。在各种 Excel 表格里对不同的建筑部件，如窗户、通风、建筑设备或建筑几何加以定义并相互联系。除了采暖、热水和电力的能源需求外，PHPP 还能够计算太阳能供热和光伏设备的效能。因此，这个软件包还适用于计算零能耗房、主动能源房或产能房的能源平衡。

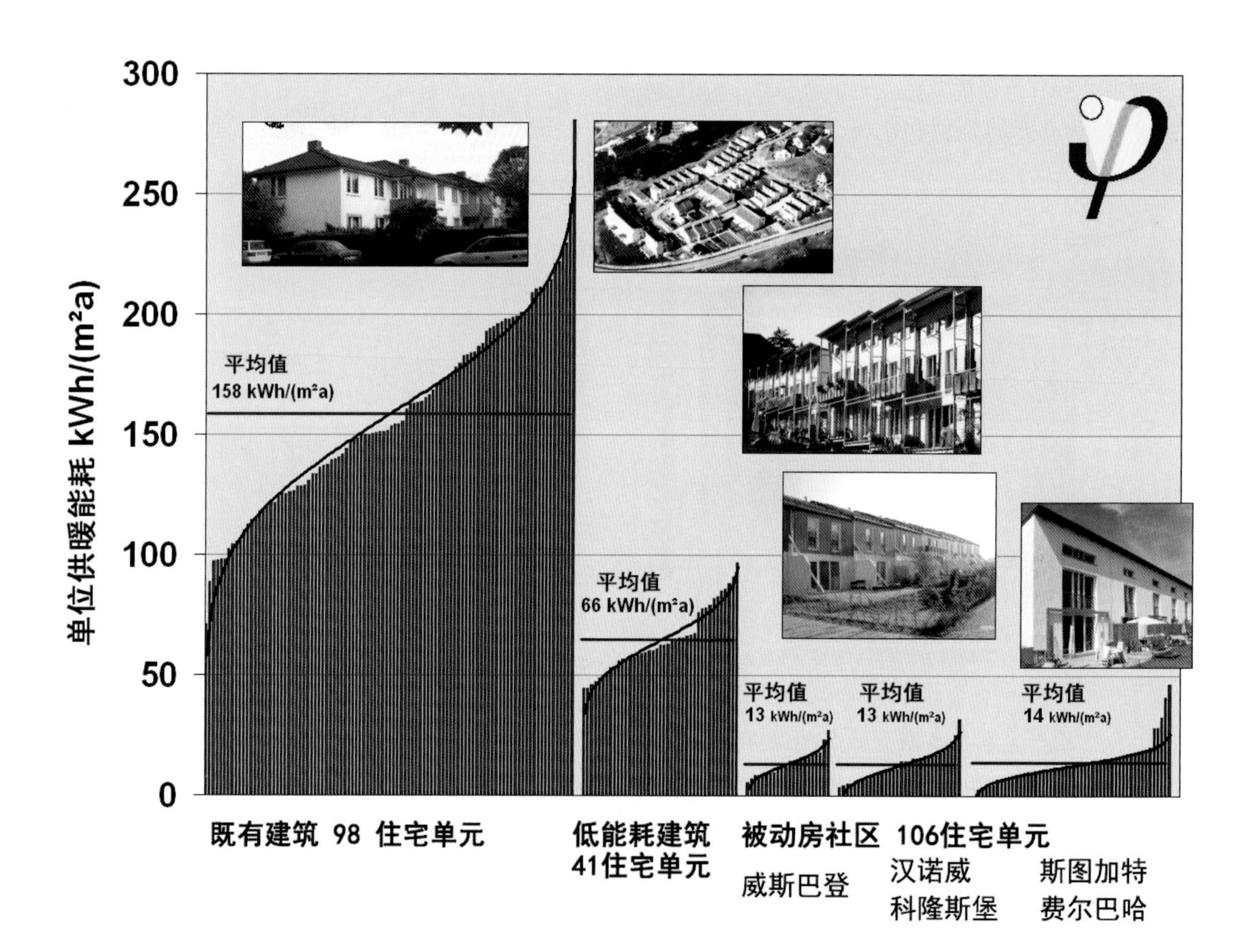

图 3.19 既有建筑、低能耗建筑和被动房能耗统计评估数据（© Passivhaus Institut）

功能特点与输出结果

- 年供暖需求（kWh/（m^2a））和最大供暖负荷（W/m^2）；
- 主动制冷下的夏季舒适度：年制冷需求（kWh/（m^2a））和最大制冷负荷（W/m^2）；
- 被动降温下的夏季舒适度：超温频率（%）；
- 整座建筑的年一次能源需求和可再生一次能源需求；
- 建筑各部件的规划（部件的规划设计包括 U 值的计算、窗质量、遮阳、舒适的通风等）及其在冬季和夏季对建筑物能源平衡的影响；
- 供暖负荷和制冷负荷规划；
- 建筑设备的总规划：采暖、制冷和热水制备；
- 地集热器和地埋管规划；
- 太阳能集热器和光伏设备规划；
- 验证建筑整体方案能效；
- 多种备选方案的管理和比较，包括经济性预估（自 PHPP 9 起）；
- 根据所选的气候带数据对建筑部件的热工质量提出建议（自 PHPP 9）；
- 按照被动房的评级标准即“普通被动房”、“优级被动房”和“特级被动房”认证；
- 按照 EnerPHit 标准对既有建筑验证。

计算，国际通用及认可

计算是实时的，也就是说，使用者能够在调整输入数据后马上看到在建筑物能源平衡上的效果。这就能不费力地比较不同部件的品质，从而一步步优化建筑的具体能效规划。无论是新建筑还是既有建筑的改造，作为基本的边界条件是选择建筑物所在地典型每月气候条件（特别是温度和太阳辐射）。在此基础上，就可以从 PHPP 计算出对象建筑物每月的供暖或制冷需求。因此，只要有当地的气象资料库，PHPP 可以用于世界任何气候区。

PHPP 的所有计算都严格遵循建筑物理原理。只要可能，具体的运算步骤都依据现行的国际规范。

PHPP 软件包是质量保障和认证被动房或 EnerPHit 房（改造房）的基础，PHPP 计算的结果条理分明地汇总在一份验证书里。除了前面已经提到的 PHPP 的基本组成部分，还为使用者提供了多种有用的补充。例如，PHPP 中整合了符合节能条例（EnEV）的简化计算方法，运用辅助工具就能生成能耗证书。此外，作为被动房补助证明，PHPP 的计算结果得到了复兴信贷银行的认可。

PHPP 可在全世界范围内使用，同时，也已经翻译成多种语言。一些翻译的版本还包括了符合当地标准的计算方法（类似德国的节能条例 EnEV），目的是使计算结果在各个国家也能够作为能耗证明使用。

更多信息请登录：www. passiv. de

第4章

结　构

第 4 章

4.1

节能建筑的外墙

对于节能建筑来说，外墙作为建筑维护的组成部分是起决定性作用的部件。外墙是建筑的总体结构构思的焦点，乃至总体结构是通过选择外墙结构确定的，即使其他建筑部件的结构不同，甚至占了建筑围护更大的组成部分。

图 4.1 位于慕尼黑附近奥夫基兴市的蒙特苏里学校。世界上第一个获得认证的被动房学校建筑，砌体结构，外围护采用木材。波状起伏的绿植屋顶，就如从周边风景中生成，它只有两个立面。因此，外墙只是外围护的一小部分，但在造型上却居于主导地位

当然，原因还在于建筑的外观是由外墙的结构及其饰面决定的，这就产生了造型与技术观点的汇集。在这交汇点的协调与冲突中，决定了参与的建筑事务所的工作，也决定了全社会对节能建筑这一主题的讨论：如何处理受保护建筑的外立面，保温层是否注定妨碍造型之美，应采用什么样的保温材料，这些问题在建筑转向关注耐久性的过程中越来越成为关注的焦点（图 4.1）。

外墙造型与技术之间的关系应特别留意，因为不是预定的结构方案强烈影响造型，就是预定的造型影响外墙结构。因此，节能设计是否符合规范的要求，特别是保温隔热标准和无热桥方案，是重要的参数（图 4.2）。

图 4.2 住宅区，欧博门钦 / 慕尼黑，认证的优级被动房（德国 2013，Architektur Werkstatt Vallentin）：木结构，富于变化的立面造型

各种建筑方式

原则上节能建筑的所有部件，包括外墙，都可以取自传统建筑。虽然要求也基本上相同，但在节能方面的要求则多得多，所以某些地方差异很大：

- 内饰面 / 采光 / 吸湿 / 触感；
- 安装施工；
- 气密性；
- 结构力学 / 建筑物理 / 消防 / 防噪；
- 保温隔热；
- 防风 / 防雨；
- 外饰面 / 采光 / 恶劣天气防护；
- 遮阳。

被动房标准原则上能够在所有的建筑形式上经济地实现。截至目前，还没有哪种建造方式比其他方式更理想、更便宜。但是，却存在着区域和国家差别，在那里，某些建造方式更适合建造高效节能的建筑。而且，按建筑类型的不同，在个别项目或设计上，确实有更适合被动房的建造方式。

建造理想的保温围护，避免热桥和气密泄漏，这标志着被动房标准的构造。原则上则会应用已知的构造方式，以至于在相关的个别构造上，会看到所有的已知构造方式。然而，必须以范例说明，追求优化节能，设计上就会有所不同。特别是无热桥设计细节在不同的结构上就不相同。

砌体结构：

- 全砌体结构；
- 砌体 / 混凝土带外置保温壳及抹灰饰面；
- 砌体 / 混凝土带外置保温壳及背通风饰面；
- 砌体结构 /B 砌体 / 混凝土带夹层保温；
- 砌体结构 / 砌体 / 混凝土带内保温。

木结构：

- 木柱结构带背通风饰面；
- 木柱结构带抹灰饰面；
- 木柱结构带秸秆黏土抹面；
- 砖木一体结构墙体（无例子）；
- 砖木结构墙体带外置保温及抹灰饰面。

全砌体墙

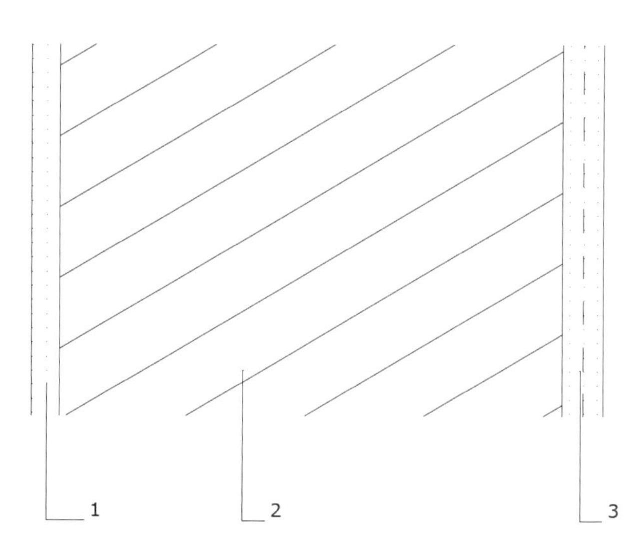

1 内墙抹面及涂料
2 砌体带保温夹层 / 填充
3 外抹面带网格布夹层

图 4.3 全砌体墙细节

这种非常流行的传统外墙结构对于节能建筑来说却是少用的结构（图 4.3）。原因在于，在可接受的墙体厚度下很难达到保温隔热标准。这种作法有用加气混凝土的，还有砌砖填充不同材质的保温材料的。这种情况下，建筑物要达到被动房标准，建筑围护的其他部件必须相应地做更多的保温处理。目前市场上也有导热系数为 0.07 的夹层砖，当墙体厚度为 49cm 时，总 U 值可达到 0.14kWh/（m^2K），因此获得了被动房组件认证。这里也需要特别注意，在使用钢筋混凝土（角柱，楼板支撑）做必要的力学加固处理的情况下，必须做保温处理，以避免产生未预见的热桥。这里细部节点会有后续影响，必须特别注意，特别抹灰的情况，因为中间层里必须使用网格布（图 4.4）。

图 4.4 位于埃尔丁的住宅工地（德国 2008 年，Architektur Werkstatt Vallentin），砌体，抹灰前在角柱和托梁部位铺设了保温层

在砌筑墙体时，需要特别注意相反的抹灰顺序。因为气密围护是由内部抹灰形成的，因此必须在安装窗户之后进行，以保证后续工作的气密围护。预埋件如电线、插座等当然也要做好密封。

砌体／混凝土外置保温和抹灰围护（外墙复合保温系统）

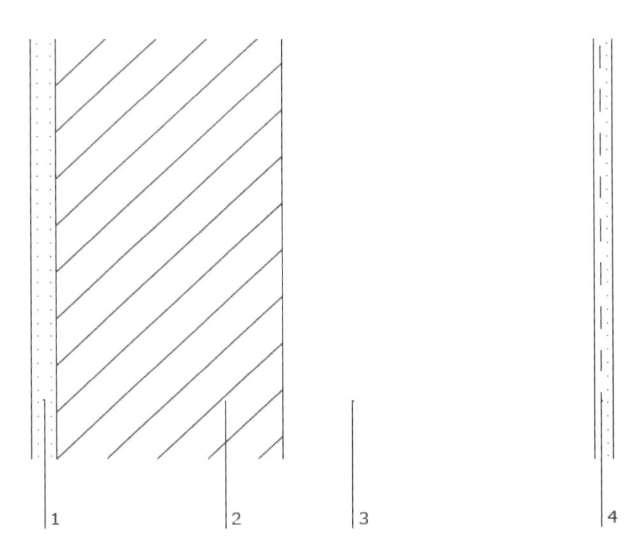

1 内侧抹灰，涂料
2 木结构或钢筋混凝土或砌体实心墙
3 保温层
4 外部抹灰带网格布，涂料

图 4.5 细节，砌体／混凝土，外置保温和抹灰围护（外墙复合保温系统）

这种结构有许多变化方式，实心墙体、保温层和墙面可采用多种多样的材料和不同的结构。在旧房改造时这种结构更为合适，因为可以在既有的实心墙体结构上加外置保温层墙面。

使用抹灰墙面的复合保温系统非常有效而价廉地实现被动房标准。但这种结构要求非常仔细的规划和施工，因为硬软结构层交替出现（实心墙／硬—保温层／软—抹灰／硬），每一位移都必须在各层之内得到支撑。由于必要的保温层太厚，一般的解决方案常常不再适用或必须调整。由于用到了多种保温材料、抹灰和涂料，整体构造必须相互配合，以保证结构力学和建筑物理的正常功能。既可以广泛使用“建筑生态”材料（保温材料如木质纤维，矿物灰浆和涂层），也可以制造非常耐用的饰面材料（如炭灰浆）。这会带来增量成本，需要作经济衡量（图 4.5）。

此外，还必须对加固、穿透和预埋件做认真仔细的说明，因为热桥不仅产生能耗效应，还会因为结露最终带来可见的建筑损害。因此，设计出了大量的加固件、预埋件和特殊构件作为标准的解决方案，在所有优良的混合保温系统中都能使用，而且遮阳系统也能够像这样可控地整合到保温层中（图 4.6）。

这种结构很厚的保温层可以创造出特别吸引人的造型，凹槽、窗帮、图案等部位都可以精心设计（见特里布斯建筑师事务的 Bozen 旧邮局改造项目的窗洞设计），建筑物理和能源平衡的考虑是必要的。在旧房改造时，采用这种结构需要注意原来墙体中水蒸气扩散带来的水分传递和既有的或后续产生的湿气。预先完成的有效防潮改造之后，才能进一步采用复合保温系统进行改造。保温材料的选择、固定和抹灰及涂料的做法，必须相互配合。

图 4.6 意大利第一栋改造被动房的立面局部——Bozen 的行政楼（意大利，2006 年，Michael Tribus 建筑事务所），复合保温系统——斜窗洞设计构成造型特点，并将光线导入办公室内

砌体／混凝土带外置保温层及背通风墙面

在保温层外侧带背通风的墙面也是一种常用的变化形式。这种墙面可能差异很大，所用材料多种多样，几乎变化无穷。由于保温层厚度大，如何跨越背通风结构非常重要。为了不因机构的固定而损失保温效果，必须特别仔细规划。近期研发出了一些专门针对被动房的建筑组件，这些立面锚固件种类很多，有些也获得被动房组件认证（图 4.7）。

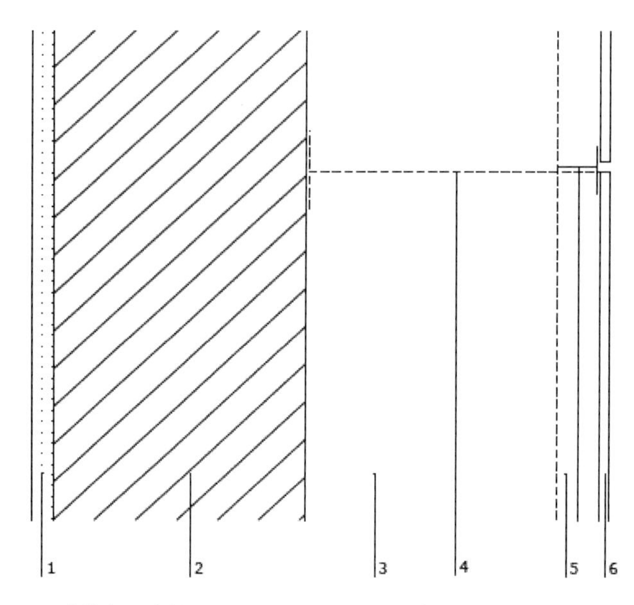

1 内抹灰及涂料
2 钢筋混凝土或砌体
3 保温层，比如粘合岩棉
4 立面保温锚钉
5 墙面下部支撑结构
6 立面板

图 4.7 砖砌墙带保暖层及背通风立面板

图 4.8 位于道芬的日间托儿所，改造标准 EnerPHit（德国，2013，Architektur Werkstatt Vallentin），背通风立面板

木结构安装到砌体承重墙上也同样是可能的。这种简单牢固的结构，细节处理容易，可以非常经济。特别是在夏季湿度特别大的气候条件下，这种外置木结构立面具有很大的优势（图 4.8）。

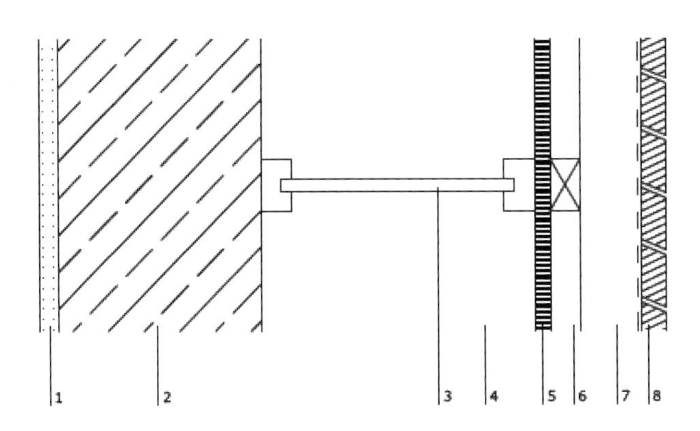

1 承重板黏土抹灰
2 钢筋混凝土或砌砖墙
3 木工字梁
4 保温层，比如纤维素
5 内层封板
6 通风龙骨
7 承重龙骨
8 松木板墙面带织物层

图 4.9 砌砖墙体细节，外置式木墙面，背通风

图 4.10 施工中的韩国槐山郡生态食品公司圃美多乐活研究院的青年培训学院，获得被动房认证。从图中可以清楚地看到钢筋混凝土的承重墙体结构，全封闭式外置木墙面（韩国，2013 年，Architektur Werkstatt Vallentin GmbH）

砌砖墙／混凝土带保温夹层，外置炼砖立面／混凝土预制板

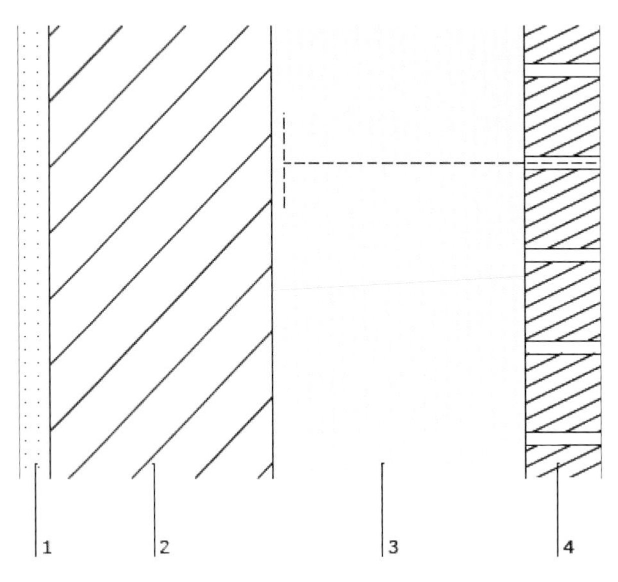

1 内抹灰、涂层
2 砌砖墙
3 保温层
4 炼砖外置立面板

图 4.11 砌砖／混凝土墙体，保温夹层，炼砖外置立面

乍一看，这种结构是不适合用于节能建筑的，因为厚重的外墙面覆盖在很厚的保温层上，但是这种结构却可以容易地拆解。如果需要更换炼砖立面，这种结构就是最合适的。但前提是，要使用断桥锚固件支撑厚重的外墙面（图 4.9）。

以前的通风间隙在现代的结构中已经不再使用了，甚至在现有的结构中，间隙被保温材料填充了（图4.10）。

需要注意的是，处于承重的内壳与非承重的外壳之间的通风间隙要使用保温材料彻底填充好，并尽可能避免热桥。

在支撑（墙高超过 12m）和开口部位，需要使用特殊的支座，以尽量减少因支座造成的热桥。采用高保温性能的玻璃纤维或氯丁橡胶的间隔件，将外墙壳与承重结构隔离开（图 4.11）。

砌体／混凝土带内保温

带内保温的外墙结构大多还是例外情况。然而有一些项目，特别是改造项目，只能以这种结构作为一个非常重要的办法来达到被动房标准。关于这一个题目，已经有很多研究和检测。以这种方式，可以对必须非常小心处理外立面的建筑，例如保护建筑，进行高能效改造（图 4.12）。

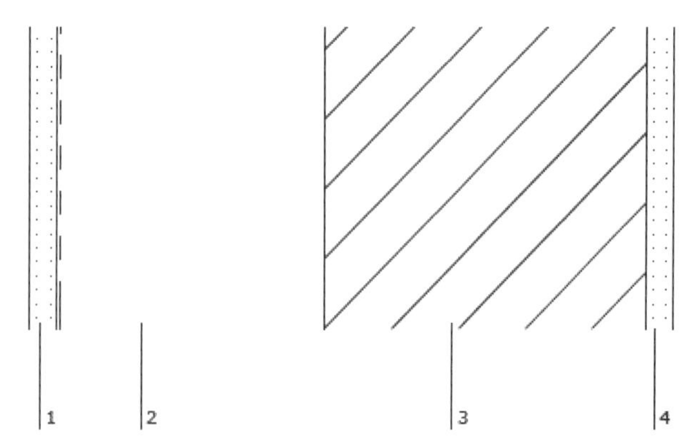

图 4.12 带内保温混凝土砌体细节

图 4.13 位于海因斯贝格的基督教堂的改扩建：不能改变清水砖墙外观，唯一可行的办法是采用内保温（德国，2012 年，Rongen Architekten GmbH）

这里特别细致的生物物理处理是绝对必要的，因为原则上讲，内保温处于建筑物理上“错误的”一面，蒸汽渗透会进入结构内部，并产生冷凝水。不损害建筑的墙体结构需要做到，要么避免湿气进入结构内部，要么能够及时彻底地排干湿气。通常无法避免的内墙和楼板的衔接部位就会产生热桥，这需要特别注意并尽可能减到最小。目前已经有很多适用于做内保温的材料，特别是硅酸钙板和气凝胶（图 4.13）。

木结构—木柱结构及木框结构带背通风墙面

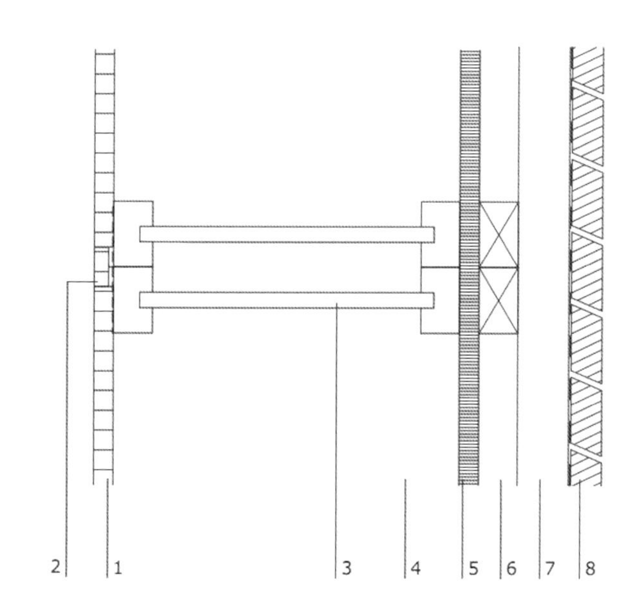

1 外露的刨花板
2 部件接口处粘贴封口或装饰盖版
3 木工字梁
4 保温层，比如纤维素
5 底层封板
6 通风龙骨
7 承重龙骨
8 带织物层的松木面板

图 4.14 木结构细节，木柱结构带背通风面板

这种非常普遍的传统外墙结构也非常适合节能建筑。这是因为这里在可接受的墙体厚度之内能够很容易地达到较高的保温标准，而无须改变原则性的标准墙体结构（图 4.14）。大多数情况只须加大保温层的构架间隔，而在气候温和地区还可以利用标准的建筑部件来解决。

通过简单的调整，这种结构也能够在极地和亚极地气候带达到被动房标准，以至于恰好在这里采用木结构成本低廉。

木结构对所有建筑部件设计规划的要求始终是高的，也对连接部件和外来部件要求很高。在支柱结构建筑上，所有的部件都拆分成单独的建筑部件和板块，因此各部件之间必须紧密协调配合。在高效能木结构建筑上，对气密性和无热桥的要求会产生其他的或者不如说是绝对一致的解决方案。在规划时，应始终从现代化的木结构建筑出发，选择木质材料板和确切定义的木构件。所有连接点，首先是那些外购部件，都要在几何细节和材料选择上做非常仔细认真的规划设计。

气密性大多由内墙壳来保障。内墙壳的选择原则为：不需要额外的阻汽材料，如建筑用纸或者薄膜来防止必要的蒸气扩散进入结构当中。如此保证气密性的接头节点的规划和实施也更容易得多。一般而言，这层内壳的内侧还有一个安装层，可以将所有的贴封和安装节点“隐藏”于其中（图 4.15）。

木材作为建筑材料具有很大的优势，可以建得很大却只会产生很少的热桥，大多也不会带来建筑物理上的问题。因此，在结构和造型上就会有更大的发挥空间。

外墙面的背通风结构也非常容易，并能廉价地做成。因为第二导水层（内层封板）已经承担了大部分防风雨作用，所以在外墙面的设计和造型上也有很大的自由（图 4.16）。

图 4.16 背通风木墙面，水泥纤维板和耐候钢，慕尼黑 / 索额恩的优级被动房（2013，Architektur Werkstatt Vallentin GmbH）

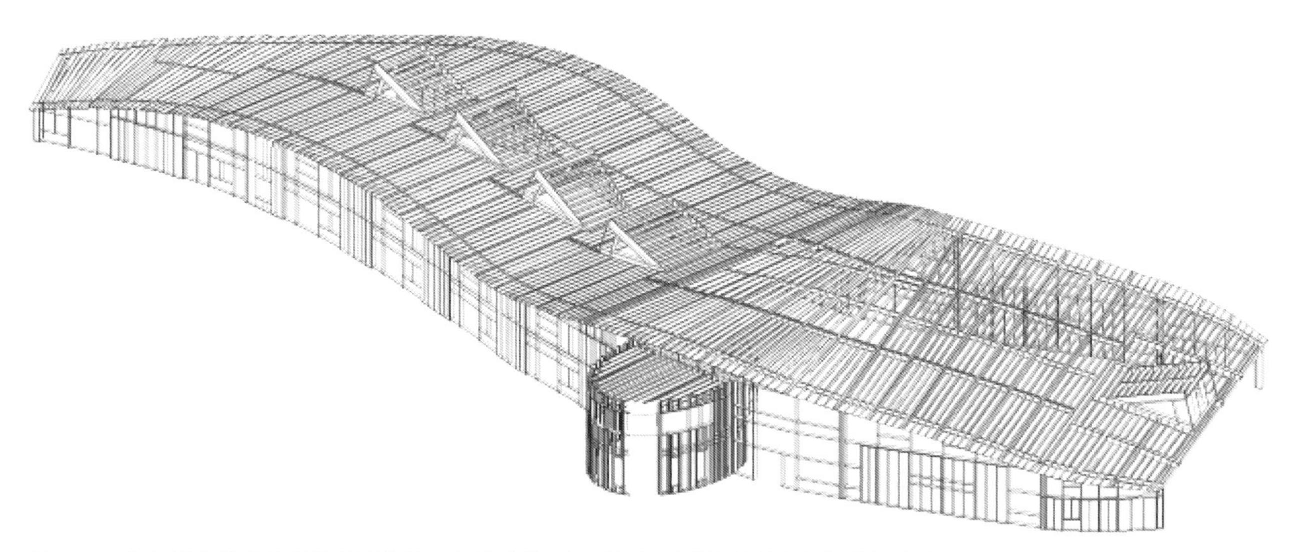

图 4.15 位于奥夫基兴的蒙特梭利学校，全世界第一所获得被动房认证的木结构学校建筑

木结构—立柱结构及框架结构，抹灰墙面

采用木结构也能很好地应用复合保温系统，建造高品质的节能建筑。还可以使用木质板材，如纤维板作为抹灰层的基底层。必须通过选择合适的抹灰和涂料尽可能做成透汽层，让水蒸气向外扩散（图 4.17）。

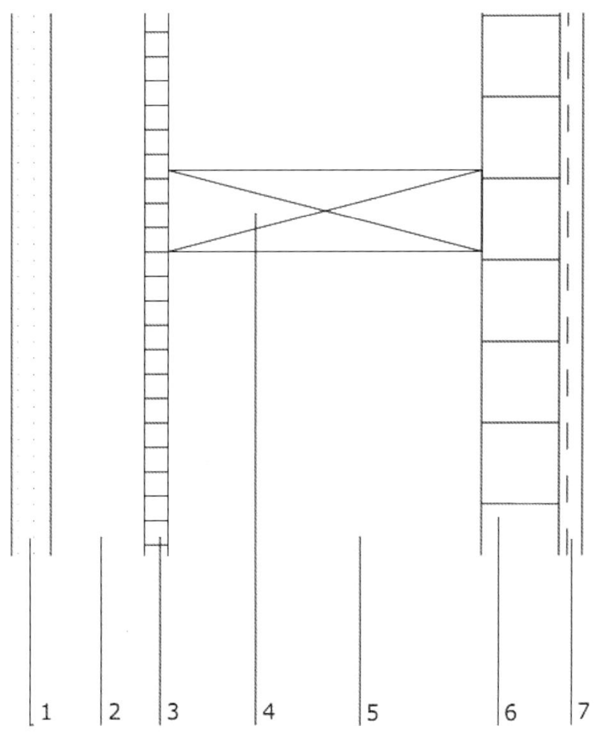

1 石膏板 - 石膏纤维板 - 或黏土石膏板
2 安装层及保温材料
3 刨花板
4 木框架（实木）
5 保温层
6 软木纤维板
7 外墙抹灰，织物底衬和涂层

图 4.17 木结构带抹灰墙面细节

图 4.18 位于符腾费尔布鲁克的住宅——优级被动房，木结构，抹灰墙面（德国，2008 年，Architektur Werkstatt Vallentin）

实木木结构建筑

实木的木结构也是非常容易达到被动房标准的。大多数情况下，构造的选择是将实木承重墙壳内置，外侧贴隔汽层（如必要），然后置保温层（图 4.18）。

下面是一些惯用的结构：

- 胶合板；
- 合缝板；
- 正交层压版。

可以，但不必设置安装层，因为安装可以在实木结构层内完成。内侧可作成高品质裸木墙板。此处无论基于美观或技术的要求（特别是气密性），板缝必须密合。使用黏土抹灰是对墙体结构的理想补充，这令建筑物符合“建筑生物学”的理念。通过黏土抹灰、高比例木材和透汽的建造方式，湿气会得到完美的吸收和再释出。

保温层和饰面可以采用不同的材料和不同的结构。

常见的结构是抹灰墙面带织物、通风龙骨和软木纤维保温层。木工字梁带保温层及内层封板，在封板上再安装通风龙骨，织物和墙面也是可行的，如细节图例所示（图 4.19）。

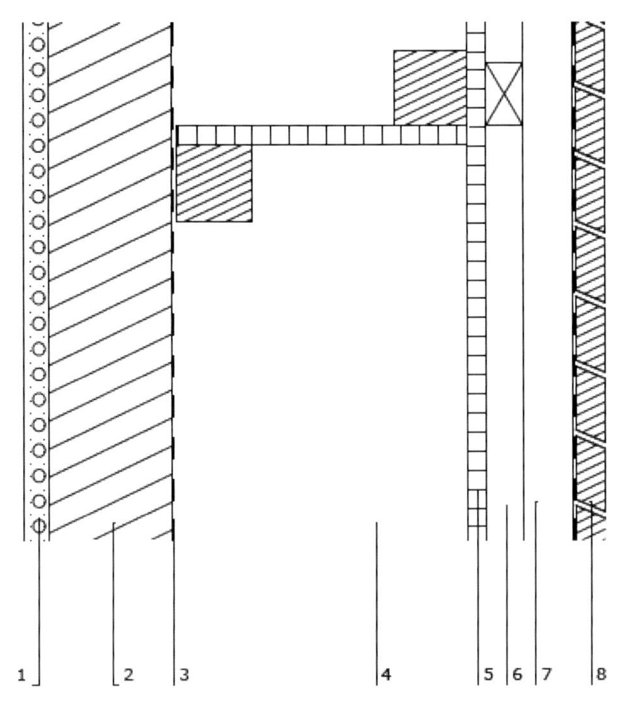

1 承重板上的黏土抹灰
2 实木板
3 气密层
4 木工字梁及保温层
5 内层封板
6 通风龙骨
7 承重龙骨
8 松木板带织物层

图 4.19 木结构细节—实木结构

秸秆团木结构

用秸秆团做保温材料的木结构建筑有一些特性，虽然这多半是木框架结构。使用实木做支撑，辅以必要的加固，并用秸秆团填充。内侧可以在秸秆上直接抹灰，外侧铺贴透汽薄膜兼做气密层，然后，在薄膜上铺设软木纤维板，最后是抹灰墙面或背通风的墙面。相应墙体结构所用各种材料的配合选择和必要的厚度，都必须做建筑物理计算。在这里可以广泛地使用可再生建筑材料（图 4.20 和图 4.21）。

图 4.20 位于斯洛伐克的一个住宅建筑工地，正在安装秸秆团部件（斯洛伐克，2013 年，建筑师 Bjorn Kierulf）

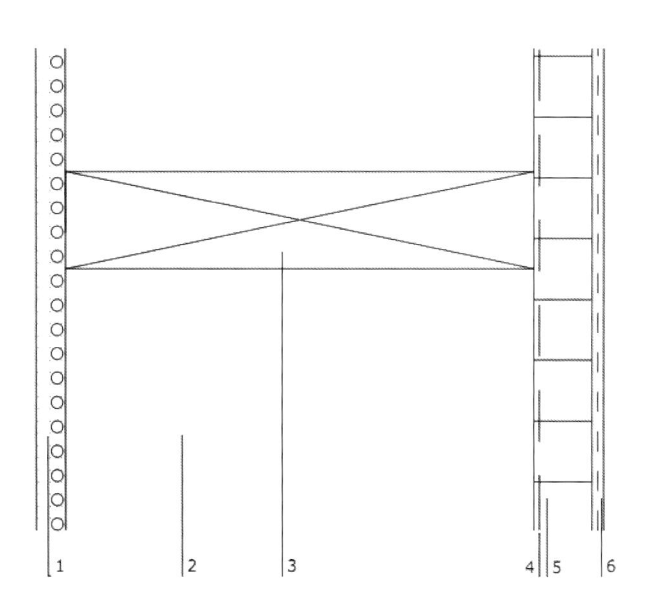

1 承重板上的黏土抹灰
2 秸秆团
3 实木梁
4 透汽薄膜
5 软木纤维板
6 外墙面抹灰及织物层

图 4.21 木结构细节—秸秆团结构

雨篷，阳台和女儿墙的悬挑结构

悬挑结构，如雨篷或阳台与外墙连结的结构受力部分总是会产生热桥。要达到被动房标准，尽量减少悬挑部分非常重要，很厚的保温层使热桥的效应更强，因为热工性能受到的干扰更大。

在设计技巧上，应将悬挑部分在力学上分离建造。例如带支柱的外置式阳台，只需以最少的固定点与外墙连接（图 4.22）。

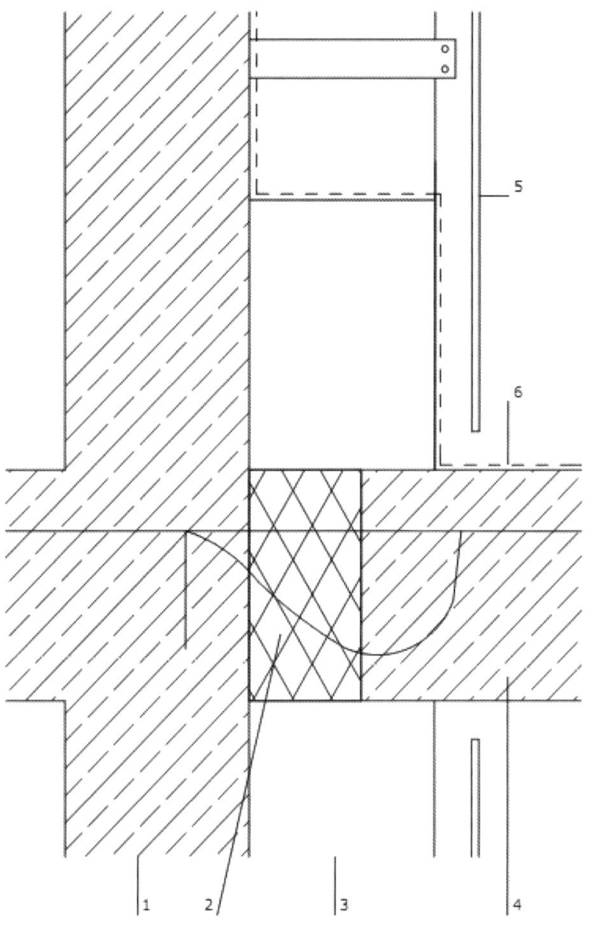

1 钢筋混凝土结构
2 隔热篓（Isokorb）
3 保温层及遮挡
4 悬挑混凝土板
5 立面饰板
6 密封

图 4.22 阳台连结细部“隔热篓”

对砌体建筑的真正悬挑部分，可用“隔热篓”的专用固定件做热断桥。这种专用固定件或以线状支撑悬挑部件，或以点状支座承重，令阳台或雨篷板置于其上。这种热桥很大，成本也高。但作为一种悬挑部分的标准解决方案，为满足被动房要求提供了可靠的保障。

此方案也应用于其他出挑部分，比如女儿墙，用以减少热桥。

在木结构建筑上，原则上并不会在承重连接部位产生严重的热桥。但是即便如此，也应注意作细致的规划，避免产生不必要的热桥。

建造阳台或雨篷时，可以通过木结构将外挑部件的重力直接导引到楼板。在这些节点上必须使用实木或层压板，由此产生的热桥极小，而且成本不高（图 4.23 和图 4.24）。

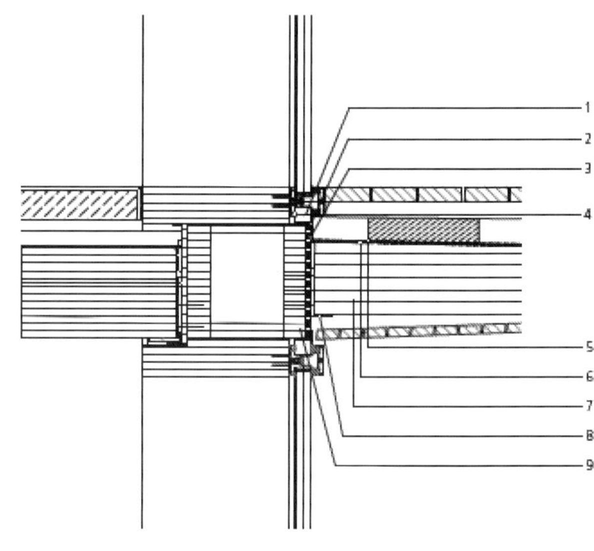

1 保温块
2 接口金属板
3 乙丙橡胶卷材
4 保温隔热的梁柱立面型材带密封条
5 乙丙橡胶密封
6 临时密封，沥青
7 阳台板—胶合板盖板
8 支撑阳台板的L形角钢
9 带保温木结构箱型梁

图 4.23 阳台连结细节

图 4.24　朗根普莱兴，南向阳台（德国，2010 年，Architektur Werkstatt Vallenti）

支座部位的连接

一般来说，在支座部位也会产生热桥，因为这里也是建筑部件的承重节点。在砌体建筑中可用导热系数很低的所谓“垫脚石”来大幅减少热桥。

在木结构建筑中，应将木构件尽量向外挑出，使得在其下方建筑部分（如地下室或地板）的保温层能够完全结为一体。设计悬挑木构件时要避免过长的角钢再导致热桥。通常选择总体的结构力学方案时，安排由内侧的木构件来承重。楼板和屋顶也应这样连结，以采用一致的结构力学方案。

窗户节点

被动房的窗户接口结构如同墙体和窗的结构一样，式样繁多。因为窗和玻璃通常是能耗最大的建筑部件（但当然也是太阳得热最多的部件），因此在设计和施工上就要特别仔细，尤其要注意以下几点：

- 在结构中的开窗位置；
- 窗洞的构造；
- 窗框的保温方式。

窗户节点

正是在外墙设计中，节能技术的要求和造型上的考虑之间作权衡，始终是决定性的工作。

在这里，细节的构造至关重要。因为要建造无损害、无热桥的建筑，建筑物理的必要措施与建筑美学要相互关联，并一起解决。

4.2

被动房标准的屋顶

屋顶如同被动房外围护的其他建筑构件一样，也必须很好地防止热量损失。就是说，要做非常好的保温处理，还要格外细心地设计和施工，以便将热桥减少到最低，并保证气密性。

DIN4108-2 和节能条例对建筑构件和屋顶的最低保温要求作出了规定。从节能的角度看，节能条例的要求有些地方比 DIN4108 高出很多。按节能条例，“普通保温”的屋顶，就要使用厚度 160mm 及以上（导热系数 0.04W/mK）的保温材料。

平屋顶的挑檐要求有额外的保温措施。为了防止产生热桥，必须对外挑的钢筋混凝土板用额外的保温材料彻底地包裹起来，或者做热工断桥（图 4.25），这往往导致不理想的建筑造型。

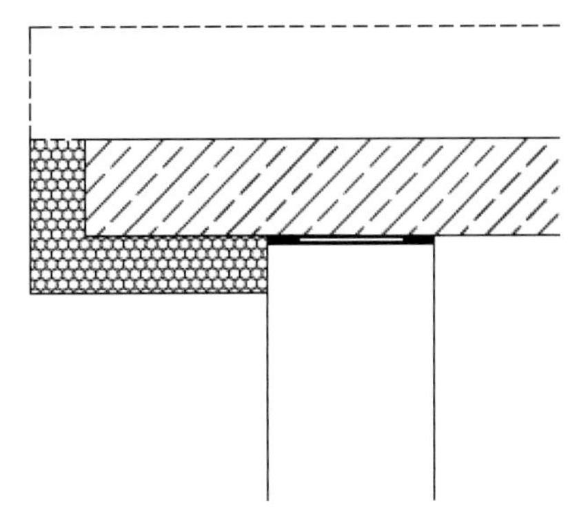

图 4.25 平屋顶挑檐，外保温（密封等细节未显示）

这并不是说造型品质必然受到限制。因为屋顶——无论是平屋顶还是斜屋顶——变化多样，造型各异，也决定了建筑造型给人的总体印象。对被动房特别重要的是，通常采用的保温层厚度不应给建筑物的总体外观带来负面影响。图 4.26 显示，屋檐外观依然可以修长纤薄。

屋顶构造

贯穿处、接口、屋顶结构，如屋顶窗、凸肚窗以及类似的建筑结构都必须细心设计和施工，特别是要防止热桥和密气层泄漏。

无论在斜屋顶或平屋顶上，用于获取能量的系统，如供应生活热水或者作为辅助供热的太阳能热水器，还是生产“绿色电能”的光伏设备，都对建筑环境里的屋顶风貌产生越来越大的外观上的影响，因此，建筑师应用心处理这些建筑部件（图 4.27 和图 4.28）。

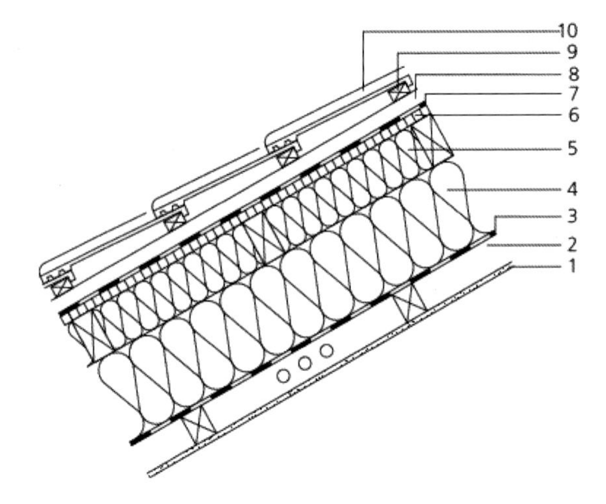

1 石膏板
2 安装层
3 气密层膜 / 隔汽层
4 椽间保温：岩棉（220mm）*，椽木（60/120mm）
5 椽上保温：岩棉（120mm）*，椽木（60/220mm）
6 防水木屋面板
7 沙面沥青层，透汽
8 顺水条
9 挂瓦条
10 瓦片

* 按照 PHPP 确定保温层厚度

图 4.26 双坡屋顶带椽间和椽上保温

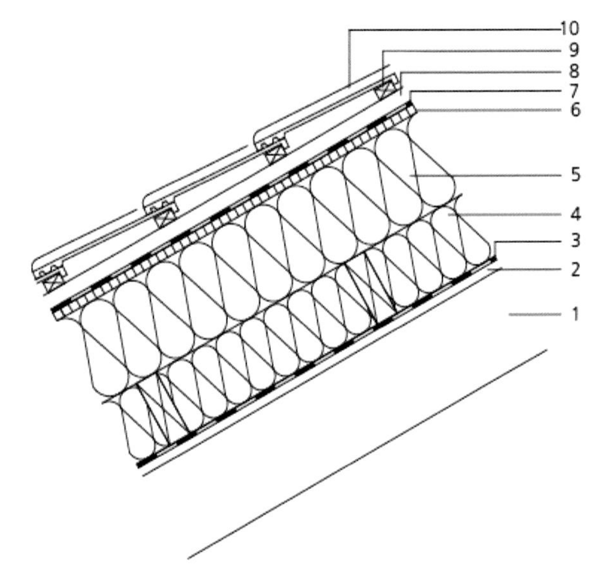

1 椽，外露
2 内侧封板，可见
3 气密层膜 / 隔汽层
4 岩棉（180mm）*，龙骨（60/180mm）
5 岩棉（240mm）*，横向龙骨（60/240mm）
6 木质纤维板
7 撒沙沥青层，透汽
8 顺水条
9 挂瓦条
10 瓦片

* 按照 PHPP 确定保温层厚度

图 4.27 双坡屋顶，椽上保温

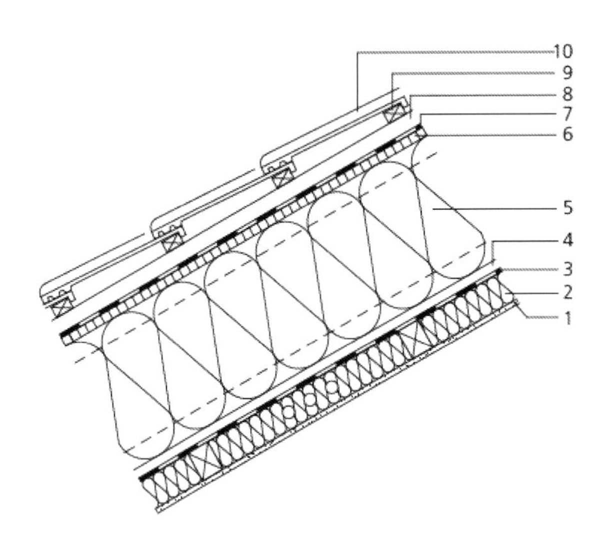

1 石膏板（12.5mm）
2 安装层（80mm）
3 气密层膜 / 隔汽层
4 * 刨花板（24mm）
5 岩棉（360mm）*，木工字梁
6 木质纤维板（24mm）
7 撒沙沥青层，透汽
8 顺水条（40/60mm）
9 挂瓦条（30/50mm）
10 瓦片

* 按照 PHPP 确定保温层厚度

图 4.28 双坡屋顶，带木工字梁

随着保温层厚度的增加，就要增加椽木高度或加厚椽木。另外一个办法是采用木工字梁，相对于实木椽子，工字梁高而薄，能明显地减少热桥，而承载力非常好。在使用工字梁时应注意的是，第一步先要将腹板和翼板之间的空间仔细填满保温材料，然后将保温层（大多数是所谓“嵌块”的岩棉）准确裁好，宽度比工字梁净空或椽间距宽 1cm，嵌在工字梁之间（图 4.29）。

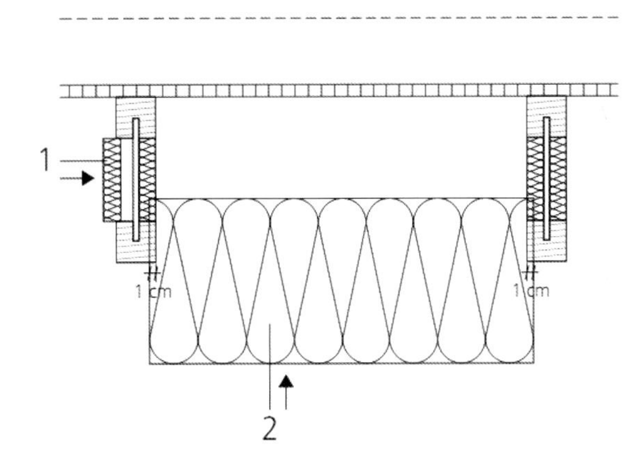

第一步：在腹板空间填塞保温材料
第二步：嵌入夹毡

图 4.29 工字梁填充保温材料

实木椽木相对于工字梁热桥效应较大，这个缺点可通过错位安置第二层椽木改善。

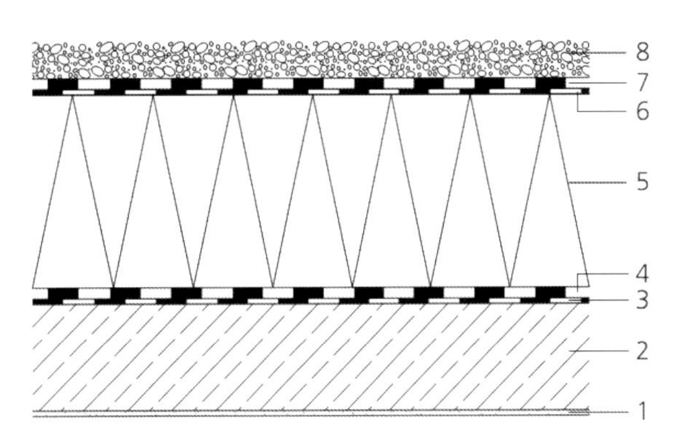

1 内侧抹灰
2 钢筋混凝土楼板
3 分隔层
4 隔汽层
5 EPS（膨胀聚苯乙烯硬泡沫板）360mm*
6 蒸汽压平衡层
7 聚酯沥青复合密封层，双层
8 挂瓦条（30/50mm）

* 按照 PHPP 确定保温层厚度

图 4.30 混凝土板平屋顶

EPS（膨胀聚苯乙烯硬泡沫板）和 XPS（聚苯乙烯硬泡沫挤塑板）通常用做外围护防水性保温，因为即使湿了，也不会损失其保温性（图 4.30）。

XPS 保温材料内部是栅式结构，耐压性能好，可用作可行走屋顶的保温材料（图 4.31和图 4.32）。

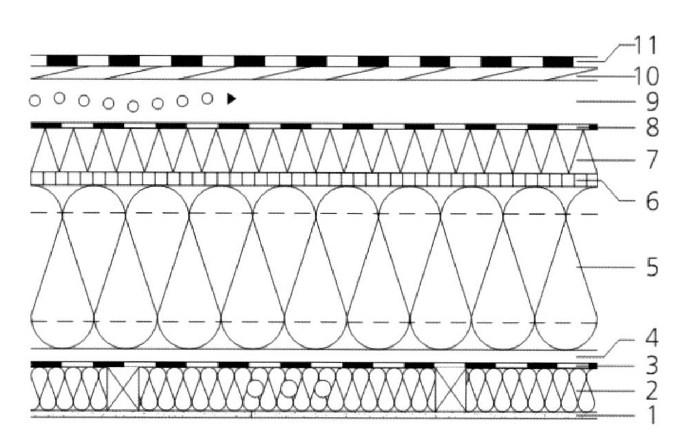

1　石膏板（12.5mm）
2　安装层（80mm）
3　气密膜 / 隔汽层
4　刨花板（24mm）
5　岩棉（300mm）*，木工字梁
6　木质纤维板（24mm）
7　XPS 挤塑板 80mm*
8　防风膜
9　通风层
10　糙面榫接望板（24mm）
11　屋顶密封（PVC）

* 按照 PHPP 确定保温层厚度

图 4.31　木工字梁平屋顶

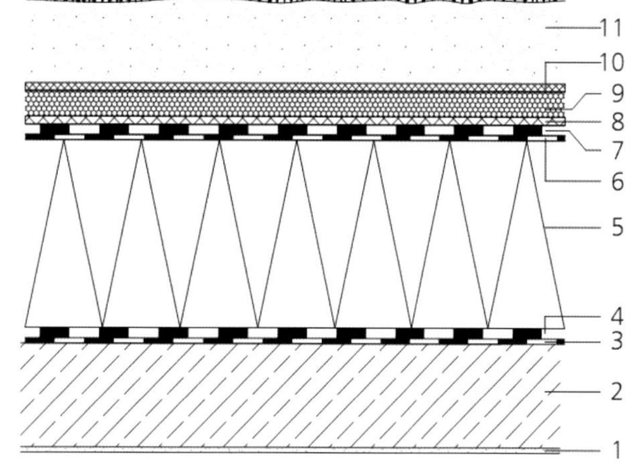

1　内侧抹灰
2　钢筋混凝土楼板（200mm，按结构设计）
3　分隔层
4　隔汽层
5　EPS（膨胀聚苯乙烯硬泡沫板）360mm*
6　蒸汽压力平衡层
7　聚酯沥青复合密封层，双层
8　橡胶颗粒保护垫
9　排水层
10　无纺过滤层
11　绿植层（≥200mm）

* 按照 PHPP 确定保温层厚度

图 4.32　钢筋混凝土楼板上的绿植屋顶

无热桥和气密性节点

同被动房的所有部位一样，为了达到无热桥和气密性的结构要求，也要对屋顶的衔接节点给予高度关注。

衔接节点指：

- 女儿墙；
- 屋檐；
- 山墙檐口；
- 屋脊；
- 联排房隔墙—屋顶；
- 内墙—屋顶；
- 贯穿部件（通风管道、排气装置、太阳能热水器的水管等）；
- 室内到屋顶露台的过渡；
- 屋顶窗；
- 玻璃屋顶。

在这些节点上，要确保规划上做到保温和气密性的无缝衔接，以及现场检查良好的施工（图 4.32～图 4.38）。

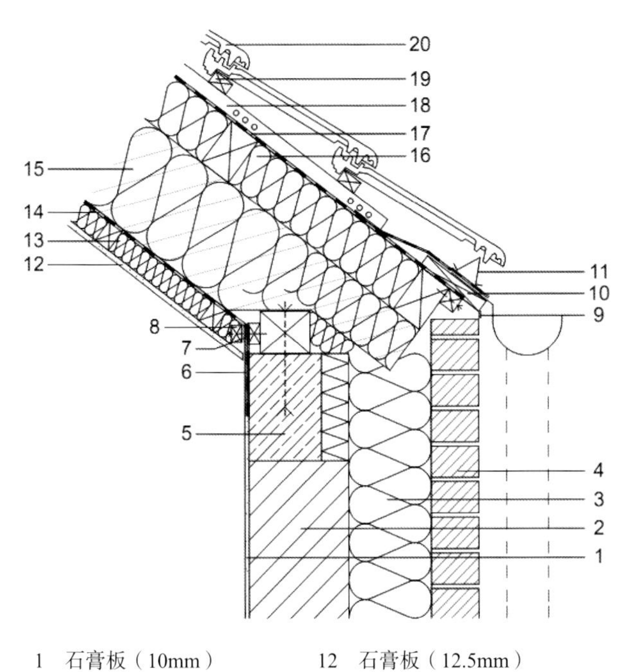

1 石膏板（10mm）
2 多孔混凝土板（240mm）
3 岩棉（200mm）*
4 饰面砖墙（115mm）
5 檐梁
6 隔汽层，气密粘贴并抹灰
7 压缩密封条
8 压条
9 防虫纱网
10 檐板（30/180mm）
11 通风设施和防虫纱网
12 石膏板（12.5mm）
13 岩棉，安装层（60mm）
14 隔汽层（sd > 100m）
15 岩棉（240mm）*，椽木（60/240mm）
16 岩棉（120mm）*，椽木（80/120mm）
17 透汽下铺卷材
18 顺水条（40/60mm）
19 挂瓦条（30/50mm）
20 瓦片

* 按照 PHPP 确定保温层厚度

图 4.33 屋檐细节“实体墙—椽屋顶”

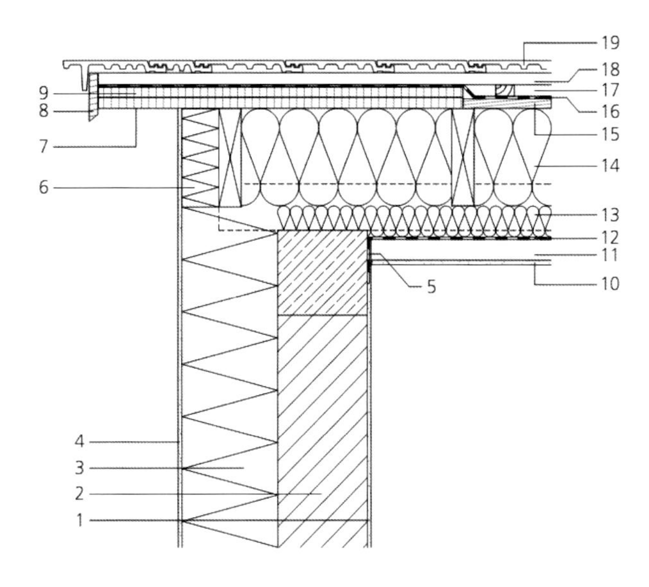

1 石膏板（10mm）
2 石灰砂岩（240mm）
3 硬质泡沫苯板（260mm）
4 保温砂浆（10mm）
5 隔汽层/气密薄膜，气密粘贴并抹灰覆盖
6 岩棉（100mm）*
7 清漆层压板（28mm）
8 清漆檐口板
9 层压板（28mm）
10 石膏板（12.5mm）
11 安装层（60mm），龙骨（40/60mm）
12 隔汽层（S_d > 100m）
13 岩棉（80mm）*，龙骨（60/80mm）
14 岩棉（220mm）*，
15 椽木（60/220mm）糙面榫接望板（24mm）
16 下铺防水透汽卷材
17 顺水条（30/50mm）
18 挂瓦条（30/50mm）
19 陶瓦

* 按照 PHPP 确定保温层厚度

图 4.34 檐口板细节“实体墙—椽屋顶”

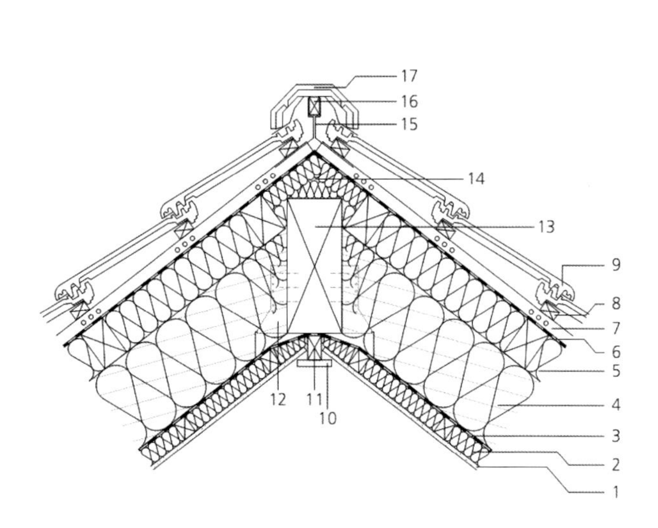

1 石膏板（12.5mm）
2 岩棉（60mm），安装层
3 隔汽层（sd ＞ 100m）
4 岩棉（240mm）*
  椽木（60/240mm）
5 岩棉（120mm），（80/120mm）
  椽木（80/240mm）
6 透汽下铺膜
7 顺水条（40/60mm）
8 挂瓦条（30/50mm）
9 陶瓦
10 中密度板（19mm）
11 木方（4/7.5mm）
12 梁托
13 脊檩（16/38mm）
14 岩棉
15 脊瓦条支座
16 脊瓦条（30/50mm）
17 脊瓦

* 按照 PHPP 确定保温层厚度

图 4.35 脊部细节“椽屋顶”

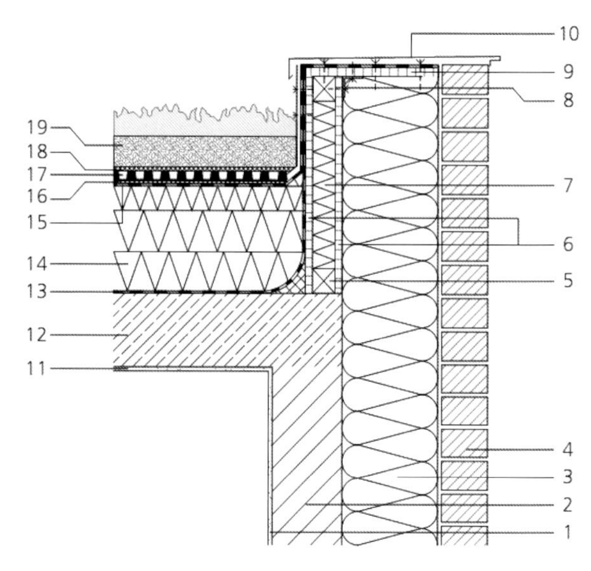

1 石膏饰面（10mm）
2 多孔混凝土砌块（175mm）
3 岩棉（200mm）*
4 饰面砖墙（115mm）
5 实木结构（60/60mm）
6 定向结构刨花板（18mm）
7 岩棉（80mm）*
8 L 形钢构件（50/50/5mm）
9 定向结构刨花板（22mm）
10 女儿墙盖板（折角锌板），向内倾斜 2%
11 石膏饰面（10mm）
12 钢筋混凝土楼板（200mm）
13 防潮层（PE 薄膜）
14 硬质泡沫苯板（260mm）*
15 聚酯沥青复合密封层，双层
16 橡胶颗粒保护垫
17 排水层
18 无纺过滤层
19 绿植层

* 按照 PHPP 确定保温层厚度

图 4.36 女儿墙细部“钢混楼板上的绿植屋顶”

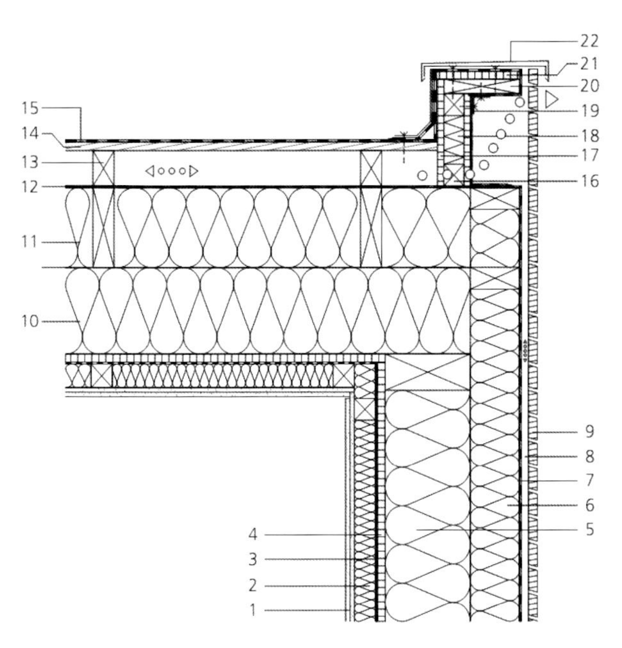

1 石膏板（12.5mm×2）
2 安装层（65mm）
3 防潮层（sd > 100m）
4 定向结构刨花板（22mm）
5 岩棉（100/240mm）
实木结构
6 岩棉（60/158mm）
顺水条
7 保温层防护带，可漫射，
防紫外线
8 挂瓦条（24/50mm），
通风层
9 菱形松木嵌板
（26/60mm），清漆
10 岩棉（100/240mm），
实木结构
11 岩棉（60/220mm），龙骨
12 防风粘合，透汽膜
13 坡形“木”楔
14 防水实木屋面板（24mm）
15 PVC- 密封膜
16 实木结构（60/60mm）
17 定向结构刨花板（18mm）
18 岩棉（80mm）
19 L 型钢（50/50/5mm）
20 定向结构刨花板（22mm）
21 实木结构（40/218mm）
22 女儿墙盖板（折角镀
锌板），向内倾斜 2%

* 按照 PHPP 确定保温层
厚度

图 4.37 女儿墙细部“木建筑—平屋顶”

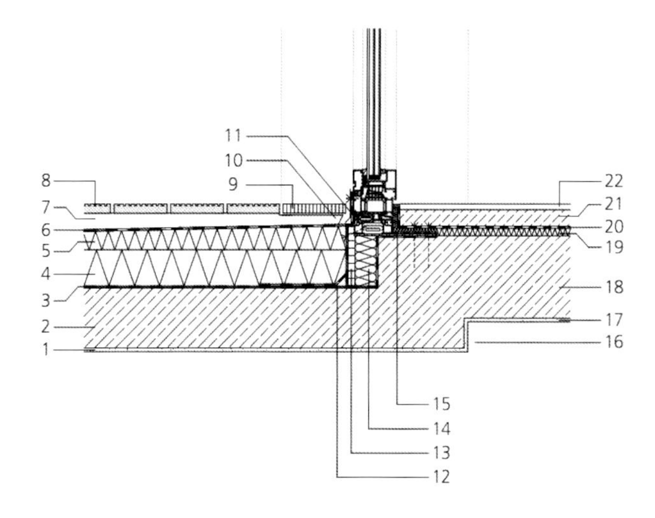

1 石膏板（10mm）
2 钢混楼板（160mm）
3 防潮层（PE 薄膜）
4 PUR 保温层（120mm）*
5 坡度保温层 *
6 平屋顶密封层
7 支撑梁“保温木材”
8 露台地板铺面
9 栅板（25/145mm）
10 格栅，用螺丝固定在
横梁上
11 横梁，终端倒角折边
镀锌板
12 密封带
13 定向结构刨花板（20mm）
14 矿物纤维（70mm）
15 装配台，固定在钢混楼板上
16 楼板高差
17 石膏饰面（10mm）
18 钢筋混凝土楼板（220mm）
19 地板隔声层（20mm）
20 PE- 薄膜
21 水泥找平层（50mm）
22 地板铺面（15mm）

* 按照 PHPP 确定保温层
厚度

图 4.38 “露台”过渡细部

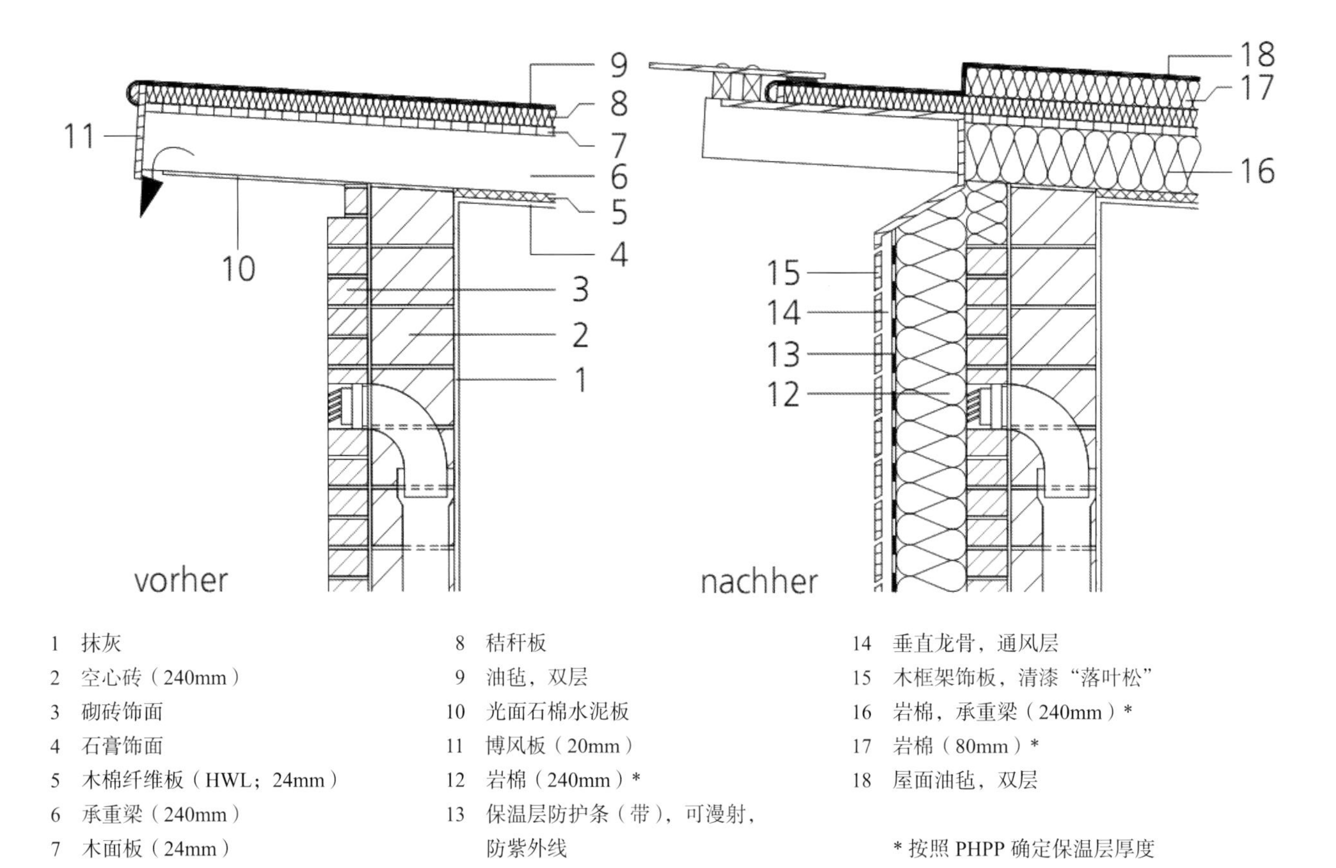

1 抹灰
2 空心砖（240mm）
3 砌砖饰面
4 石膏饰面
5 木棉纤维板（HWL；24mm）
6 承重梁（240mm）
7 木面板（24mm）
8 秸秆板
9 油毡，双层
10 光面石棉水泥板
11 博风板（20mm）
12 岩棉（240mm）*
13 保温层防护条（带），可漫射，防紫外线
14 垂直龙骨，通风层
15 木框架饰板，清漆“落叶松”
16 岩棉，承重梁（240mm）*
17 岩棉（80mm）*
18 屋面油毡，双层

* 按照PHPP确定保温层厚度

图 4.39a 纤薄屋檐改造，改造前（左）改造后（右）

图 4.39b 纤薄屋檐改造

保温围护的界定

建筑规划的第一步就是界定保温和气密围护的范围。对于陡坡屋顶设计来说，有多种多样的可能性，这取决于要把屋顶改造到何种程度，以及如何对其“保暖”（图4.39和图4.40）。

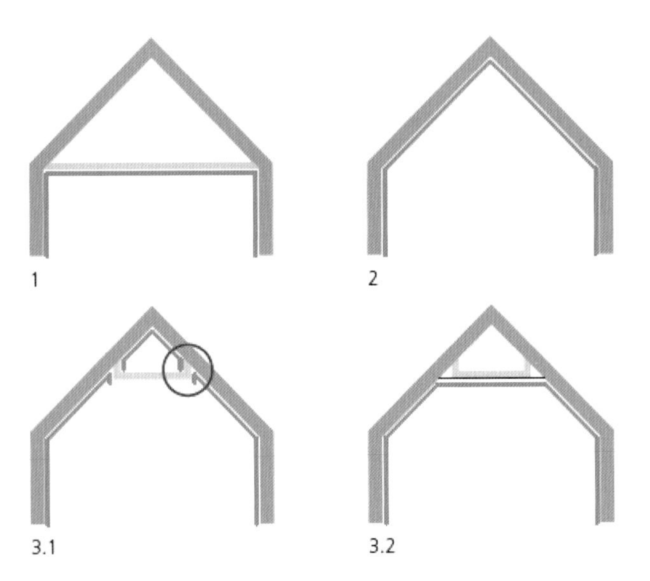

1 未改造的屋顶
2 彻底改造的屋顶
3.1 被系梁隔断的保温／气密围护（不推荐）
3.2 气密围护置于系梁下方

图 4.40 陡坡屋顶保温和气密围护界定

气密／汽密结构

内侧采用防漫射的蒸发密封措施或蒸发阻滞措施，而外侧则使用可漫射的屋顶密封，是被动房屋顶的完美密封措施，这一措施也同样适用于传统建筑。内侧的潮气密封层可以防止更多的潮气进入屋顶结构内部或即便进入也可以重新变干燥。万一还有潮气进入结构内部（比如通过木材的潮气），一般情况下，潮气通过可漫射的密封层向外部扩散。

过去在陡坡屋顶上常用的密封带，尽管其蒸汽渗透性足够好，但在极端潮湿的情况下，会严重妨碍屋顶结构重新干燥。由于保温层长期处于持续湿透状态，而进一步导致保温层失效和屋顶木质结构的损害。目前，一般来说只使用阻湿性非常小的密封带或某些具有暂时蓄湿功能的密封带，这样一来，就连以前常用于保温层上部的通风层都可以省略了，而且对于现今使用显著增厚的保温层厚度也是大有好处的。

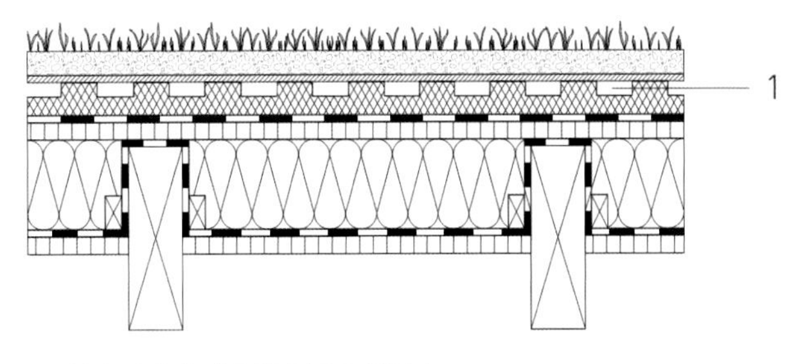

1 铺有防水薄膜的排水层兼具隔汽

图 4.41 木结构上的无通风层绿植屋顶

如果在木质结构上建造绿植屋顶，就要格外小心了。目前恰恰在这方面会带来数不清的建筑损害事故，而事故仅仅在几年以后就会发生。保温材料无论如何得在干燥的情况下安装，这可以说在今天已经得到了普遍认识，因为保温材料是包裹在隔汽层或阻汽层与屋顶之间的，几乎不可能再彻底干燥。建造在木质屋顶结构上的做了超级保温处理的绿植屋顶，即使注意到了这个基本原则，潮气损害的风险依然非常高，特别是如上面提到的不设置通风层的情况。

将气密层同时作为隔汽层或阻汽层，即使施工极为小心细致，在现场条件下也难保实现真正的隔汽密封。随着时间而渗入的水蒸气，只要结构在形成麻烦的冷凝水之前就能干燥，一般情况下还不是问题。绿植屋顶都有排水层，一般在排水层下铺设不透汽的防水薄膜，水蒸气不能通过防水薄膜向外面扩散（图 4.41）。

木材总是有一些湿度的：从干燥室送到工地上的木材，在屋顶工人开始铺设密封层之前，就已经有一个返潮的湿度。木材的这个湿度，以及随着时间进入的水蒸气，将被封闭在屋顶结构内，无法通过不通风绿植屋顶的水膜向外扩散，导致建筑的损坏（图 4.42）。

即使采用建造商推荐的一些绿植屋顶方法，使用带金属衬的隔汽层也不能够解决这一问题。木结构迟早会在“不透气，不通风”的绿植屋顶内腐烂。即使风门测试结果无懈可击，大量的额外蒸汽也会通过部分不气密的地方进入建筑结构。因此，即使那些有规范（DIN，EnEv 等）“保障”的设计以及主流学术观点，也未必都经得起追问。

图 4.42 由于空气对流产生冷凝水所造成的建筑损坏

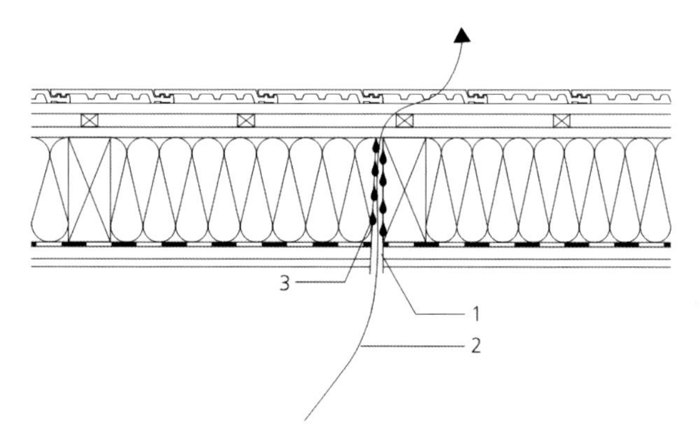

1 气密薄膜上的缝隙 3 空气对流产生的冷凝水
2 气流

图 4.43 通过屋架缝隙的对流空气

即使并不违背公认的技术规范，符合 DIN 标准，也不推荐将木质结构的绿植屋顶当作非通风屋顶来建造，特别是加了大保温隔热处理的被动房。木结构上的绿植屋顶，应该始终按照通风式屋顶来施工。

如果没有做到足够的气密性处理，就会有比通常的水分蒸发还多的潮气，由于空气对流的原因而被带入屋顶结构内部，因为空气是非常好的水蒸气传递媒介。由于空气对流，通过 1m 长、1mm 宽的缝隙每天会有 360 克的水进入建筑结构（图 4.43）。因此，在建筑的所有节点和贯穿部位都要保证气密性。DIN4108-7 提供了搭接、连接、贯穿和对接的施工举例，图 4.44 是几个这样的例子。

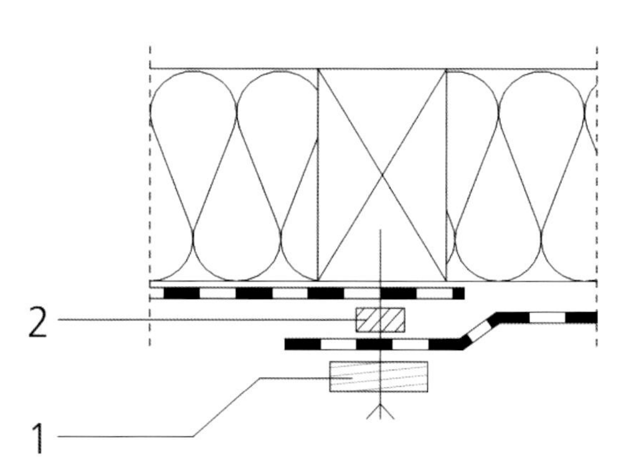

a）使用双面胶带或粘合剂的搭接处理方法

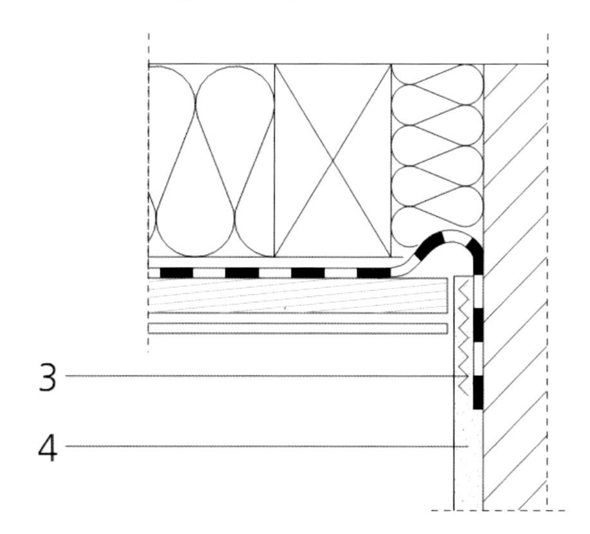

b）采用抹灰方式处理的抹灰砖墙或混凝土墙的连接点

图 4.44 经过气密处理的节点（一）

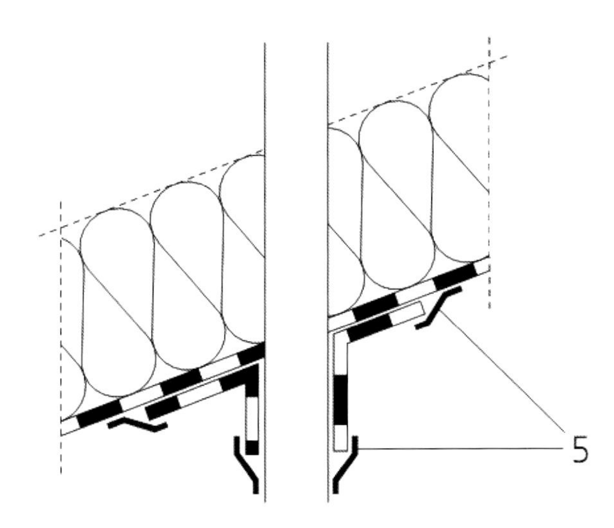

c）使用预制套件或成型件处理的贯穿节点

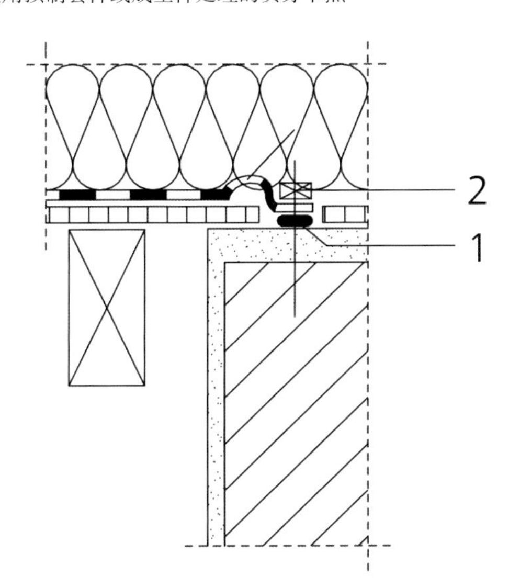

d）檐板的气密层与已抹灰的墙顶帽盖连接处

1 单面胶带，必要时可使用压条 / 龙骨
2 替代方案：双面胶带（粘接剂）或可压缩丁基橡胶带
3 灰泥基板，比如伸缩金属楞板
4 内部抹灰
5 预制套件，成型件

图 4.44 经过气密处理的节点（二）

在木屋顶选材上，木质人造板，PE- 薄膜以及撒沙或不撒沙的油毡纸都可以作为制造气密性良好屋顶结构的材料。薄膜和油毡以重叠搭接的方式铺设，用单面或双面胶带或粘接剂粘贴，或者说彼此牢固地“焊接”在一起。只应使用适合的，并且批准使用的胶带，其粘胶基底在相对移位大于 1cm 的情况下仍然不会断裂，而其性能十多年依然如故。

构成气密层的材料不允许穿孔，但紧固件的“穿孔”不在此限，因为“穿孔”会随后用合适的胶带牢固地粘贴好，达到气密性的要求。

石膏纤维板、石膏板、纤维水泥板和木质人造板，以及金属薄板也被认为是具有“气密”性的。

与砌砖墙体或混凝土连接的气密层可以通过在灰底（比如伸缩金属楞板或人造织物）上抹灰或粘贴的方式来处理。额外使用压条能够保证从根本上提高结构的耐久性。

如果气密层上的贯通施工不可避免，使用合适的胶带或粘接套件（线缆或管状套）将贯通的建筑部件与气密层连接（见图 4.44c。）这些部件应是项目招标的组成部分，并且由规划师在现场做细致认真的施工检查。在气密性连接施工时，绝对不能使用平头钉、泡沫塑料或者硅胶材料。

安装层

为了避免管道和安装施工造成气密层的贯穿，建造木质屋顶时要在内部设计安装层，将其安排在气密层前面（图 4.45）。在剩余的空间里做保温层会扩大总的保温层断面，并且起到对椽间保温层的缝隙覆盖作用。除此以外，安装层还能保护气密层，防止其从内部遭到力学性损害。

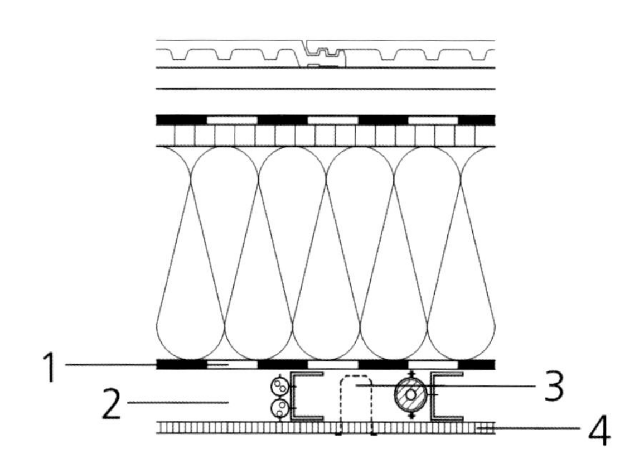

1 气密层　　3 安装线盒
2 安装层　　4 室内装饰层

图 4.45 安装层作为气密层的保护

工序规划

建造被动房屋顶，每一步骤的顺序都要认真规划。例如要注意，在加固椽木前应在脊檩上覆盖薄膜，薄膜要双侧搭接，以使其随后能够与屋顶的气密层完好地粘贴在一起（图 4.46a）。这一原则也适用于屋檐（在脚檩上覆盖薄膜，图 4.46b）和博风板（在墙顶覆盖薄膜，图 4.46c）的部件连接（图 4.47）。

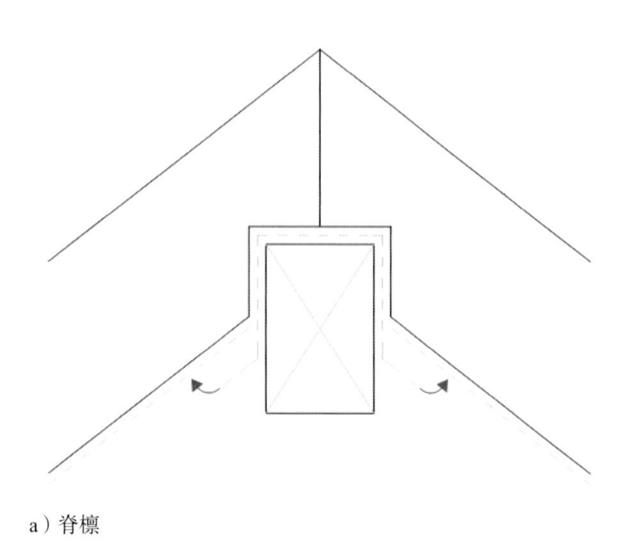

a）脊檩

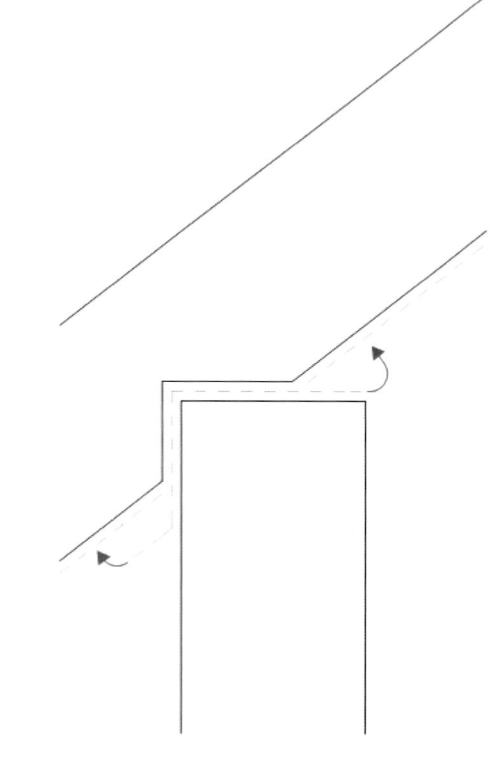

b）檐口

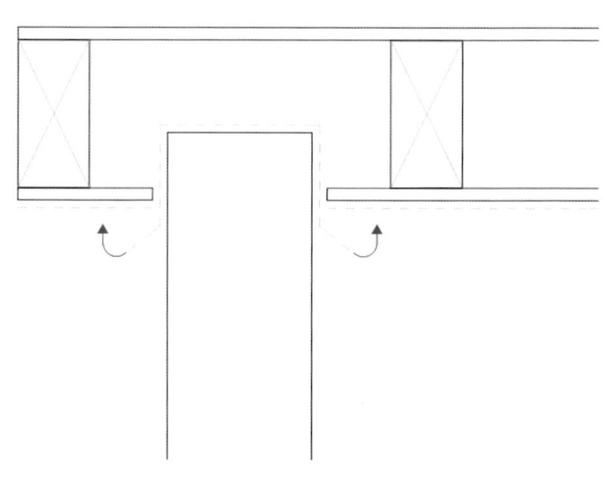

c）博风板

图 4.46 工序规划

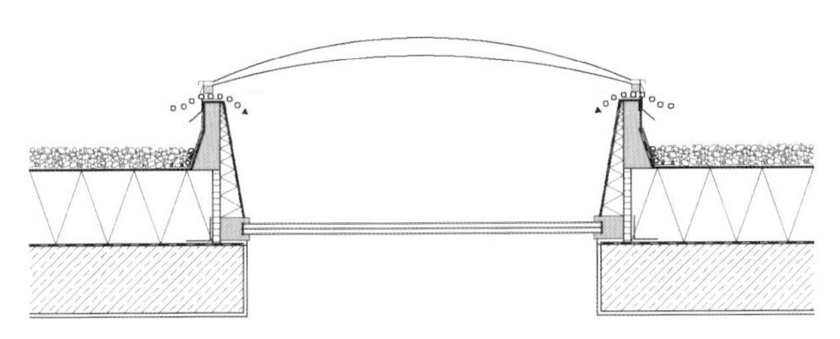

图 4.47 水平玻璃采光顶，通风式

4.3

地下室／底板：与土壤接触的建筑构件

被动房基础

就与土壤接触的建筑部分（地下室／底板）而言，原则上被动房有三种方案：

1 无地下室；

2 带供暖地下室；

3 带不供暖地下室被动房。

无地下室被动房

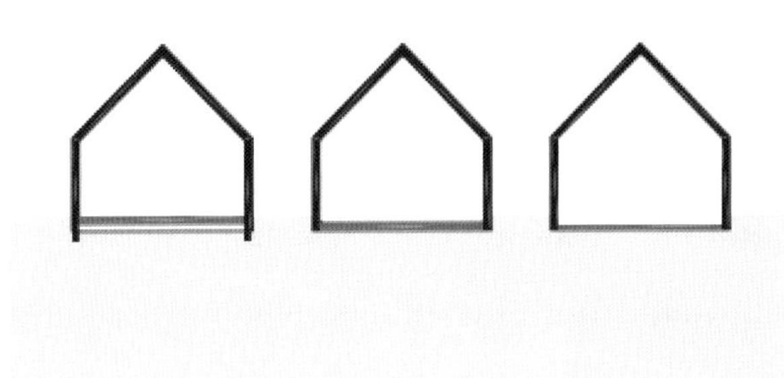

图 4.49 无地下室被动房

一栋建筑是否设置地下室，大多数情况下取决于当地的传统习惯。与土壤接触部分建筑构件的不同处理方式允许在技术上和成本核算上制定出不同的解决方案（图 4.48）。

不带地下室的被动房是一种经济的解决方案，因为首先土方工作量非常少。在去除表土并达到有承载力的土层后，建筑物可以直接矗立在土壤上，也就是说，建筑的承重底板或条形基础直接置于土壤上，然后，将保温层安排在房屋底板上方或下方。上述两种方式的正确选择取决于不同的项目要求，或可以用下面给出的标准来评估，但底板与外墙节点的热桥要特别注意，必要时必须加以解决（图 4.49）。

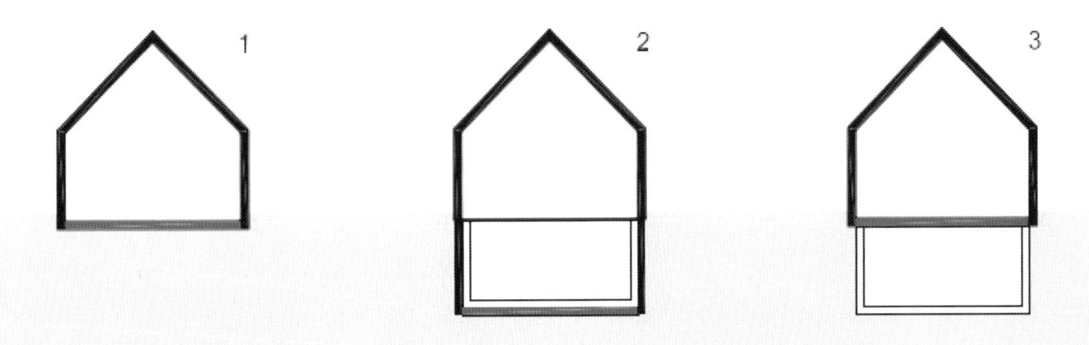

图 4.48 1 无地下室；2 供暖的地下室；3 未供暖的地下室

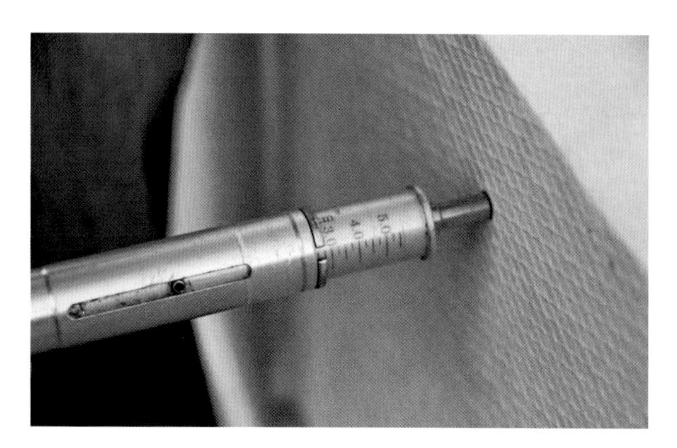

图 4.50 保温层的抗压强度测试

图 4.51 无地下室的底板

如果保温层铺设在地板下方，则保温层必须承受整个建筑的荷载，材料成本会相应提高（图 4.50～图 4.55）。

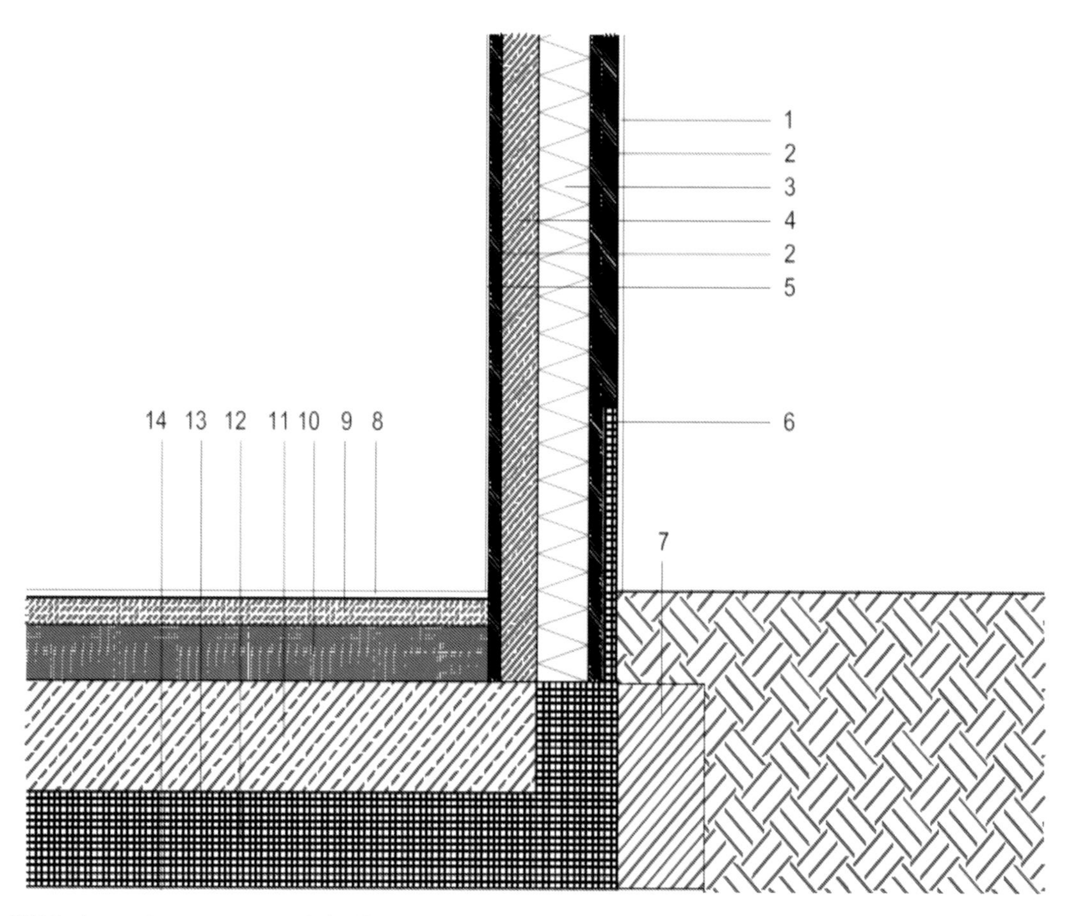

1 石灰水泥抹灰（20mm）
2 刨花板外模板（60mm），刨花板外模板（40mm）
3 树脂硬质泡沫板（165mm）
4 夯实混凝土（120mm），刨花板外模板（60mm）
5 石灰抹灰（20mm）
6 石灰抹灰（20mm）
7 混凝土砖（300mm）
8 拼花地板
9 找平层（100mm）
10 泡沫混凝土（15mm）
11 钢筋混凝土板（200mm）
12 XPS 挤塑板（200mm）
13 沥青卷材
14 XPS 挤塑板（50mm）

图 4.52 凯勒霍夫，底板详图

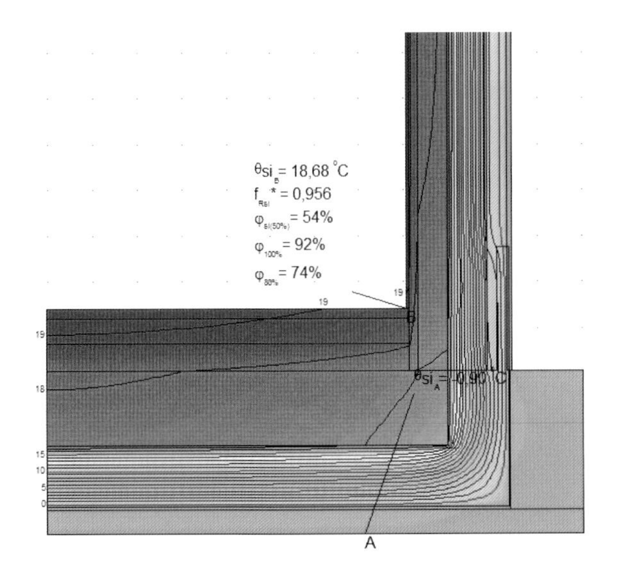

图 4.53 底板的热桥计算，凯勒霍夫

这样的做法（保温层铺设于地板下方）是必须的，如果底板和其上的墙体必须 100% 紧密的一体结合，例如在从土壤会有大量湿气进入的情况。

图 4.54 铺设不同保温材料的底板：根据力学要求在底板下铺设的保温层相应变化。在此图上可以看到，在经振动夯实改良土壤的区域（见黑色区域）使用了抗压强度（0.89−0.93N/mm^2）高出很多的泡沫玻璃保温层

在这些区域上的基础底板将建筑荷载经过这些区域传导到土壤中。在其余区域，使用XPS保温板（0.68-0.74N/mm^2）。

有供暖地下室的被动房

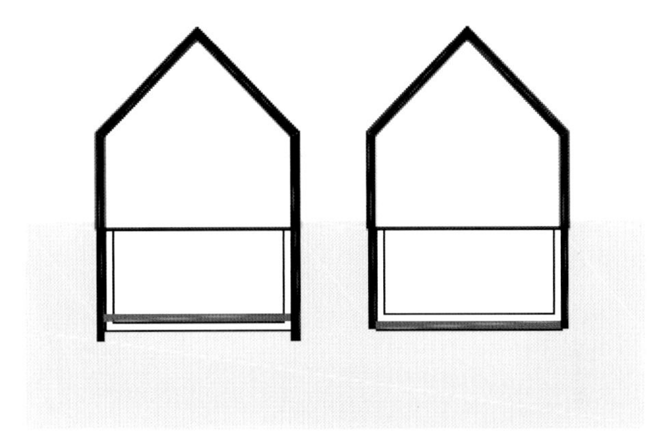

图 4.55 有供暖地下室的被动房

无论规划方面还是成本方面，这种做法都比不带地下室的被动房更费事费钱，因为要将地下室纳入能耗和通风方案中考虑：一方面，虽然外墙与土壤相接有能量损失较少的优势（折减系数 0.5）；另一方面，却没有太阳得热。

图 4.56 叙比拉大街：地下室墙体与土壤间的保温层

“有保温的地下室，由于室内温度与建筑内其他部分相同（20℃），而不再适合地下室通常的用途（比如储藏酒和水果）。此外，虽然保温的被动房地下室与地上的其他房间在空气质量和舒适度上完全一样，但由于缺少日照而不能作为建筑法规要求的居住房间使用”（引自《合理成本的被动房工作组报告》，第 28 卷，作者：Christoph Thiel 建筑师）。

图 4.57 阿斯普迈尔住宅，基座区域保温处理：整个基础底板以及地下室墙壁用 20cm 厚的 XPS 保温板包覆。地上楼层的雨水经过铺设在保温层最外缘的 PVC 管道引走

带供暖地下室的被动房与第 1 点中提到的无地下室被动房非常类似，因为这两种做法都是对建筑的全部体积做保温围护。在做好保温的围护埋入土层后，承重底板和外墙的一部分就直接支撑于土壤上（图 4.56～图 4.57）。

底板的保温层则可以布置在底板上或底板下，这要根据建筑工程的需要采取正确的解决方案。

在建筑的地下部分，有必要加强底板和砌墙的牢固连接，因为必须承受并移转施加其上的土压。因此，大多数保温层或至少保温层的主要部分铺设在底板下（图 4.58）。

图 4.58 史图夫住宅：XPS 挤塑保温板作为“抛弃模板”，钢筋准确定位，其中浇筑混凝土

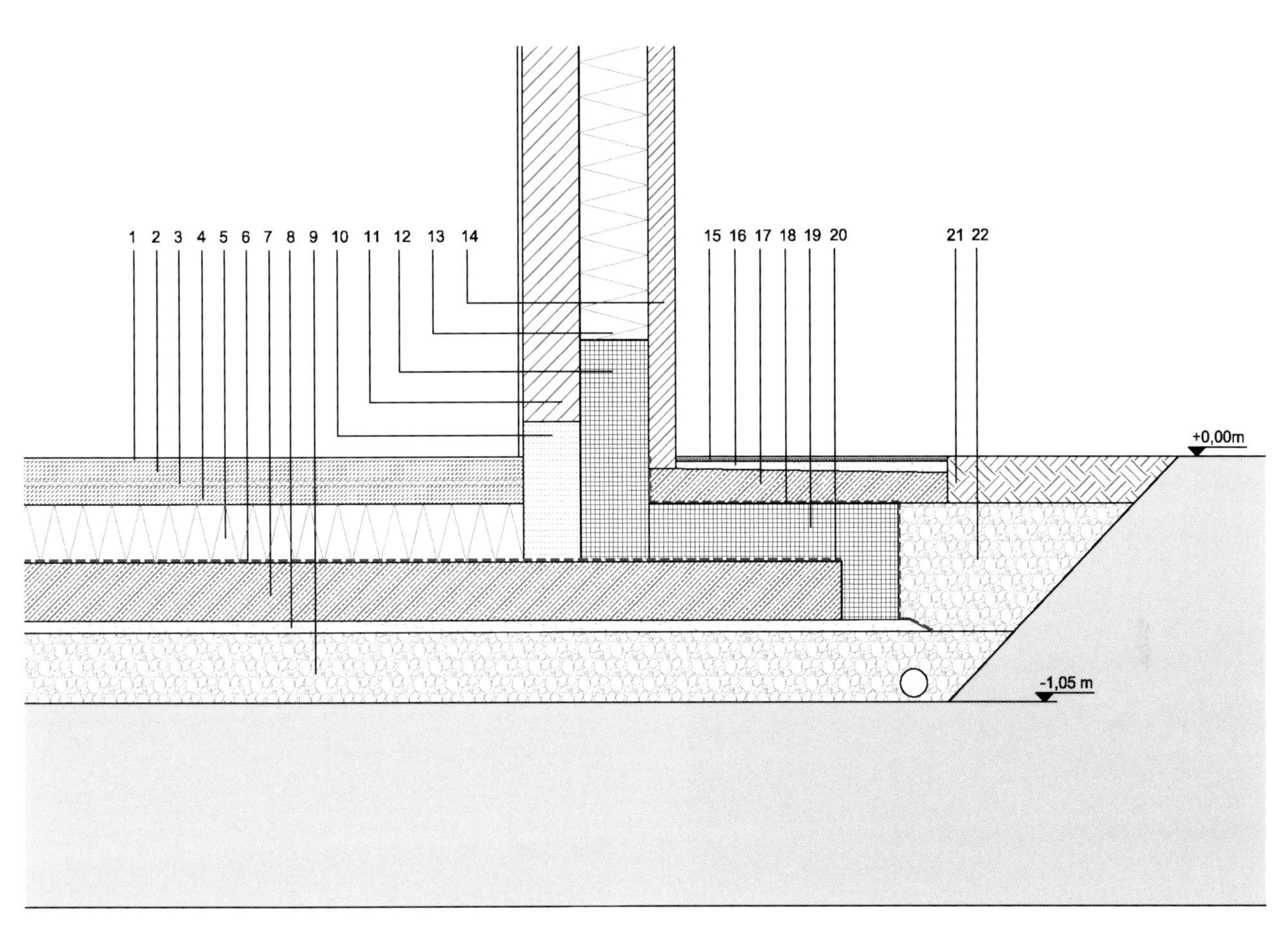

1 油毡，5mm
2 找平层，95mm（含地暖）
3 隔声层，20mm
4 发泡混凝土，80mm 安装层
5 EPS 保温层，250mm
6 沥青热熔胶膜，3mm
7 筋混凝土楼板（约 250mm）
8 打底层（贫混凝土）
9 砾石层
10 多孔混凝土基座，250mm，高 60cm
11 砖墙，250mm
12 XPS 外围保温层，300mm
13 保温填充，300mm
14 实心贴面砖，130mm
15 陶瓷地面，20mm
16 砂浆层，30mm
17 带坡度钢筋混凝土板，150mm
18 渗水层（PVC 外皮），5mm
19 XPS 保温层，250mm
20 沥青热熔胶膜，3mm
21 土壤
22 压实砾石层

图 4.59 卡什住宅：外墙基座剖面图

如果不需要将底板与外墙做紧固连接，也可以选择较便宜的作法：将无保温的底板直接安置在土壤上。但是，水平的底板与垂直的外墙节点处的热桥问题需要解决（图 4.59）。比如采用具有保温性能的隔离构件，其厚度按系统选择而不同，为 5～60cm。

图 4.60 维克沙伊德住宅：即使木结构，采用热断桥措施也是有意义的（此处使用的是 11cm 厚的泡沫玻璃）

对于没有地下建筑部分的被动房的底板处理还有第三种可能，就是保温层一部分布置在底板下，一部分在底板上。借助热桥计算可以从多种方案中找到成本和技术上的最佳组合（图 4.60～图 4.62）。

图 4.61 叙比拉大街：全部的管道事先都在保温层上定位好，以后就不会有麻烦

带非供暖地下室的被动房

地下室处于保温围护以外的被动房，对位于其上有保温的建筑有特殊要求：

- 与地下室相连的楼板必须在上方或下方做符合被动房要求的保温处理；

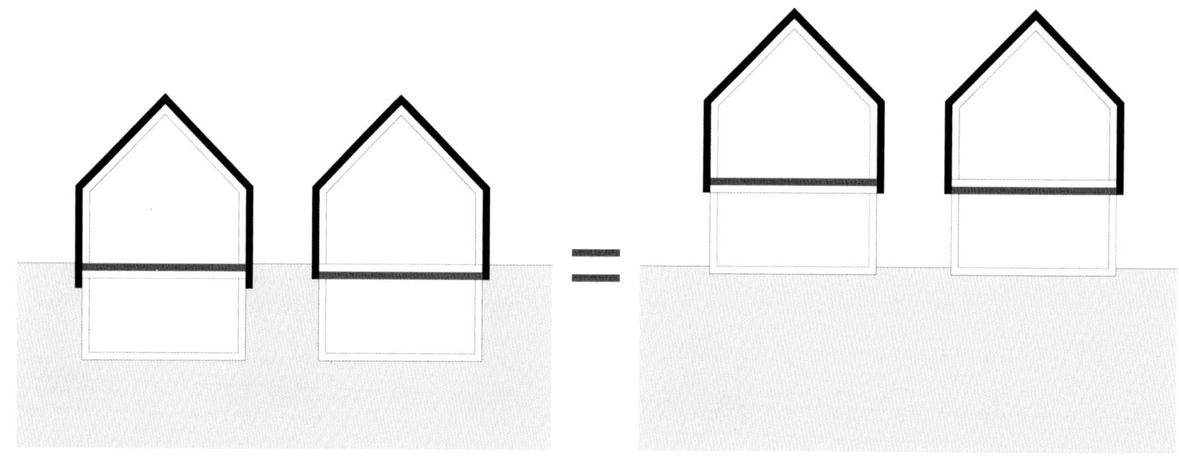

图 4.62 带非供暖地下室的被动房

- 进入地下室的通道需要单独设置，或从室外进入，或通过符合被动房要求的门从建筑内部进入地下室；
- 对这里必要的楼梯必须做无热桥处理。

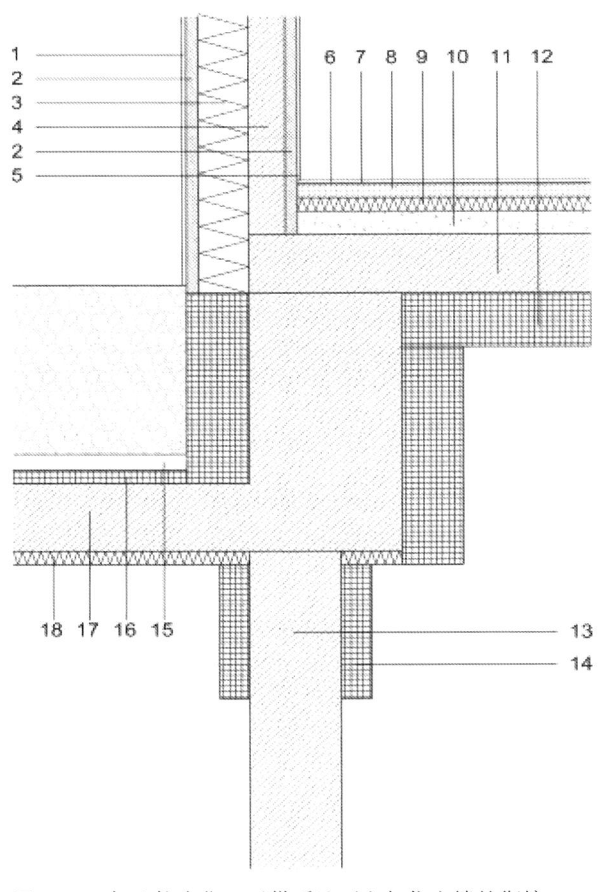

图 4.63 叙比拉大街：无供暖地下室与住宅楼的衔接

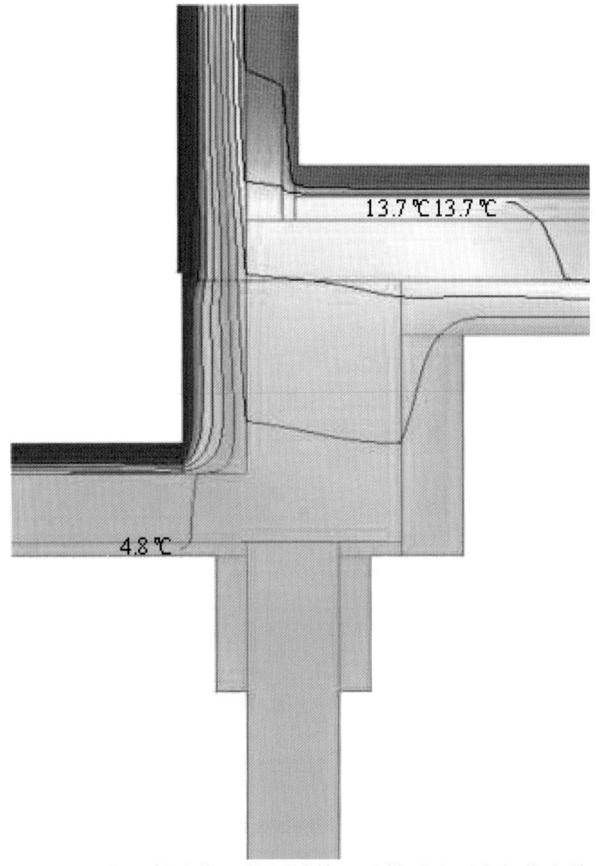

图 4.64 叙比拉大街：热桥计算：无供暖地下室与住宅楼的衔接

地上建筑是支撑在非供暖地下室的墙体上的，此处应尽最大可能做好无热桥规划和施工。由于结构力学的要求，不见得都能完全做到，因此必须尽可能减少热桥（图 4.63～图 4.64）。

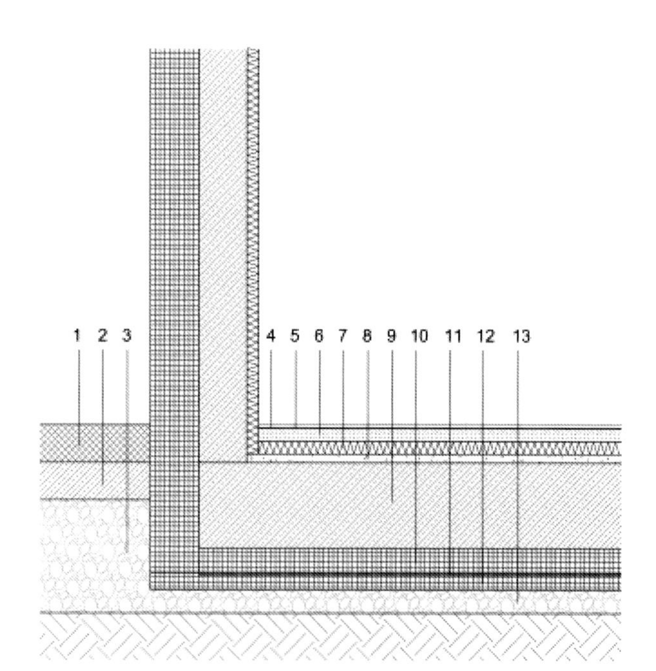

结构

1	预制地板，d ＝ 150mm	8	水泥基级配料 8/16，d ＝ 35mm
2	钢筋混凝土板，d ＝ 150mm	9	混凝土基础底板，d ＝ 340mm
3	砾石层，d ＝ 450mm	10	XPS 保温板，d ＝ 100mm
4	地砖，d ＝ 12mm	11	沥青卷材，d ＝ 5mm
5	瓷砖粘贴剂，d ＝ 3mm	12	XPS 保温板，d ＝ 60mm
6	找平层，d ＝ 50mm	13	砾石层，d ＝ 10mm
7	EPS 保温板，d ＝ 50mm		

图 4.65　叙比拉大街：底板的保温处理

就像叙比拉大街和劳根胡同的项目所示，计算和施工多有不同，既可以单独在底板下铺设保温层，也可以在同一部位分别将保温层布置在底板的下面和上面（图 4.65）。

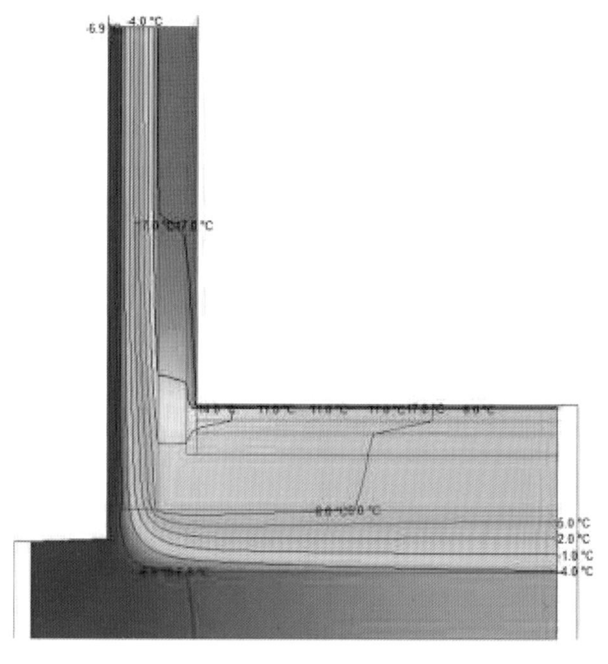

图 4.66　带保温层底板的热桥计算

在过梁区域减少热桥一个简单有效的办法，是在其上包覆 60cm 高的保温。

热水和通风管道必须单独做保温或将其布置在保温围护内部（图 4.66）。

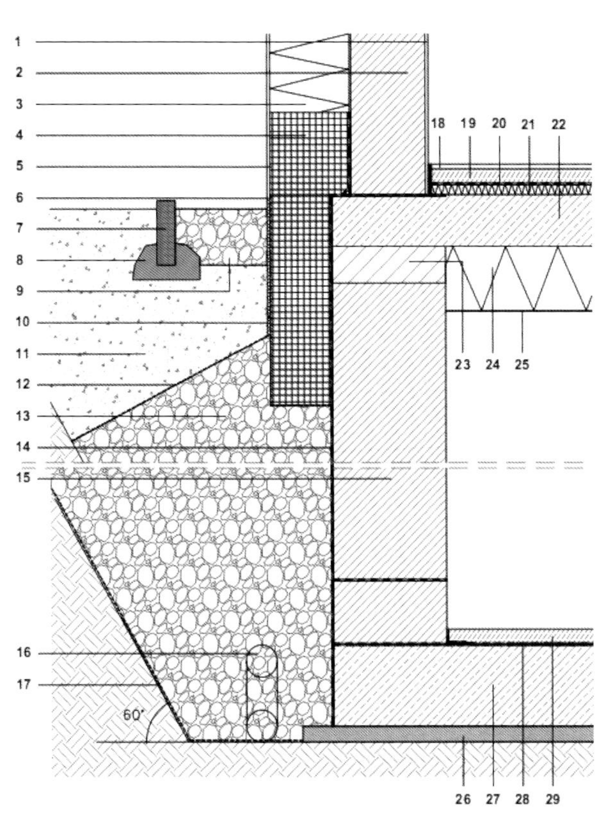

结构

1	内抹灰，d = 10mm	16	排水管，DN 100
2	石灰砂岩复合外保温系统 1212，d = 240mm	17	无纺布
		18	石板地面，d = 15mm
3	EPS 保温板，d = 260mm	19	发泡混凝土，d = 45mm
4	XPS 保温板，d = 250mm	20	密封带，d = 6mm
5	外侧抹灰，d = 10mm	21	EPS 保温板，d = 30mm
6	基座防潮	22	钢筋混凝土楼板，d = 160mm
7	混凝土缘石（6/20mm）		
8	砂浆垫层	23	垫平石，d = 365mm
9	砾石垫层，d = 180mm	24	EPS 保温板，d = 200mm
10	发泡薄膜	25	内抹灰，d = 10mm
11	夯实土层	26	贫混凝土，d = 50mm
12	无纺布	27	找平层，d = 250mm
13	滤水砾石	28	密封带
14	密封带	29	预制地板，d = 45mm
15	石灰砂岩复合外保温系统 12，d = 365mm		

图 4.67 默尔曼住宅：未供暖地下室带有保温的夹层

隧道式地下室

与前面在第 3 点中所述带非供暖地下室的被动房类似，保温围护可能铺设到地面水平以上的高度，其下的地下空间不能通行，这就形成一种隧道地下室。由于这种做法在防潮技术上很容易出现问题，最好避免，故在此不再深入探究。若有需要，在尽量满足无热桥要求的情况下，这种类型还是可以建成被动房。

总结

类型 1：无地下建筑的被动房

类型 1，无地下建筑的被动房，首先也是非常节约成本的做法。底板可以是承重地板或条形基础，直接布置在有承载力的实土上，可以在其下或其上做保温。

地下室是否必要，应在实施建筑项目前，特别是就与结构相关的问题详细考虑：从功能和成本因素考虑，被动房的地下室也可以用成本更低的非下空间替代，例如旁边的附属建筑。

类型 2：供暖地下室

类型 2，带供暖地下室的被动房，从规划和建造成本的角度看，是费事费钱的。因为地下室与建筑内的其他空间一样要达到同样的室内空间品质，所以，作为建筑的一个组成部分，也要将其考虑在整体能耗和通风方案之内。即使地下室由于没有足够的自然光照，不能作为居住空间看待。

类型 3a 和 3b：非供暖地下室和隧道地下室

类型 3 是带非供暖地下室的被动房。这样，地下室就是被动房以外的一个空间，力学上构成了位于其上的建筑体的基础框架。在地下室和被动房主体的点或线的连接部位，以及所有连结地下室的建筑构件如地下室顶板、地下室门和地下室楼梯都必须按照被动房的要求建造。如果主体建筑下部的空间，不仅是一个难以进入的“空气间”，而且构成所谓的“隧道地下室”。由于不断（包括夏季）与外部新鲜空气相连，还有（建筑物）底板下方的空穴，下方就是土壤，使这里因为冷凝作用和向上升腾的土壤潮气，产生很大的湿气聚集（图 4.67）。

4.4

窗户

对于高度节能的建筑来说，窗户和其他镶嵌玻璃的建筑部件有着极其重要的意义。一方面，从 U 值和表面温度看，窗户是建筑围护最薄弱的环节；另一方面，可通过窗户净得能量，即使在供暖期亦然。因此，对于规划师以及所有的建筑参与者都非常重要的是，应了解在这些建筑物对窗户的要求，以及由此带来舒适、节能和节约成本的优势。

舒适性必须确保

高能效建筑的一个重要目标就是为使用者提供一个舒适的室内气候。另外，避免可感的辐射热流失、吹风感和脚冷都很重要。在这里起关键性作用的是限制使用室内温度（也称为可感温度，即空气温度和空间内表面温度的平均值）与空间内表面温度之差：只要房间的使用温度处于舒适范围内，就不会产生令人不舒服的辐射温度不均匀，或辐射热流失。

限制温度差也消除了冷空气涡流的原动力，从而避免吹风感和脚冷。据文献记载，一旦空间内表面温度比使用室内温度低 4.2K，就会出现上述效应。

舒适条件公式：$\theta_{si} \geqslant \theta_{op} - 4.2K$

基于这个条件，可以直接计算出建筑构件的最小传热系数：

$$U \leqslant \frac{4.2}{R_{si} \times (\theta_{op} - \theta_a)}$$

如果室内的使用温度 θ_{op} 是 22℃，室外温度 θ_a 为 −16℃，当内部的热阻系数为 $R_{si} = 0.13m^2K/W$，就会得出那个著名的、十多年前就提出的被动房舒适度标准指标 $U_w \leqslant 0.85W/(m^2K)$。如果达不到这个指标，就必须在窗下安装热源，控制令人不舒服的冷空气流动和辐射热流失，以达到需要的舒适度。

在什么位置，哪些 U 值合适?

如上面的公式所示，建筑构件的最大 U 值受室外温度和当地的气候条件影响。在图例“欧洲最大 U 值”中，以图画的形式展示了舒适度对导热系数的要求。图中给出的是对欧洲北部和东北部的最高要求。在这些地区天气最冷，而供暖期也最长。在极端情况下，这里的隆冬季节天空不是完全亮的，这期间没有太阳能得热。基于经济性的考虑，在这一广大区域内选用小尺寸的窗户是有意义的。同样，出于完全相反的理由，在地中海地区也要采用小尺寸的窗户。在这里 U 值可以高些，太阳提供的热能是如此之多，以至于很容易就造成过热的情况。可以通过遮阳系统、防辐射玻璃、减小窗户尺寸或通过 U 值明显较低的玻璃构件等符合舒适性标准的措施防止过热的情况发生。湾流对英伦岛屿高 U 值的影响明显。这里气候温和，对 U 值的要求不多。随着高度的增加，温度随之下降，相应的对玻璃构件的要求也会提高。这种情况在图例中的表现在阿尔卑斯地区可以看到（图 4.68）。

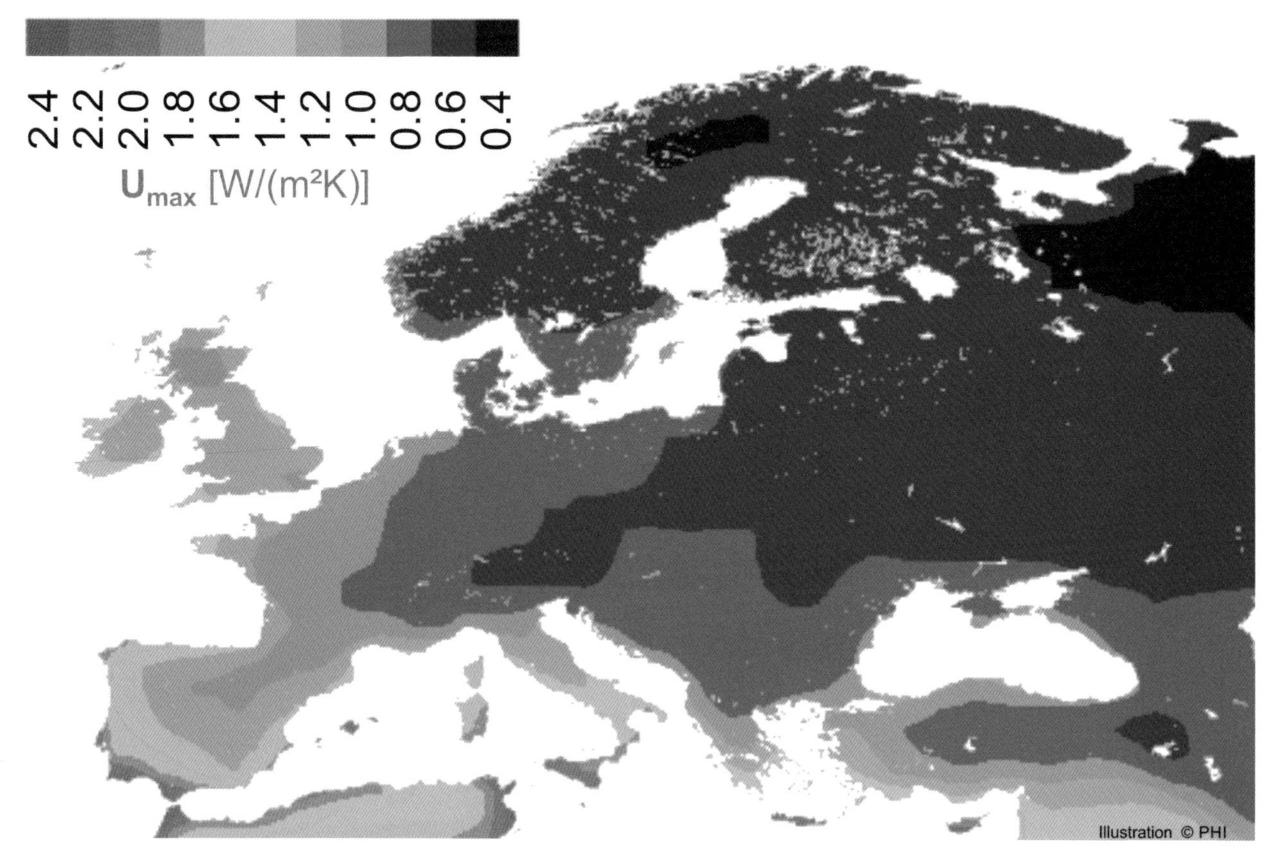

图 4.68 在欧洲达到舒适度标准的最大 U 值图示

需要哪种玻璃?

总的来看，目前市场供应的 U 值≤1.10W/（m^2K）的 2 层玻璃窗户在德国的采购价格为大约 55 欧元 /m^2。U 值最小达到 0.53W/（m^2K）的 3 层玻璃窗价格约为 75 欧元 /m^2。U 值为 0.30W/（m^2K）的 4 层玻璃窗的价格不菲，大约 150 欧元 /m^2，因为加工生产的数量不多，所以，价格也明显贵了很多。被动房的舒适度标准规定，在一年当中最冷时间的最低平均温度情况下，室内运行温度与房间围护表面的最大温度差为 4.2K。因此，对于中欧的气候条件要求一体式窗户的 U 值达到 0.85W/（m^2K），并且符合温偏凉气候区透明建筑构件的认证标准。众所周知，3 层玻璃的建筑构件即可达到这个 U 值。不同的室外温度决定了不同的最大 U 值，也就决定了应采用哪种玻璃。图 4.68 展示的是欧洲不同地区对于玻璃构件的要求，要达到舒适度标准还要有与之相符的框架和最佳的安装方式。

如图 4.69 所示，欧洲大部分地区需要采用 3 层玻璃构件。在北部和东北部地区则需要 4 层玻璃的。只有在环地中海区域和受湾流影响而气候温和的大西洋气候区采用 2 层玻璃就足够了。

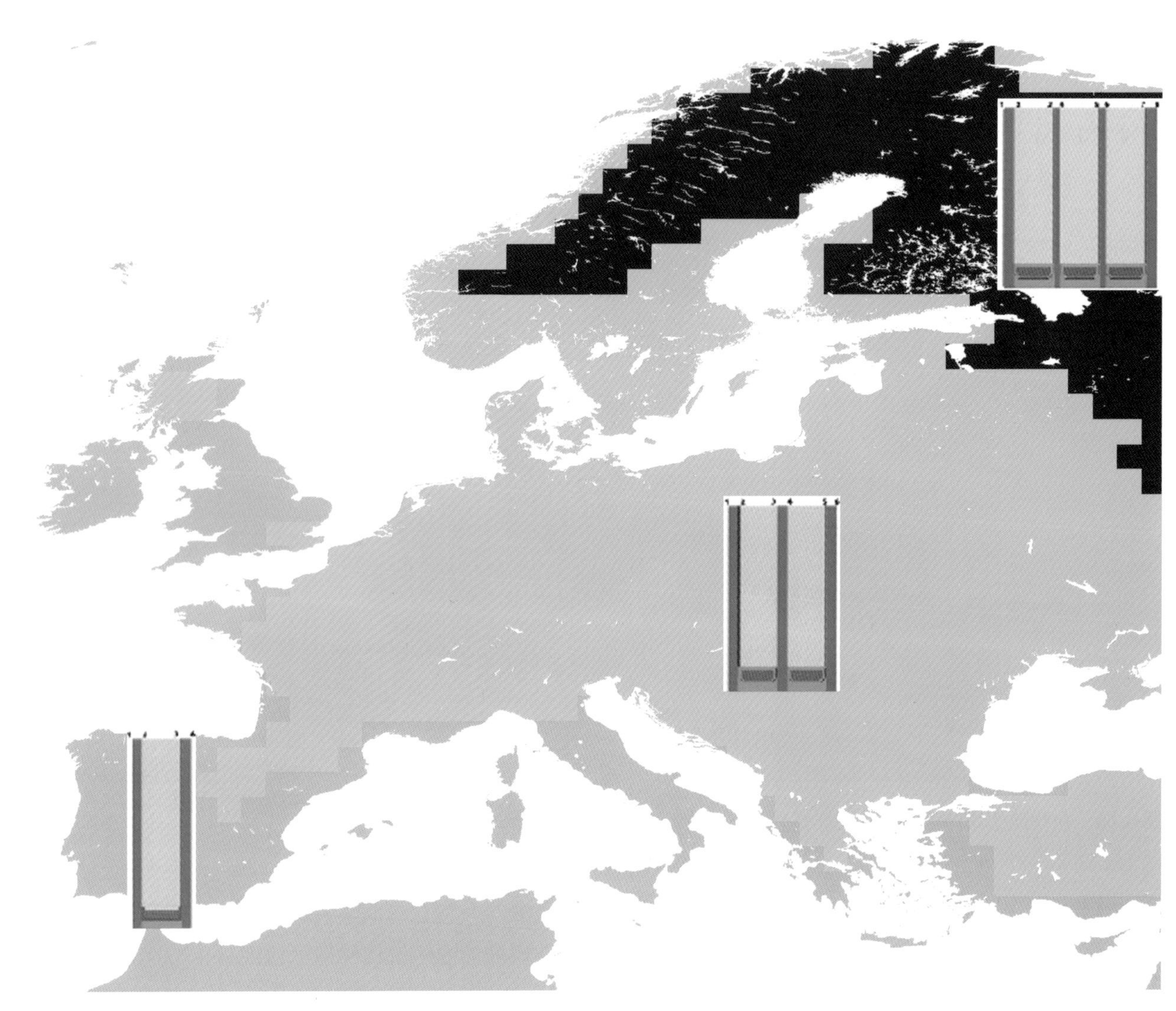

图 4.69　在欧洲满足舒适度要求的必要玻璃（© Passivhaus Institut 2014）

经济性：在哪里用哪种窗户最经济?

舒适性是一个重要的方面，但大多数情况下却偏重于经济性。为了弄清全生命周期内的投资和能源成本的最佳经济性，哪种窗户应在欧洲的哪些地区使用，被动房研究所与帕岑（Pazen）窗户技术公司一起用该公司的产品做了一个调研。

热工特性，对能量平衡的影响

下面将在图 4.70 中就所列出的窗户做比较。

“TWINtech duo”是双层玻璃的铝木窗口，“TWINtech trio”是 3 层玻璃窗。“ENERsign Plus”是获得被动房构件认证的适合温偏凉气候的产品，“ENERsign arctis”是 4 层玻璃窗户，适用于极寒地区。

图中展示的是窗户对 PHPP 的范例房“克拉尼希斯坦 Kranichstein 被动房”年供暖需求（基于 PHPP 示范房的基础值 14kWh/（m^2a））的影响。这里只对窗户做了改换，所有其他参数不变。与双层玻璃窗相比，使用“arctis”4层玻璃窗供暖需求减少了一半。

将能源需求显著压低到被动房标准以下，未必可取或不一定就具有经济性。更明智的做法是，在改善窗户上多做文章，比如说可以借此减小保温层的厚度。所以图中给出了必须的外墙保温层厚度，再匹配不同的窗户以达到被动房的标准。这里选用的是导热系数为 0.002W/（m^{2}K）的质量非常好的树脂泡沫保温材料。令人惊讶的是，在使用 4 层玻璃窗户时，保温层厚度 8.5cm 就足够了。

品质更好的窗户意味着在墙体设计上有更多的选择自由。采用这种方式也可以使用发泡混凝土或保温砖砌筑单层外墙。

法兰克福地区的经济性

不仅仅是使用阶段初期的投资成本对窗户的经济性很重要，使用中产生的支出同样重要。这里起决定

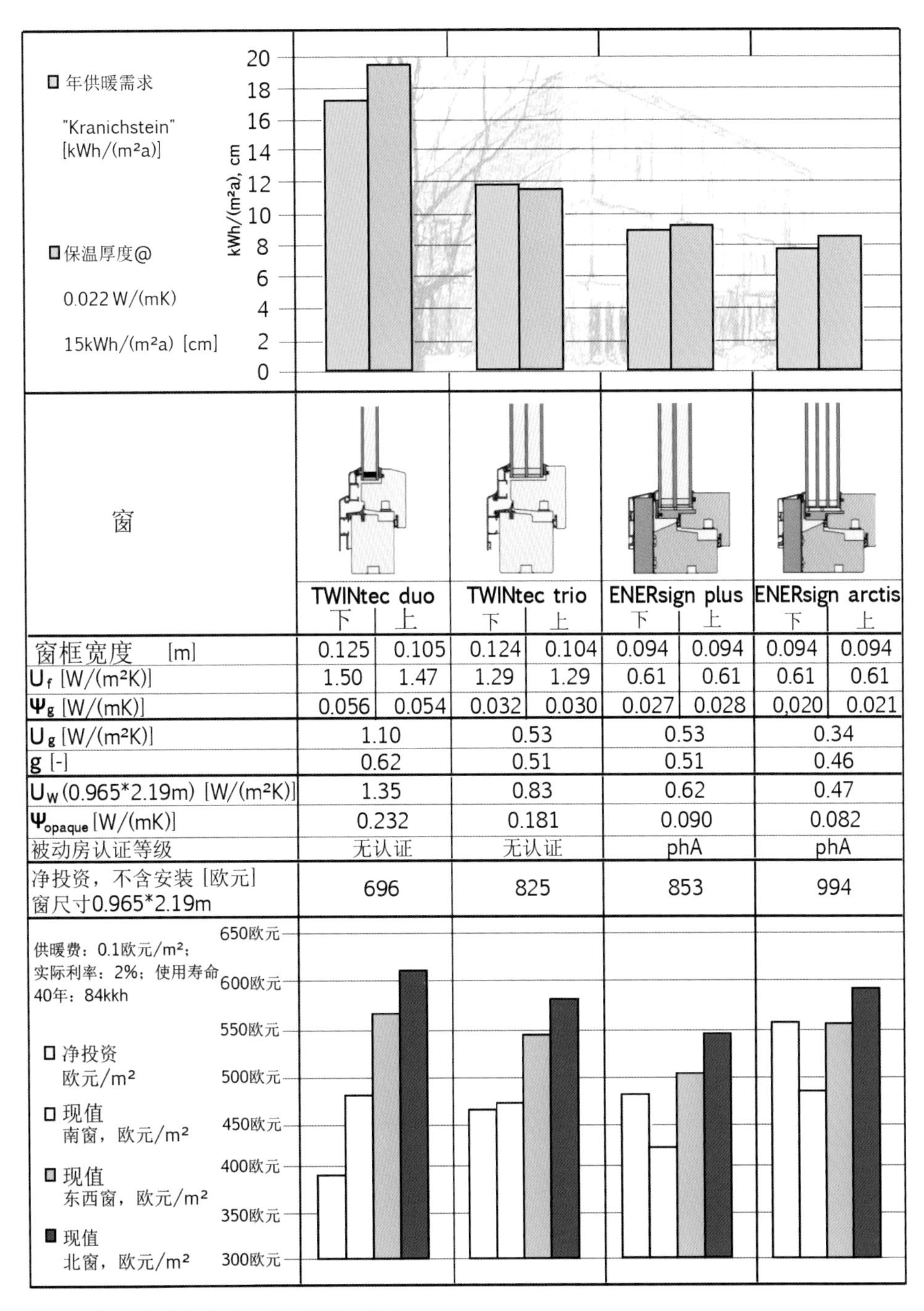

	TWINtec duo 下	TWINtec duo 上	TWINtec trio 下	TWINtec trio 上	ENERsign plus 下	ENERsign plus 上	ENERsign arctis 下	ENERsign arctis 上
窗框宽度 [m]	0.125	0.105	0.124	0.104	0.094	0.094	0.094	0.094
U_f [W/(m²K)]	1.50	1.47	1.29	1.29	0.61	0.61	0.61	0.61
Ψ_g [W/(mK)]	0.056	0.054	0.032	0.030	0.027	0.028	0,020	0.021
U_g [W/(m²K)]	1.10		0.53		0.53		0.34	
g [-]	0.62		0.51		0.51		0.46	
U_W (0.965*2.19m) [W/(m²K)]	1.35		0.83		0.62		0.47	
Ψ_{opaque} [W/(mK)]	0.232		0.181		0.090		0.082	
被动房认证等级	无认证		无认证		phA		phA	
净投资，不含安装 [欧元] 窗尺寸0.965*2.19m	696		825		853		994	

图 4.70 热工特性，对供暖需求和保温材料厚度的影响

性作用的特别是热工性能，它取决于热损失和得热。此外，经济性还受建筑所在的地区和窗户的布局影响。其次，窗户的使用寿命，能源的价格以及实际利率也对经济性有影响。图 3 的最下一部分列出了窗户在不同布置方案情况下的经济性以及相关的性能和成本。参照窗（0.965×2.19m）投资成本比“TWINtech trio”几乎多 30 欧元；但能源节约和窄窗框带来的较高太阳能得热使全生命周期成本减少甚多。同样值得注意的是对“arctis”（非单层安全玻璃）的研究结果。尽管与“TWINtec duo”相比，其投资成本高出了 30%，但全生命周期的成本却改善了：在气候边界条件下（84kKh，总辐射（kWh/[m²a]）：140 北，220 西 / 东，370 南）采用高保温窗框的 4 层玻璃窗户比普通窗框的 2 层玻璃窗户更经济。这就释放出一个强烈的信号——这个信号不仅是关乎所有建筑参与者，而且关乎整个玻璃工业以及在有关标准的实际讨论中，关乎欧盟建筑规范立法者。随着未来价格的降低“arctis”4 层玻璃窗户也可能比“trio”更经济。与标准窗框的 2 层玻璃窗户相比，4 层玻璃被动房窗户的价格优势也在 2014 年建筑部件大奖赛中得到证实。

欧洲地区的最佳经济性

“arctis”，即使和“plus”相比，在特别冷的地区的优越性更加明显。为了在这一点上获得更好的总体观察，被动房研究所在 Schnieders 及其他人（2011）所应用的方法基础上——基于目前德国的市场价格——开展了调研，目的是确定欧洲地区具有最佳经济性的窗户种类。调研选择了两种不同类型的建筑：一个是坐北朝南的联排房“Kranichstein”；另一个是位于市中心的东西向多户住宅“Limburger”，有相对较小的窗户和良好的遮阳。图 4.71“欧洲最佳经济性”中显示了调研的结果。

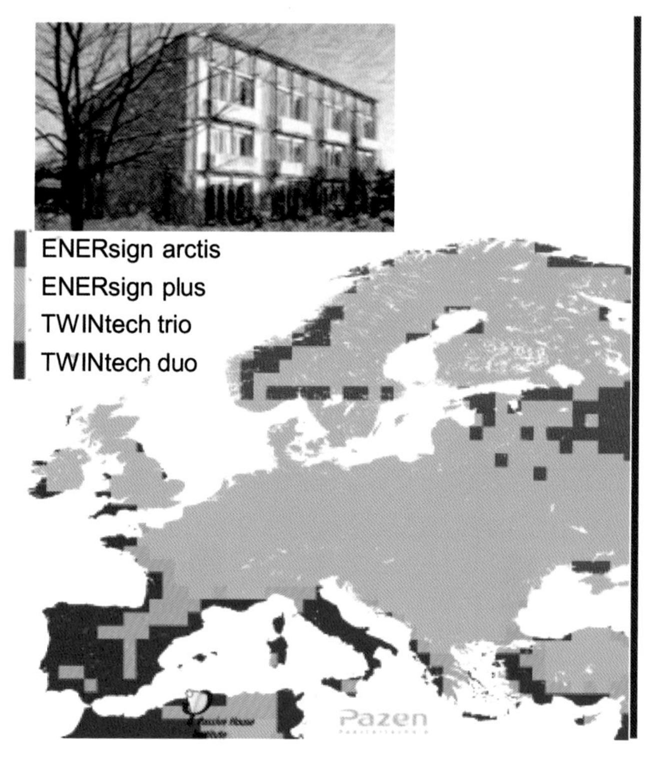

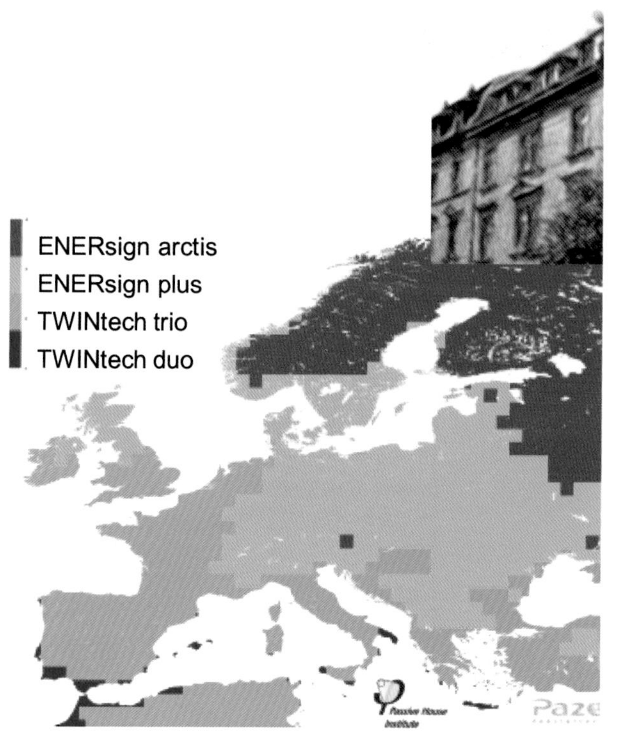

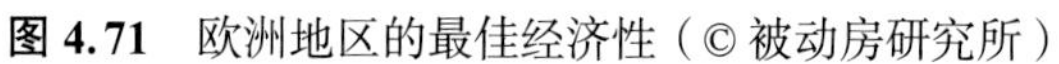
图 4.71 欧洲地区的最佳经济性（© 被动房研究所）

显而易见，窗户“plus”在参照房“Kranichstein”上，其经济性的覆盖范围从土耳其经过法国南部和爱尔兰一直延伸到斯堪的纳维亚半岛。即使在非洲的部分地区，这个窗户也具有最佳的经济性。这得益于其良好的防过热窗框，还由于较低的g值：与2层玻璃相比，其3层玻璃降低了太阳能辐射。2层玻璃窗在对舒适度标准的要求比较高的地区也有优势。需要注意的是，这里选择了最好的遮阳，而没有列入成本。若将遮阳系统的成本也考虑进去，3层玻璃窗户因其较低g值（和较低的冷负荷）在南欧地区的最佳经济性范围会更大。

“arctis”在“Kranichstein”参照房上出现得很少，因为南向的大窗户在斯堪的纳维亚半岛还有太阳得热。与4层玻璃相比，g值较高的3层玻璃在这里发挥了作用。当然，要实现被动房的功能，这么大的窗户在斯堪第纳维亚地区的经济性就不是最佳的了。要想在那里建造（符合舒适度标准的）被动房，建议采用较小的4层玻璃窗户。这在图中的“Limburger”参照房上非常明显：窗户都很小，太阳能总得热很低。因此，发挥功能的被动房在哪里都具有最佳经济性；4层玻璃窗户甚至以现行价格适用范围都会明显扩大。

今天，在奥地利的施蒂利亚州的部分地区，“arctis”就具有最佳的经济性（在高山地区无论如何都应该如此）。在玻璃价格下降的情况下，可以预见4层玻璃窗户覆盖的范围会增加，不仅会扩展到阿尔卑斯地区，而且会延伸到德国较高的山区，比如巴伐利亚森林地区。

灰色能耗：值得采用更好的窗户吗？

在前面章节中已经确认，3层玻璃窗户不仅在舒适性上，而且在经济性方面也是欧洲大部分地区的最佳选择。问题在于房屋使用过程中通过3层玻璃窗户节省下来的那部分能源是否要付出很高代价购买。因为在生产过程中每增加一片玻璃和一层涂层都要消耗能源。这部分能耗称为灰色能耗。被动房研究所与瑞士的圣戈班公司共同开展了一项调研，目的是找出在欧洲与灰色能源相关的问题上，哪些玻璃具有最佳能效。

玻璃生产过程的灰色能耗

首先对2层玻璃、U值和g值（太阳能）优化的充氩气3层玻璃和充氪气的4层玻璃（也是U值和g值优化的产品）做了调查。结果表明，玻璃材料对灰色能源的影响最大。而氩气可以忽略不计。4层玻璃窗户用的氪气占灰色能源需求的3%。为了使灰色能耗与供暖和制冷能耗能够一起计算，将玻璃的使用寿命定为25年，并将所消耗的能量除以使用时间。得出的结果是每年的能耗，类似于贷款利率分期支付的形式。2层玻璃窗户的能耗为3.3kWh/（m^2a）；3层玻璃多一层玻璃、一个中间层和涂层，能耗就达到了5kWh/（m^2a）。而4层玻璃的就又多了一层玻璃、一次涂层和一个充氪气的中间层，能耗为6.8kWh/（m^2a）。

4层玻璃窗前景可期

如图4.72“能量平衡表，含灰色能耗”是不同地区北向和南向窗户的不同玻璃产品中灰色能耗（灰色柱）所产生的影响。热损失和太阳能得热在各个地区均是不同的，但灰色能耗不变。图表中的红色柱表示的是能量平衡值，即能量获得和能量损失相抵后的净值。在北向窗户上，红色柱越向下，表明能量损失越少。可以清楚地看到，在所有地区，4层玻璃窗户产品都是净能量损失最小的，也就是是最佳产品。引人注目的是，在最热的地点“罗马”却未显示出太阳能得热。这很容易解释：按照罗马的气候条件，为这里所选的参照房“被动房Kranichstein”没有可利用的太阳能得热。建筑内部的热源足够为建筑供暖了。

南向窗户的结果相同。在所有炎热地区，3 层和 4 层玻璃窗户都是净得能量。在这里，4 层玻璃窗户也是最好的选择。

在罗马的气候条件下，灰色能耗大约占传输热需求的一半，而在法兰克福的气候条件下，几乎不到八分之一。在温暖气候区，供暖上的能量节约很少，所以成本节约也很少。因此，就经济性而言，在罗马那样的气候区使用昂贵的 4 层玻璃窗户是不值得的。

这里介绍的调研课题中没有涉及制冷。随着玻璃的层数和涂层的增加，g 值下降。这同样适用于制冷情况下的太阳能负荷。为此，若将制冷考虑进去还会加大这一趋势。玻璃的质量越好，供暖和制冷需求越少。

窗户认证：为不同的气候区推荐合适的窗

为了减轻建筑师、规划师和业主的工作压力，被动房研究所颁发“认证的被动房建筑构件：窗框”证书。从另一方面看，被动房研究所帮助窗户生产商改进其产品。经过多年来的实践，被动房研究所的认证已经成为业内最受欢迎的品质标志。为了获得这一认证，许多窗户生产企业都在努力改进他们的产品。有意设置这个认证的结果是：市场上出现了越来越多的高效产品（图 4.72）。

对规划师有帮助的还包括推荐在哪些地区使用哪种品质的窗户。为此，为“极冷”、“冷”、“温偏凉”、“温偏暖”以及“暖”气候区提供窗户认证。此外，认证还兼顾了最佳经济性和舒适度的要求。下表列出了不同气候区的要求。图 4.73“欧洲的气候区”给出了建议采用窗户种类的概况，列出了进行高能效建筑优化方案规划时，向 PHPP 和 designPH 中输入的初始匡算数据。

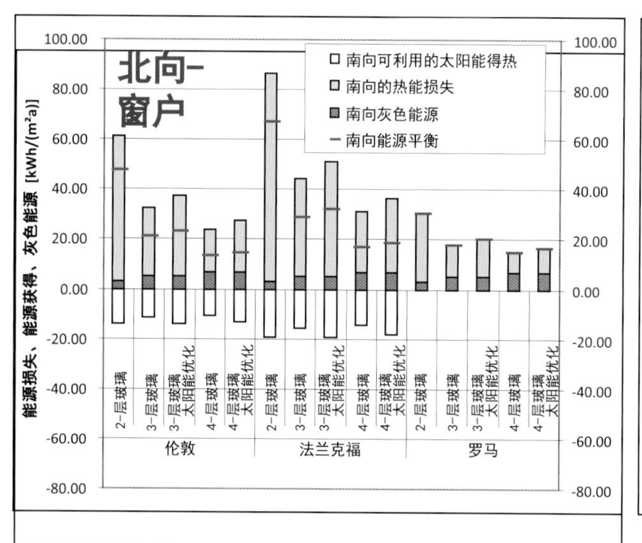

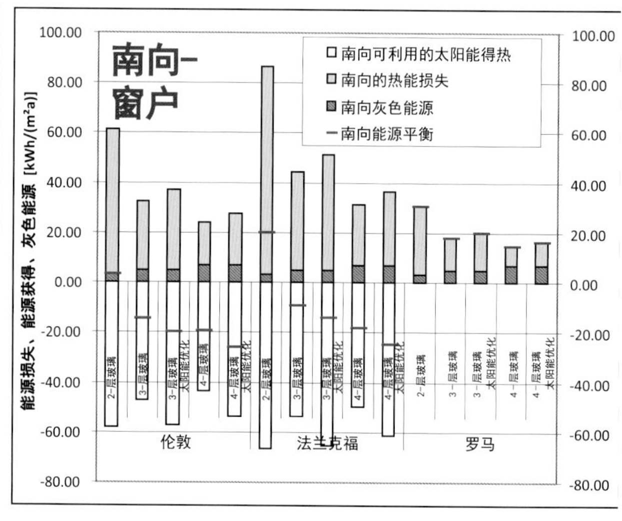

图 4.72 不同地区的能量平衡表，含灰色能源（© Passivhaus Institut 2014）

气候区和对窗户或其他玻璃部件的要求（© Passivhaus Institut 2014） 表 1

气候区	卫生标志 f_{Rsi} = 0.25 m^2K/W	U- 值 [W/（m^2K）]	已安装后的 U- 值 [W/（m^2K）]	建议的窗户
1 极冷	0.80	0.40	0.45	4 层玻璃或真空玻璃
2 冷	0.75	0.60	0.65	3 层或 4 层玻璃
3 温偏凉	0.70	0.80	0.85	3 层玻璃
4 温偏暖	0.65	1.00	1.05	2 层玻璃或非常好的 2 层玻璃
5 暖	0.55	1.20	1.25	2 层玻璃
6 热	—	1.20	1.25	2 层玻璃，遮阳
7 极热	—	1.00	1.05	3 层玻璃，遮阳

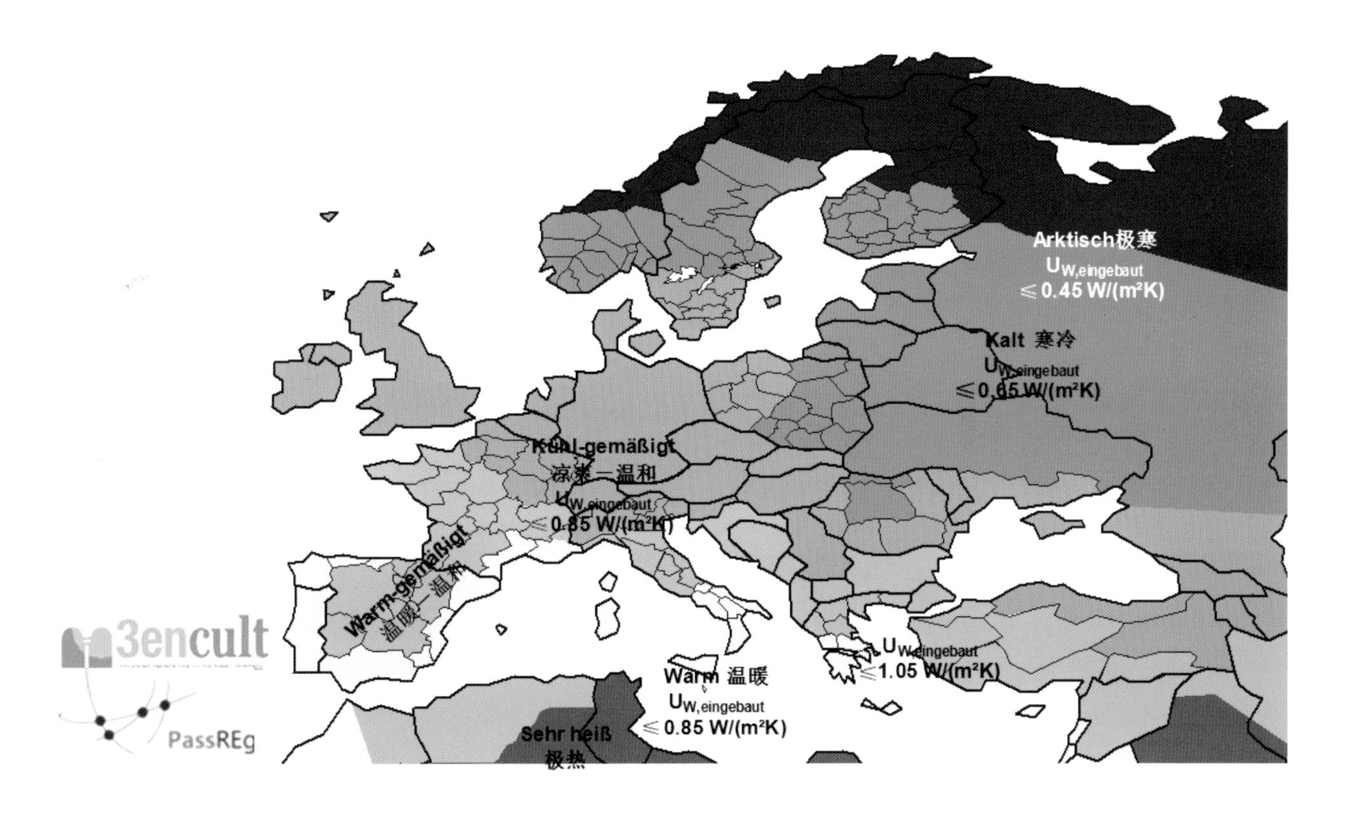

图 4.73 欧洲的气候区（© 被动房研究所）

图中的数值是在窗扇尺寸为 1.23m×1.48m，玻璃 U 值固定的窗户上进行验证的。这个固定的 U 值在各气候区内始终相同。这样就可以在评估窗框质量时不受玻璃的影响。建造被动房不是必须使用获得认证的建筑部件。达到所要求的舒适度标准就完全足够了。例如，可以通过改善玻璃的传热系数补偿窗框较差的保温性。

太阳能得热与效能级别

在最高能效建筑的总体方案中，不仅窗户的热损失是决定性因素，窗户的太阳能得热同样重要。除了窗户的朝向和遮阳外，玻璃的总透射率和窗框所占比例也影响窗户的得热。因为不透明的窗框不能获得太阳能，所以，尽量减少窗框所占比例（减小窗框的可视宽度，加大窗户尺寸，没有窗格，玻璃分隔少）具有优势。总的透射率数值 g 表示的是到达窗户表面的太阳能最终穿过窗户进入建筑物内的部分。比如 g 值为 0.3 或 30%，说明从外部照射到窗户上的太阳能有 30% 进入了建筑内部。g 值只适用于玻璃与照射角度垂直的情况。如果角度不垂直，会发生较大的反射，从而减少进入室内的太阳能。流行的 3 层玻璃窗户 g 值在 50% 和 65% 之间。后者是采用超白玻璃代替浮法玻璃，并优化涂层达到的。然而，总体而言：玻璃的 g 值越高，U 值也就越高。如果对玻璃的稳定性和防火有特殊要求，就会对 g 值产生影响。这类要求在规划能量平衡时应该及早考虑。只有内部热负荷很高的情况下，才能在温偏凉气候区采用低 g 值的（遮阳）玻璃。

单凭窗的 U 值不足以判断建筑物所用玻璃的性能，因为缺少太阳能可能得热信息。为了弥补这种情况，被动房研究所引入了参数 Ψ_{opak}，据此对窗户做效能等级划分。该值反映窗户不透明部分的热量损失。纳入热量损失计算的因素有窗框的 U 值、窗框宽度、玻璃边缘的 Ψ 值以及玻璃边缘的长度。实际上应一并加以评价的太阳能辐射以及玻璃本身都不计入该值。当所有由窗框造成的热量损失确定时，就可以作出窗可能得热评估，并得出能量平衡的可靠方向性判断：Ψ_{opak} 值越小，窗户的能量平衡越好。表 2 是被动房标准及其对应的数值。

被动房不透明部件的能效等级 **表 2**

Ψ_{opak}	被动房能效等级	评级
≤ 0.065W/（mK）	phA+	非常先进
≤ 0.110W/（mK）	phA	先进
≤ 0.155W/（mK）	phB	基本
≤ 0.200W/（mK）	phC	可认证
≤ 0.245W/（mK）		不可认证

玻璃部件

建筑物中的单层玻璃部件还很常见。这里有着巨大的潜力：这些窗户可以不必考虑其现状而立即用 3 层玻璃窗户替换。获得舒适性并节约成本是一举两得。U 值为 5W/（m^2K）以上的单层玻璃窗户热量损失非常多。如果用 2 层玻璃代替 1 层玻璃，其 U 值就会降低一半。这种玻璃称为“中空”玻璃。如果在玻璃的一侧喷上金属涂层，就会使其性能得到更大改善。金属涂层可以减少玻璃温暖面和寒冷面之间的长波红外线交换达到 90% 以上，玻璃的 U 值改善非常显著。此外，还可以在玻璃的中空内部填充导热性差的惰性气体（氩气或氪气）。既有防护涂层又填充气体的玻璃称为保温玻璃。这种玻璃的 U 值可以达到 1.1W/（m^2K）。涂层的种类以及填充的气体和玻璃之间的空间距离都对 U 值产生影响。填充氪气比氩气能够获得更好的 U 值。如果玻璃之间的空间距离加大，U 值将首先得到改善并逐渐达到最佳状态，然后，则会由于气体对流运动而再变差。对于 2 层玻璃来说，填充氪气的最佳距离约为 10mm，填充氩气时约为 15mm。

如果2层玻璃再加1层镀膜玻璃，增加的空间也填充气体成为3层玻璃，那么，传热系数可以达到0.5W/（m^2K）。填充氪气的3层玻璃最佳空间距离约12mm，填充氩气的最佳距离约18mm。中间的那层玻璃也可以使用薄膜代替，重量也相应减轻了。还有一种可行的方案，就是采用厚度为2mm或3mm的超薄涂层玻璃。这样就可以制造重量相当于2层玻璃的3层玻璃。当然，由于玻璃的力学性能使然，应用领域有限。这种类型的玻璃正明显地快速进入市场，并赢得了经济性方面的优势。

如果在3层玻璃的基础上，再增加一层玻璃和涂层，就是4层玻璃。截至目前，4层玻璃产品至少已出现了泵吸效应的问题。玻璃内部温度的变化使得填充气体的密度发生变化，玻璃之间的压力也随之改变。在玻璃的中间部位会发生凹凸不平的现象，造成玻璃边缘的粘合受到挤压，而产生泄漏。因此建议玻璃之间的最大间距不应大于36mm，对于3层玻璃的两个空间就是2mm×18mm。由于上述气候因素带来的影响，如果4层玻璃充氩气即采用3mm×18mm的结构就容易造成损害。但是充氪气并采用3mm×12mm结构的4层玻璃却取得了很好的经验，U值可以达到0.3W/（m^2K）以下。

U值越好，玻璃的表面温度也随着一起升高。过去在2层玻璃上还会发生结露，或在单层玻璃的内侧上结冰，这种现象并不少见。而在正常的室内湿度条件下，对于现代化的3层玻璃产品，这些问题都成为了过去。采用3层玻璃产品，使用者的舒适度得以提高。这样也对窗框起到了保护作用，因为湿度很小，霉菌和其他微生物就没有合适的生长条件（图4.74）。

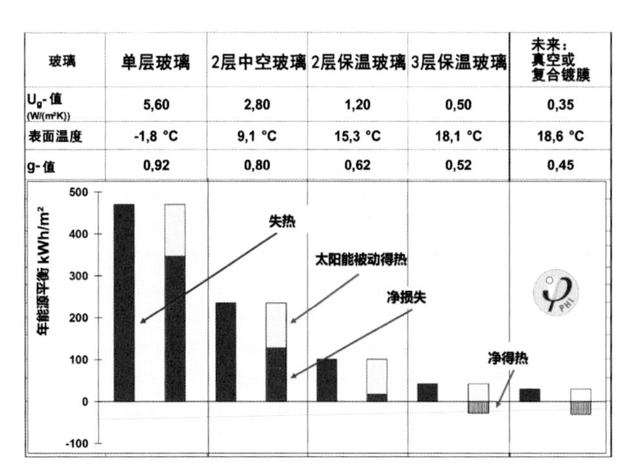

玻璃	单层玻璃	2层中空玻璃	2层保温玻璃	3层保温玻璃	未来：真空或复合镀膜
U_g-值 (W/(m²K))	5,60	2,80	1,20	0,50	0,35
表面温度	-1,8 °C	9,1 °C	15,3 °C	18,1 °C	18,6 °C
g-值	0,92	0,80	0,62	0,52	0,45

图4.74 玻璃种类（© Passivhaus Institut）

玻璃封边

使用特殊的气体填充玻璃间隙对玻璃之间的密封要求很高，同时，还要保证玻璃之间的间距。目前还经常使用导热性能非常高的铝材制造分隔材料，并使用沥青将玻璃粘贴起来。这样会在玻璃边缘产生热桥，使热量大量流失，造成低温。其结果就是出现结露和不希望看到的微生物滋生。被动房的窗户要达到的目的是，窗户也要达到DIN4108-2规定的$f_{Rsi}\geqslant 0.70$的要求。这样，在普通的室内气候条件下就可以保证不会滋生霉菌。由于这个原因，用热桥损失系数达到0.1W/（mK）的高导热性的铝材作为分隔材料绝不可行。必须使用所谓“暖边”。对于嵌入较深的玻璃边缘，导热性较低的薄不锈钢可以满足要求。但是用玻璃纤维加固的合成材料才是最好的选择，其上覆盖铝箔或不锈钢箔以密封填充气体。最新研发成果是全塑料边条，采用金属蒸汽喷镀的塑料薄膜作为气体密封。

优化的暖边比标准产品价格贵，但是使用过程中能够带来成本上的节约。下面的图示说明的是，根据厂商 Swisspacer 的产品木铝窗框整个生命周期计算出的每延长米暖边所需要的能源成本。结果显示，对高能效边条的投资是值得的（图 4.75）。

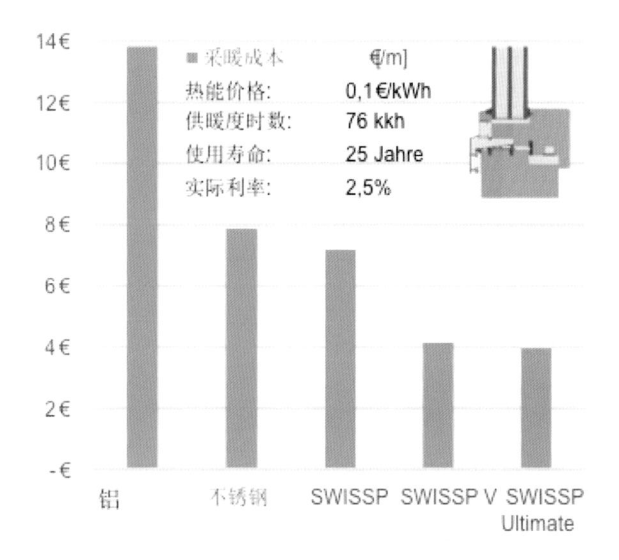

图 4.75 使用寿命内不同玻璃边条的能耗成本低（© Passivhaus Institut）

窗框

窗框宽度

如上所述，窗框可视宽度小，而玻璃所占比例大，对 U 值和太阳能得热起着积极的作用。许多窗生产商都了解这一点，所以，窗框可视宽度越来越窄成为明显的发展趋势。被动房研究所已经对很多窗框可视宽度在 100mm 以下的窗做了认证。固定玻璃窗户比开启式的窗户的窗框窄，而价格也明显便宜。因此，若可能情况下，推荐使用固定玻璃窗。但是每个房间至少要保留一扇可开启窗，以满足使用者与外部世界接触的需求，以及满足用户自由使用窗户的愿望。从内部清洗固定式窗户的外侧会受到限制，这是需要考虑到的一个方面（图 4.76）。

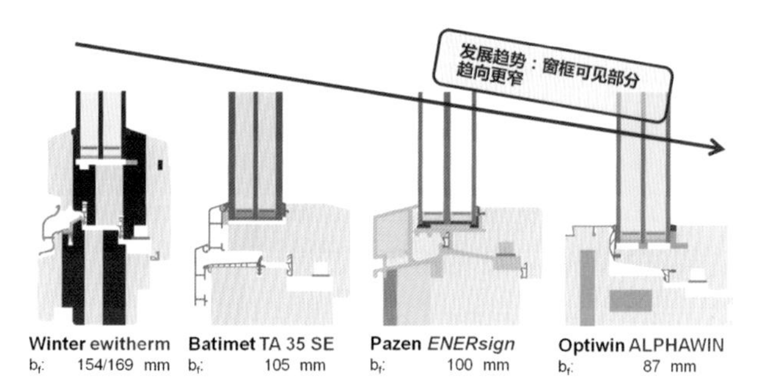

图 4.76 窄边窗框发展趋势－以已认证被动房窗的例子显示

窗框的导热系数

与传统的窗框相比，保温的被动房窗框通常是较贵。虽然 COMPONENT AWARD 2014（2014 年建筑部件大奖赛）证明，被动房窗户在全生命周期内是更有利的——而且获奖的窗框甚至在投资上也不是特别昂贵。然而，人们经常会选择保温性能一般而投资不大的窗框，并与性能好的玻璃搭配，来达到所要求的 U 值。这在原则上是允许的。但是，特别对于小型建筑，经常出现的情况是，必须采用性能良好的窗框和品质非常好的玻璃来达到年供暖需求的标准。对于寒冷气候区或者地势高的地区也是如此。性能较好的窗框也为规划和建造提供了自由空间，比如采用更薄的保温层，或者较大的表面积／体积比例关系（体形比）。实际上专为较寒冷气候研发的价格昂贵窗框或框架也同样有其存在的理由。

图 4.77 显示的是传统窗框和获得认证窗框的剖面和等温图对比。从等温图中首先可以清楚地看到获得认证的窗框的表面温度较高：当 U_g 为 0.70W/（m^2K）和玻璃边缘的热桥损失系数为 0.028W/（mK）时，就能达到 UW 值 0.80W/（m^2K）的水平。在相同条件下，要在传统窗框上达到这个数值，玻璃 U 值就需达到 0.46W/（m^2K）。这只有采用真空玻璃或 4 层玻璃才可能。在初步匡算时可以由此假设开始：若使用当前市场上可以采购到的 3 层玻璃窗，要达到舒适度标准，窗框的 U 值必须小于 1.1W/（m^2K）。

但是，性能优良的保温窗框看起来是什么样的呢？保温层与玻璃要出于同一个水平面上，这样可以避免窗框内几何形状上造成的热桥。应尽量玻璃边缘的两侧都做好保温，以尽量减少玻璃边缘产生热桥。较高的玻璃就位点也是有优势的：大多数情况下虽然会加大窗框的可视宽度，并带来太阳能得热减少的后果。窗框里的通气孔也有重要意义。其中之一是所谓的玻璃槽，就是窗框和玻璃之间的区域。这个空隙是必须的，以便平衡制造公差和排出可能存在的湿气。空隙的冷的外侧和温暖的内侧之间存在辐射交换，结果就是大量的热损失。插入其间的防漫射绳可以弥补。同样也适用于窗框缝隙，就是窗扇框和樘框之间的区域。因为辐射交换的原因，这一区域应该逐步施工。

屋顶窗

为了很好地排放雨水，屋顶窗和采光罩必须从屋顶保温层突伸出来。这就会带来严重的安装热桥。同样，玻璃在窗框中的位置也会对玻璃边缘的热桥产生影响。由于玻璃偏离垂直线，玻璃之间的空间对流就会发生改变，从而玻璃的U值变大，实际上会带来更大的热量损失。

尽管事实很明显，普遍的舒适性要求 $\theta_{si} \geqslant \theta_{op} - 4.2K$ 也适用于非垂直的部件。但是内部热阻会随着倾斜而发生改变，这种变化可以用余弦函数来说明。

$$U \leqslant \frac{4.2K}{(-0.03 \times \cos\beta + 0.13)\ m^2K/W \times (\theta_{op} - \theta_a)}$$

这是确定外部部件最大热阻的方程式（其中 β 为偏离垂直的角度）。

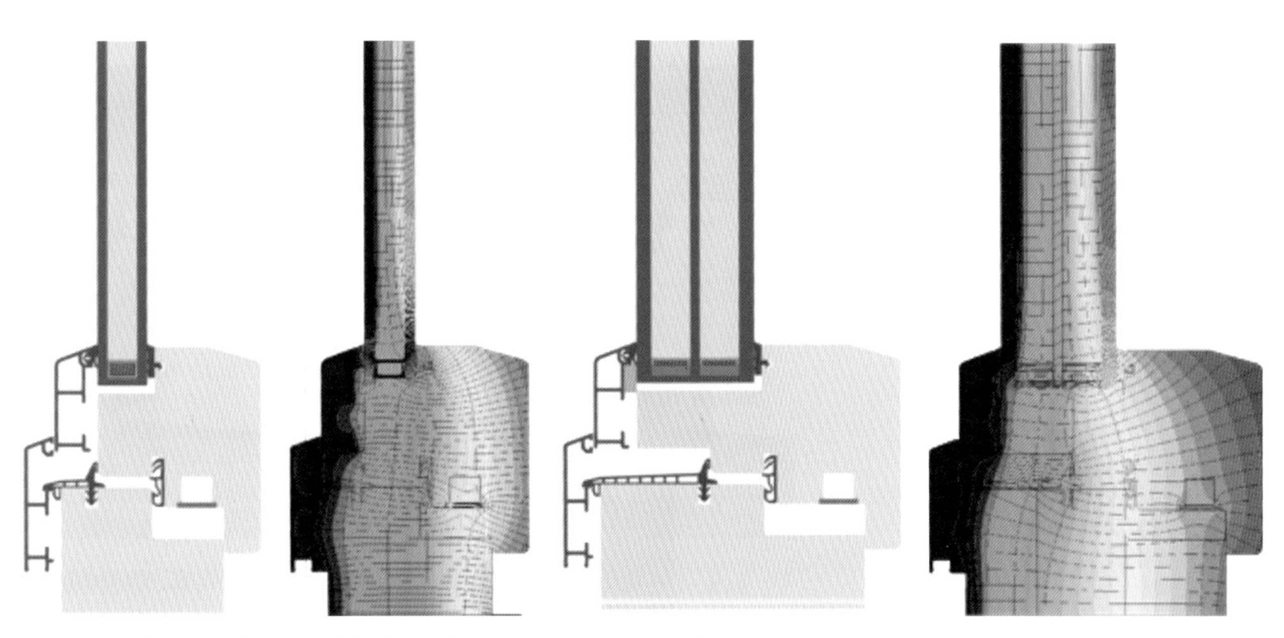

图 4.77 传统窗框与获得认证的被动房窗框“Batimet TA 35 SE”对比

当部件相对于水平方向倾斜 45° 时（室内使用温度为 22℃，外部温度为 −16℃），计算出的最大传热系数为 1.0W/（m^2K）。当处于水平状态式，最大热阻系数为 1.1W/（m^2K）。由此得出实际安装倾斜角度 45° 屋顶窗玻璃的 U 值的要求。

安装热桥（$\Psi_{安装}$）

安装热桥对建筑师和规划师的影响很大。通过尽最大可能地对窗框做保温，在个别情况下甚至能够得到负的热桥损失系数。需要注意的是，窗户产品的安装热桥不尽相同。窗台板与窗下墙连接部位热桥损失系数较高，因为雨水必须在这里从窗框的槽口排出，因此窗框的保温层不能做得太厚。如果在保温层或结构层里有百叶帘盒或卷帘盒，窗楣的连接部位也有同样的情形。在铝框材外包覆保温影响很小。铝材将外部冷空气的温度传导到型材的末端。那里的温度与外部温度相差无几，所以包覆保温的效果不大。

窗户在保温层内的位置也很重要，最理想的是安装在保温层的中间。对于大型建筑（砌体建筑），在舒适性和最佳保温性能之间较好的折中方案是直接安装在结构层前面。如图 4.78 所示，与内墙平齐的安装方式是绝对不利的。到目前还没有讨论的是窗帮遮阳效果的影响。考虑到这一点，更应该将窗户安装在外部保温层一半的位置，尤其是小窗户。

能效和成本优化的窗户检查表

在选择能效优化的窗户和制定安装规划方案时需要注意到以下几点：

- 尽可能选择大面积无分隔的窗户，以减少热量损失，提高太阳能得热，节省投资成本；
- 窗户尺寸超过 1.4m×2.7m 必须采用较厚的玻璃，这会对价格、g 值并且可能对 U 值产生不利影响；

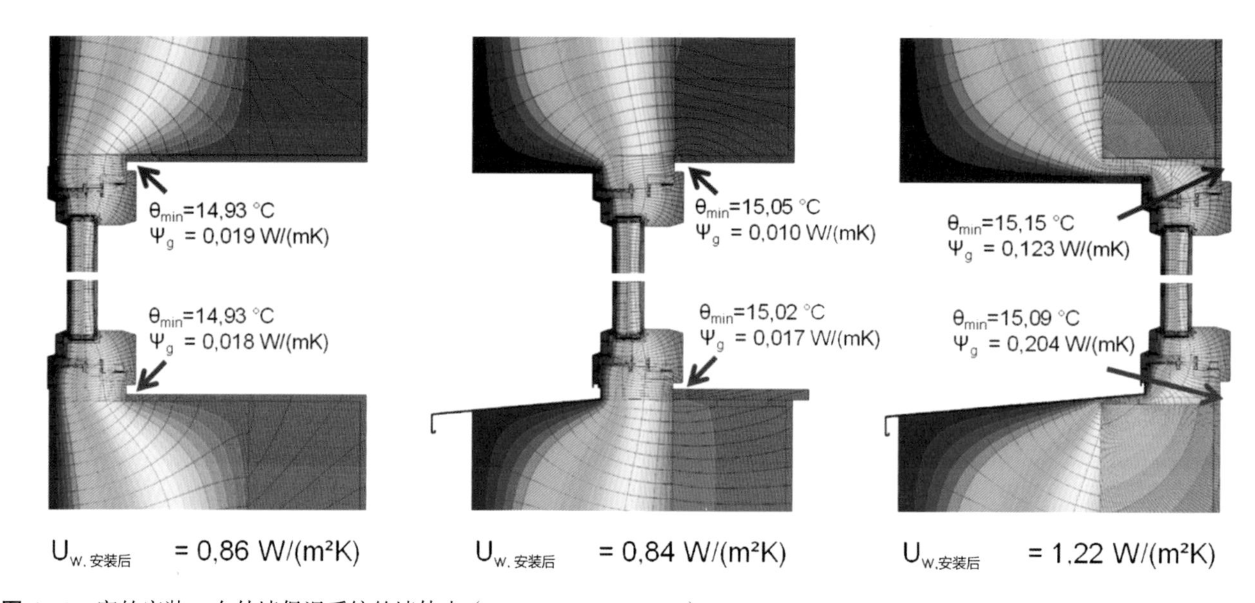

图 4.78 窗的安装，在外墙保温系统的墙体中（© Passivhaus Institut）

- 尽可能采用窗框可视宽度较小的窗，以获得更多的太阳能；
- 若可能，采用固定窗，以减少投资成本；
- 采用2mm×18mm玻璃间距，以获得最佳的U值；
- 在无遮阳的南向采用g值优化的玻璃，以优化太阳能得热；
- 使用隔热窗框，以减少运营成本；
- 关注使用合成材料玻璃间隔边条，以节约能耗和成本，并避免玻璃边缘产生低温；
- 将窗框安装在保温层内，并用保温层覆盖，以减少安装热桥，并避免窗帮过深导致过度遮阳。

第 5 章

建筑设备：通风系统

为了给居住者提供持续不断的新鲜空气，良好的室内空气品质是对每一个建筑设计方案的核心要求。高效节能建筑需要配置有热回收功能的辅助通风设备。只有这样才能将通风造成的热量损失降低到要求的能效标准。通风设备还能够平衡使用者造成的负荷以及有害物质，同时将室内的潮气排出。在暴风雨或极寒的天气里，无控制的通风口或建筑缝隙就可以提供所足够的空气交换量。在其他空气交换不好的天气里，就必须对每栋建筑提供主动通风。每天手动进行 1～2 次的对开通风是不够的，因为这只能达到平均 0.1～$0.2h^{-1}$ 的换气次数。

对室内空气卫生的要求

以规划时最优先考虑室内空气品质为出发点，就必须在通风规划中对换气次数的设计考虑以下几个方面：

1. 可以选择室内二氧化碳含量为基本参数，因为这是由使用者造成并且是不可能改变的。每人每小时送入新风 $20m^3$，就可以保持 DIN1946 规定的卫生标准极限值 0.15Vol.-%。如果按照较严格的佩滕科弗尔值 0.1Vol.-%CO_2，即相当于 1000ppm，就需要以下空气量：轻劳动者需大约 $30m^3$；较少活动者需要大约 $25m^3$；完全静止的成年人需要大约每小时 $20m^3$ 的新鲜空气。对应这些数字，DIN1946-6 的最低要求为，在正常活动情况下每人每小时 $30m^3$ 新鲜空气。
2. 建筑内有害物浓度和不利健康的影响因素都必须保持在这样的水平：令设计的换气率足以将剩余有害物充分排出。就节能建筑的规划来说，这意味着应采用排放最少的材料。这样，高效节能的建筑始终是健康的建筑。
3. 如在第 3 章中所述，室内空气湿度构成了另一个换气量的参数。按二氧化碳决定的换气量在供暖期足以排出每日生成的湿气，这在一个 3～4 口之家为每天 6～10 升以上的水。在制定规划方案时应注意，换气不应过于频繁，以保证适宜的空气湿度。在过渡期和夏季则需要提高换气量。当然，要也可通过窗户换气。
4. 必须根据用途让每个房间达到充分的空气流通。浴室、厨房和厕所都需要更高的换气次数，这一般只需要将这些地方作为回风间就可以很好的解决。
5. 通风系统应以简单的方式方法保持无瑕疵的卫生状态。这涉及进气、过滤器、管网和设备。在接下来的章节里将分别介绍必要的维护。

规划基本准则

通风设备应规划得尽量简单，以便能够不费事地持久经济运行。在住宅通风系统上使用紧凑型设备，其中的运动部件主要为风机，其功率应尽可能低，4 口之家为 20～50W。住宅建筑和非住宅建筑的中央系统须以这些参数为指标，在优化的规划下，要比小型设备更加经济。带热回收功能的设备每消耗 1kWh 就可以节约供暖能量 10～20kWh。通风设备的控制应尽可能简单并让使用者可以直观地操作。好的设备应尽可能配合使用者的需求。

理想的情况是，居住者几乎感觉不到设备存在——除了提供简单调节手段，以及高品质的室内空气。

通风方案首先应依照被动房的规划标准制定，好的规划师会以适当的方式将其与 DIN1946-6 的要求统一起来。重要的是，规划方案应由经验丰富的专业人员实施，施工企业应有安装和专业调试的业绩。

带热回收功能的新风设备

从节能的角度出发，将通风与热回收结合是最合理的办法。新鲜的室外空气被吸入并过滤，再通过热交换器后送入停留房间（例如卧室、起居室）。在这个过程中，室外的冷空气按通风设备的可供热程度被加热到接近室内的温度。新鲜空气在这些房间内非常缓慢而均匀地分布，持续提供舒适的室内空气品质。然后空气经过门或经隔声的墙孔流向溢流区域，比如走廊，然后进入回风间。再经排风装置抽出。使用过的暖空气被输送到通风设备内，在那里，75%～90% 以上所含能量经热交换器转移给新鲜的空气，将其从 -3℃加热到约 18℃。

带热回收功能的新风设备不仅仅构成了高效节能建筑的重要前提，它还以最佳的方式将节约能源与室内空气质量结合在一起。规划优秀的设备会得到使用者的高度爱用。对很多居住者来说，将来若要再搬到一栋没有通风设备的建筑是无法接受的（图 5.1）。

图 5.1 八户公寓楼的中央通风设备（来源：Schulze Darup）

通风设备的配置

在获得良好空气质量方面，配备风机的通风设备比手动开窗通风以及井式或隙缝式通风明显更具优势，因为后者受制于热流和风压的影响。设备的规划布局，应达到热舒适性、空气质量、能源消耗和个别调整可能性的平衡协调。

按照被动房的要求配置

如果通风设备能够正确地规划和设计，就能够提供良好的舒适度。在实践中，按照被动房的要求进行规划是制定合理的通风方案的可靠方法。此外，在 PHPP 中有通风系统工作表，以及辅助规划软件 PHLuft，通过这些手段可以对热输送、地热交换器以及热交换器的温度和可供热程度进行计算。

风量规划

对住宅来说以下 3 点是行之有效的规划基础：

1. 送风：整户每人每小时 20～30m^3，不是每个房间

2. 回风：
   房间：流量（按 DIN1946-6）
   - 厨房：$60m^3/h$（$45m^3/h$）
   - 浴室：$40m^3/h$（$45m^3/h$）
   - 厕所，储藏室或类似的空间：$20m^3/h$（$25m^3/h$）
3. 最低换气次数：0.3
   按照整户和房间高度 2.5m 计

在确定通风设备的大小时，应参考上述三个流量数值中最大的一个。

应通过相应的调节使设备运行与实际需求相适应。要达到良好的室内空气质量，每小时每人 20～$30m^3$ 完全足够。在非常寒冷而干燥的冬季应避免与室外空气的频繁交换，以免导致室内空气太干燥。有需要时，使用者可以将通风量降到更低。

对非住宅建筑来说，人员所需通风量的计算也是一个重要的选择机型大小的基础，这可以适用于多种用途。非住宅建筑的规划基础是 DIN EN13779，该标准按室内空气质量等级给出了所需风量：

等级	新风风量	对比于室外空气的二氧化碳升高
IDA 1 特级室内空气质量 t	＞$54m^3$/h/人	＜400ppm
IDA 2 高级室内空气质量 t	36–$54m^3$/h/人	400 – 600ppm
IDA 3 中级室内空气质量 t	22–$36m^3$/h/人	600 – 1000ppm
IDA 4 低级室内空气质量 t	＜$22m^3$/h/人	＞1000ppm

室内空气质量级别须事先与业主商定。通常情况下，将 IDA 2 作为规划的基础（室内空气质量 2 级），得出的平均风量为每人 $45m^3/h$。然而，这样的高风量在冬季很容易造成非常低的室内空气湿度。

为了避免冬季室内空气过于干燥，对于普通非住宅建筑（比如办公楼）推荐以 IDA 3 作为规划的基础，这相当于每人每小时 20～$30m^3$ 的通风量。按个别使用情况，在冬季为达到舒适的空气湿度，进一步减少通风量是可行的。

设备的能耗指标和压力损失

被动房通风设备的前提条件首先是可供热程度好、电功率需求尽可能低的高效通风机。被动房认证标准规定，设备节能的最低要求是其可供热程度（热回收率）≥75%，电功率需求≤$0.45Wh/m^3$。按通风流量，风机应能够克服如下压差：

- 一户住宅建筑通风设备的通风流量≤ $600m^3/h$ 的，应能够提供每一气流 100 帕的外部气压。
- 对于通风流量≥$600m^3/h$ 的大型中央通风系统，扣除风机内部过滤的影响，实际应能够向管网提供 200～250 帕的外部压力。

反过来说，就是管网的大小设计必须有利于减少压力损失，以维持上述压差，使通风设备高效运行。

DIN 1946-6 对通风规划的要求

住宅建筑的通风方案须按照 DIN 1946-6 制定，非住宅建筑要按照 DIN EN 13779 执行。下面将介绍对住宅建筑的基本要求，DIN 1946-6 于 2009 年 5 月颁布实施。自那时起，所有建设参与者都必须遵守。除了这些要求以外，还对必要的空气交换的计算方法做出了规定。它包括针对民用建筑通风技术措施的检测方法，要求必须为每栋建筑制定一个标准化的通风方案。DIN 1946-6 将通风划分为 4 个等级：

1. 防潮通风：保证除湿和保护建筑物，防止由于冷凝水导致的发霉，这一级必须不受使用者干预地得到保障。
2. 减量通风：满足有害物排放的卫生最低标准，在可能范围内不受使用者干预。
3. 额定通风：保证满足卫生健康要求，保护建筑物，使用者可通过开窗换气主动干预。
4. 强化通风：降低尖峰负荷，比如由于访客、洗涤和烹饪带来的通风负荷，包括主动开窗通风。

对通风流量的要求

表1列出了DIN1946-6表5中对不同通风量的要求。

设备应依照额定通风标准规划。在设备运行方面，经验显示，应在调试风量等级时将该等级的可调风量设定在额定通风和减量通风之间。这样的设定可以很好地与PHPP的通风规划相配合。在实践中，重要的是最终通风量的中间值要符合按PHPP规划的预计通风量。在此，不同通风等级下的设备使用时间的权重要提高。在室内人员较少的时候，可以减少换气次数，将通风级别调整到第2级“减量通风”以下。若需求增加，则可向上调整为额定通风。强化通风可以通过设备实现，也可以个别时间手动通风。这一点在配备中央通风系统的多层住宅建筑中特别重要。对这类建筑，将设备规划为强化通风会带来非常高的投资。这一方面包括明显加大的通风管道截面，以及明显较大的中央设备；另一方面包括非常复杂的控制管理上的投资。

送风和回风的风量

根据前表所说，一套70m^{2}的居室需要95m^3/h的额定通风量，一套130m^{2}的居室则需要155m^3/h。送风和回风都必须以这个水平预计，并维持平衡，就是说，送风和回风的风量是相同的。

在送风方面，可按fR因数定出各房间的权重。就是说，将总风量除以因数和，然后再乘以个别房间的因数。在回风方面要达到同样的总量，依据下面表格中对回风间的要求，分配到各房间。

依据DIN1946-6表5，按通风等级对不同大小使用单位的通风量 **表1**

	使用面积[m^2]	70m^2	90m^2	130m^2	170m^2	210m^2
1a	防潮通风，高保温	30	35	45	55	65
1b	防潮通风，低保温	40	45	60	75	85
2	减量通风	65	80	105	130	150
3	额定通风	95	115	155	185	215
4	强化通风	125	150	200	245	285

分配送风量的 fR 因数和依据 DIN 1946-6 表 7 的回风量

表 2

送风	因数	回风［m³/h］	回风量
客厅	3（±0.5）	厨房	45（m³/h）
卧室 / 儿童房	2（±1.0）	浴室	45（m³/h）
餐厅	1.5（±0.5）	厕所	25（m³/h）

按 DIN 1946-6 的配置

图 5.2 所示的是一套 3 居室公寓，配备了一套送风 / 回风形式的中央通风系统，带热回收功能。这套公寓居住面积为 70m²，需 95m³/h 的额定通风量。根据上表的 fR 因数，风量被分配到客厅、父母房和儿童房。在平面图和下表格中标示了送风量。浴室的回风量为 45m³/h，厨房为 50m³h。此外，在表中还给出了减量通风的风量 65m³/h。

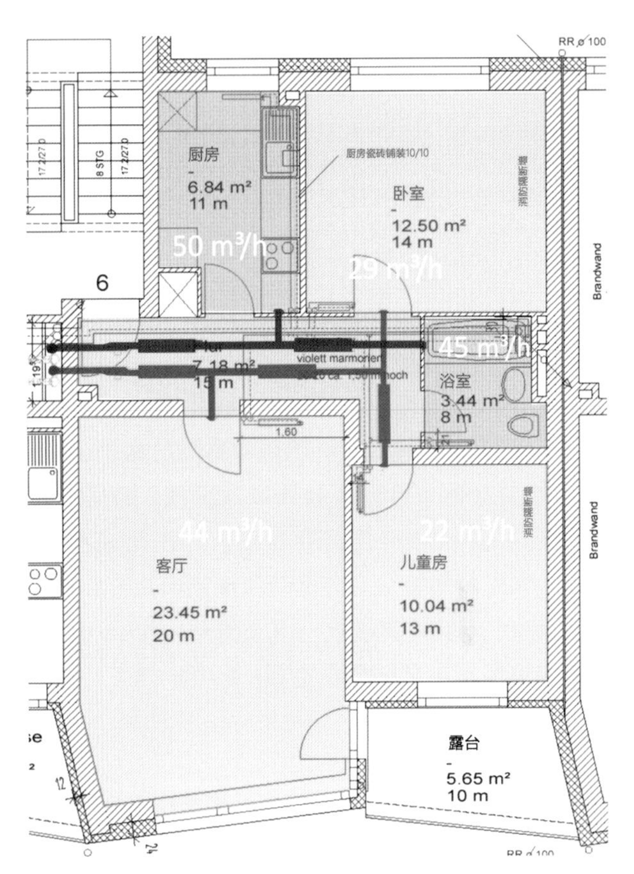

图 5.2 一套 3 居室公寓的额定通风配置举例
（来源：Schulze Darup）

配置举例，基于 70m² 三居室在额定通风和减量通风的情况 **表 3**

	额定通风 95m³/h			减量通风 65m³/h		
	f_R 送风	送风［m³/h］	回风［m³/h］	因数 f_R 送风	送风［m³/h］	回风［m³/h］
客厅	3	44		3	30	
父母间	2	29		2	20	
儿童间	1.5	22		1.5	15	
厨房			50			34
浴室			45			31

通风组件

与其他设备相比，带有热回收功能的送 / 回风（新风）设备组件很容易加装。然而很重要的是，规划师要有通风设备方面的经验，并且要注意在组合设备的许多重要方面。

带热回收功能的通风机

送 / 回风（新风）设备由送风和排风的两个风机、一个热交换器、过滤器和调节器组成。新鲜的室外空气过滤后经过热交换器引入。在此过程中，75%～90% 的热量从对向流动的排风中转换到新风中，例如，可以将温度从 -3℃提升到大约 18℃。风量调节和防止热交换器结霜很重要（图 5.3）。

被动房标准

- 供热率（热回收率）$\eta_{WBG.t.eff} \geq 75\%$；
- 耗电功率 $P_{el} \leq 0.45Wh/m^3$；
- 送风温度≥ 16.5℃给人员居停房间；
- 设备可控性；
- 居室噪声水平＜ 25dB（A）；
- 送风 / 回风的风量平衡；
- 设备的高品质密封和保温；
- 防霜冻：热交换器无冻结；
- 新风滤网 F7，回风滤网 G4；
- 检查简单，低成本维护级别 1。

图 5.3 独栋别墅的通风设备内部
（Quelle：Burkhard Schulze Darup）

分配系统和防噪

空气通过波纹管、薄铁管或合成材料管被输送到居停房间内。应选择最短路径，比如在走廊顶棚下的门上方通过射流分布器送风。由于柯恩达效应空气会在房间内均匀分布。也可以选择置换通风方式，以管道将气流引导到顶板或地板下。回风系统将空气从厨房、浴室、厕所和储藏室中抽走。

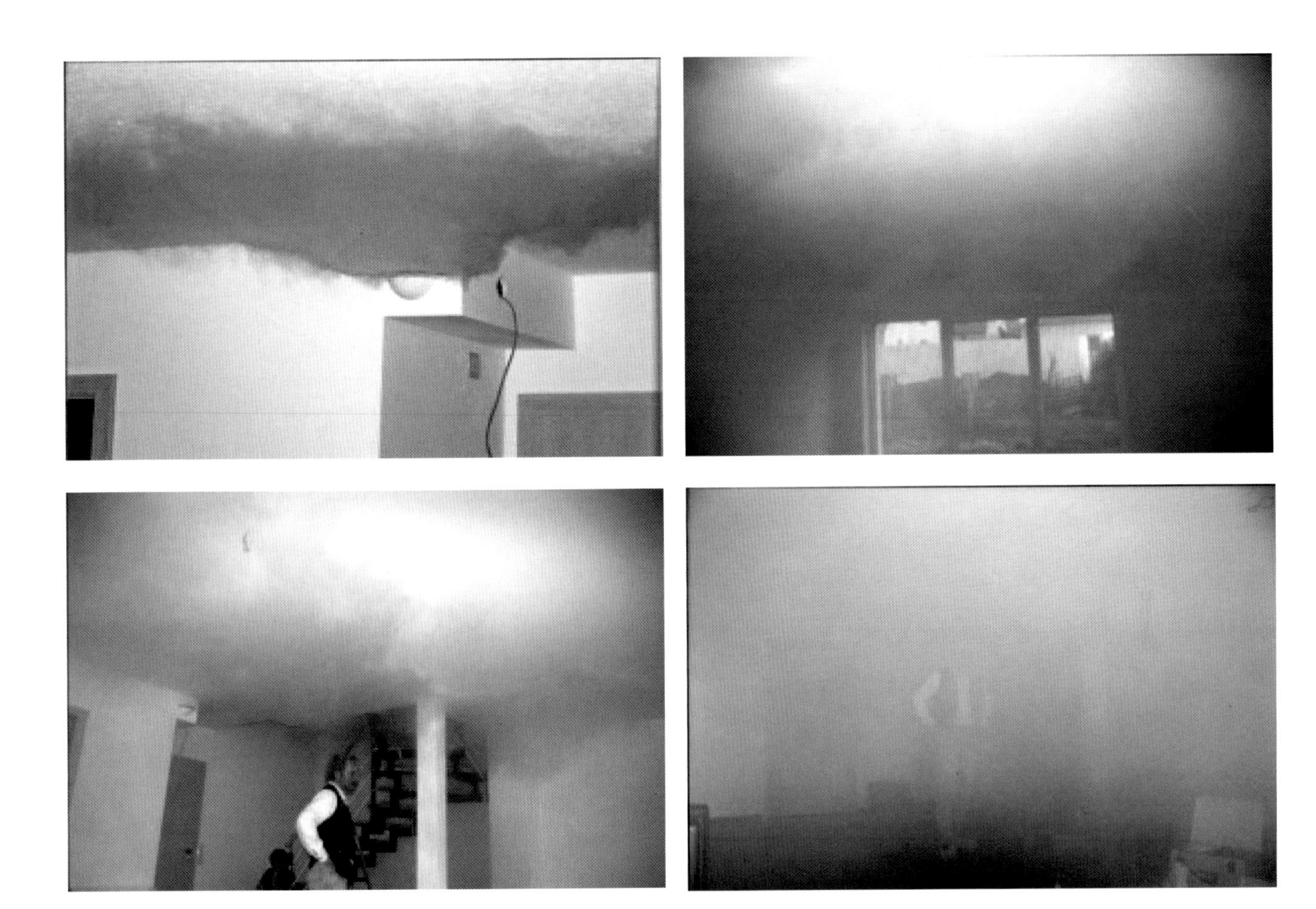

图 5.4～图 5.7 送风气流分布：如果送风气流经过安装在顶棚下的射流风口送入室内，由于柯恩达效应，气流会均匀地分布在顶棚下方，然后缓慢而稳定地下降，非常均匀地充满整个房间。图中借助加入烟雾呈现了这一效应。图片演示了空气在大约 20 分钟的时间内非常缓慢并无风感地分布在房间里的过程（来源：Burkhard Schulze-Darup）

采用梯级通风系统可以在很大程度上减少送 / 回风分布的工作。如果对平面布置也作相应的规划，比如空气被引入卧室，然后就会在溢流原理下被导入到起居室。这样，就可以在节约风量的同时保持高品质的室内空气质量，达到既高效又经济的通风（图 5.4～图 5.7）。

借助消音器可以将居室的风机噪声降到少于 25dB（A）的最低水平。除此以外，还要屏蔽房间之间的声反馈音。通风规划都必须包含相应的防噪方案。在外部噪声很大的情况下，通风设备能够在保持关闭窗户时同时提供最高的室内空气质量（图 5.8）。

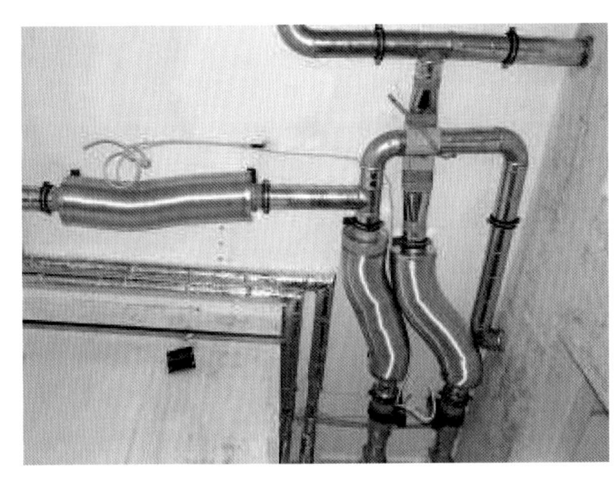

图 5.8 通风系统上的消音器，用于防止风机噪声和声反馈音（来源：Burkhard Schulze-Darup）

图 5.9a 也可以通过带有防噪功能的中央分配盒实现防噪，从这里将通风管分别引入各房间（来源：Burkhard Schulze-Darup）

图 5.9b 通风管可以经济节约地布置在顶板内。虽然安装会带来很少的增量投资，但另一方面却可以节约管道包覆的费用（来源：Michael Tribus）

图 5.9c 送风／回风管道的紧凑式分布系统（来源：Michael Tribus）

送风／回风口装置

风口装置将空气引入和抽出房间，并调节风量。这些装置同时也起到防噪作用，而且自身不应产生噪声。送风可以通过射流喷嘴或置换通风口送入。回风口装置可配备过滤器（图 5.9）。

图 5.10 安装在停留房间内利用柯恩达效应的射流出风口（来源：Burkhard Schulze-Darup）

溢流装置

有多种方式将空气通过走廊和溢流空间从停留房间内引向回风间：门下 15～20mm 的缝隙、门扇上的溢流栅、门框上的溢流槽或者带消音器的墙孔。压力损失应尽可能小，风口的溢流速度最大 1m/s。

查阅 DIN 1946-6 的表 17 可以容易得知，比如门下的缝隙必须多大，溢流面积才足够。如果通风量为 $40m^3$，那么，对于侧方和上方都气密的门，就需要有最小 $100cm^2$ 的开口面积。如净宽为 80cm，门下缝隙就必须有 1.25cm 高。实践中还应注意，在有使用者干预的实际情况下也要保证达到这个开口截面积，比如房间里后来加铺地毯，那么门下缝隙的高度也要相应提高（图 5.10）。

按照 DIN1946-6 表 17，基于溢流和风量规定的溢流装置所需最小开口面积 表 4

溢流风量 [m³/h]		20	40	60	80	100
侧方和上方气密的门	最小开口面积 [cm²]	50	100	150	200	250
无密封的门		25	75	125	175	225

新风吸入和过滤

外部新风的进风口应至少离地 2.5m 高，并且其周围环境没有污染。过滤器最好是使用 G3 预过滤网和 F7 精密过滤网，以保障室内空气高质量、花粉过滤、设备卫生运行。从进风口到机器的管道，应该在维护时常规检查。

防霜冻／地源热交换器

为防止热交换器不被冻住，必须将来自外部的新风预热到至少 −4℃。这可以通过地热交换器或地盐水管道，将热量转移给吸入的新风。也可以利用全热交换器作为补充将温度限值降低到 −8℃。还可以采取调节措施防冻，比如特别寒冷时暂时将风机关闭。时新的通风方案中，这种防冻方式视需要与全热交换器相结合变得日益重要。

按此可以制定出非常简单又经济的通风方案。在多层公寓楼，无论是旧房改造或新建建筑，可以在外廊或阳台区安装通风设备。这种方案可显著减少管网的麻烦，特别是送风和回风的主要区域即客厅和浴室／厨房，以及在设备附近。同时，在合理的规划中也简化了防火方面措施，为经济地规划奠定了基础。

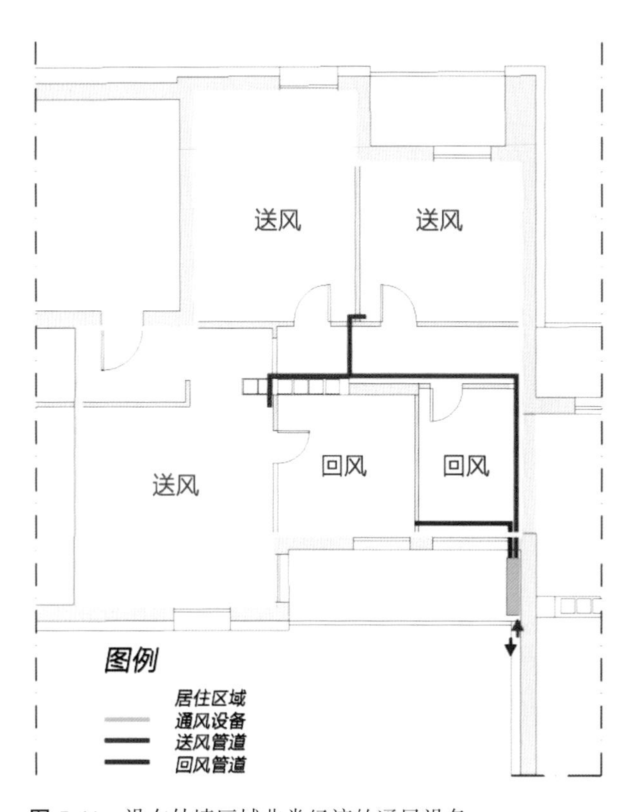

图 5.11 设在外墙区域非常经济的通风设备（来源：Michael Tribus）

由通风设备供暖

可以将新风设备同时设计成风暖设备，这样就不再需要传统的供暖系统了。但基于舒适性考虑，只有最大制热功率低于 10W/m² 时才有意义。这种解决方案需要精确的规划，以使设备维持合理的舒适度。实施这种方案的前提是对此类供暖具有丰富的经验，不让使用者的舒适度有所减损（图 5.11）。

通风设备的系统解决方案

下面 3 个例子，是适用不同建筑类型的尽可能简单的系统方案。

独栋别墅的新风设备

独栋别墅采用带分配系统的中央设备。通风设备可以安置在地下室，或住宅一层或顶楼的设备间内。但设备间应该尽可能以两道门与停留房间分隔开。就是说，设备布置在储藏室或杂物间内是个好办法（图 5.12）。

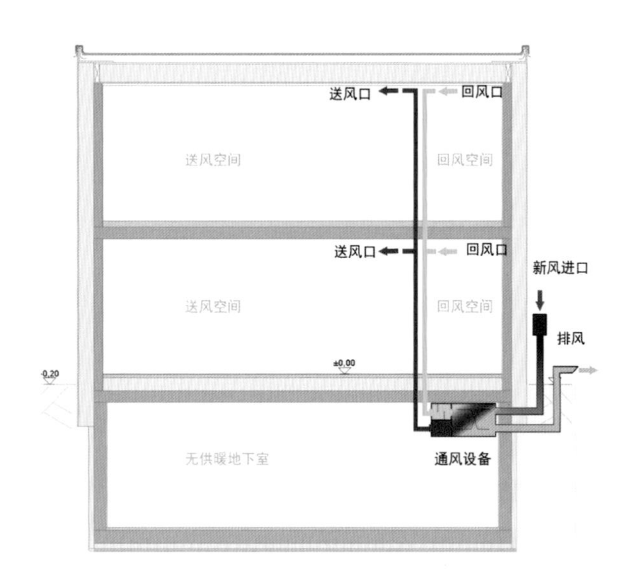

图 5.12　独栋别墅通风系统示例（来源：Schulze-Darup）

图 5.13　如图所示，通风设备也可以这样安装，非常节约空间：将设备及管道与并入整合式厨房橱柜，仅占用了一格上层储物柜的空间，通风机的外罩饰与厨房的外观相协调（来源：森德公司）

独栋别墅设备包括安装费需要 6000～15000 欧元之间，热交换器的防冻措施占成本一大部分。如果调节系统能够有效满足防冻功能，同时分配系统可以经济地实现，成本就可以降低。

多户公寓／办公楼的分散式新风设备

在多户公寓内为每户配备独立设备的优点是，可独立安装，不受限于总体改造，也没有很高的防火要求。缺点是维护方面略微麻烦，因为更换过滤器必须逐户进行（图 5.13）。

如同在独栋别墅一样，设备的安装也可以非常节约空间。可以像上图那样将设备安装在厨房里，或者比如安装在浴室的顶棚上（图 5.14）。

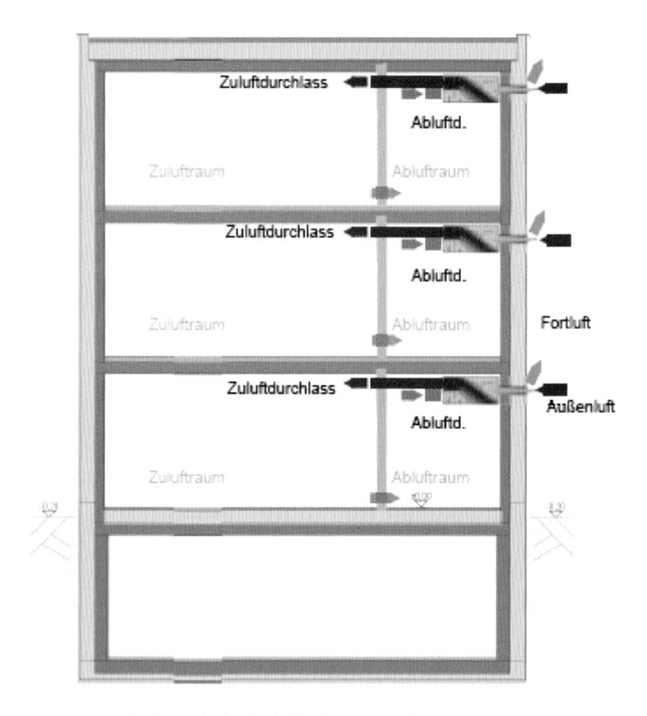

图 5.14　多户公寓各户分散式通风示意图（来源：Schulze-Darup）

如果经济规划合理，并选择价格合理的通风系统，未来几年对于有 2～3 个房间的公寓通风设备的费用包括安装在内，应该在 2500～3000 欧元（图 5.15）。

办公楼也可以采用分散式通风方案。按使用情况，特别是如果个别单元的工作时间和运营需求不同，分散式会很有意义（图 5.16）。

图 5.15　浴室顶棚上安装通风设备示例（来源：Schulze-Darup）

图 5.16　高级造型的通风设备检修盖板，可以非常容易地打开更换过滤网（来源：Schulze-Darup）

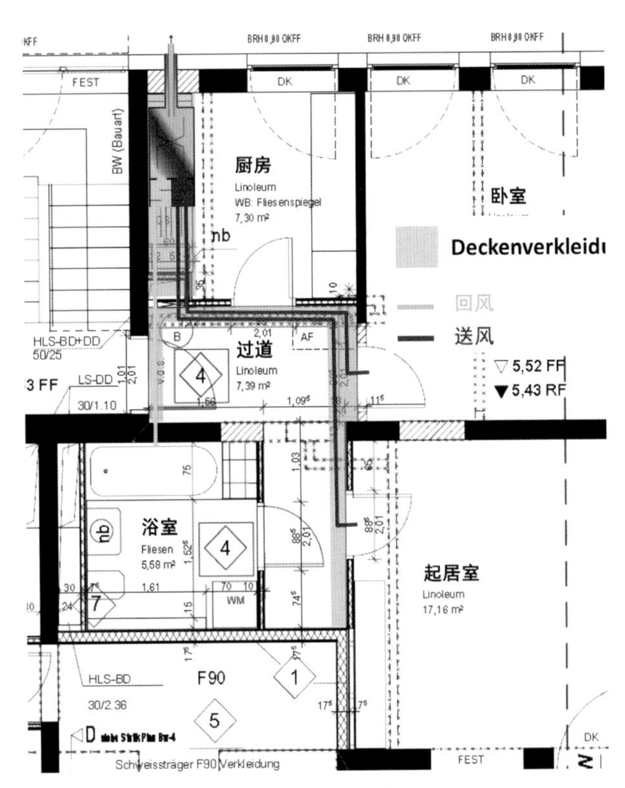

图 5.17　两居室公寓的简单分配系统（来源：Schulze-Darup）

多户公寓／办公楼的中央新风设备

中央通风系统特别在出租公寓具有优势，因为过滤器的维护可以集中完成。缺点是防火方面费事费钱，这必须在规划的早期阶段就要与防火规划者确定下来。

图 5.17～图 5.18 是一个安装在地下室的中央通风设备，设备间还可以设在顶楼或大一些的与室外直连的副室。冷风管道，即新风和排风管道的体量应尽量限制到最小。在节约空间的规划中，中央通风设备占据的空间约每户 1m^2。

对于办公楼，应首选中央通风方案。如果防火和通风规划可以协调安排，就能实现经济的解决方案，在第 10 章有关于商业领域通风方案的举例。

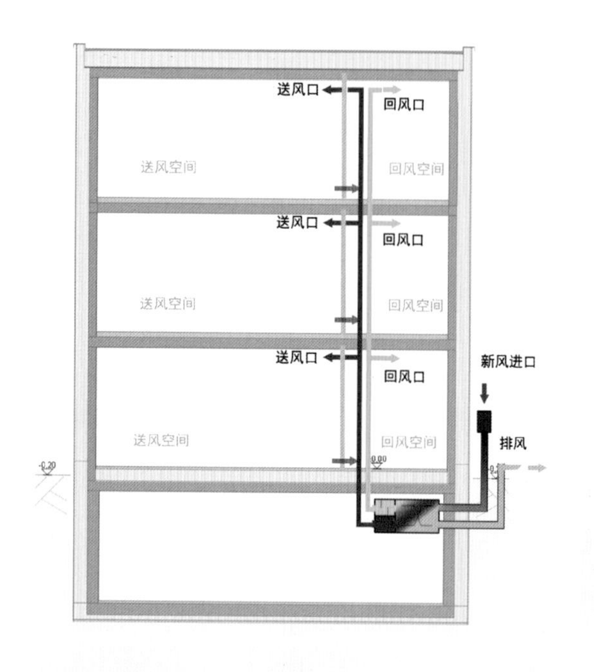

图 5.18 多户公寓中央通风方案示意图
（来源：Schulze-Darup）

参考文献

[1] Entwickelt im Rahmen des“Arbeitskreises Kostengünstige Passivhäuser”AK17 可从被动房研究所网站免费下载：www.passiv.de

第 6 章

供暖与可再生能源

随着近零能耗标准 EPBD 2019/2021 的实施，供暖领域早已开始的能源转型将获得更多动力。由于更多的新能源和通风系统投入使用，建筑设备技术的应用将更加广泛。“存储”和“联网”的话题变得更为重要。因为建筑能耗需求的下降，复杂的供暖设备在经济方面可以得到部分补偿。此外，在能源转型的过程中，电热泵的应用成为趋势，原因首先在于未来的可再生能源供应结构中的主导能源是电力（参考第 9 章），也因为随着舒适度的要求提高，就需要空调。目前计划中和在未来几年按照可持续要求建造的建筑，必须按其预见的使用寿命，转向可再生能源供应进行规划。

随着能源转型的不断深化，除了隆冬季节外，白天由可再生能源生产出来的电能过剩将成为一种常态。能量存储（超过一天）的费用高昂并伴随着能量损失。因此，将过剩的可再生能源尽可能同时用掉的意义非常重大。对于建筑供暖，意味着在过渡期和夏季应通过可再生的电能来满足需求。高能效建筑所凸显的，不仅仅是有非常好的保温措施，以及在有合适的屋面的情况下，能够生产很多太阳能，还要更近一步，能够将生产出来的可再生能源（不管是自产还是外部供应的）及时利用（图 6.1）。

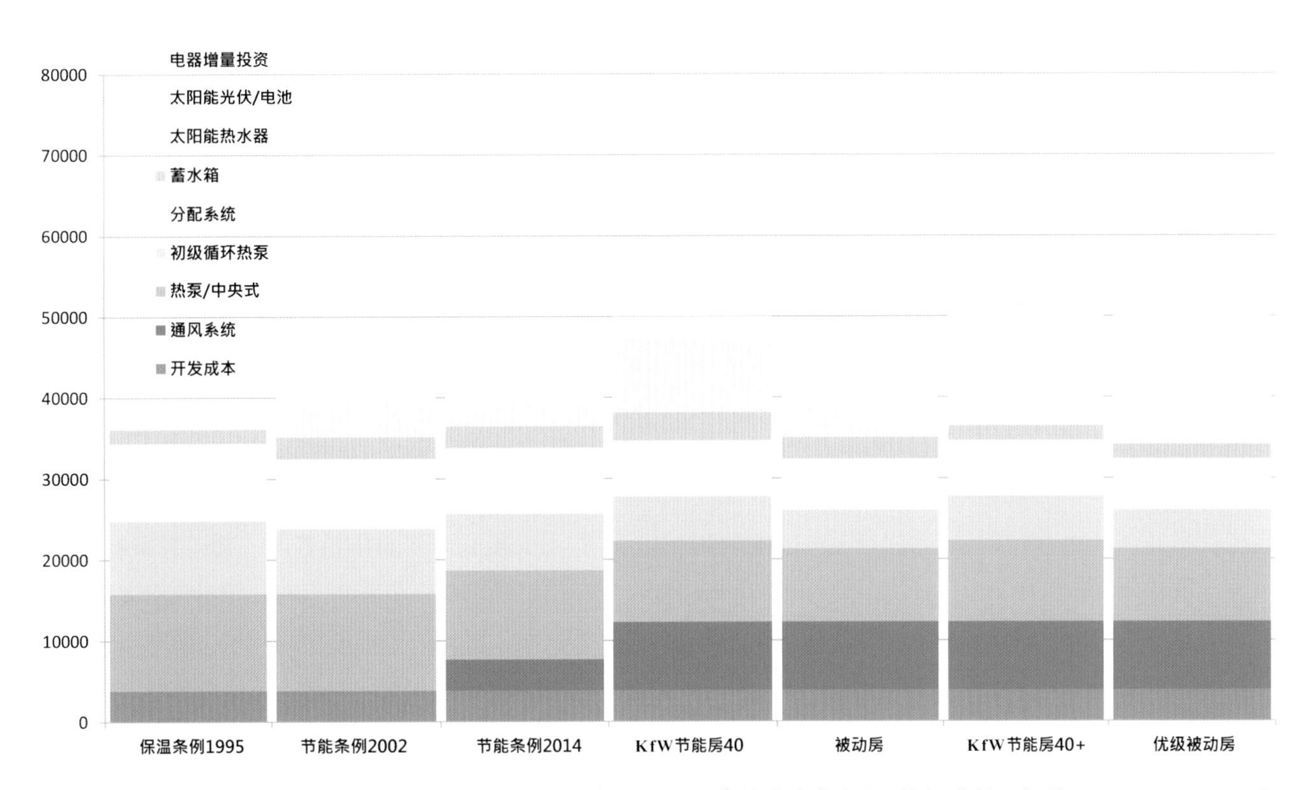

图 6.1 供暖组件、热水制备和通风的成本对比（居住面积 140m² 的独户住宅），按标准保温规范 1995、EnEV2002 和 EnEV2014 分列。同时还以 KfW- 节能房 40 和被动房为基础，作为 EPBD 2021 标准的解决范例。可再生技术占了更重要的位置（光伏、存储）。由于能耗需求的明显减少，供暖的成本反而更低

供暖系统简述

供暖系统为房屋提供热量，通常也提供饮用热水。系统由一个或多个制热设备组成，如有必要还会配备供暖和饮用热水的存储水箱、建筑内的热量分配系统（通过水循环或空气循环）和房间内的散热器（散热片或墙面）。

关于制热设备，有以下一些基本的解决方案：

燃气、燃油和燃木（木柴和柴粒）锅炉

用燃气、燃油或燃木（木柴或柴粒）在锅炉内燃烧，并将供暖水或饮用水加热。这种传统的供暖技术，特别是在隆冬季节可再生能源生产的电能不足时，可提供热能补充。

木柴是一种非常廉价的燃料，可再生，也可越季储备，因此是高能效房的理想燃料。然而，应考虑到较高的锅炉成本和运营麻烦。天然气和石油也是可以再生的（从再生的原料和/或过剩的电力）。

热泵

热泵需电力驱动，能够将环境温度下的环境能量提高到供暖循环系统的温度。驱动能量和环境能量都可用于供暖或制备饮用热水。环境温度与热循环系统的温差越小，热泵就能用输入的电能获取更多的环境能量。 因此热泵如果可大面积地从土壤（在冬天土壤温度高于外部空气）获得环境能源并将供暖热量通过大面积辐射传递，效率就特别高。遗憾的是，热泵系统非常昂贵。在“多户住宅”一节里将详细介绍将地热利用为所需的热源的可能性。

直接电阻加热供暖

电阻加热供暖设备的每单位装机功率的投资成本最低。不过，电阻加热供暖对投入电力的利用效率远不如热泵。因此耗电明显更多。目前，电阻加热供暖只作为高峰负载的热源使用，一年也就运行很少的小时数，比如与热泵联合使用。值得注意的是，高峰负载所用的电力大部分是由化石能源生产的。未来，电阻加热供暖的应用将更加广泛：如果有过剩的可再生电力可供使用，那么将供应高峰的电力——这应该较为便宜——用于电阻加热供暖来补充热量也是有意义的。由于产生过剩能源的时间每天只有几个小时，并且冬天只发生于风能过剩时，直接电阻加热只允许作为此时的辅助供暖。若直接电阻加热系统是唯一的供暖系统，则对可再生能源供应系统是非常不利的，因为特别是在隆冬季节，会明显提高供电站的高峰供电。

太阳能热水器

太阳能热水器是由集热器带太阳能回路和太阳能存储水箱组成，太阳能直接以热的形式存储在存储水箱内。太阳能主要是用于制备热水。在春秋两季，太阳能作为高能效房的供暖辅助系统作用有限，因为保温隔热做得很好，这期间还不需要供暖。

能够将太阳能产生的热量存储一到两天很有意义。但是通过建筑内一个非常大的存储水箱对太阳能做跨季存储，则需要作经济性（存储水箱成本，因为每年只循环一次）和生态性（制造设备时的能源消耗）的严格评估。

光伏设备

光伏设备所生产的电力，不是被建筑直接使用就是输入公共电网。每单位面积光伏集电器的收益是太阳能热水器的三分之一，但是电力比热力的价值高约三倍。因此，从使用面积上来看两套系统效率大致相同。此外，光伏设备可以把在大屋面全铺满，不会遗漏利用适合铺设的屋顶。

建议在较大屋面上安装光伏设备。因为超过 10m² （约 $2kW_{peak}$）的含安装光伏设备价格大约 300 欧元 /m²，明显比含安装的太阳能热水器（约 900 欧元 /m²）便宜。

从经济的角度看，自产的太阳能电力自用是值得推荐的。这对利用热泵供暖非常理想。未来随着电池成本的下降，电力存储问题将占重要地位。如同太阳能热力存储一样，过剩电力存储 1～2 天是值得推荐的。

热电联产设备

热电联产设备同时生产电力和热力。热电联产比分别在电厂生产电力和使用锅炉生产热力效率更高。（比较过程）

当然，比较的节能效果受到边界条件的影响很大，浮动区间在 0%［与现代化的燃气电站和冷凝式锅炉相比，节能对应部分按比例分配到产电和产热部分（欧洲议会导则 Richtlinie 2004/8/EG）并考虑热电联产的必要外围设施］和 100%［旧式比较方法，节能部分不包括产热（依据 EnEV 计算）也不考虑热电联产的必要外围设施］之间。传统的燃煤电站和核电站被以燃气发电站取代而退出电网的情况越多，未来通过采用热电联产设备获得的节能就越少。

基于经济性运营的考虑，热电联产设备必须长时间运行，这主要取决于夏季的热需求。所以，热电联系统应按照基本负荷来配置，同时辅以高峰锅炉和暂存水箱。如果将来除了隆冬季节外有过剩的可再生能源，就无须继续运行热电联产，代之以过剩的电能制热。使用可再生能源比节约（一些）化石能源对环境更有利！

热电厂远程供暖网

在热电厂的电热联产过程中，从汽轮机中获得蒸汽并用之以对热网供热。采用这种方式获得的热量是如果用这些蒸汽生产的电力的 4～5 倍。所以蒸汽不是要排放的“废物”，而是有价值的。如果一栋建筑用热泵供暖的能效比没有达到 4～5，那么用热电联产就更节能。

关于运行时间，与热电联产设备的应注意之处相同。供热网的热损失对于高能效建筑的节能特别重要：因为只需要非常少的供热，所以热损失所占比重就更大。因此，远程供暖只在能耗需求高的地区才有意义。

除了节能以外，减少危害气候的气体如二氧化碳也很重要。成功减少可观的二氧化碳排放的主要是燃气热电站。燃煤热电厂大多不参与远程供暖。其热电联产的优势与于燃气锅炉供暖相比没有什么意义。

这里就产生了一个目标性的矛盾：是对建筑物做非常好的保温隔热好呢（这样的话，热电厂的价值就越低），还是最好不要做那么好的保温，而是配备热电厂？这个问题在未来可再生能源供应的背景下，无疑应当给出选择“更好的保温”这个答案。

可再生资源的利用

作为热源设备，“锅炉”和“小区热电联发电设备”（也包括热电厂）原则上也能够由可再生资源，如生物甲烷、生物柴油、木柴或柴粒等能源驱动。使用可再生资源可改善建筑的一次能源平衡。就此而言，还要考虑到每单位耕地可利用的生物质能源产量相对较少，而且用于获取生物质的费用也相当可观。如此看来，采伐木材就特别具有优势，因为其单位收益与玉米或油菜相当，但采伐费用却明显较低，况且木材可以很容易地越季存储。应用柴粒是非常有意义的，虽然在居住密度大的地区应避免采用这一技术。在德国按可用森林面积并遵循可持续原则，木柴仅可能满足建筑大约 10% 的热需求。此外还有很多其他领域也争相应用木柴和生物质能，例如交通或原料应用。

独栋别墅、双拼别墅和联排房

下面将介绍一些最优成本的高能效建筑的设计思路，结合保温非常好的建筑，得出了经济而可持续的解决方案。首先介绍的是独栋别墅的例子。

这里以一栋居住面积 140m^2 的独栋别墅为例，介绍建筑设备系统。以下对这些系统依据其主热源展开说明，并且以类似的方式引申到双拼别墅的半边，联排房边间户，以及联排房居中户。

盐水 / 水热泵

首先介绍的是由盐水 / 水热泵组成的中央供暖系统。盐水回路通过地埋管或地源集热器从周围环境中获取能量（进一步说明见“多户住宅”）；供暖的热水通过地暖、墙壁、顶棚采暖方式在建筑内分布。饮用热水也由热泵供应，并存储在一个存储水箱内。通风系统是一个有热回收的新风设备。在平屋顶上安装了有智能电表的东西向光伏设备，可实现中央控制和负荷管理。

通过获取环境能量，以及地暖和大面辐射供暖，热泵的温差很小，因此能效比最高。然而要付出高投资成本的代价。热泵的年供暖能效比为 3.5～4，平均为 3.8。热水制备的年平均能效比为 3.2。非常好的设备能达到更高数值。

在夏天，建筑制冷（更恰当：调温）可通过热泵的地埋管实现。这样，将地冷输送到供暖回路内，可以非常经济高效地进行夏季调温。在炎热季节可以将室内温度降低 2～4℃。令热泵反向运行，则可以在夏季主动制冷（并除湿）。冷量须通过送风系统或室内大面冷辐射系统输送。

对于居住面积为 140m^2 的住宅，在经济合理的规划下，供暖 / 制冷全套系统的成本为 20000～30000 欧元，相当于单位面积的成本为 140～215 欧元 / m^2。而 KfW-EH-40 标准的节能房成本要高出大约 3000 欧元，主要是因为主回路和大面辐射系统的需求（图 6.2）。

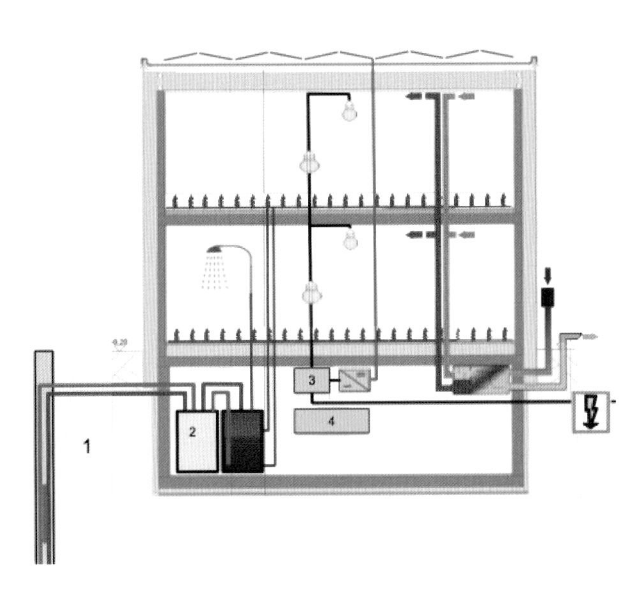

1 地埋管（50～100m） 3 智能电表
2 热泵 4 蓄电池（可选）

图 6.2 居住面积 140m²，两层、平屋顶，带地下室的独栋别墅，盐水热泵建筑技术设备示意图：地埋管主回路，供暖分配通过地暖；有热回收功能的新风设备；光伏设备利用智能电表进行中央控制和负载管理

空气 / 水热泵

空气 / 水热泵从外部空气获取环境能源，不需要地埋管或集热器。它比盐水 / 水系统经济，但是能效比低。在经过优化设计规划后的设备供暖的年能效比可以达到 2.5～3.5，平均值为 3.2。热水制备的年能效比大约是 2.7，波动幅度较大，品质好的设备可提高效率。

使用空气 / 水热泵需要注意风机产生的噪声，这可能会给邻居带来很大干扰。必须遵守防噪限值，确保不影响邻居，高级设备能够满足这个要求。

现代化的室外空气源热泵也能在非常低的温度下工作，并且完全能够满足建筑的供暖和热水制备需求，通常按冬季需求规划。

很多产品型号都可以通过热泵的反向运转提供主动制冷。结合自有的光伏设备，这在经济上和生态上都很合理。利用地冷进行被动制冷（像盐水 / 水热泵那样）是不可能的，冷量通过送风设备和 / 或冷顶棚传入室内。

按设备的不同规格，空气 / 水热泵供暖 / 供冷系统的成本大约比盐水 / 水热泵系统低 2500 欧元。因此，设备优化成本是 17000 欧元；受配置和供应情况影响，报价往往明显偏高，折算成单位成本为 120～180 欧元 /m²。

有关通风、光伏和太阳能供热的有关说明，请参见前面章节。

用带锅炉的混合系统替代单一空气源热泵供暖系统是可行的。在这种情况下，为供应热水，热泵设计为从 3～10 月，可以在 6 个小时内加热存储水箱中一日所需的热水，午间也可利用可再生电能加热。如果没有可供使用的过剩电能，例如隆冬和夏季日照不足的日子，就由锅炉向建筑供暖。

用于这种混合系统的带存储水箱空气源热泵在市场上很普遍（制热功率约 2kW，容量 300 升），价格约 2500 欧元。因此，混合系统不一定比单独使用空气源热泵的供暖系统更贵。

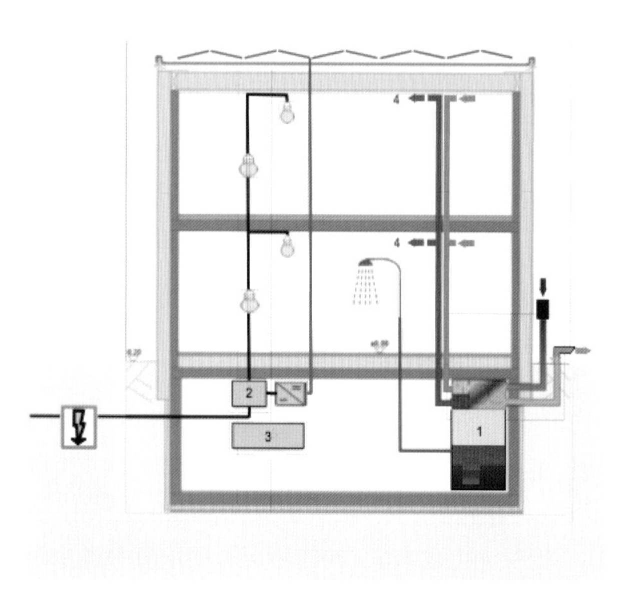

1 空气 / 盐水热交换器
2 热泵
3 智能电表
4 蓄电池（可选）

图 6.3 空气 / 水热泵建筑设备示意图：主回路为空气 / 盐水热交换器，供暖分布通过地暖；带热回收功能的通风设备；带智能能电表的光伏设备

热泵新风一体机

被动房可以通过热泵新风一体机供暖，这是热泵系统的一个非常简单的延伸：将通风和供热系统整合成紧凑的一体机。应用这项技术的前提条件是不能超过被动房标准规定的采暖热需求 15kWh/（m^2a）和热负荷 10kW/m^2（图 6.3）。

热泵新风一体机当时是特别为被动房研发的产品，目的是在低能耗的基础上使建筑设备尽可能简单又经济。必须配置的带有热回收功能的通风设备从回风中回收余热，并作为一个最小热泵初级循环的热源，该设备既为采暖也为热水制备供热。热量的分布通过本来就不可缺的新风系统实现。这样的一套热泵新风一体机可实现年能效比 2～3 以上，平均为 2.6，这一数值受用户的使用行为影响很大。如果采暖和热水制备的用热需求超出了设备的产热能力，可通过直接电阻加热方式补充供热以保证舒适度（图 6.4）。但如果用得太多，系统的能效比就会很快降到 2 以下。

这种系统既可以在初级循环侧通过辅助热源加以改善，也可以基于舒适度的考虑在采暖侧与部分大面辐射系统或个别的散热器结合使用，比如在起居室、浴室内。可以预见，将来这种供暖系统的基本思路能够与空气源热泵以及盐水热泵相结合。

一般情况下，该系统不提供制冷功能。但原则上该系统可以加装主动制冷，利用通风调温。

包括通风管网在内，这类热泵新风一体机的成本在 20000～30000 多欧元。

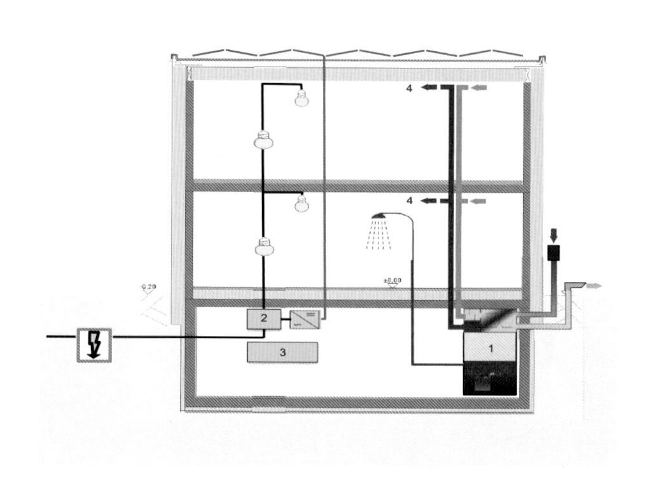

1 热泵新风一体机
2 智能电表
3 蓄电池（可选）
4 供暖装置

图 6.4 热泵新风一体机建筑设备

多户公寓

由于其建筑体量，尽管有非常好的保温隔热措施，高能效多户公寓的热需求虽然减小很多，但还是大到仍然要考虑应用目前通用的采暖技术。此外，在这类建筑中热水占热量总需求的一大部分。因此，经济地利用热电联产技术还是有意义的。但未来，在可再生电能过剩的时候用其来运行该系统则意义不大。过剩电能应该用来供热，最好是与热泵一起使用，这样就可以不再使用热电联产的排热了！由于未来的运行时间会明显减少，热电联产技术很可能不再具有经济性。

多户公寓大多数采用中央供暖，而热水供应也应该集中，因为如此才可能应用高效热电厂设备或未来应用过剩的可再生电能（图 6.5）。

现以居住面积约 1200m^2 的多户住宅为例，说明应用建筑设备系统的情况，所选择的系统是依据现有主要热源配置的。

带高峰锅炉的热电联产设备

在这个设备方案中，多户住宅的供暖是通过带高峰锅炉的热电联产设备实现的。燃料可以选择天然气，原则上燃油也可以。

要经济地运行热电联产设备，重要的是让设备是长时间运转，最好是每年运行大约 6000 小时。因此，热电联产设备可按最大功率需求的 30% 设计，余下的 70% 由高峰锅炉补充。热电联产设备承担全年提供热水，并在冬季额外提供一大部分采暖热能。在平均每天运行 10 小时制备热水的情况下，可以结合适当的暂存水箱，按照电力高峰负荷的要求运行，这样有可能合理地使用自产电。

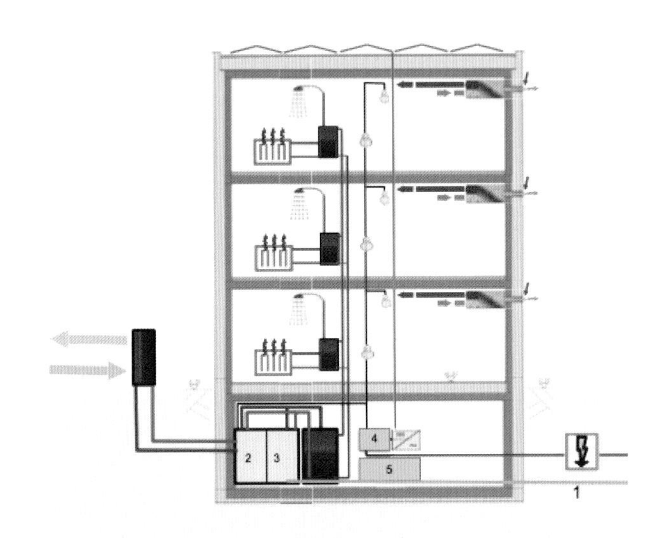

1 燃气
2 热电联产站
3 高峰锅炉
4 智能电表
5 蓄电池（可选）

图 6.5 多户公寓应用热电联产站和高峰锅炉的示意图：带热回收功能的送风 / 排风系统作为公寓中央设备；平屋顶上安装光伏设备（来源：Schulze-Darup）

对于居住面积为 1200m^2 的示例住宅，如果最大设计负荷为 20W/m^2，热电联产设备的热功率必须达到约 7kW，电功率也要有大约 3kW。而高峰锅炉的功率为 17kW，差不多是热电联产设备的两倍。如果高峰锅炉 100% 地按满负荷设计，在热电联产设备维护或故障期间能够完全单独立地为建筑物供暖。

分配系统既可以采用将热水管路分开的五路分布系统，也可以采用与公寓站相连的三路系统（采暖进水、采暖回水、冷水）。后者的优点是，有可能在相对较低温度下在分户分配系统中防止滋生军团菌。如果规划得合理，可以在住宅内取消热水分布的循环管路，而采暖侧可以经济地通过散热片工作。

约 1200m² 居住面积多户公寓楼的采暖设备成本结构，带热电联产站和高峰锅炉　　表 1

序号	说明	建筑标准			
		被动房		节能条例	
		总成本 欧元	单位成本 欧元 /m²	总成本 欧元	单位成本 欧元 /m²
1	带高峰锅炉的中央系统 18/25kW	13000	1090	15000	12.60
2	热电联产站 7/10kW 热能，3/5kW 电能	28000	23.60	32000	26.90
3	暂存水箱	4500	3.80	5000	4.20
4	分配系统一两路	16000	13.50	19000	16.00
5	公寓热交换站	19000	16.00	20600	17.30
6	“公寓”的热分配，包括散热器	47500	40.00	58600	49.30
7	调试及其他	2200	1.90	2200	1.90
总计:		130200	109.70	152400	128.20

整套采暖系统的成本取决于总体规划方案。表 1 列出了居住面积为 1200m² 的多户公寓楼的采暖系统成本。

多户公寓理所当然都配备带热回收功能的新风设备：或是公寓中央系统，或是每栋建筑中央系统，或是每梯中央系统。每户公寓的成本在 2500～6000 欧元，折合 30～80 欧元 /m²。若通过合理的规划，并采用大约在 2016 年就市场化的设备，还可以大大降低成本。

如果屋顶足够大，可以安装光伏设备。安装方式将在第 7.2 节说明。通过一体化的建筑控制技术，可以实现最大程度地使用自产电能的控制策略。太阳能热水器与热电联产系统结合不合适，因为从经济性角度考虑热电联产系统会与小区热电系统形成竞争。

配备高峰锅炉的空气热泵

这里介绍的第二种建筑设备方案是一种二元化供热：在可以使用过剩可再生电能的情况下由热泵供暖，否则由高峰锅炉承担这任务。这方案适用于自配光伏设备的建筑，而且最能够与未来的能源供应相配合，因为这可以最彻底地替代化石能源供暖。

与配备热电联产站的二元供热系统类似，热泵也只是以很小的功率设计的：在通常使用过剩电能期间（大约每天 6 小时，视日照情况而定），热泵向足够一天热水用量的存储水箱内输送热量。安装一个大约 12kW 的热泵，就可以从春季到秋季环保地向居住面积为 1200m² 的建筑供热。使用热泵不仅仅是出于经济原因，因为在这段时间室外空气的温度通常比土壤的温度高。

在隆冬季节则由锅炉供热，同时，在有利的边界条件下还可以运行热泵。锅炉按照冬季最大供暖负荷设计（示例建筑为 24kW，见上述）。

表 2 是多户公寓房的设备成本示例，居住面积为 1200m²（图 6.6）。

空气／水热泵和高峰锅炉采暖设备的成本列表，居住面积约 1200m² 的多户公寓房　　表 2

序号	说明	建筑标准			
		被动房		节能条例	
		总成本 欧元	单位成本 欧元 /m²	总成本 欧元	单位成本 欧元 /m²
1	包括空气热泵的中央系统 15kW	1300	10.90	13000	10.90
2	燃气高峰锅炉 24/35kW	5000	4.20	7000	5.90
3	存储水箱	4500	3.80	5000	4.20
4	分配系统—两路	16000	13.50	19000	16.00
5	公寓热交换站	19000	16.00	20600	17.30
6	“居室”供热分布系统，包括散热器	47500	40.00	58600	49.30
7	调试及其他	2200	1.90	2200	1.90
总计：		107200	90.30	125400	105.50

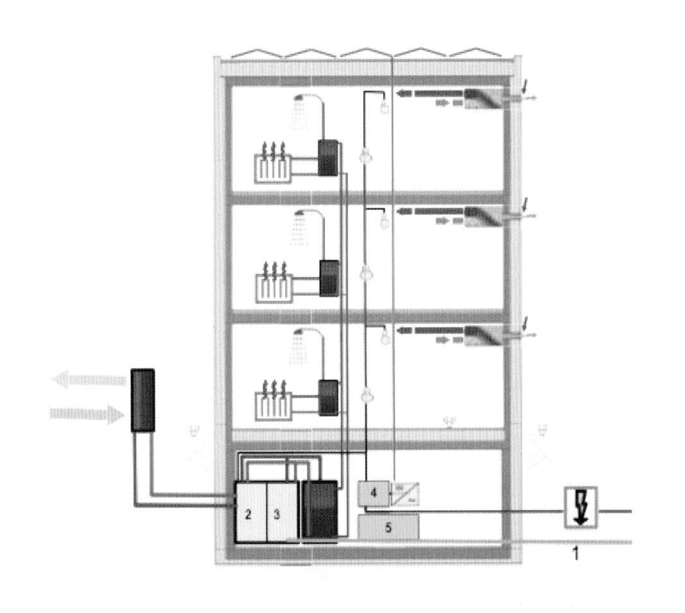

1　燃气　　4　智能电表
2　热泵　　5　蓄电池（可选）
3　高峰锅炉

图 6.6　按照空气热泵和高峰锅炉的供热系统，多户住宅建筑设备示意图：带热回收功能的中央新风设备；平屋顶光伏设备

盐水至水热泵

作为二元供热系统的替代方案，多户住宅也可以采用单一盐水热泵设备。盐水设备不仅在夏季而且在冬季也供热—由于冬季土壤温度较高，从土壤中获取环境能源有优势。

对热泵功率的计算，大概可以这样估计，即热负荷为 10W/m² 时，设计值应翻倍。按照被动房建设标准，热负荷以 20W/m² 计，对居住面积为 1200m² 的示例建筑，就需要 24kW 的热泵。依据这个功率，设备可以间歇运行，也可以低于 2000 小时满负荷运行，以便给土壤集热器恢复的时间。此外，通过较高的设计功率，可以实现对热泵的负荷管理，以及根据系统的需要或光伏设备的产电情况启动热泵。当然，需要补充是，必须考虑到热水制备的需要，这可能会提高对设备功率的要求。

盐水热泵从土壤里获取环境能量有三种不同的方式。下面做简短介绍。

土壤集热器

在土地面积足够大的情况下，在地下 1.5～2m 的无冻土层铺设水平的盐水管路。为了获得最大效率，在水平铺设土壤集热器的地块上不能有建设。除此以外，如果能够满足两个标准，还有优势：在集热器上面的土层不要固化，以使雨水能够渗入，并且尽可能不要遮阴。土壤集热器的铺设可粗略计算：居住面积 ×1。另外，还需要做彻底的地质调查。

深埋管

作为替代方案可采用垂直盐水管道开发地热。地质学勘测是规划的基础。如果按钻进深度每米 50W 功率计算，一栋居住面积为 1200m^2 的建筑需要五个深度为 90m 的钻孔。不过，这一规定只适用于被动房标准。EnEV 标准的建筑需要更多的钻孔。深埋管的优势是：也能够在土地面积紧张的地方安装。

视设计不同，深埋管和土壤集热器在冬天为热泵提供环境能源，可提升温度到大约 2～8℃，在夏天以被动制冷方式获得土壤冷量降低温度到大约 15～18℃。

蓄冰池和太阳能空气吸收器

原则上还有更多的热泵主回路方案，比如采用蓄冰池。这就是把蓄水池建在地表以下，主要依靠水的凝固能作为为热泵的冷源。因此，其盐水管道不像土壤集热器或地埋管的那样需要占很多地下空间，而是密集地安装在蓄水池内。这个方案的一个重要优势是不需要土地法相关的许可。

由于蓄冰池较小的壁面，它不能独立地从土壤中获取必要的环境能源，并且在夏季需要适当的加热。理想的情况是通过建筑物的冷却为其加热。蓄冰池常与安装在屋顶上的太阳能集热器相结合。

从能效的角度考虑，如果将冬天形成的冰用于夏季的制冷，蓄冰池可以很有利。这里非常重要的是，蓄积的冷量只需要约 5～10℃，比如用于除湿。如果也可用 15～18℃之间的冷量，比如用于建筑混凝土芯调温或冷顶棚，就不需要使用冰了，因为这样的冷量可以很容易地直接通过地埋管或土壤集热器获得。这样，热泵冷热双重应用的节能优势也就没有了。在这种情况下，地埋管以及土壤集热器更有能效优势，因为在冬天蓄冰池的平均抽取温度低大约 5℃，热泵就要经常低效运行（较大的温度升降）。

考虑到未来的能源供应，也应对蓄冰池仔细考虑。因为蓄冰池在冬天会消耗（少量的）额外的电能，而在夏天不需要电能制冷（但电网里却有足够的可再生过剩电能）。鉴于复杂的能效规划和相关性，应进行建筑模拟计算。

热泵系统的成本浮动很大，取决于配置和规划参数。下面的例子是居住面积为 1200m^2 多户公寓房的设备成本列表。由于土方工程的原因，平铺式集热器可能带来比给出的数据更大的成本。

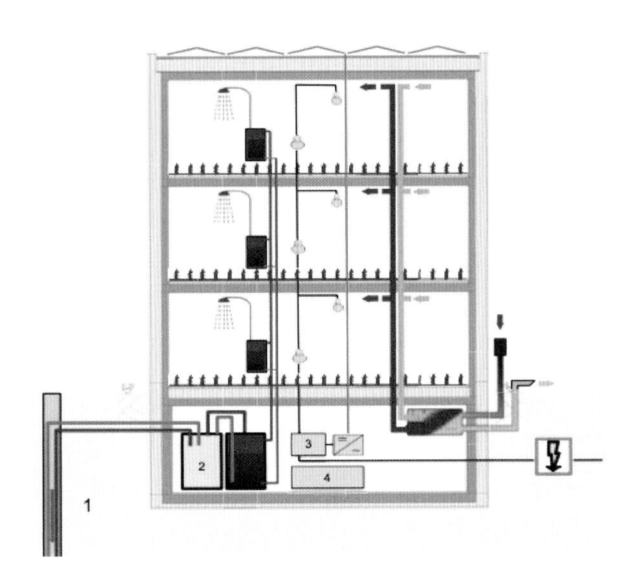

1 地埋管 3 智能电表
2 热泵 4 蓄电池（可选）

图 6.7 多户公寓房建筑设备示意图，盐水 / 水热泵，地埋管主回路。热量分配通过淡水站以保证卫生。公寓内热水分配可采用不需回路短管路供应。供暖通过地暖。带热回收功能的中央新风设备。屋顶上的光伏设备可选用与蓄电池结合。

热泵系统的成本浮动很大，取决于配置和规划参数。下面的表 3 是居住面积为 1200m² 多户公寓的设备成本列表。由于土方工程的原因，平铺式集热器可能带来比给出的数据更大的成本。

制冷：夏季可以通过向供暖系统输入土壤冷量或蓄冰池的冷量实现调温。在炎热时期温度可以下降 2～4K。同时可使主回路恢复再生。

通风：示例中（图 6.7）采用的是带热回收功能的建筑中央新风设备（见第 5 章）

光伏：依据第 7 章第 2 节所述实施。纳入控制策略内考虑，将智能电网控制与建筑设备控制相结合，可最大程度地使用自产电能。

太阳能热水器：在采用热泵系统时并用太阳能热水器是有利的。将光伏系统与热泵相结合却会产生竞争，在这种情况下应以光伏设备为优先。

配备热泵和深埋管的供暖设备成本计算，以 1200m² 多户住宅为例 **表 3**

序号	说明	建筑标准			
		被动房		节能条例	
		总成本 欧元	单位成本 欧元 /m²	总成本 欧元	单位成本 欧元 /m²
1	带热泵的中央系统 18/25kW	15000	12.60	18000	15.20
2	主回路 5/7 钻孔，每孔 5500 欧元	27500	23.10	38500	32.40
3	存储水箱	4500	3.80	5000	4.20
4	两路分配系统	16000	13.50	19000	16.00
5	公寓交换站	19000	16.00	20600	17.30
6	大面辐射供暖	59400	50.00	63500	53.50
7	调试及其他	2200	1.90	2200	1.90
总计：		143600	120.90	166800	140.50

采暖侧分配系统

被动房可以由通风系统或者如其他建筑物一样使用传统的热水分配系统和散热片供暖。由于热负荷较低（～10W/m^2），与普通建筑相比，被动房只需要最小的散热面积以及非常低的进水温度。低进水温度（～50℃）又提高了采暖系统的总能效：例如冷凝式锅炉的排气的温度与采暖进水温度的温差越大，其能效就会越高。

由于高能效建筑的热负荷较低，采用大面辐射供暖（地板、墙壁、顶棚）非常有利，虽然如果全面并且按标准间距 10 或 20cm 铺设，其实在采暖技术上太多余了（80W/m^2，而被动房只需 10W/m^2）。虽然也可以不按照标准的方式铺设，管路间距可大于 20cm，但对成本节约毫无意义。缺点是这样还丧失了热辐射表面的温度均匀。然而大面芯辐射可以在部分区域安装。位置的选择应以舒适度为首要考虑。作为互补，还要选定建筑内完全不安装大面辐射的区域。

客厅作为住宅内重要的舒适场所，应该具备在短时间内补充供暖的能力。这方面有很多解决方案：从传统的暖气散热片到大面辐射的地暖、顶棚、墙壁，到使用生态酒精的时尚设计壁炉。

与地暖不同，墙暖不是全面铺设，而是在墙上挑选某些区域安装，以使采暖所需墙面与空间的建筑设计要求相协调。

顶棚采暖 / 降温是地暖和墙暖很好的替代。这种分配系统具有很大的优势。除了供暖外，还可以更好地降温，因为最热的空气总是“悬”在顶棚上。因此降温效果非常好。此外，预制的悬挂式吊顶惰性非常小，它对“开”和“关”的反应更快。这是地板的找平层和墙壁的砂浆抹灰不具备的。

被动房不需要采暖系统的说法，不适用在德国这样的气候区。不过，被动房自诞生之日起就具备的一个基本特征是，可以单单只用带热回收功能的新风系统为建筑物供暖：前提是该建筑的供暖热负荷不超过 10W/m^2。在这个指标值下，纯粹使用新风系统供暖是可行的。如果负荷值更高，则使用如前所述的水供暖系统较好。采用空气作为热媒，必须注意临界温度 52℃是不可逾越的舒适度标准。换热器在加热空气时不允许超过这个限值，因为在这个温度下空气中的自然尘粒会开始碳化。

与通过送风交换热量相比，散热片和大面辐射系统具有针对个别房间控温的优势。只通过空气输送能量则很难做到。

热量存储

保温良好的建筑，构成了一个蓄热器，有舒适的热惯性。由窗户射入的太阳能得热以及内部热负荷通过非常高的蓄热容量最大程度地保存在建筑内。

更进一步，采用建筑部件调温（混凝土芯调温），建筑物就又可以作为蓄热器。建筑物的质量得到热量的供给，其温度非常接近所期望的室内温度。这个办法作为满足基本负荷的效果特别好，既适用于大型建筑的供暖也适用于制冷。

在住宅建筑上，典型的热量存储方式是将来自于热源的能量存储在一个显热蓄热器内，多半是一个暂存水箱。如果同时有多个热源（比如燃气和太阳能热水器），能量会针对性地输送到目标存储位置（分层存储水箱），以满足不同的温度需求（供暖35℃，生活热水40℃）。

主动热量存储可以在采暖系统内实现，这样能够利用前述建筑自身储热能力的协同效果。要不然还有很多种水存储系统。有的系统可以只用于热水制备。此时可以选择用饮用水来运行水箱，或者选择暂存水箱系统，这通常用于存储采暖系统的热水。如果与太阳能供热设备联合使用，首先推荐后一种模式。暂存水箱系统也可以与采暖系统整合。在这里水箱内的水分层扮演着重要角色。水温越上层越高。可根据温度需求进行存储和取用。因此，生活热水从存储水箱上部最热的区域抽取，而采暖或芯调温区需要的温度较低，可以从中下部抽取热水。

存储水箱的设计应该始终做好全方位的保温，避免热量散失，特别是上部。此外，在存储和取用程序上也要做好控制，避免产生水层紊乱。

辅助能源

所有建筑技术设备的功能和控制都需要辅助电力。按照现有的建筑设备安装情况，通常都会有2个80W的泵和2个20W的控制器。如果年平均运行时间为3000小时，那么，耗电为600kWh。这个能源消耗量完全可以为一栋使用热泵的小型被动房供暖了。

原则上，建筑设备系统应尽量简单化。以下是一些需要注意的方面：

1. 尽可能选择简单的控制系统和较少的泵以及辅助设备。
2. 控制功能尽量简单，待机消耗最小化，不需要的时候应能够彻底关闭设备。
3. 选择电工最优化的锅炉和机组，优化的泵和风机，向生产商咨询设备的输入功率。由于锅炉对于高能效建筑免不了都过大，所以应检讨是否每天只运行几个小时就够用（如早晨和晚上短暂运行），其他时间设备是否能够不用电。
4. 尽量安装小功率的泵，精确地配合优化的管网，调整液压，检查调试情况。
5. 利用中央配置的建筑设备、短管道路径、小管径，尽量避免循环（如热水）。
6. 通风设备采用优化的直流驱动风机（参见第5章）。

第 7 章

电力需求与可再生能源

7.1

家用和商用电力成本节约

建筑要特别节能，就必须把用电量降到最低。在这方面，有许多可能性和大量的技术实施方案。配备高效电器不仅直接降低建筑总体能量平衡中的耗电量部分，而且还意味着减小室内的热负荷，有利于夏季防热。

本章专门讨论如何节约用电。对于应该使用哪些部品部件，包括如何使用，才能够达到较低的一次能耗指标，给出了指导性意见。只要有意义，应尽可能设定每平方米安装设备的单位功率目标值或其他指标，而这些指标可以让建筑满足高效运行的需求，例如照明。与此相反，对电梯或者家用电器也给出指标则意义不大，对此有其他的能效标准，也将在相应的章节述及和说明（图 7.1）。

日常生活所产生的二氧化碳占能源领域二氧化碳排放量的三分之一，比例最大。尽管建筑质量明显提高，采暖和热水制备的排放减少，但同时建筑面积也在增加。在同一时间段内，由于攀升的用电需求，二氧化碳的排放量还是增加了。

电器和设备的配置以及使用，是气候政策一个难以触及的话题，因为完全由每个家庭或企业自行决定。视装备程度、设备新旧和使用情况，同样规模的用户能耗差异可以达到 2 倍甚至更高。因为在何处，到何种程度可以积极干预，欠缺多方面的信息。那么，就只能按照可靠的信息，做出采用高能效措施的决定。

高效用电意味着：

- 较少耗能；
- 降低成本；
- 比较不受未来电价的影响；
- 不需牺牲舒适度。

高效用电始于配置合适的循环泵、电梯以及照明系统；始于采购合适的家用电器、信息和通讯设备以及娱乐电子设备，并且取决于未来的运行成本及使用。

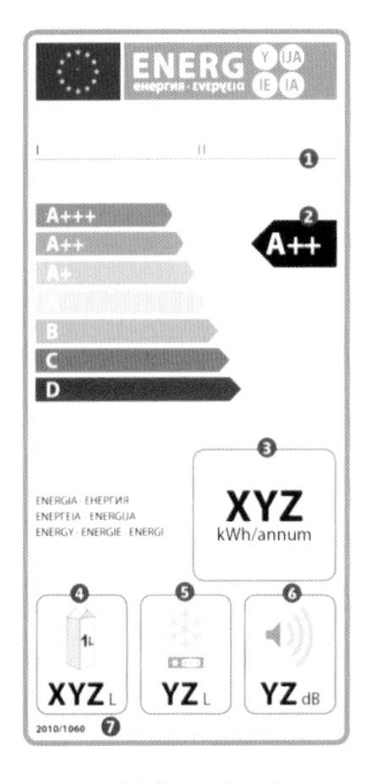

❶ 厂商或品牌名
❷ 能效等级
❸ 年均能耗 kWh/年（依据标准检测结果）。实际能耗与设备使用有关。
❹ 所有冷藏格容积（无冷冻星标格）
❺ 所有冷冻格容积（冷冻星标格）
❻ 噪声，dB(A) re 1 pW (声功率)
❼ 规范标志

图 7.1 制冷机欧盟标签

许多电器都有一个众所周知的欧盟家用电器标签可作为选择依据，即便在循环泵和电视机上也有这样的标签；对电梯则制定了节能等级 A 至 G。标签有利于选择低耗能电器，一眼就能看出该电器是否是同类中最好的。

随着新的能源级别标签的启用，也对欧盟电器标签的外观进行了重新设计，使其不再依赖语言文字，以适用于欧盟范围内的所有国家。

下面有关能源价格或水价的描述都包括所有税费，用电按 28ct/kWh，燃气费 10ct/kWh，短程供暖 12ct/kWh，用水 5 欧元 /m³。

这一章的早期版本是受海德堡市环境、商业监督和能源局委托，与图宾根市 ebök Planung und Entwicklung GmbH 合作撰写的[15]。

住宅节电

下面就住宅建筑高效用电的有关要求做出说明。商业用电的特殊部分将在结尾处专节讨论。而许多方面是通用的。

参考值

在文献中对住宅建筑耗电情况有充足的比较数据。下述指标值按不同大小的家庭，并根据是否为用户提供热水制备服务，列出了从节约到浪费的差异（表 1）。

耗电量和人口数并非线性关系，因为某些消费只有条件地受人数影响，例如冰箱或循环泵。照明耗电随着人数增加也是有条件的，因为同样的照明两个人或者四个人都能用。

按照家庭人数列出的耗电情况　　表 1

<table>
<tr><th rowspan="3">家庭人数</th><th colspan="2">每年耗电（千瓦时）</th><th rowspan="3">评估</th></tr>
<tr><th>有</th><th>无</th></tr>
<tr><th colspan="2">电热水制备</th></tr>
<tr><td rowspan="4">1</td><td>1500 以上</td><td>900 以上</td><td>很好</td></tr>
<tr><td>1500 － 2200</td><td>900 － 1500</td><td>好</td></tr>
<tr><td>2200 － 3300</td><td>1500 － 2100</td><td>高</td></tr>
<tr><td>3300 以上</td><td>2100 以上</td><td>非常高</td></tr>
<tr><td rowspan="4">2</td><td>2200 以上</td><td>1560 以上</td><td>很好</td></tr>
<tr><td>2200 － 3300</td><td>1600 － 2600</td><td>好</td></tr>
<tr><td>3300 － 4900</td><td>2600 － 3700</td><td>高</td></tr>
<tr><td>4900 以上</td><td>3700 以上</td><td>非常高</td></tr>
<tr><td rowspan="4">3</td><td>3000 以上</td><td>2200 以上</td><td>很好</td></tr>
<tr><td>3000 － 4100</td><td>2200 － 2900</td><td>好</td></tr>
<tr><td>4100 － 6000</td><td>2900 － 4200</td><td>高</td></tr>
<tr><td>6000 以上</td><td>4200 以上</td><td>非常高</td></tr>
<tr><td rowspan="4">4</td><td>3700 以上</td><td>2600 以上</td><td>很好</td></tr>
<tr><td>3700 － 4800</td><td>2600 － 3400</td><td>好</td></tr>
<tr><td>4800 － 7100</td><td>3400 － 4900</td><td>高</td></tr>
<tr><td>7100 以上</td><td>4900 以上</td><td>非常高</td></tr>
<tr><td rowspan="4">5</td><td>4400 以上</td><td>3100 以上</td><td>很好</td></tr>
<tr><td>4400 － 5700</td><td>3100 － 4000</td><td>好</td></tr>
<tr><td>5700 － 8600</td><td>4000 － 5900</td><td>高</td></tr>
<tr><td>8600 以上</td><td>5900 以上</td><td>非常高</td></tr>
</table>

对于一个装备水平一般，采用目前惯用电器的两人家庭而言（表 2），年耗电 3000kWh 不是特别高。这里假设不用电制备热水。如果用高能效的新设备，能耗还能减半。一些节约的生活方式如不用干衣机、用冷藏冷冻一体机替代两台分离电器，以及非常节约的使用电器方式，都会进一步明显地降低能耗。这些高度节能的潜力将在后面论述（图 7.2）。

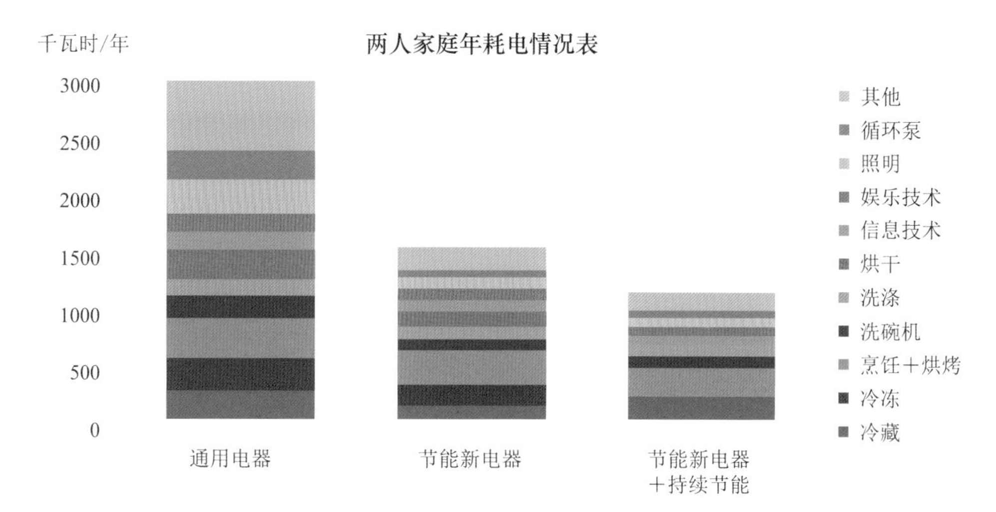

图 7.2 两人家庭的耗电情况，取决于配备电器的能效品质

两人家庭的耗电情况，取决于配备电器的能效品质 **表 2**

使用不同节能电器的两人家庭年耗电情况			
数据单位［千瓦时］(取整数)	普通电器	节能电器	节能电器+优化+节能使用
冷藏	250	120	250[3]
冷冻	280	180	
冷冻烹饪+烘焙烤（用电）	350	300	270
洗碗	200	100[1]	100[1]
洗衣	140	110	80[1]
烘干	260	130[2]	—
信息技术	150	100	80
娱乐电子	160	100	80
照明	300	100	80
循环泵	250	60	60
其他	560	200	150
总计	2900	1500	1150

1 连接热水
2 热泵干衣机
3 冷藏冷冻一体机取代分离的两个设备

许多家庭不了解他们的用电情况，也不能估计排放了多少二氧化碳。为了填补这一信息空白，可以利用网上的免费二氧化碳排放计算器，计算整个家庭的能源总消耗，包括采暖能耗、电、交通工具的使用、度假习惯以及不同的生活方式等。在表格中输入数据以及指标值，就可以计算出来。网址是：http：//uba.klima-aktiv.de/。

公共用电

建筑中有许多公共用电的场所，比如公共空间照明、通道照明、门铃对讲设备、防火设备、地下车库的技术设备等。电梯和循环泵也属于这个范畴；作为比较大的用电设施，将在后面两节分开说明。

在住宅领域这是有标准可循的，即每平方米居住面积的年耗电 4～5kWh。能够带来更大节约的措施包括使用高效照明设施和节能供电系统，用于比如监控装置，门铃设备以及类似的设施，可免用电热供暖除冰的结构设计，以及更多的其他措施。

电梯用电

所有新建的较大建筑都配有电梯。由于无障碍出入是人们追求的，也常是必要的，电梯的使用量随之增长。现有电梯设备的耗电量估计占德国总耗电的 0.5%。

如果一部规格合理的电梯安装了优化的配重，再视情况配置空驶时的能源回收功能；并注意使用高效的照明系统以及较低的待机损失，这就有可能实现大幅节约。后者可以通过节能控制技术来实现，如空机运行时关闭照明系统，以及不需能量保持电梯门关闭的技术。

2009 年，针对电梯设备的 VDI4707 标准在德国发布。按照这一标准，停驶状态的用电和运行中的用电都需量测，视使用分级推算年用电需求，然后将结果标示在根据欧盟家用大型电器标签准则制定的标签上。

要选择低能耗的电梯，可以在符合公示标准 A 或 B 的标签等级中挑选。

循环泵

循环泵在高能效建筑内用于对建筑部件调温，有时也用于地热交换器以及集热器，也可以用于热水循环。在老旧建筑里，循环泵的大部分用电是为了采暖。

从 2009 年起，欧盟关于实施和逐步调整循环泵能效指标的条例生效。图 7.3 所示的是输出功率相关的能效指标（EEI）。能效指标的计算方法，是先量测循环泵在不同运行条件下的负载，并用经定义的负载曲线进行加权计算。加权后的功率消耗与同样功率的平均循环泵的功率消耗的比值即为能效指标。能效指标越小，循环泵用来输送一定量采暖热水或盐水（集热器或空调中）所需要的电能越少。条例不仅适用于采暖循环泵，也适用于太阳能设备、地热采集系统、空调系统的循环泵。条例规定了自 2013 年，以及从 2015 年起生效的极限值。

目前已经安装的大部分循环泵能效都不高。市场上能够买到的用于住宅建筑的最好的循环泵能效指标（EEI）为 0.2；而能效最差的产品是此数值的 8 倍。由于此条例，今天市场惯用的大部分循环泵将在未来几年从市场上消失。

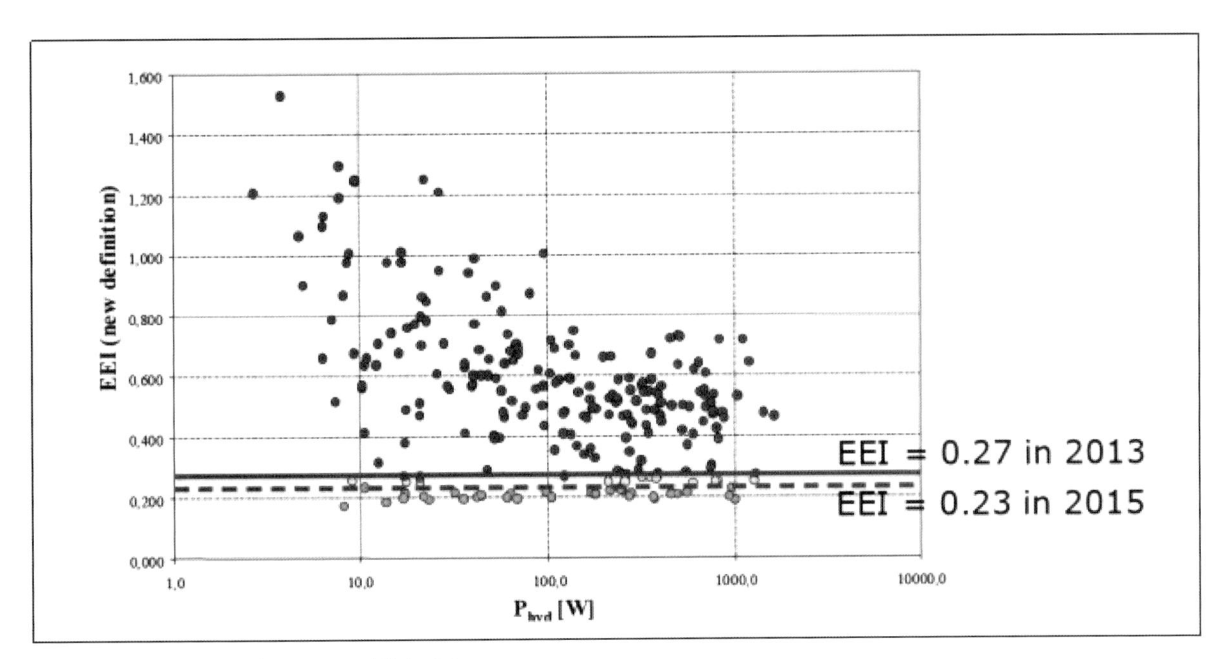

红点：现有循环泵，自 2013 年 1 月 1 日不符合要求
黄点：当前可买到的循环泵，不符合从 2015 年 8 月 1 日起的要求
绿点：当前可买到的循环泵，符合从 2015 年 8 月 1 日起的要求

图 7.3 欧盟新条例要求对采暖循环泵的影响（引自：Europump/VDMA［7］）

优化的完整系统对这个领域的低电耗非常重要；循环泵作为单独的组成部分在能耗方面占有重要份额。好几年以来市场上就有了高效能循环泵，由于其构造（永磁电机）和转数控制功能，传输等量的介质的耗电比现有泵少得多。

通过改进的控制技术也能够大幅减少泵的耗电。

对于较小型的住宅建筑究竟是否需要热水循环，必须仔细考虑。

此外，还要看泵的大小是否合理：采暖泵的电功率需求应占采暖功率需求的 1‰ 左右。

照明

对这个领域给出普遍适用的说法很困难，因为空间的使用千变万化。在住宅和在办公室里一样，应采用 8～12W/m^2 照明功率，使工作台高度的光照度达到 500 勒（lx，米烛光）。500lx 可满足高强度视觉工作（缝纫，CAD 工作岗位）需要，300lx 能够满足一般需要（工作，阅读和用餐区域）。

以下几点具有普遍适用性：

- 浅色的表面较为有利；
- 视觉要求高的工作场所，使用定向照明比非常明亮的普遍照明更高效节能得多；
- 顶棚泛光灯只有在有浅色顶棚的条件下才适合作为基础照明的选项。泛光灯应采用节能灯或 LED 灯（发光二极管），市场上那些几百瓦的灯会把其他节能措施的成果都抵消掉；
- 根据需要在住宅内安装移动传感器有时是值得的。

不同灯具的能效，以每瓦用电功率所得的光通量（流明）来衡量。表 3 中按不同灯具列出。此外，表中还列出了可使用的小时数。在用电成本的主要因素中，除了对用电成本至关重要的灯具能效这一因素外，灯具的使用寿命（工作小时数）则决定了照明的年投资成本。LED 和荧光灯需要更换的频率比卤素灯少得多。

不同灯具的光输出和使用寿命（产品检验基金会，厂商数据，2014 年末，[8，14]） 表 3

每单位能耗的一般光输出及平均使用寿命		
	lm/W	使用小时
白炽灯	10 － 12	1000
卤素灯	25	2000 － 4000
标准 LED	30 － 60	25000 － 100000
优化 LED	80 － 100	25000 － 100000
LED 实验值	bis250	bis100000
节能灯	60 － 80	5000 － 15000
无电子镇流器的荧光灯	70	10000
带电子镇流器的荧光灯	100 － 110	20000

购买决策的重要参数：

- 光输出；
- 色温；
- 散射角。

要获得满意的照明，必须正确选择以上这些参数。在更换灯具的时候，新灯具的光输出应该和旧灯具相近。灯具的外包装上的标示包括按照光通量（流明 lm）给出的信息。例如，要用高效的 LED 灯替代 100W 的白炽灯，按照 100lm/W 的光输出，只需要一盏功率为 10W 的新型 LED 灯。

LED 灯与节能灯都有不同的色温，以开氏度（K）标示。居室内的推荐值为 2700 或 3000K，办公室或工作场所 4000～6000K。

这两种类型的灯具都有定向光辐射或近似球形的光辐射。选择的时候应符合视觉任务需求，或美观方面的要求。

对于建筑物外的灯光，需要注意光照要定向照射到人行道或类似区域。适当的光照不应造成明亮的夜空，这还对区域内的动物有害。

欧盟导则要求白炽灯（除了一些特殊形态）要逐渐退出市场。低效率的卤素灯和荧光灯也应淘汰。

作为采购灯具的参考，北莱茵－威斯特法伦州的消费者中心整理了一个小表格，可以在以下链接找到 www.vz-nrw.de/mediabig/219741A.pdf

对于光源也给出了能效标准，至少应达到 80%。

电灯造成建筑的内部热负荷，这可能导致室内温度过高。因此，高效照明设施具有双重功效：在节约能源的同时，还能降低温度过高的风险。

不同光照度下的额定光功率 表 4

额定照度	每单位面积安装的灯具功率	
	基本参考值	改善参考值
勒（米烛光）lx	[W/m²]	
50	3.2	2.5
100	4.5	3.5
300	10.0	7.5
500	15.0	11.0
750	20.0	16.0
1000	25.0	21.0

新建建筑推荐采用“改善参考值”的灯具（表 4）。

照明设施也分能效等级 A 至 G。建议在新采购灯具时选择欧盟标示 A 级的产品。

由于电子镇流器具有较好的能效、较长的灯具使用寿命、较好的耐开关性和无闪烁等功能，成为节能灯和荧光灯管的标准技术配置。带电子镇流器的节能灯拥有非常高的耐开关性，某些类型（楼梯灯）即使在热灯状态开关也是稳定的，当然，一般来说最好避免这种情况。特别是 LED 灯的耐开关性非常好，建议用于楼梯间。

尽管初期投入高，但 LED 灯因其使用寿命长而可能更经济，特别是在需要长期灯光照明的地方，如内部走廊。即使与荧光灯相比，在这些地方 LED 灯的成本通常在 2～3 年就能摊还。

较大的窗户是自然采光的重要组成部分，也是节电的重要环节。因此，窗户应设置在上部以利用更多的自然光，比较而言，低于胸口的窗户作用不大。因为这个原因，住宅建筑以及办公楼一般都不安装窗楣，就是为了使更多的自然光进入到室内深处。市场上有不同结构的百叶帘，对于夏季遮光非常有效。百叶帘可以把从窗户上部进入的光线反射到（浅色的）顶棚上，这样即使安装了遮阳，室内深处也能获得足够的自然光。否则就会出现相反的情况，即使在阳光明媚的日子里也需要用电照明，因为一些使用空间的照明不足（表 5）。

灯具的运营成本比较：白炽灯，节能灯和 LED（自行计算） 表 5

白炽灯、紧凑型荧光灯和 LED 灯（E27 灯头）的经济性核算			
	白炽灯	节能灯	LED 灯
同样亮度的功率 [W]	60	15	12
参考使用时间 [小时]	10000		
耗电 [kWh]	600	150	120
电费成本 [欧元]，按 28 欧分 / [kWh] 计算	168	42	33.6
采购成本 [欧元]，平均分摊到 10000 小时	（0.7）10×0.70 = 7	12	（28）0.2×28 = 5.6
运营成本 [欧元]	175	54	39
成本节约 [欧元]，节能灯与白炽灯相比	121		
成本节约 [欧元]，LED 灯与白炽灯相比	135		
以节能灯的预期寿命 10000 小时参考基数；白炽灯平均只有 1000 小时；LED 为 25000 ～ 10 万小时（本例中按 50000 小时计算）			

信息和通讯设备，娱乐电子设备

过去几年，娱乐电子设备和信息、通讯设备的应用不断增长，特别是信息通讯技术的使用增长迅猛。虽然使用了节能电器，但还是导致了这个领域耗电增加，并且有进一步增长的趋势。正是由于设备技术的高度多样性，也就有更大的节约空间。未来5～10 年，在购买时起决定作用的是娱乐电子设备和信息通讯设备的耗电水平及其使用寿命。

很有帮助的是，自 2010 年初在生态设计导则框架内，针对这一类新电器以及所有主要在家用中使用的电力和电子设备的欧盟条例开始生效。自此，新电器待机时的耗电不得超过 1W；除了激活功能和显示待机状态的指示灯外，在没有其他功能运行时，极限值为 0.5W，比如电视机。

在技术上，可以用优化的供电系统将待机损失减低到 0.1W。而且，还能用遥控器开关。

信息及通讯技术

最重要问题是，哪些设备确实必不可少，哪些可以放弃。新购置了某些设备，但接下来却很少使用。如果设备确实是必须的，最好向那些对市场有透彻了解的顾问咨询，然后做出决定。在这里推荐产品检验基金会的小册子，浏览网站 www.ecotopten.de 和 www.topten.ch。这有助于选择设备的哪些配置和哪些相应功能。

外围设备如打印机、传真机、扫描仪和复印机早已有多功能一体机问世。这可以节约设备生产的能耗，节约空间，并减少供电电源的数量。

信息设备耗电对比（生产商数据［8］）　表 6

平均耗电［W］		
设备	低	高（旧设备）
标准个人电脑（普通）	50	150
要求较高的个人电脑	150	500
笔记本电脑（普通）	10	50
笔记本电脑（用于游戏）	30	100
21 英寸射线管显示器	70	120
21—24 英寸平板显示器	15	60
激光打印机（待机状态）	＜1	20
激光打印机（打印作业）	250	400
喷墨打印机（待机状态）	＜1	20
喷墨打印机（打印作业）	15	80
路由器	2	7

有些设备的彩色墨盒是分离式的，可根据需要更换颜色。如果打印机是用可开关排插断开网电，就要检查设备在下次启动时是否自动执行清洁模式。如果是的话，就应该避免关机，因为这样会消耗更多的墨水／墨粉（表 6）。

如果设备标配待机功能，那是很不利的，因为从制造商那里就没有给设备安装真正的断路器，从而带来不必要的累积电能浪费。就算每户只有 10 台电器，并且都有 2W 不能关闭的较低待机能耗，那么一年累计已经达到大约 160 千瓦时，换算成两口之家的全部能耗百分比，就占 5%～10%，或相当于 45 欧元 / 年。很多家庭都有很多有待机功能的电器，因此，即使有上述的条例出台，也必须公布与此相关的信息。可开关的排插能轻松解决这个问题：在不需要时，就可以关闭整组设备。

娱乐电子设备

表 7 显示了现有娱乐电子设备的用电差异。

在网页链接 WWW.no-e.de/html/unglaublich.html 的数据库内有很多老旧娱乐设备待机状态的数据。如果想了解现有电器设备的能耗，这个数据库可以参考。能源咨询处或市政部门出借能够精确测量数值的测量仪。

某些电视机带有额外的快速启动功能。这可以快速启动屏幕，比一般的待机功能短几秒钟。但其严重的缺点是：需要 10～25W 的功率。而对于用户来说，他们并不清楚他们的设备是否有快速启动模块，而且，如果有，也不知如何关闭它。在商场，用户几乎不可能获得这方面的信息，而产品说明书中也没有说明。

大型家用电器

在巴登－符腾堡州环境部的小册子《家庭生活中的节能》中有对家用电器的详细信息介绍以及节能小窍门。

娱乐电子设备待机状态和运行时（生产商提供信息［8.11］） 表 7

娱乐电子设备（现有设备和新设备）待机和运行时的用电成本区间									
	待机				开机				
设备	待机功率［W］	运行时间［h/day］	耗电［kWh/a］	电费［欧元 /a］	开机功率［W］	用电［kWh/a］	用电［kWh/a］	电费［欧元 /a］	合计［欧元 /a］
电视机（对角线尺寸至少 66cm）	1 — 30	19.5	7 — 214	2 — 60	100 — 800	4.5	164 — 1314	46 — 368	48 — 428
接收器 / 机顶盒	1 — 9	19.5	7 — 64	2 — 18	4 — 15	4.5	7 — 25	2 — 7	4 — 25
DVD 播放机	<1 — 4	20.5	4 — 30	1 — 8	6 — 9	3.5	8 — 11	2 — 3	3 — 11
投影机	0 — 5	23	0 — 38	0 — 11	150 — 250	1	50 — 82	14 — 23	14 — 34
数码相框	0 — 3	8	0 — 9	0 — 3	5 — 11	16	20 — 64	6 — 18	6 — 21
计算方法：28ct/kWh；每年运行 330 天，35 天休假									

大型家用电器标签

2010 年欧盟决定针对大型家用电器，冷藏冷冻箱、烘干机、洗衣机和洗碗机沿用至今的 A 至 G 标签等级做出调整，增加了对最高效的家用电器的能效等级 A+++，A++ 和 A+。取消了等级 E、F 和 G。

对于烘干机以及烤箱、抽油烟机、吸尘器、电视机和照明设备，以及其他有能效标识的设备，暂时沿用目前的等级 A 至 G，对某些设备在一段时间后也会向 A+++ 方向发展。参考文献［1］很好地概括了家用电器欧盟标签的有关内容。

图 7.4 是大型家用电器效能等级分类，许多列入低效能级别的设备市场上已经找不到了。

从能源角度，在新采购时必须对最节能的新设备的能耗有所了解才能正确选择。这方面的信息可从代特摩尔特低能耗研究所的设备清单中获得，该清单的印刷版每年更新，而且在互联网上有最新的持续更新（www.spargeraete.de），或者从 www.ecotopten.de，www.topten.ch 的数据库，或者通过 www.energieeffizieny-imservice.de 的数据库获取。为了核实设备性能是否符合其承诺，以及更好地了解设备的性能，产品检验基金会的小册子一直都是很好的信息来源

			能效等级						
冷藏冷冻设备	造型/规格	数量	A+++	A++	A+	A	B	C	D
冰箱无星标冷冻室	TG/TGU	46	5	23	18	—	—	—	—
冰箱无星标冷冻室	SG –400 l	58	12	28	18	—	—	—	—
冰箱带(*/***)星标冷藏室	TG/TGU	49	7	28	14	—	—	—	—
冰箱带(*/***)星标冷藏室	SG –400 l	17	—	11	6	—	—	—	—
冰箱带(*/***)星标冷藏室	EG, 89 cm	128	22	76	20	1	—	—	—
冷藏冰冻一体机	SG 200–400 l	498	155	270	68	5	—	—	—
冰柜	TG/TGU	42	2	25	15	—	—	—	—
冰柜	SG –400 l	173	39	105	29	1	—	—	—
冷冻箱	200–400 l	65	20	34	11	—	—	—	
洗衣机			A+++	A++	A+	A	B	C	D
前开门	5.0–5.5 kg	33	0	6	27	—		—	—
前开门	6.0–6.5 kg	153	83	29	36	5	—	—	—
前开门	7.0–8.0 kg	474	413	39	12	10	—	—	—
上开门	5.0–8.0 kg	119	38	26	48	7	—	—	—
衣物干燥机			A	B	C	D	E	F	G
前开/上开门	5.0–5.5 kg	2	2	—	—	—	—	—	—
前开/上开门	6.0–6.5 kg	17	2	15	—	—	—	—	—
前开/上开门	7.0–8.0 kg	32	19	12	1	—	—	—	—
滚筒干燥机			A+++	A++	A+	A	B	C	D
排气烘干机，太阳能/燃气驱动	5.0–8.0 kg	2	2	—	—	—	—	—	—
排气烘干机，电驱动	5.0–8.0 kg	25	—	—	—	—	2	23	—
冷凝烘干机，传统	5.0–8.0 kg	87	—	—	—	—	82	5	—
冷凝烘干机，热泵	5.0–8.0 kg	199	21	115	55	7	1	—	—
洗碗机			A+++	A++	A+	A	B	C	D
前开门，约60cm宽	12–15 Ged.	817	151	357	216	93	—	—	—
前开门，约45cm宽	8–10 Ged.	188	3	54	80	48	—	—	—

TG =台式机，TGU =可作底座台式机，SG =立式机，EG =集成式，Ged =餐具数量；（一桌的所有餐具）.
删除线=不推荐的产品 数据来源：NEI 家用电器数据库，2014 年 10 月 14 日

图 7.4 依据欧盟标签制度，市场上销售的大型家用电器评级

大型家用电器的使用

为了保持较低的家庭耗电，购买新设备时的正确选择是重要的第一步。不应采购大于必要的规格 / 容量的设备。

第二步是以节约的方式操作和使用设备，这也同样适用于现有的设备。

简单的措施对耗能和耗水的影响是巨大的：

- 充分利用制造商给出的设备容量。这适用于所有设备；
- 洗衣前：称量洗衣篮满载和空载重量，以得出洗衣机的实际洗涤重量；
- 尽量低温洗涤：用 40℃代替 60℃可节省大约 25%；
- 如果洗碗机不是用电加热，应将设备与热水系统连接；
- 如果餐具不特别脏，使用节约程序；
- 冷藏和冷冻设备调整到建议的温度：冷藏为＋7℃，冷冻为 -18℃；
- 冷藏和冷冻设备放置的地点温度越低，能耗就越少（不利的位置：炉灶旁、洗碗机或暖气旁）；
- 设备后面的热交换器必须与墙壁保持距离，确保通风；
- 冷冻室应定期除冰；
- 刚烹煮过的食物应先冷却，然后再放入冷藏或冷冻箱；
- 烹煮食物时在锅子上加盖，即使煮面条或意大利面也要这样；
- 高压锅有利于节能；
- 若别墅 / 公寓内配备了燃气，使用燃气比用电便宜；
- 使用烘干机时应先将衣物甩干，至少用 1000 转 / 分钟，最好是 1400～1600 转；
- 最好是挂在绳子上晾干，同样，也可放在烘干柜（与通风设备连接）里晾干；
- 使用烘干机时将衣物按照纺织原料进行分类，以使烘干时间一致；
- 定期清理绒球滤网；
- 关于设备节约使用的进一步建议请见参考文献［2，3，12，17］。

日常生活中的个别设备

冷藏和冷冻箱

在新购置冷藏冷冻箱时应选择效能等级 A+++ 的设备，至少也要选择 A++。可从表 8 中看出经济性优势。

不同能效级别带冷冻室的台式冷藏箱耗能情况对比 表 8

冷藏容量约 116 升，冷冻容量 16 升的带 */*** 星标冰箱运营成本对比				
	A+++ 级	A++ 级	A++ 级	A 级（旧）
年用电［kWh］	93	138	182	220
15 年用电［kWh］	1395	2070	2730	3300
15 年电费（取整）［欧元］	391	580	764	924
与 A+++ 级别相比的 15 年增量成本［欧元］		189	365	533
按照 28 欧分 /kWh 计算；2014 年 12 月				

洗碗机

与热水系统相连的洗碗机不仅节能，而且也节约成本，表 9 是不同设备的对比。这里假设设备是与太阳能集热器的热水供应系统或短程供暖网连接。

如果热水来自太阳能热水器，那么，与热水网相连就特别高效且具经济的优势。

所有新设备以及许多现有设备都应直接连接热水，除了那些利用废水余热进行热交换的设备；这类设备例如在使用电加热是有利的。

某些类型连接冷水的设备在烘干档时潮气会在水冷的设备壁上结露，如果连接热水系统可能会使烘干效果变差。

洗衣机

选择使用能效标识为 A+++ 的设备是最重要的节约措施。对洗衣机来说，也可连接热水系统。这类设备都有冷热水接口，当然这也会带来额外的安装费用。对于采用太阳能热水器为水加热的家庭，连接热水系统在经济上还是有吸引力的，而在任何情况下都具有生态上的意义。

表 10 显示：新设备的高效能只有在满载的情况下才能达到，半量洗涤时的耗电和耗水虽有减少，而依据设备规格分别只减少 15%～30%。

烘干机

烘干机在日常生活中的使用日益增多。一般来说，在晒衣绳上晾干当然是最高效节能的方式了。如果烘干机还是必不可少，那就应考虑选择节能的型号。表 11 对不同设备进行了比较，一台使用燃气加热的烘干机表现最佳，其次是热泵烘干机。在评估时须注意设备的不同大小。新设备的满载容量是 6 公斤和 9 公斤。一台 9 公斤容量的烘干机对小家庭来说太大了，对商业使用（比如理发馆）是合适的。

不同能效等级洗碗机耗能对比，与热水系统连接或不连接（[12] 自行计算） **表 9**

不同能效级别洗碗机的用电需求及电费（对比：太阳能热水器—短程供暖网）				
	A+++ 新设备	A+++ 新设备	B 级老设备	D 级老设备
	与热水系统连接	未与热水系统连接		
年用电需求［kWh］	73	100	200	260
15 年用电需求［kWh］（取整）	1100	1500	3000	3900
15 年电费，欧元（假设连接太阳能热水器）	308[1]	420	840	1.092
15 年能耗费，欧元（假设连接短程供暖网）	325[2]			

假设：每年洗碗 140 次，13 套餐具洗碗机；计算方法按照欧盟标签规定的节电标准程序执行；电价：28 欧分 /kWh

1 假设：太阳能制备热水（未计算制热成本，因为热水器不是专为洗碗机配备的，而是为一般生活热水安装的。热水消耗量越多热水器的年使用率越佳，特别在夏季。）

2 假设：设备的热水供应与短程供暖网相连（12 欧分 /kWh）；泵和风机需要消耗部分用电

不同洗涤装载量的比较 [14] 表 10

节能洗衣机耗电耗水数据—新设备 60℃洗涤程序				
	耗电 [千瓦时]	耗水 [升]	耗电 [千瓦时]	耗水 [升]
	满载		半载	
5.5—6 公斤设备	0.9	46	0.68	35
7 公斤设备	0.86	49	0.74	41
8 公斤设备	0.87	60	0.57	39

能源需求和电费——不同烘干机比较 [12] 表 11

衣物烘干机的能源需求和电费 (不同容量)			
能效等级和烘干机类型	脱水转数不同情况下的能耗		每周使用两次的年电费
	1000U/min²	1400U/min²	
	[kWh]		[欧元]
A+++ 级 8 公斤（冷凝，热泵）	1.4	1.19	35
A+++ 级 7 公斤（冷凝，热泵）	1.29	1.1	32
A++ 级 8 公斤（冷凝，热泵）	1.8	1.31	38
A++ 级 7 公斤（冷凝，热泵）	1.58	1.35	39
A 级 8 公斤（冷凝，热泵）		3.5	102
B 级，6 公斤（冷凝）		3.5	102
C 级，7 公斤（排气）		3.6	105
燃气烘干机，5 公斤（排气）			合计 42
燃气	3.25	3.25	34
电	0.35	0.29	8

1 括号内的说明：K：冷凝式烘干机；WP：热泵；A：排气式烘干机
2 棉织物
3 按照转数 1400 转 / 分钟计算，电费：28 欧分 /kWh；燃气费：10 欧分 /kWh
（数据来源：NEI 一数据表，2014 年 10 月数据库：www.spargeraete.de；www.ecotopten.de，2014 年 12 月）

重要的是做好脱水：脱水时用 1400 转 / 分代替 1000 转 / 分，可以节约大约四分之一的电。在烘干操作时，与之相配的洗衣机应该有至少 1200 转 / 分的转数，最好是 1400 转 / 分或 1600 转 / 分。

智能计量和电能存储

“智能计量”以及“智能家居”的话题，这里只简短提及，因为这类技术一般来说是从费率优化以及节约成本，或者追求更高舒适度和更佳物业监控角度出发的，而不是从高效利用电能的角度。由于此类设备至少须保持待机状态才能实现通讯，就会产生额外的用电需求。

如果能源供应单位出台分时段计费标准，参与示范项目才有意义。

对日常家用领域的研究发现，在时间上实际推移用电负荷 5%～10% 是可以实现的。在商用领域的意义要大得多，特别是有制冷制热应用需求时。需要通过个别调研，来做出在能效和成本角度最理想的选择。

可再生能源的可用性在不同时间里差异很大，特别是风能和太阳能。因此，保证提供日负荷和年负荷的必要功率，是能源转型面临的特殊挑战。所以不仅必须观察月度平衡情况，还要检查日峰值和年峰值的负荷曲线。

如果将供热和供电结合起来，在住宅领域实施负荷管理最有意义，比如使用热泵有利。从长远看，在住宅领域以这种方式提高负荷管理是可能的。

及早规划，可以实现热工和电工上的存储方案。其中一方面可以利用保温良好的建筑的热存储能力。对于高保温的建筑，关闭供暖设备 24 小时，室内温度仅下降 1～1.5℃。在太阳光照条件好的情况下，即使连续多日低温也不必主动供暖。

这样，可以将一个储热容量 1～3 天的小型蓄热器与蓄电池相连。容量 2～5kWh 的电池就能够明显改善一栋住宅的自产用电：从 15%～25% 提升到 35%，甚至更多。

商用领域的节电

商业建筑物的耗电大户是照明、通风、数据传输、信息技术和按专业领域不同的特殊设备，如压缩空气设备、高用热设备、制冷设备等。许多这类应用都必须在运行中做准确的调查研究，以便提出经济高效的解决方案。逐一讨论多个领域，或将超出本文的范围。有关办公楼、专业商场和实验类建筑的信息参见参考文献［17］。下面的整理出对很多行业都适用的通则。

关于通风设备将在另一章中说明；循环泵和电梯，以及信息设备和“白色家电”已经在前面的一些章节提到，这些论述同样适用于公司企业的办公建筑。需要补充的还有：

电机

关于电机的应用和介质传输方面必须提到的是，恰恰是在那些电机长时间运转的场合，必须注意能效等级。针对功率大于 0.75kW 的电机有能效等级 IE1（低效）至 IE4（高效）；而业内已经在讨论 IE5 了。尽管有经济性上的很大优势，可市场上还在从 IE1 向 IE3 或 IE4 缓慢发展。

功率较大的泵和电机（得益于现行规定）目前通常都是高效的。尽管如此，系统仍可能是低效的，因为：

- 在规划时，设计了没必要的过大流量或者扬程；
- 使用者的要求不清楚；
- 管道规划不足；
- 过高的压力损失；
- 因为选型过大，在部分负荷下运行而效率低下；
- 调节控制系统效率低下。

商用照明

商用照明方面有精确的要求；DIN EN12646-1 详细规定了照度和显色指数。下面所列的是经常出现的活动范围的一些数值（表 12）。

对照明的要求 **表 12**

活动	照度 [lx]	显色指数(Ra)
办公室		
书写、打字机打字、阅读、数据处理	500	80
存档、复印、过道区	300	80
技术制图	750	80
CAD 工作岗位	500	80
会议室	500	80
接待处	300	80
食堂、茶水间	200	80
公共区域		
门厅	100	80
衣帽间	200	80
更衣室	300	80
过道区域、走廊	100	80
楼梯、电扶梯、自动走道	150	40
培训设施		
练习室和实验室	500	80
技术绘图室	750	80
讲堂	500	80
成人教育教室	500	80

在商用领域对光源（组）采取开关控制管理是非常合理的措施，可以按需求配合提供照明。在老旧建筑里通常难以进行这种改造，在新建筑中应作相应的规划。

针对某些使用要求，按自然光入射和无人状态自动开关照明的传感器是值得投资的。

荧光灯管与 LED 灯的运营费对比（自行计算） 表 13

荧光灯管与 LED 灯管的经济性核算			
	节能灯 T8，带低损耗镇流器	节能灯 T5，带电子镇流器	LED
功率 [W]，同等亮度下	70	45	23
使用寿命 [h]	10000		
耗电 [kWh]	700	450	230
电费成本 [欧元]，按 28 欧分 / kWh 计	196	126	64.4
采购成本 [欧元]	3	（30）	（60）
分摊到 10000 小时		0.4×30 = 12	0.2×60 = 12
更换灯具的人工成本 [欧元]	6	0.4×6 = 2.4	0.2×6 = 1.2
运营费 [欧元]	205	140	78
T5 对 T8 成本节约 [欧元]	65		
LED 对 T8 的成本节约 [欧元]	127		
备注 参考基数 10000 小时。荧光灯管平均寿命 10000 小时，LED 灯管 25000 小时至 100000 小时（上例中假定的是 50000 小时）			

在商用领域，一项措施的经济性如何是至关重要的。因此，下面将对“老式”荧光灯管与 LED 灯管进行对比。LED 的初期投入仍然较高，但其回本（视使用时间）也非常快。除了电力成本外，在更换灯具时还要将劳动力成本计算进去（表 13）。

对于很多长时间需要照明的应用，LED 灯目前已经比荧光灯管更经济了。目前 LED 的价格下降很快，几个月之间可能下降 10%～20%。更换现有的照明设备也常具经济优势。但这种情形下，如果照明设备并非必须更换，应注意真正的更新措施。否则，对现有照明系统功能的责任就会转移到安装者身上。

商用信息和通讯技术

服务器是商用领域值得重视的耗电装置。即使在必不可少的建筑设备连接方面，这里也有很大的节约潜力。参考文献［17］里面有一些相关的资料。

如果需要较多计算机工作岗位，应研究采用中央服务器带分散的瘦客户机（Thin Client 简单计算机）的方案是否更有意义。

IT 设备的负责人应该注意，节电功能是否激活。屏幕保护不是一项节能措施，恰恰相反！在这个消费领域，IT 负责人对运营成本完全有决定性的影响。

参考文献和资料来源

［1］Das Energielabel，ZVEI，September 2014 能源标签，ZVEI，2014 年 9 月
［2］Strom sparen einfach gemacht，Verbraucherzentrale Nordrhein-Westfalen，2014 节电的简单方法，北莱茵—威斯特法伦州消费者中心
［3］Energiesparen im Haushalt － Praktische Tipps für den Alltag，Ministerium für Umwelt，Klima und Energiewirtschaft Baden-Württemberg，2014 家庭生活中的节能—日程生活中的实用小窍门，巴登—符腾堡州环境、气候和能源经济部，2014 年
［4］Allgemeinstrom in Wohngebäuden，Dr.-Ing. Klaus-Dieter Clausnitzer，Bremer Energieinstitut BEI，Februar 2009 住宅楼日常用电，克劳斯 - 迪特 • 克劳斯尼彻，不莱梅能源学院 BEI，2009 年 2 月
［5］Energieverbrauch und Einsparpotenziale bei Aufzügen，Jürg Nipkow，ARENA Zürich，in：Bulletin SEV/VSE 9/06
电梯的能耗与节约潜力，约克 • 尼普可夫，ARENA 苏黎世，摘自：SEV/VSE 9/06 报告
［6］Optimierung der Energieeffizienz bei Aufzügen，Übersetzung FhG-ISI nach ENEA，Rom，2010
电梯的能效优化，依据 ENEA 译自 FhG-ISI，2010 年，罗马
［7］EG-Verordnung für umweltgerechte Gestaltung von Umwälzpumpen，BAM + UBA，2009
欧盟法令：面向环保的循环泵设计结构，BAM+UBA，2009 年
［8］Hefte der Stiftung Warentest 产品检验基金会资料册
［9］Elektrische Energie im Hochbau：Leitfaden Elektrische Energie. Hrsg. vom Hessischen Ministerium für Umwelt，Landwirtschaft und Forsten；2.，überarbeitete Fassung，Wiesbaden，2000
地上建筑的电能：电能操作手册，由黑森州环境、农业和林业部出版，修订版，2000 年，威斯巴登
［10］Festlegung von Anforderungen an die umweltgerechte Gestaltung energiebetriebener Produkte（EuP － Energy using Products），EU-Richtlinie 2010
使用能源的产品面向环境的结构要求定义（EuP，使用能源的产品），EU- 指导方针 2010
［11］www.no-e.de/html/unglaublich.html
［12］Besonders sparsame Haushaltsgeräte，jährlich aktualisierte Geräteliste des Niedrig-Energie-Instituts Detmold，Klaus Michael，Oktober 2014；laufend aktualisierte Online-Version unter www.spargeraete.de
特别节约的家用电器，代特莫尔特低能源学院年度更新的电器清单，克劳斯 • 米歇尔，2014 年 10 月；不断更新的在线版本在此网址：www.spargeraete.de
［13］Licht und Beleuchtung － Teil 1：Beleuchtung von Arbeitsstätten in Innenräumen
光线与照明—第一部分：工作场所的内部照明
［14］www.ecotopten.de
［15］Energiekonzeption 2010 der Stadt Heidelberg，Fortschreibung der Konzeption 2001，Amt für Umweltschutz，Gewerbeaufsicht und Energie，2010
海德堡 2010 能源方案，2001 年的更新版本，环境保护、工商业监督和能源局
［16］99 Wege Strom zu sparen，Verbraucherzentrale Nordrhein-Westfalen，2009
节电的 99 条道路，北莱茵—威斯特法伦州消费者中心
［17］http：//heidelberg-bahnstadt.de/downloads/all/all

有用的网站 .：
www.um.baden-wuerttemberg.de
www.kea-bw.de
www.ecotopten.de
www.topten.ch
www.ea-nrw.de

www.um.badenwuerttemberg.de
www.keabw.de www.ecotopten.de
www.topten.ch www.ea-nrw.de
www.spargeraete.de www.leds.de
www.stromeffizienz.de www.verbraucherzentrale.de
www.ecoman.org
www.powersafer.net/de-de/produkte.html

7.2

住宅建筑的光伏应用

在住宅建筑内，除太阳能热水器外，光伏系统是获得可再生能源的重要方式。未来几年，要在改造和新建建筑上将这一技术高质量地整合到建筑设计中，将是建筑上的一个挑战。光伏的优势在于安装场所自由。光伏系统的生产地和使用地可有条件地彼此分离。未来的建筑将通过电网彼此相连，并且发挥交互式虚拟电厂的作用。分散式发电的优势是能够消费掉自产电能的很大一部分，这可以从根本上减轻电网的负荷。此外，还必须保护自然风景免受能源转型带来的过大压力。利用产能房技术在住宅区内生产出合理数量的可再生电能也是建筑师们的任务。

太阳能发电简介

光伏这个概念的意思是来自于光的电压（伏）。1839年法国物理学家亚历山大 - 埃德蒙特·贝克勒尔发现：当在伦琴射线或紫外线照射浸入电解液内两个电极中一个时，出现了光电效应。1883年，美国人查尔斯·弗里斯制造了一个硒光电管。直到1954年，贝尔实验室（美国）才研发出第一个硅太阳能电池，1974年研发出第一个非晶太阳能电池。1983年，第一座发电功率1兆瓦的光伏发电厂建立。多晶太阳能电池是从浇铸的硅块中切割出来的。非晶硅太阳能电池相对较少需要半导体材料。通过在基底（一般为玻璃）上渗镀多层硅层，原子会呈现出非晶的无序状态。多晶电池的投资回收期在2～5年。相比之下非晶电池的投资回收期为1～3年。

光伏设备规划基础

关于光伏设备的安装，应考虑以下一些大概的数据：峰值1kW相当于硅晶电池板约8m^2，年发电量为850～1050kWh。这是在最优化的南向安装情况下，倾斜角度大约35°。在柏林地区，太阳总辐射量约1180kWh/（m^{2}a）。倾角60°时，发电量减少7%，垂直放置发电量减少28%。东向或西向安装的光伏模块，倾角为35°与非常平缓的倾角为12°的最优情况的相比，会损失15%的发电量，其中东向还略有不利。

下面将讨论不同建筑类型生产可再生电能数量的问题，观察的基础是屋顶面积。由于最近几年光伏模块的成本明显降低，最优朝向最大化已不再是唯一可能。而已经有很多其他方案，未来还将会有更多。对于优化的建筑设计，即使今天就在建筑立面上铺设光伏也是很经济的。

在一层建筑上，产能房已被证明完全不是问题。两层单户住宅的能量盈余也有可能，这将在后面介绍。对于多户住宅，特别是城市中心建筑密度大的区域，只有高度投入才可能在自己的建筑上实现可再生电能的盈余。

在本节里，将首先以两层单户住宅为例介绍光伏设备的不同方案。预期的年收益将依据光伏安装面积和朝向计算，并换算到单位居住面积上。

最有利的方案是在南向的单坡屋顶全部铺满光伏模块。然而这样会增加对北侧建筑的遮挡。因此，例如安装在平屋顶上东西朝向的光伏模块就是一个合理的备选方案。额定发电效率为 65kWh/m^2（换算到居住面积）效益非常高，而且对于自用电还有一个优点：与南向安装相比，全天的发电量分布更为平均。在3层的多户住宅上安装东西向的光伏模块可实现单位居住面积发电 45kWh/m^2。

单户住宅的光伏设备举例

这个例子考察的是两层单户住宅带平屋顶的光伏发电情况。这里列出四种朝向作比较：
1. 平屋顶南向安装；
2. 平屋顶东西向安装；
3. 平屋顶南北向安装；
4. 单坡屋顶 / 人字屋顶铺满。

建筑尺寸设定为 12.50～13m 宽和 9m 深。建议在预规划阶段就将建筑尺寸与光伏模块的布局做综合考虑。此外，女儿墙应尽量薄。例子中，假设女儿墙宽度为 17～20cm，这在细节设计时不难做到。同样假设光伏模块可以从市场便宜地购得。选用的是市场流行的标准多晶硅模块，长度为 1.60～1.65m，宽度 1m，发电峰值 0.23～0.24kW_{peak}。应指出，在品质和尺寸上都有很大的选择空间。

南向设置的光伏模块

与投资成本相比，传统的南向设置方式能够带来很理想的发电效益。然而，屋顶面积不能得到最佳的充分利用，因为要留有间距，避免光伏模块被阴影遮挡。

剖面示意（图 7.5）是安装在倾角为 2°的南向屋顶上的光伏模块。加装了 10°的倾斜支架，使光伏模块的水平倾角达到 12°。这个设计与倾角为 30°～40°的最佳南向设计相比，发电效率减少约 6%。而至少要这样的倾角才可以利用降雨进行自洁。另外，这样布置尽可能减少了对后排的光伏模块的遮挡。当光伏模块宽度为 1m 时，差不多 50cm 的间距就能够达到在阳光照射角度 20°时没有遮挡。因此，在纵深为 9m 的屋面上可以安装 6 排光伏发电模块，实现在这一朝向上的最佳收益。

在平面图上可以看出，宽度为 12.5m 的建筑可以安装 6 排各 7 组共 42 个光伏模块，功率 240W 可发电 9000kWh/年，换算到居住面积上为 52kWh/（m^2a）。这里假设的是较高发电量，多半在德国南部可以达到。在应用中，最佳朝向可以实现每千瓦峰值（kW_{peak}）950kWh/a 的发电量。对于具体安装情况，由于较小的倾角，单位发电量以 893kWh/kW_{peak} 计。

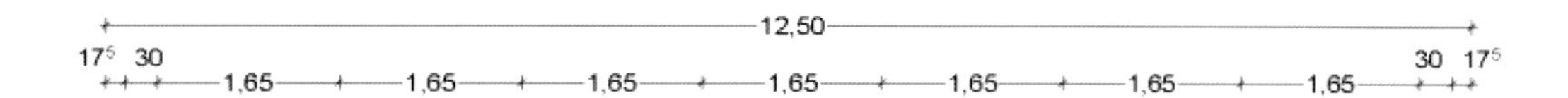

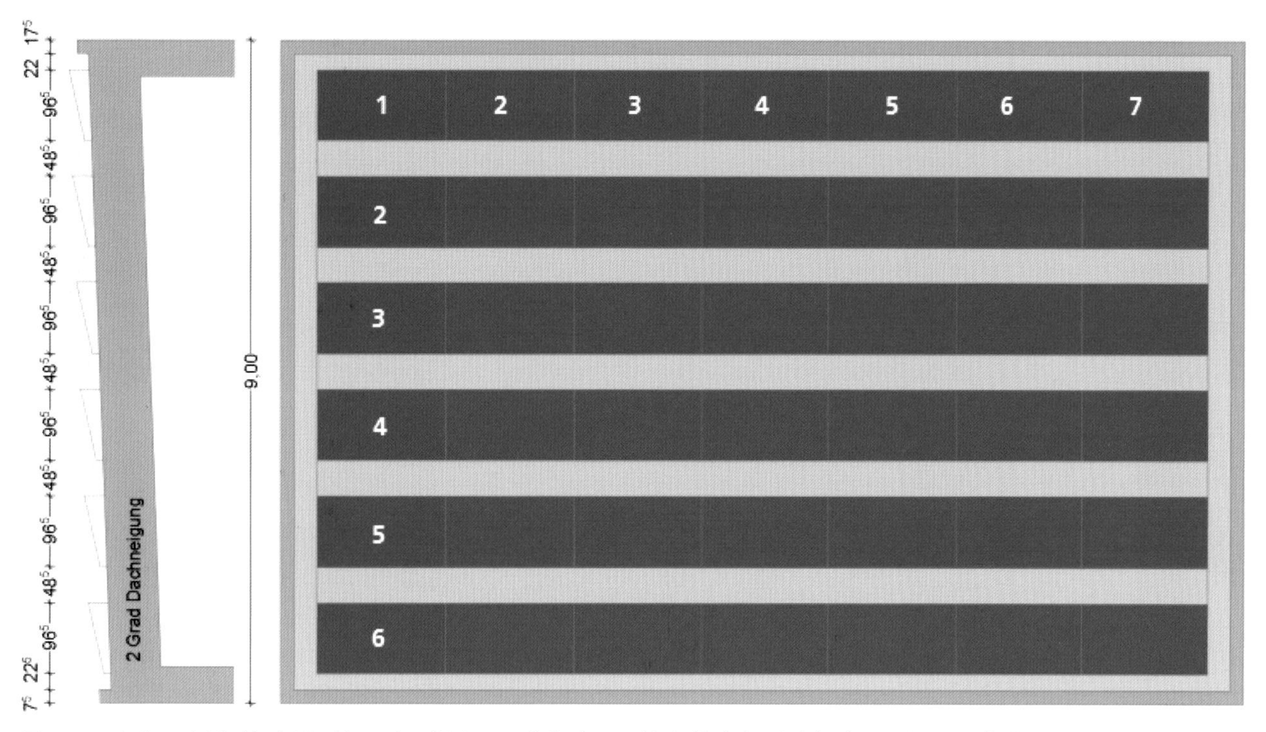

图 7.5 南向 2°倾角的平屋顶加上相对屋面吸收倾角 10°的光伏支架（总倾角 12°）及光伏模块组的平面图（来源：Schulze-Darup）

平屋顶东西向光伏系统

如果在平屋顶上东西向安装低倾角的光伏模块，能够获得较高的经济效益。与南向布置的 $10kW_{peak}$ 不同，在东西向安装 $13.8kW_{peak}$ 的系统。另一个优点来自于：东西朝向全天发电量的分布较好，对自用电更为有利。剖面图和平面图显示的是光伏模块在屋顶上的布置情况。光伏模块呈 12°倾角背靠背安装，可以最大程度地利用屋面。一个较小的缺点是积雪不能滑落。由于全年只有少数几天会有残雪留在屋顶，这期间的发电量一般相对很少，因此可以忽略这种不利。在单户住宅的屋顶可以安装纵向 12 排，横向 5 组，总共 60 组 1m×1.60m 的光伏模块，每个模块发电峰值为 $0.23kW_{peak}$。

光伏系统的年发电量为 11275kWh，相当于每平方米居住面积 65kWh/（m^2a）。

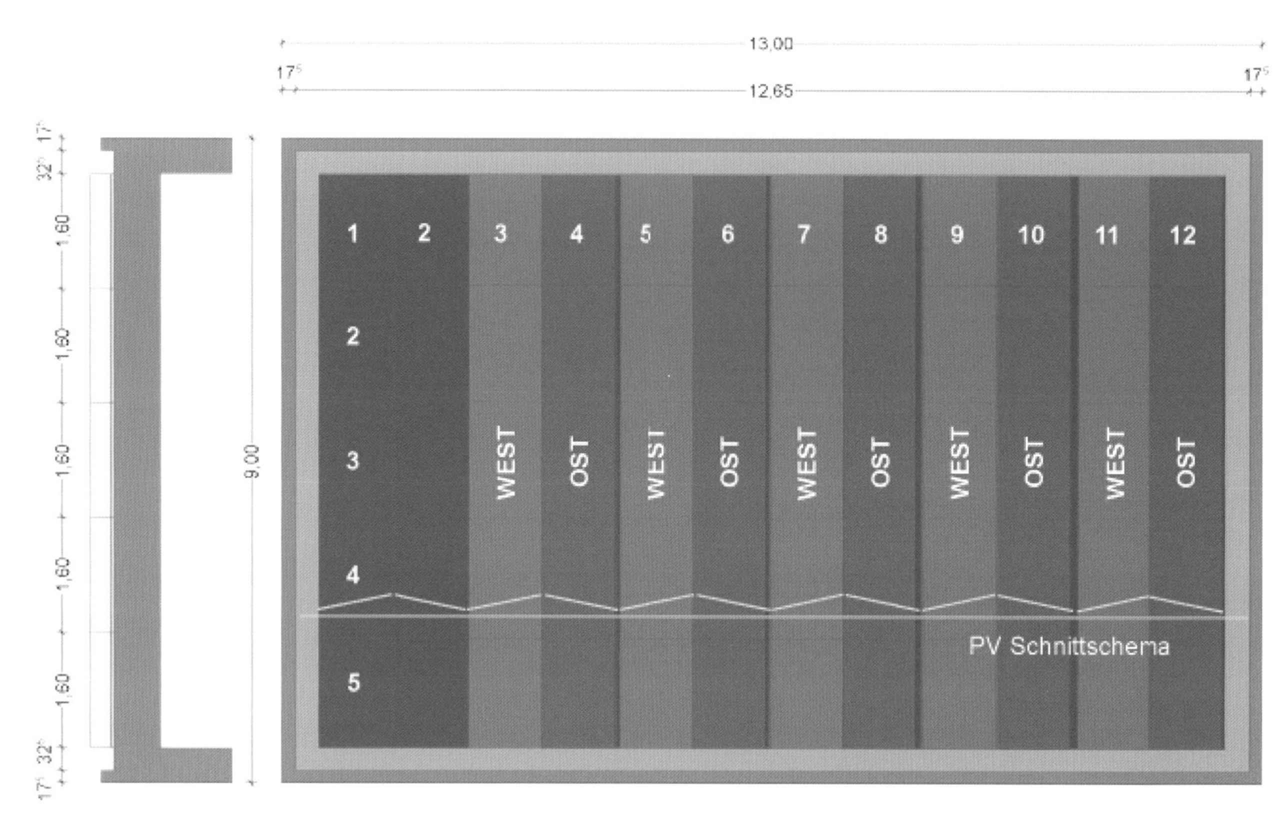

图 7.6 安装在平屋顶上东西向布置吸收倾角 12° 的光伏模块示意图，右侧是光伏模块在屋顶上的布置平面图（来源：Schulze-Darup）

平屋顶北南向安装的光伏系统

以同样方式排列，北南向布局比东西向的效果相差不少，发电量只有轻微减少。不过，全天的负荷分布优势没有那么明显。可在屋顶上纵向安装 7 排横向 8 组，共 56 个 1m×1.6m 尺寸的光伏模块，每块功率 0.230kW_{peak}。全年可发电的总量为 10900kWh，相当于每平方米居住面积 63kWh/（m^2a）。

单坡或鞍形屋顶铺满光伏模块

如果屋顶上没有其他构造物或没有建筑设备贯穿，可以在坡屋顶上铺满光伏模块。按最佳朝向南向，最佳倾角为 35°可以南向铺设 74m^2 峰值功率为 10.5kW_{peak} 的光伏模块，按最佳发电量 950kWh/kW_{peak} 时，可实现年发电 10000kWh/ 年。

如果南向的单坡屋顶能够完全利用起来，可获得最大的发电量。从城市建筑能源的角度看，这方案有一个缺点，就是可能对北侧的建筑造成遮挡。因此，光伏模块组的倾角应限制在最小值。图 7.6 是铺设在南向单坡屋顶上倾角为 4°的光伏模块组。屋顶包括屋檐部分全部铺设了光伏板。从平面图上可以看出，在宽度 10.60m 的建筑物上，可以铺设横向 11 排纵向 6 排宽 1m 长 1.6m 的共 66 块光伏板，每块发电功率 230W。这种方案的缺点在于光伏板的自洁性不佳。而过往项目的经验看，取得的发电效果非常好，但是需要每两、三年清洗光伏板。此方案的光伏系统年发电量为 15250kWh，相当于每平方米居住面积 88kWh/（m^2a）。

多户住宅的光伏系统应用举例

作为多户住宅光伏系统的例子，选择的是一栋建筑外长 44m，宽 12.20m 的房屋。前提是屋顶没有其他建筑物或没有贯穿，从而能够完全得到利用。因此，既不能有电梯也不能有建筑设备贯穿屋顶，若这些贯穿必须通过光伏模块组，则对发电效益不利。排水管道应与铺设在内部的通风管道一起，在建筑内安排上端截口（图 7.7）。

在这种情况下，在建筑宽度方向上女儿墙宽 20cm，距女儿墙留空 30cm，可以按东西向倾斜布置 7 块光伏板，网格尺寸为 1.6m。光伏板宽度为 1m，可以在建筑长度方向上布置略小于 1m 的网格，每 6m 留一条 0.30～0.4m 宽的过道。

这样，在屋顶上就可以铺设 41 排 7 组，共 287 块光伏板，整栋房屋的总发电量接近 54000kWh/ 年，换算到每平方米居住面积上，多层公寓要比单户独栋住宅的单位发电量少，对于 3 层楼房是 45kWh/（m^2a），4 层楼房是 34kWh/（m^2a）。在这种情况下，若要实现能源平衡盈余的目标，就必须对建筑做特别高效节能的规划设计。在建筑密集的市中心，在这类建筑上实现能源平衡盈余会更困难，必须将建筑立面也利用上，或连接不在该地块上的其他可再生能源。

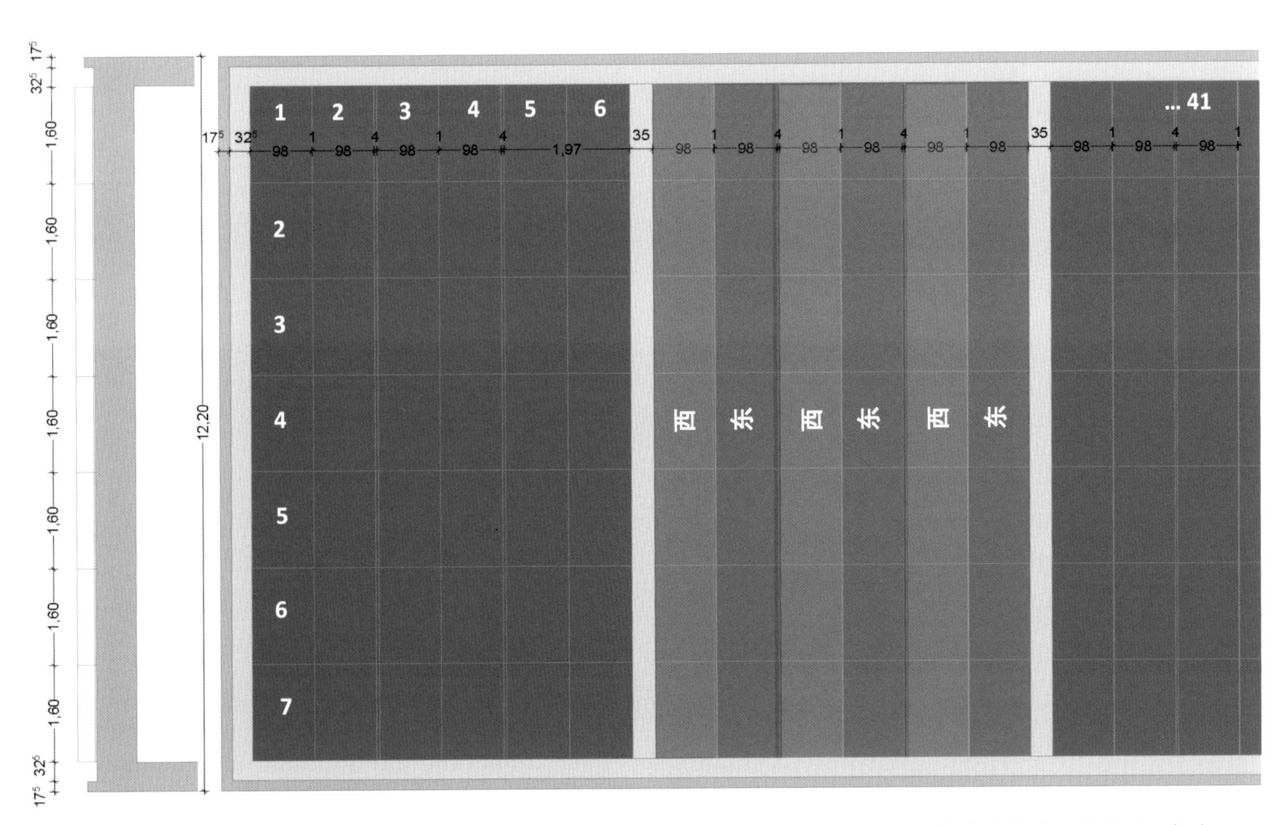

图 7.7 多户住宅利用光伏系统的平面图和剖面示意图，建筑外尺寸长 44m 宽 12.2m。光伏模块按东西向布置，倾角 12°，模块尺寸 1.6m×1m，41 排 ×7 组。按 3 层多户住宅计算。

第 8 章

成本和经济性

在过去的四分之一世纪里，科研人员已经研发出了一批新技术，使得建造高效节能建筑成为可能。一般来说，创新部件一开始都比较昂贵，这是因为研发成本必须从收益中冲抵，并且开始阶段产品也很少有人问津。一个典型的例子是被动房标准的窗户，在最初十年里，被动房窗的成本是标准窗户的两倍多。直到 2006 年，被动房窗的成本才与标准窗相差无几。今天，如果还在使用双层玻璃和不节能的窗框，显然不合时宜，因为 U_w 值 0.8W/（m^2K）的窗户比 U_w 值 1.1W/（m^2K）的窗户只贵 25～45 欧元 /m^2。成本的变化轨迹在产品的发展过程中清晰可见。［Ecofys/Schulze-Darup 2014］

对于建筑外围护，在经济合理的基本条件下能够实现符合被动房品质的较高标准。未来几年建筑设备技术也将出现根本的变化。由于能耗需求明显较少，采暖设备变得更小。另外，建筑设备容量又会因产能部件而加大。下面的图表揭示了单户住宅建筑设备成本的发展轨迹（图 8.1～图 8.2）。

住宅建筑经济性计算示例：双拼住宅中的半边

这个例子是一栋典型双拼住宅的半边，首先按照 DIN276 标准计算投资成本。选择的样板建筑是典型的宽 10.5m、深 9m，带采暖地下室的平顶两层别墅。只需稍做调整，研究的结果就适用独栋别墅，也同样适用联排住宅和多户住宅。

针对建筑主体，首先计算有关节能建筑部件的外围护体量，再按照 VOB（VOB＝Vergabe-und Vertragsordung für Bauleistungen 德国建筑发包和合同法）的体量计算规定进行换算。根据建筑部件计算法进行计算，以节能条例给定的成本为基准，即 1350 欧元 /m^2 居住面积（含增值税），以及 950 欧元 /m^2 采暖地下室使用面积。针对建筑部件，还计算了 KfW 节能房 40（复兴信贷银行节能房 40）和被动房标准的增量投资。此外，成本增加还包括产能部品部件和高效电子设备的费用。

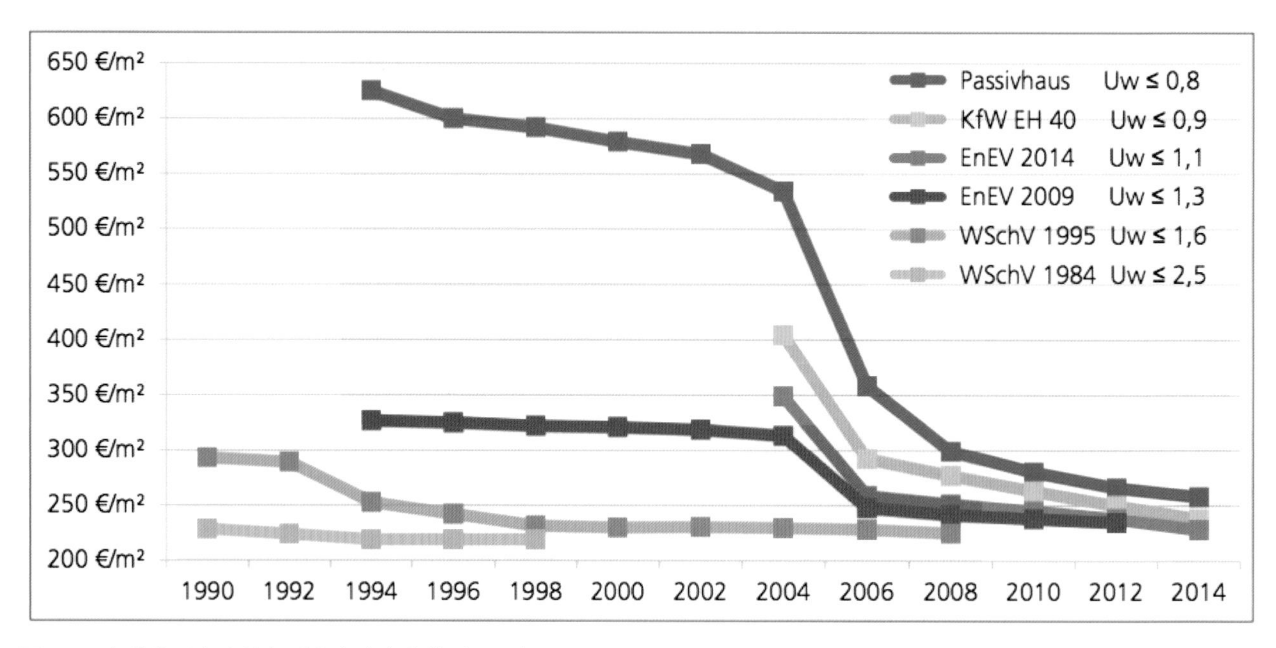

图 8.1 各种类型窗户的每平方米成本变化（€=欧元）

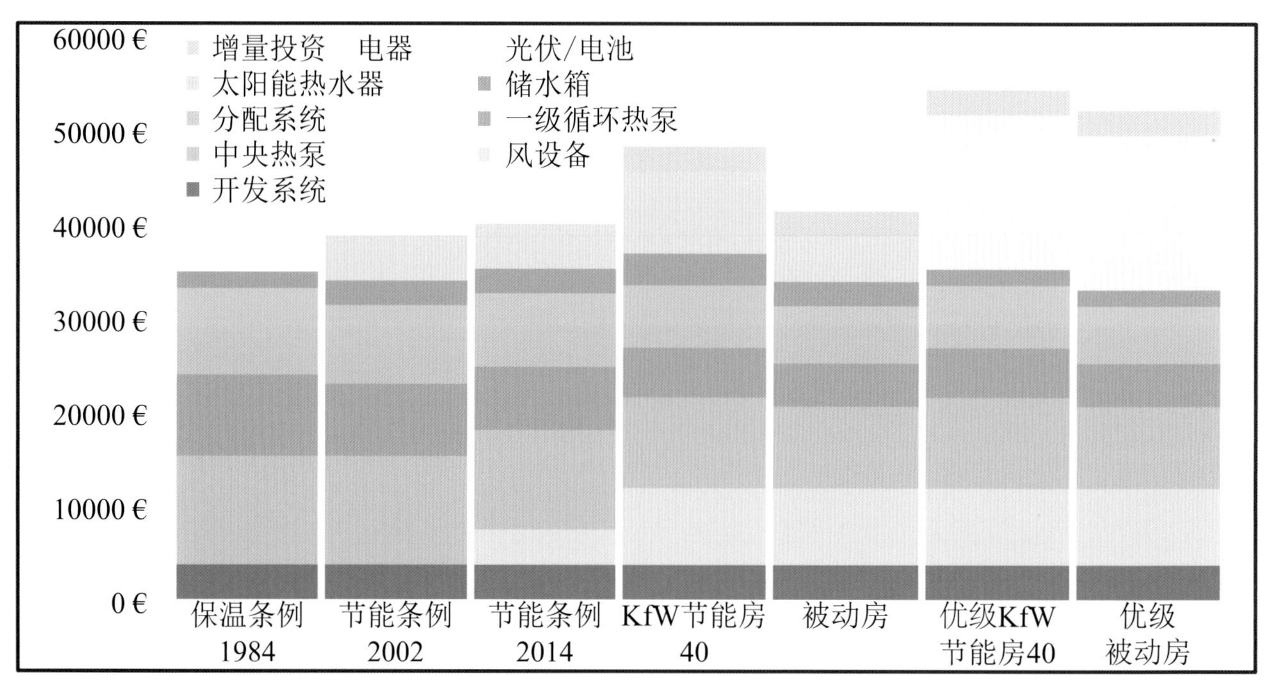

图 8.2 建筑设备组件的成本变化

投资成本

如所预期，与节能条例（见表1）的建筑相比，KfW节能房40的投资成本高出41000欧元，优级被动房高出42500欧元。这里考虑了DIN276规定的成本归类100～700以及光伏设备的增量投资。无采暖附属建筑的成本未计算在内。

如果建筑的规划特别理想，并采用低成本的建筑设备，那么增量投资还会明显降低。此外，如果装设的光伏设备较小，还会减少三分之一的成本。对于土地成本做了较高的估算，这与目前众多较大城市的实际情况相符。

依照节能条例标准，复兴信贷银行KfW节能房40＋和产能被动房所做的投资成本对比，依据WA4型的参考建筑，双拼建筑的一半，宽10.5m深9m，两层，地下室（暖），参照DIN276的成本归类含增值税　表1

		整栋建筑成本			成本/m^2居住面积/使用面积		
	参照DIN276的成本（含增值税）	节能条例（欧元）	KfW节能房40（欧元）	被动房（欧元）	节能条例（欧元）	KfW节能房40（欧元）	被动房（欧元）
100	土地	160000	160000	160000			
200	修整及开发	15000	15000	15000			
300/400	住宅建筑，节能条例标准	197100	197100	197100	1350	1350	1350
300/400	地下室节能条例标准	67963	67963	67963	950	950	950
300/400	被动房/KfW节能房40增量投资		13943	15164	—	64	70
400	光伏，自有资金（30%）		6660	6660	—	31	31
400	光伏，贷款（70%）		15540	15540	—	71	71
500	外部设施	15000	15000	15000			
600	日常电力和电子设备		2850	2850	—	13	13
700	建筑附加费	29565	31656	31840	136	146	146
	建筑总成本	484628	52571	527116	2228	2417	2423
	与节能条例标准相比的增量投资		41085	42488	—	189	195

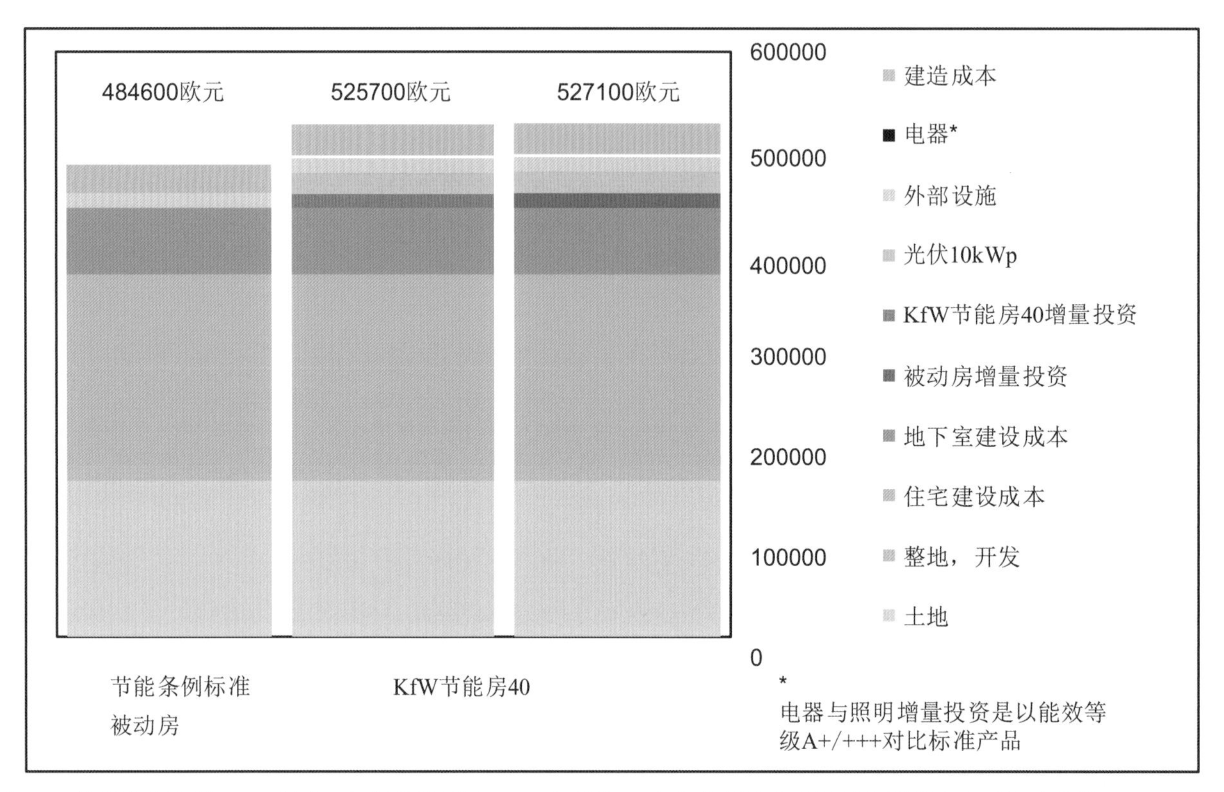

图 8.3 依照节能条例 2014 标准，复兴信贷银行 KfW 节能房 40 ＋和产能被动房所做的投资成本对比（参照 DIN276 的成本归类含增值税）

建筑、光伏设备和电器的增量投资

按照成本归类 300（DIN276）比较建筑领域的增量投资，被动房比 KfW 节能房 40 明显较高。这与建筑围护较高的节能标准相符。为此，可在建筑设备上通过配备紧凑型热泵机组或通过采用其他简单的热泵解决方案来节约成本。与节能条例标准房相比，成本归类 300/400 的增量投资，KfW 节能房 40 高出不到 65 欧元 /m^2，被动房高出不到 70 欧元 /m^2。KfW 节能房 40 增加投入总额为 13950 欧元，被动房为 15200 欧元（图 8.4）。

此外，若这两种标准的建筑按照产能房方案实施，功率 10kW$_{peak}$ 包括 2kWh 蓄电池的光伏设备成本估算为 22000 欧元。如前所述，也可以选用不带蓄电池的 6kW$_{peak}$ 的光伏系统。

另外，还有采购电器的增量投资 2850 欧元。这里假设都是在旧设备报废后才采购新设备，也就是说，这里的成本差异是高效能设备与标准设备之间的差异。

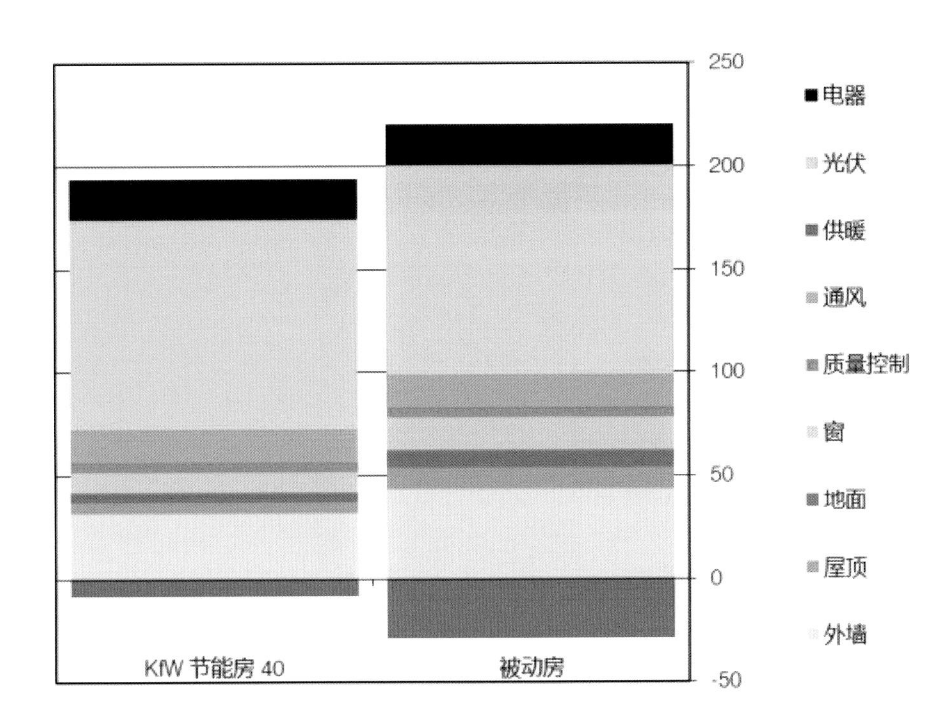

图 8.4 KfW 节能房 40 和被动房与节能条例标准的增量投资对比。KfW 节能房居住 / 使用面积的增量投资为 64 欧元 /m^2，被动房是 70 欧元 /m^2（成本归类 300/400 含增值税）。光伏设备的额外成本为 102 欧元 /m^2，节能电器的增量投资为 20 欧元 /m^2（单位欧元 /m^2 居住 / 使用面积）

融资成本

建筑成本的融资列在表 2 中。基础是前述节能条例标准房的投资成本 484600 欧元，KfW 节能房 40 的投资成本 525700 欧元和被动房 527100 欧元含产能部件。三种建筑都是假设自有资金 130000 欧元。其中节能条例标准建筑的其余部分资金通过抵押贷款融资，其他两种节能房还额外获得复兴信贷银行的生态建筑贷款以及光伏设备的资助，也就是使用自产电能的资助。

由此得出的融资成本分别为节能条例标准房 1182 欧元 / 月，KfW 节能房 40 为 1253 欧元 / 月，被动房 1258 欧元 / 月。

建筑成本融资计划及年负担，补助及融资条件可能变化 表 2

	融资	融资计划			年负担（利息 / 还本）		
		节能条例 欧元	KfW 节能房 40 欧元	被动房 欧元	节能条例 欧元	KfW 节能房 40 欧元	被动房 欧元
1	自有资金	130000	130000	130000			
2	抵押贷款	354628	330173	331576	14185	13207	13263
3	复兴信贷银行贷款 153 复兴银行节能房 40 被动房		45000	45000		1260	1260
4	还本补贴		5000	5000			
5	复兴银行贷款 274/275 光伏 / 存储器		15540	15540		567	567
6	其他						
	总计 / 年融资成本 .	484628	525713	527116	14185	15034	15090
	月融资成本				1182	1253	1258

运营和维护成本

表 3 整理汇总了运营和维护成本，包括了采暖、热水、通风，日常用电和光伏设备的维护。月总成本分别为节能条例标准建筑 198 欧元，KfW 节能房 40 为 140 欧元，被动房 127 欧元。每年 200 欧元的光伏设备维护和运营成本包括在内，但不包括对光伏设备的补贴，该项内容将在后面分别列出。KfW 节能房 40 的补贴为 90 欧元 / 月，被动房 86 欧元 / 月。对被动房的补贴较少是由于较低的供暖需求导致自产电能使用比例较小。

表 4 说明：光伏系统的收益情况，配备 2kWh 蓄电池的 10kW$_{peak}$ 峰值光伏系统。预估的自产电消费分别为 KfW40 占大约 45%，被动房由于热泵运行较少占大约 40%。以非常保守的成本参数核算，KfW 节能房的光伏系统收益为 1076 欧元 / 年，被动房为 1028 欧元 / 年。

运营和维护费用对比（不包括光伏设备的收益/维护费） 表 3

	运营和维护成本	年成本（欧元）			需求/消费［kWh/（m^2a）］		
	运营成本	节能条例	KfW 节能房 40	被动房	节能条例	KfW 节能房 40	被动房
1	采暖需求				65.0	25.0	15.0
2	采暖终端能源/成本	986	379	228	18.1	7.0	4.2
3	热水制备　使用热量				16.0	16.0	16.0
4	水终端能源/成本	197	197	197	5.4	5.4	5.4
5	日常用电	913	548	548	25.0	15.0	15.0
6	辅助能源　通风	71	120	120	1.3	2.2	2.2
	维护费						
7	采暖/热水维护费	150	120	120			
8	通风设备维护费	60	115	115			
9	PV 光伏设备维护/运营费		200	200			
10	其他						
	年运营/维护成本	2376	1679	1527			
	月运营/维护成本	198	140	127			

光伏系统收益计算表（$10kW_{peak}$） 表 4

	光伏收益	节约/补贴			光伏收益		
		节能条例	KfW 节能房 40	被动房	节能条例	KfW 节能房 40	被动房
1	光伏额定收益	kWh/（m^2a）			0	55	55
2	年收益	kWh/a			0	8030	8030
3	日常用电/辅助能源	kWh/a			8666	4974	4367
4	使用自产电比例［%］					45%	40%
5	使用自产电					3614	3212
6	用电节约	欧元/a	723	642			
7	根据 EEG 补贴	欧元/a	353	385		4417	4818
	每年节约/补贴	欧元/a	1076	1028			
	每月节约/补贴	欧元/月	90	86			

月负担对比

月成本总额在图 8.5 中说明。节能条例标准建筑月成本 1380 欧元，KfW 节能房 40 含光伏系统收益的月成本为 1303 欧元，被动房月成本为 1299 欧元。这意味着，从迁入第一天起，节能房就更省钱。这里还没有考虑未来的发展趋势。特别是被动房因其良好的建筑围护极具优势，在部件长达 40～50 年的使用寿命中呈现很高的保值性。

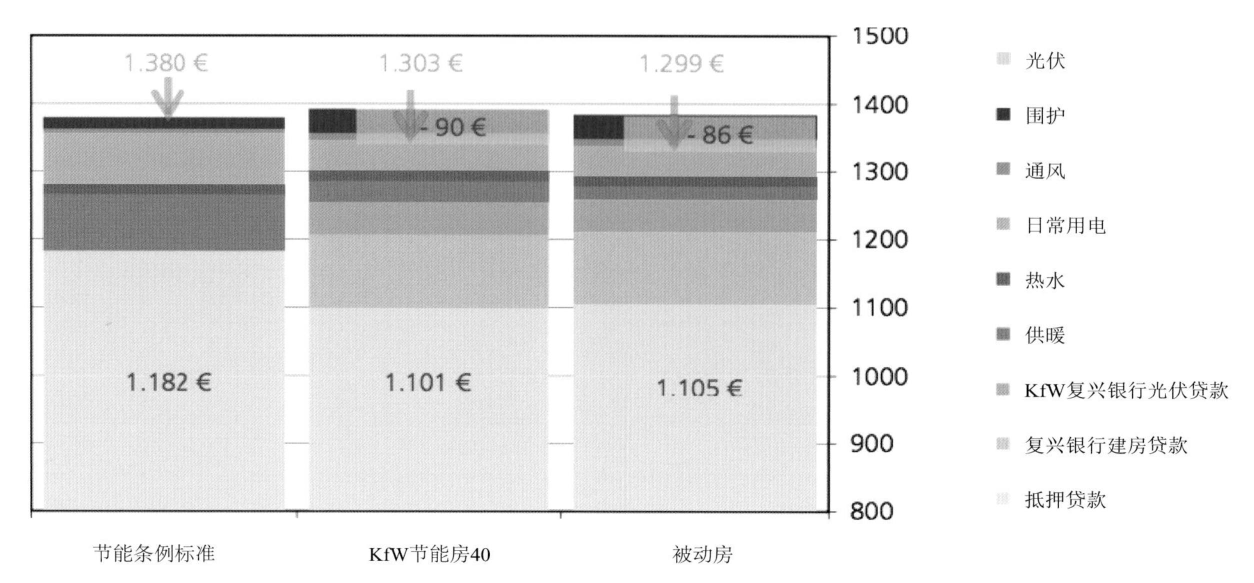

图 8.5 双拼住宅中的一户，月负担分别为：节能条例标准建筑 1380 欧元，KfW 节能房 40（含光伏系统收益）1303 欧元，优级被动房 1299 欧元。

非住宅建筑

由于对建筑的要求非常不同，影响非住宅建筑成本的因素远比住宅建筑复杂得多。因此以法兰克福市几个已执行完毕的被动房为例，列出成本参数。2007 年 9 月 6 日，法兰克福市政府做出决定："市政府管理机构、市政设施和市属企业的所有新建建筑，以及未来以 PPP 模式为法兰克福市建设的建筑，都要满足被动房标准的要求，并据此进行规划设计。"自那时起，就从不同应用的实践中积累了大量的经验潜力。

2004 年，美茵河畔法兰克福的里德贝格小学作为第一栋被动房的公共建筑竣工。从那以后，法兰克福市连续实施了 16 个被动房标准的项目，其中包括消防站、青年旅舍、日托托儿所、学校及校舍扩建、学校食堂、运动场馆和体育馆。后续的 42 个项目已在规划或在建。作为基本原则的，是经济建造的导则，包括对建筑围护质量细节和建筑设备设施的规范。除了被动房标准外，还包括了其他大量的"令建筑在全生命周期内具最佳经济性的质量要求。"[3]

与节能条例标准的建筑相比，法兰克福的被动房非住宅建筑的增量投资平均比例为 3%～8% 之间，个别情况会达到 10%。

图 8.6 以 Ludwig-Börne 学校为例，总成本计算由资金成本、运营成本和环境成本构成。

A.	一般数据	输入栏为白色，结果栏为灰色			Version 13.0 28.01.2014
A1	地点	Ludwig-Börne- 学校			
A2	建筑状态	老建筑与新建筑			
A3	街道号码	Lange Straße 30-36			
A4	观察时间（年）	50	A8	币种：欧元	
A5	资本利息 *	3.0%	A9	年金系数	3.9%
A6	能源价格上涨	5.0%	A10	均值系数 / 能源	3.30
A7	其他价格上涨	2.5%	A11	均值系数 / 其他	1.72

C.	指标 EnEV 2009 EnEV －30 % 被动房 Variante 4 Variante 5	EnEV 2009	EnEV －30%	被动房	替选方案 4	替选方案 5	
C1	供暖 净占地面积	5277	5277	5277	5277	5277	m^2
C2	人数	400	400	400	400	400	P
C3	单位供暖需求	59	51	15			kWh/m^2a
C4	单位供暖需求	65	56	19			kWh/m^2a
C5	单位耗电	23	23	18			kWh/m^2a
C6	单位一次能源需求	105	99	61			kWh/m^2a
C7	单位二氧化碳排放	27	25	16			kg/m^2a
C8	单位饮用水	275	275	275			l/m^2a
D.	资本成本	EnEV 2009	EnEV －30%	被动房	替选方案 4	替选方案 5	
D1	建设成本（DIN 276）	12789489	12820275	13348030	0	0	欧元
D2	- 补贴 / 收益						欧元
D3	＝ 自有资本投入	12789489	12820275	13348030	0	0	欧元
D4	资本成本	497070	498266	518778	0	0	欧元 /a
D5	单位资本成本	94	94	98	0	0	欧元 /m^2a
E.	平均营运成本	EnEV 2009	EnEV －30%	被动房	替选方案 4	替选方案 5	
E1	供暖成本	30757	26535	9431	0	0	欧元 /a
E2	用电成本	41295	41113	32208	0	0	欧元 /a
E3	上水 / 下水成本	5475	5475	5475	0	0	欧元 /a
E4	清洁成本	64018	64018	64018			欧元 /a
E5	运营管理成本	26385	26385	26385			欧元 /a
E6	维修成本	100050	99675	112238			欧元 /a
E7	管理＋保险	5277	5277	5277			欧元 /a
E8	目前运营成本	273257	268477	255031	0	0	欧元 /a
E9	平均运营成本	583771	568603	504471	0	0	欧元 /a
E10	单位运营成本	111	108	96	0	0	欧元 /m^2a
F.	环境影响成本	EnEV 2009	EnEV －30%	被动房	替选方案 4	替选方案 5	
F1	CO_2- 排放（50 欧元 /to）	7094	6671	4136	0	0	欧元 /a
F2	饮用水（1 欧元 /m^3）	1451	1451	1451	0	0	欧元 /a
F3	环境影响成本	8545	8122	5587	0	0	欧元 /a
F4	单位环境影响成本	2	2	1	0	0	欧元 /m^2a
G.	总成本	EnEV 2009	EnEV －30%	被动房	替选方案 4	替选方案 5	
G1	总成本	1089386	1074991	1028835	0	0	欧元 /a
G2	单位总成本	206	204	195	0	0	欧元 /m^2a
G3	与方案 1 相比 50 年节约		719764	3027551 欧元			

图 8.6 Ludwig-Börne 学校总成本计算节录［来源：Hochbauamt Abteilung Energie-management，Frankfurt，2014］

鉴于未来的发展趋势，调研报告指出“模型计算显示，在建筑密集的城市中心区域要经济地实现一次能源平衡的盈余（即所谓的产能房）。一般情况下，只有采用被动房部品部件，并有足够大的光伏铺设面积才有可能。在这一点上，位于乌尔姆吕克的儿童中心可为范例。由此可见，被动房品质也构成了未来发展的经济和技术的基础。如果要达到联邦政府和法兰克福市的气候保护目标，就不应该在建筑领域采用低于被动房的标准。”

参考文献

[1] Hermelink, von Manteuffel, Schulze Darup: Preisentwicklung Gebäudeenergieeffizienz — Ini- tialstudie. 节能建筑价格趋势初步调研
— Im Auftrag der Deutschen Unterneh- mensinitiative Energieeffizienz e. V. — DENEFF, Berlin 2014

[2] Hochbauamt Abteilung Energiemanagement Frankfurt: Passivhausstandard bei öffentlichen Ge- bäuden: Auswertung der bisherigen Erfahrungen
被动房标准在公用建筑中的应用：迄今经验评估
— Magistratsbericht, Frankfurt 17.07.2014

[3] Hochbauamt der Stadt Frankfurt am Main: Leit- linien zum wirtschaftlichen Bauen 经济建造导则, Frankfurt 2014

[4] Mathias Linder, Hochbauamt Stadt Frankfurt am Main, Abteilungsleiter Energiemanagement, Nach- richt vom 04.12.2014 新闻报道

第 9 章

产能技术和城市规划

此前的章节介绍了建造能量为真正的高效节能产能房所需的一些专业知识。要使建筑生产的能量多于其消耗，建筑越密集，任务也就越艰巨。就此而言，未来建筑能源标准的定义在很大程度上取决于城市建设的情况。单层独栋别墅在面积体积的比例关系上较为不利，或从可持续标准来看也弊多于利。但如果能在屋顶上铺设光伏系统，单层独户别墅却容易生产出超过自身需要的更多能源。密集的多层建筑情况正好相反：一方面，从城市建设和高效利用土地的角度看，密集的多层建筑非常有利，但是却很难在该地块现有面积上铺设足够的光伏系统来生产所需的能源。另一方面，由于高度的密集性，光伏系统在住宅区的能源供应上却能够得到高效利用。

此外，必须在社区和整个区域基础上，综合考虑能源供应系统，以便获得更合理的解决方案。本章将就所有这类问题给出建议，首先从客观的角度出发，解释说明可再生一次能源的概念，还将举例说明产能社区和社区气候保护方案。

9.1

可再生一次能源方案

被动房新标准：普通、优级、高级被动房

被动房的建造者或居住者，在建筑领域中已经完成了他们能源转型的任务，因为被动房的能量需求很低，通过区域能源供应系统就能以可持续的方式得到满足。德国正走在能源转型之路上，走在可持续发展的未来能源之路上。能源供应结构正可喜地快速从化石能源向可再生能源转变。旧的建筑能源需求评估体系是基于老式的能源供应系统制定的，不适用于新的能源供应结构。为此，被动房研究所开发出一种新的适用于未来的评估系统，也为建筑产能提供了正确而公平的评估。未来将有三个等级的被动房：① 普通被动房，与现有的被动房相同；② 优级被动房，例如通过光伏系统生产额外的能量。单户独栋住宅的能量需求基本平衡：观察全年能量平衡结算，所生产出的能量与消耗的能量大致相抵；③ 高级被动房，生产的能量明显多于其消耗的能量。这是一种给特别积极的节能者的奖励：这些业主和规划师，不仅做了权衡经济和生态利益后本来就该做的，想还要更进一步。被动房研究所希望继续提升被动房标准对这些先行者们的吸引力。

展望未来的能源供应：被动房研究所的新评估系统

15kWh/（m^2a），这是与被动房关系最密切的数字。被动房的年采暖需求不能超过这个限值。在新评估系统中所有等级的被动房都保留了这个数值，因为这一数值合理地给出了使用能量（即用于空间采暖的能量）的限值。这个数值不能独立存在，因为被动房的年采暖需求与热水制备需求大体相当。日常用电需求在大多数情况下明显更高。因此，有必要对建筑总能量需求，包括为建筑提供最终能源所消耗的能量进行评估，被动房研究所的新评估系统正为此目的服务。

评估基础：100% 可再生能源

为了保障我们的世界适宜生活，能源转型成为德意志联邦共和国坚定明确的目标。被动房研究所的新评估模式走在能源转型政策之前，考察在未来那个只使用可再生能源的世界里将被评估的建筑。风、太阳和水提供一次电能，其中一部分可以直接使用，因为生产和需求同时发生。此外，在能量高产时段会过剩，而在某些时段能量供应不足。这就需要存储器来提供二次电能。在被动房研究所的模型中有暂时存储和长期存储。这就会有存储损失。在暂时存储模式下（比如抽水蓄能电站），损失很少，而长期存储（用电生产沼气，并在需要时使用热电联设备转化为电能）损失大，但也可以部分用于采暖或者制备热水（图 9.1）。

能源使用的方式不同，一次和二次电能所占比例也就各异。在电能生产链中的能源损失也随之变化，所谓“可再生一次能源因数”（PER-Factor）也因而改变。比如居民用电中一次电能所占比例较高，因为全年的用电需求比较稳定，电力生产设备可以根据这种均衡的需求配置。因此，日常用电的一次能源因数为 1.4，相对较低。只有冬季才需要采暖。为了冬季有足够的能源可供使用，必须将夏季生产的部分电能存储起来，即使这样会产生较大损耗。因此，用于采暖的电能，其一次能源因数为 1.7，相对较高。在冬更天要尽可能减少能耗，这一点特别重要。尽管如此，对于“采暖用电”来说，直接用电的部分比例也很重要。用电驱动热泵时，可获得 3 倍于所消耗电能的热量，这是一种非常高效的制热系统。用可再生的沼气（EE-Methan）采暖，就必须从低效的长期存储器中获取全部热能。因此，未来不值得推荐一次能源因数 1.8 的沼气。

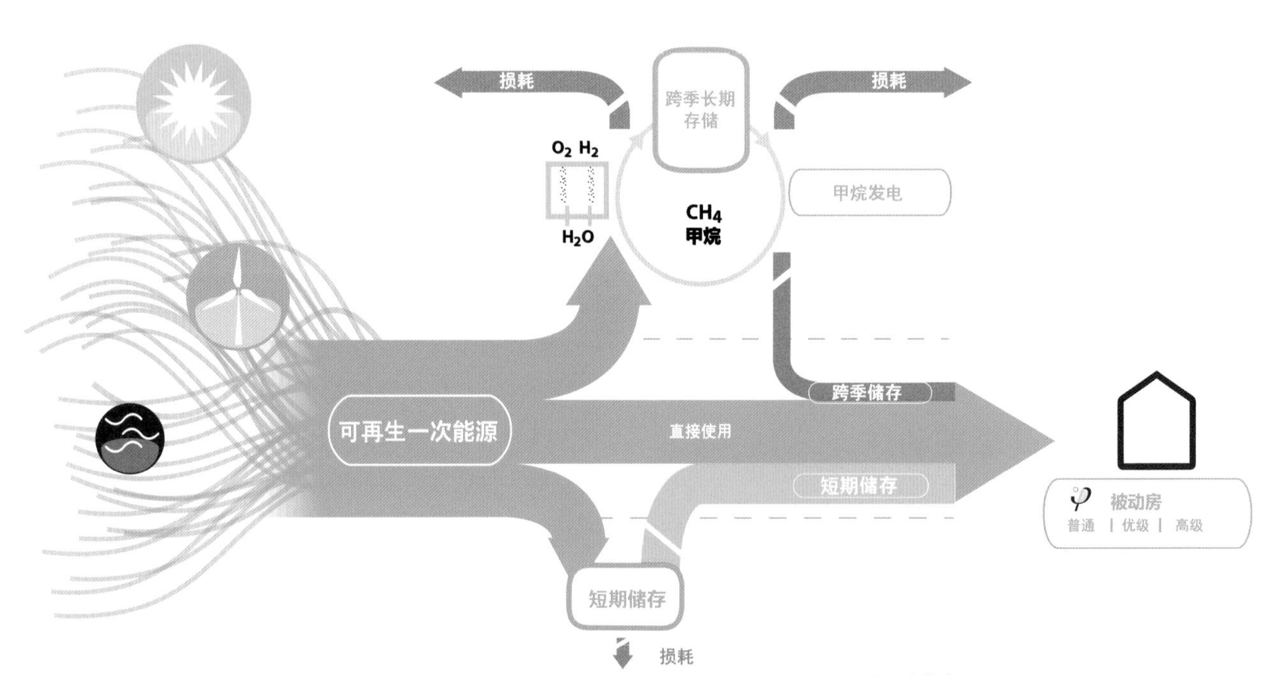

图 9.1 可再生一次能源系统（PER 系统）：从可再生一次能源到终端能源。（©Passivhaus Institut 2014）

生物质：最好先用来发电!

生物质的一次能源因数为1.1。生物质能只在有限的约20kWh/（m^2a）的范围内可用，而比较低的生物质能额度可以用于各种供应方式。首先用生物质发电，然后通过热泵供暖，这样是比较有效率的：在火炉中燃烧生物质，可以将大约80%的一次能源转化为可使用的热量。如果在热电联设备中燃烧生物质，将产生大约50%的电，30%可利用的热量和20%的损失。通过热泵，可以从一份的电能中获得三份的热能。这样，用50%的电能就可产生150%的热能，此外，还能从热电联设备中获得可利用的30%的热能。与直接燃烧生物质获得80%的可用热能相比，转换了利用生物质的方式，就可以获得180%的热能。

光伏系统：生产与需求彼此分离

通过铺设在屋顶上的光伏系统发电获得的一次电能，其一次能源因数为1.0。光伏系统所发的电并入电网，而没有计入房屋本身的能量需求。在前述一次能源计算模式中是这样计算的。例如，将光伏系统在夏天所发的电计入冬天的采暖耗能是不正确的，因为夏天所发的电只能够通过长期存储器才能转到冬天使用，因此损失很大。按照这个模式实施建筑规划将导致错误的优化方案。相反，上述可再生一次能源评估体系为未来的建筑规划优化提供了可能。

公平评估：能源生产按建筑占地面积计算

目前，能源生产与能源需求一样，都以建筑的单位使用面积或居住面积来计算。因此，出现了以下误区：一栋建筑可以通过在屋顶上安装光伏设备而产能。楼层越多（居住面积越大），每平方米所生产的能源就越少。依此看来，一层楼的平房、联排房和多户住宅似乎更有利，但其实平房占用更大的土地面积和对大自然的消耗。这种评估法会导致不合理的优化方案。因此，在被动房研究所的新方案里，能源生产都以建筑的占地面积来计算。平房和多户住宅的评价相同。或者换句话说：一栋建筑利用了一块土地面积，而这个面积本来不能再用于其他用途。现在将其用来发电是为该面积新添了额外的用途，因此只有按照这个面积来评估额外的利用才是符合逻辑的。太阳光终究是照射在屋顶上，而不是照射在楼层内叠加的使用面积上。

新的被动房等级具体如何?

被动房的等级是依照其可再生一次能源需求和可再生一次电能的生产来划分的。对于普通被动房，在总能源需求中，可再生一次能源需求须少于60kWh/（m^2a）。优级被动房，其效能更高，所需的可再生一次能源最多40kWh/（m^2a），此外还必须生产至少60kWh/（m^2a）的能量——而能源生产以建筑占地面积计算。建筑占用了土地，而被占用的面积不能再做其他用途。因此，能源的生产以在这块本来不能再做其他用途的土地面积来计算才有意义。最先进的等级是特级被动房，其能源需求最多30kWh/（m^2a），并且必须生产至少120kWh/（m^2a）能量（图9.2）。

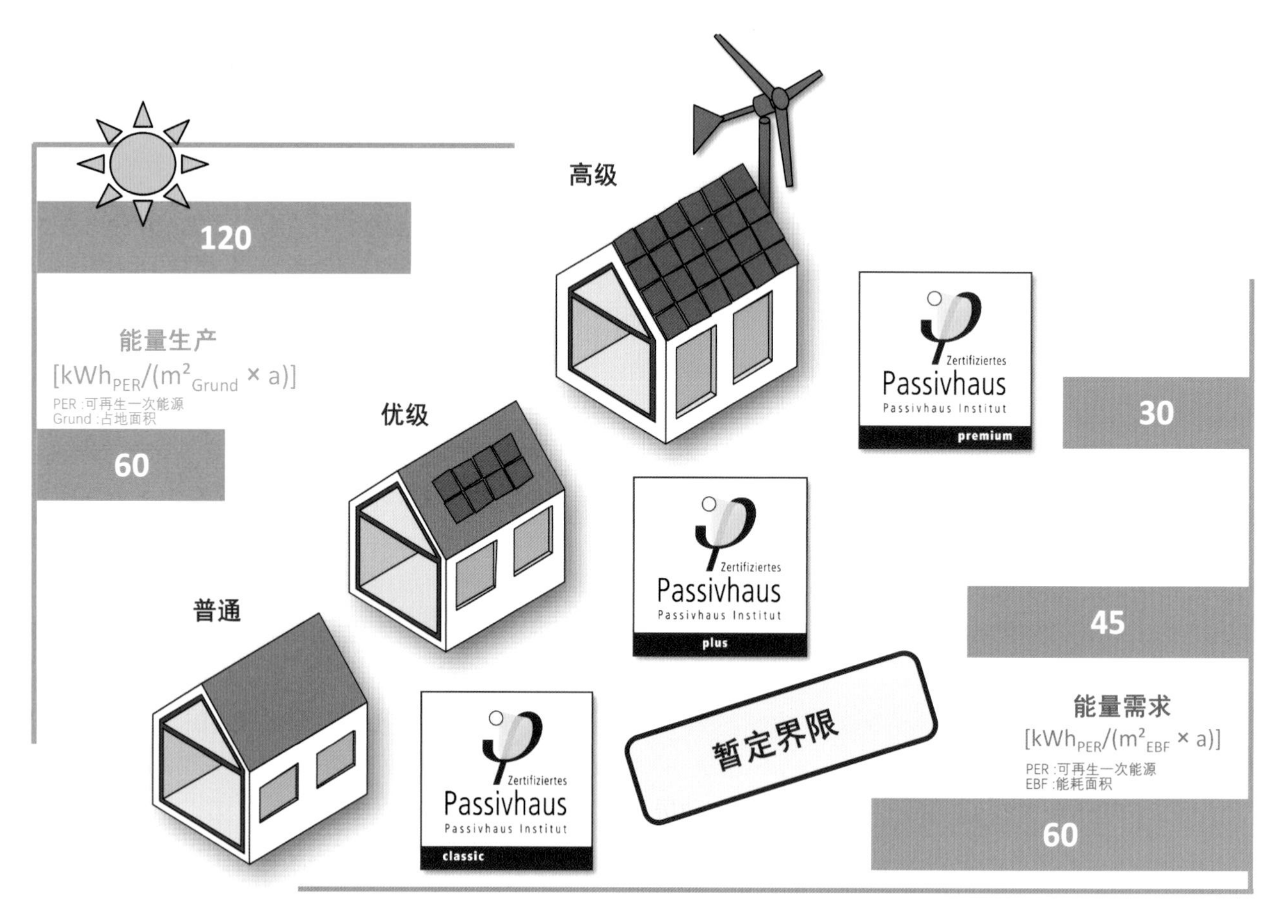

图 9.2 新的被动房等级：对一次可再生能源需求和一次可再生能源生产的要求（© 被动房研究所）

案例：被动房，位于盖施泰滕的独栋别墅，建筑师：沃纳·弗里德尔

图 9.3 位于盖施泰滕（Gerstetten）带办公室的独栋别墅 (© Werner Friedl)

在基本方案（方案 1）中，附带办公室的独栋别墅通过一个燃烧柴粒的锅炉供暖。在住宅屋顶安装一个 74m^2 的光伏设备。这个基本方案的年供暖需求就已经非常节能，只需要 11kWh/（m^2$_{使用面积}$a）。而且施工非常仔细，气密性换气次数小于 0.14/h。一次能源需求 60kWh/（m^2$_{使用面积}$a），正符合普通级被动房的标准；该住宅生产一次能源为 53kWh/（m^2$_{占地面积}$a），未达到优级被动房标准的门槛值（图 9.3）。

如果再配备一个集热面积为 $6m^2$ 的小型太阳能热水器，一次能源需求就减少到 54kWh/（$m^2_{使用面积}$a），而能源生产则增加到 65kWh/（$m^2_{占地面积}$a）（方案 1a）。这样，从能源生产角度看，达到了优级被动房标准；而从能源需求的角度，则没有达到。在这个方案中，该建筑在终端能源层面已经略有盈余。如将集热面积增加 3 倍到 $18m^2$，效果并不明显，这是由于额外生产的能源，特别是夏季生产的能源不能被完全使用，因为热水存储器（2000 升）已经充满了（方案 1b）。

使用太阳能热水器和淋浴水热回收来达到优级被动房标准

颇接近目标的方案 1c 采用了 $6m^2$ 的太阳能热水器并辅之以淋浴水的热回收系统，同时改善了热水分配系统。此方案的一次能源需求 45kWh/（$m^2_{使用面积}$a），产能达到 60kWh/（$m^2_{占地面积}$a），达到了优级被动房标准。与方案 1a 相比，明显不同的是，尽管集热器面积相同，但是产能较少。这可以很容易地用饮用热水需求明显减少来解释，因为能源需求较少，太阳能设备的能源生产也就因此减少。在这个方案中，可再生一次能源也是平衡的。

由于这栋建筑高效节能，只需要生物质能额度以外的极少能源，因此将柴粒锅炉换成燃气冷凝锅炉的效果不大（方案 2）（图 9.4）。

简单实现高级被动房：热泵

与以上方案相比，如果采用热泵，评估值明显改变：在方案 3 中使用空气热泵，一次能源需求就已经降到了 40kWh/（$m^2_{使用面积}$a）。从能源需求的角度，已经达到了优级被动房标准，一次能源需求已经达到平衡。如果换成盐水热泵（方案 3a），一次能源需求继续减少到 34kWh/（$m^2_{使用面积}$a）；如果再配置 $85m^2$ 的光伏系统就能达到优级被动房标准，而且一次能源盈余比较明显。

高级被动房：必须改善建筑围护结构和增加额外产能设备

要达到高级被动房标准还有一些不足：单凭建筑设备的优化是不够的，还必须改进建筑的围护结构。用被动房窗 phA 级替代原来安装的被动房窗 phB 级，可以使供暖需求降到只有 8kWh/（$m^2_{使用面积}$a）。若如方案 1c 那样再配置上淋浴热水的热回收系统和优化的热水分配，以及全屋顶覆盖达 $123m^2$ 的光伏设备，方

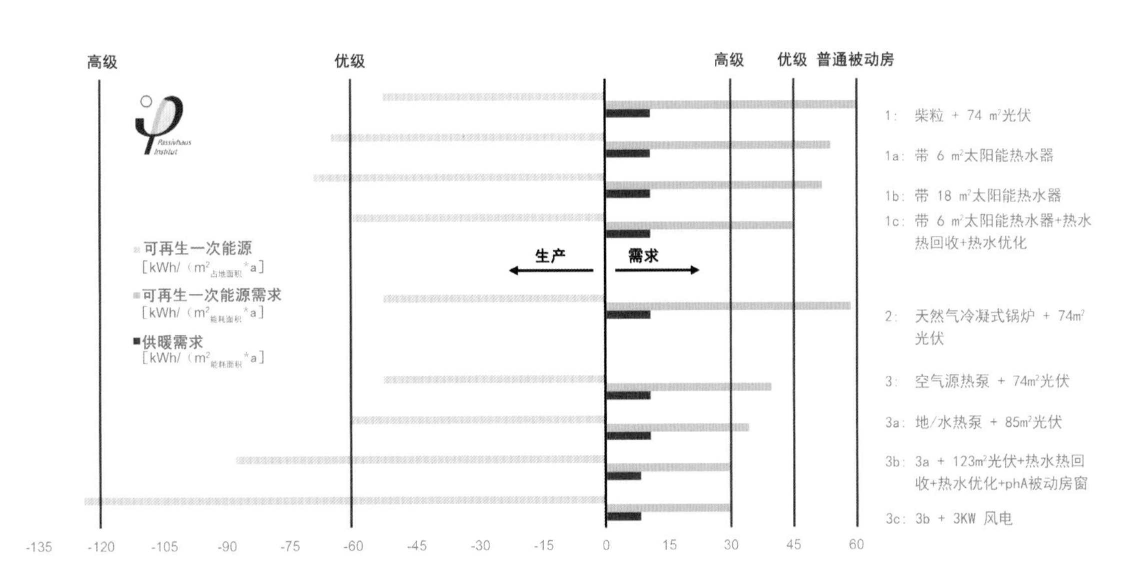

图 9.4 盖施泰滕的独栋别墅，建筑组件的应用对一次能源等级划分的影响

案 3b 的一次能源需求为 30kWh/（m^2 使用面积 a），从需求的角度讲，已经达到了高级被动房标准。尽管已经生产出了所需能源两倍多的能源，但生产能源的水平为 88kWh/（m^2 占地面积 a），还是太低。还可以进一步采取的措施包括在车库顶或南向的建筑立面上铺设光伏系统，或者投资购置“市民风电机”。装机容量 3kW 的风力发电设备，相当于在陆地安装的现代化风电设备的五百分之一，就足够达到高级被动房标准，并且能够生产出超过能源需求 3 倍多的电能。

作者在此感谢该建筑的建筑师沃纳·弗里德尔教授为我们提供 PHPP 数据和图片资料。

特劳恩施泰因的幼儿日托：

基本方案（方案 1）中这个日托中心使用燃气锅炉供暖，锅炉也提供饮用热水。建筑没有生产可再生能源的设备。整栋建筑的年供暖需求为 15kWh/（m^2a）。可再生一次能源需求为 84kWh/（m^2a），没有达到可再生一次能源需求的限值 60kWh/（m^2a）（图 9.5）。

对于较少的热水需求，热水集中供应系统意义不大

原因在于制备热水的能耗高。日托中心的热水需求相对较少，而热水分配管网包括循环管线却很长，因此热量损失很大。热量损失率超过 225%：制备热水需要使用能源 8.4kWh/（m^2a），而损失是 12.1kWh/（m^2a）。建议更换系统。设备选择了电子控制的直通式热水器。这不仅改善了热水供应系统的效率，而且热水制备系统的一次能源因数也低于电转气（EE-Methans）的一次能源因数。此外，采用直通加热器避免了革兰氏菌的问题，投资成本也不会提高。而且还节省了循环泵和存储罐供水泵所需的辅助能源。通过这种调整，一次能源需求降到了 59.5kWh/（m^2a），建筑物可获得普通被动房标准的认证（1a）。

利用热泵、光伏系统和电气效率达到优级被动房

将供暖系统改为使用年效能指数为 3 的热泵（方案 2），可以使“热水”所需的终端能量需求降到 5kWh/（m^2a）。

而一次能源需求也因此降到 46.7kWh/（m^2a），从能源需求角度几乎达到了优级被动房标准。与住宅建筑相比，日托中心的照明耗能高。通过对照明设备能效的少许改善，能够进一步节约一次能源需求 3kWh/（m^2a），这样从能源需求角度就达到了优级被动房标准（方案 2a）。如果在屋顶安装 79m^2 的光伏设备，这相当于 31% 的屋顶面积，就能在生产能源方面也达到优级被动房标准。

应用节约的管阀，特别高效的电气设备和改善的窗户实现高级被动房

为实现高级被动房所必须的可再生一次能源产能指标 120kWh/（m^2a），将安装 157m^2 的光伏设备，这个面积相当于屋顶面积的 63%。减少可再生一次能源需求 30kWh/（m^2a）比较困难。在使用已选定供暖系统的情况下，每千瓦时供暖能源的节约都只能通过降低热泵功率来实现。在照明上想办法，始终是首选。整栋建筑的照明设备都改造为高效的 LED 光源，一般来说，这都是高效节能的措施。将热水设备系统改造成热泵意义不大，因为管路损失又会产生不利影响。由于使用不足，淋浴热水的热回收系统没有效果。但是有节约供能的管阀是有意义的。这样可以节约恰好 1kWh 可再生一次能源。再配合更换能效等级为 phA 的窗户，可以实现“高级被动房”标准。而且无论从绝对需求和绝对产能两方面看，建筑物在终端能量和一次能源层面都是真正意义上的产能房。

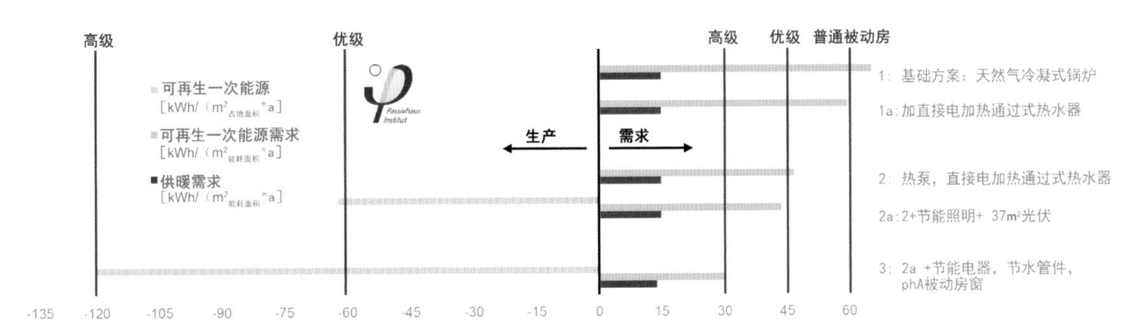

图 9.5 位于特劳施泰恩的日托中心：建筑部件的应用对初次能源等级划分的影响

爱丁格摩斯（ErdingerMoos）的污水管理协会办公楼（图 9.6 和图 9.7）

图 9.6 爱丁格摩斯的污水管理协会办公楼

该建筑将在第 10 章做更详尽的介绍。

小区热电联产提高一次可再生能源效率

就在建筑物紧邻附近的小区热电厂使用沼气发电和供暖。热力以分散供热的形式作为供暖和热水的能量来源。该热电联产系统的供暖占 90%，管网线路非常短，损失很少。在一次能源体系中，沼气是一种生物质，一次可再生能源系数评估为 1.1。但只能在生物质能源限值 20kWh/（m^2a）以下使用。在本例中，在达到限值时一次可再生能源系数为 0.53。接下来采用一次可再生能源系数为 1.75 的电转气方案，该系数下降到 0.93。尽管热水分布系统能效较差，基本的一次可再生能源数值已经达到了 44.3kWh/（m^2a）。再安装占屋顶面积 35% 的 247m^2 光伏板，就达到了被动房水平。

高效电器和热水设备达到高级被动房标准

如果安装的光伏设备面积增加到 495m^2，即相当于屋顶面积的 70%，从产能角度讲，已经达到了高级被动房标准。在能源需求方面，还需采用最高的一次可再生能源系数来优化。在这种情况下，要优化的是照明用电、办公用电和辅助电器用电。这里也要配备最高能效的 LED 照明，采用最高能效的办公设备。一次可再生能源需求减少到 33.4kWh/（m^2a）。采用可控制需求的热水循环系统以及节约的管阀可以再节省余下的 3kWh/（m^2a），就需求角度而言，也达到了高级被动房标准。无论是在终端能量还是一次能源方面，这里也实现了真正意义上的产能房。可再生能源的绝对产量超过了能量需求的两倍多。

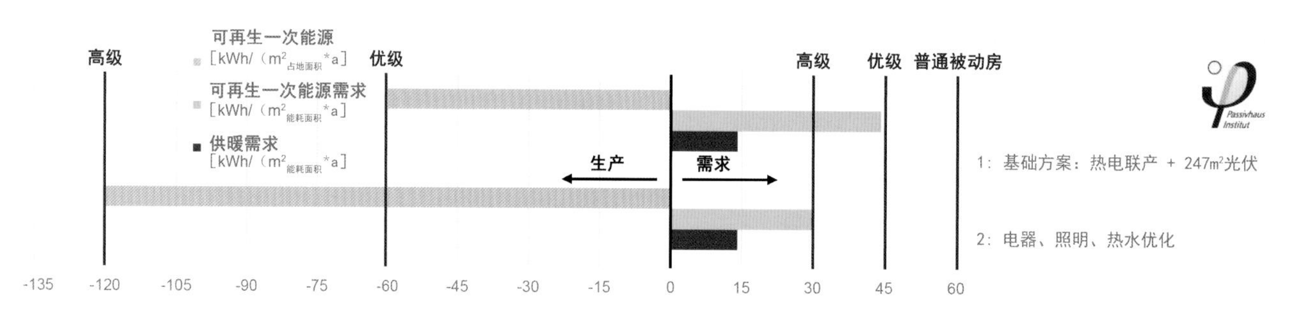

图 9.7 爱丁格摩斯的污水管理协会办公楼，选用的建筑部件对一次可再生能源等级划分的影响

9.2

城市规划要求

我们不应仅限于在项目层面上看待产能房，还应该连结城市规划的角度考虑。这种规划方式会牵涉到很多方面的协同运作。高密度区域与低密度区域应平衡互补。开放空间、邻近建筑、分隔区的面积都可以为可再生能源技术所利用，例如，光伏模块可以沿着隔声墙铺设。供电系统应该总是以社区层面考虑，以寻求在这些单元中最佳的负荷结构和存储方案。

9.3

产能社区范例

这里以一个埃尔朗根的新建社区为例，介绍正产能社区。在 Häuslinger Wegäcker 中心，埃尔朗根西二开发区，建成 18 户独栋别墅，28 户双拼别墅，24 座联排房，7 座多户住宅。总建筑面积 19000m²。这是根据一个城市规划设计竞赛的胜选方案制定的，从城市规划和节能观点，包含了非常好的城市规划基础（图 9.8）。

在这个区域，有意地以较保守方式定义所谓产能社区。而向德国能源署（DENA）的“高效房＋”补助办法的要求靠拢。一年的总结算中，在这新区中从可再生能源所得的能量，必须高于一年中采暖、热水制备、制冷、辅助用能、生活电力的总能耗需求，这个要求对终端能量和一次能源都适用。

埃尔朗根市议会决议，到 2050 年达到对气候无负担的目标。这个社区的规划事实上是在为上述决议立下一块重要的基石。这个样板社区应引起仿效，让推动者能够在其他地点复制，并应用到既有建筑上。

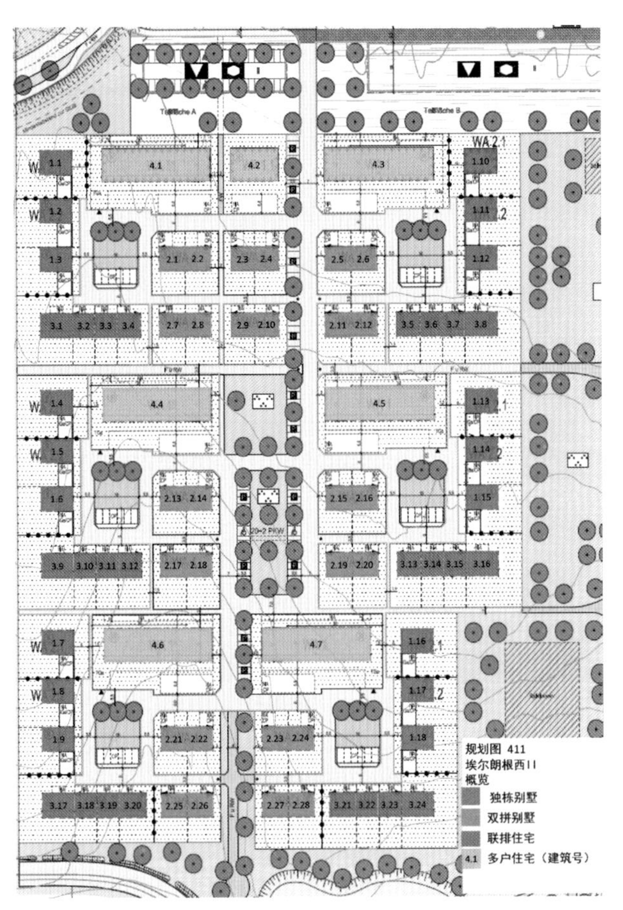

图 9.8 社区一览图

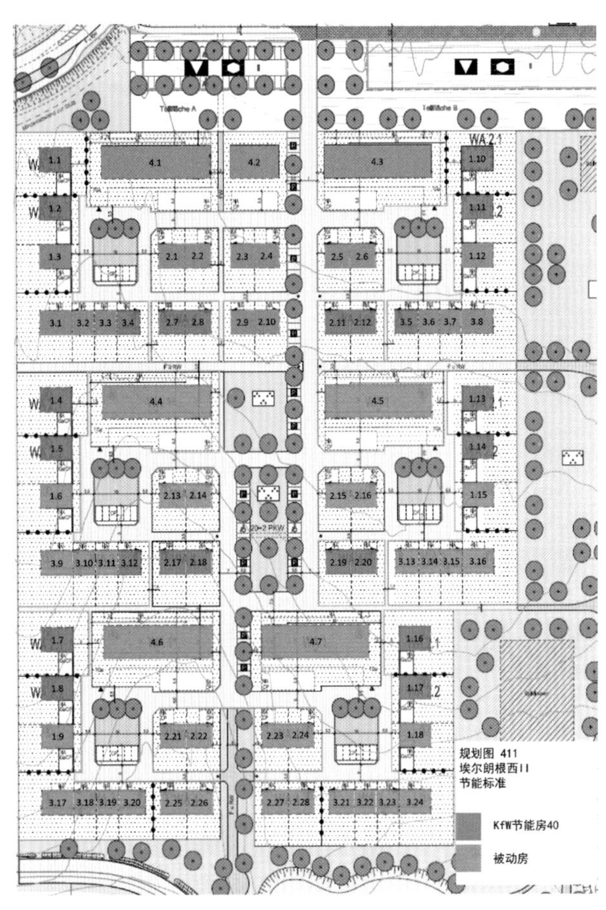

图 9.9 产能社区的能效标准

节能标准

非常高的节能标准是达到这个非常积极目标的基础。经过试算，大多数建筑都决定采用被动房标准。在部分阳光不足的区域，采用了复兴银行 KfW 节能房 40 的标准。外部构件的传热系数 U 值在 0.16～0.10W/（m^2K），即外保温层厚度 25～30cm。汇总了经济可行的范例结构，包括砌体结构和木框架结构，及 U 值计算。此外，建筑的体形比、节点、结构都尽可能地节能优化，避免热桥。目标是利用优化的产能房部品部件，经济地并在合理的规划投入范围内实现能效标准（图 9.9）。

建筑设备方案

建筑的采暖和热水设备由热泵提供，推荐使用“盐水至水热泵”。被动房标准的独栋别墅也可以用“空气至水热泵”或热泵一体机。在北面的多户房建议采用热电联产技术。其他的多户房使用“盐水至水热泵”，其中，中间排的建筑可有另一选择：以大面积平面集热器取代钻孔地埋管作为一级能源回路（图 9.10）。

为未来的负载管理做好准备，利用存储技术，特别是提高从光伏获取能量的自用比例（图 9.11）。

在这个建筑区域中完全摒弃固体燃料。夏季的防热是建筑规划的一部分。通过被动手段可以在夏天保障高舒适度。“盐水至水热泵”提供了非常经济的建筑温和降温手段。

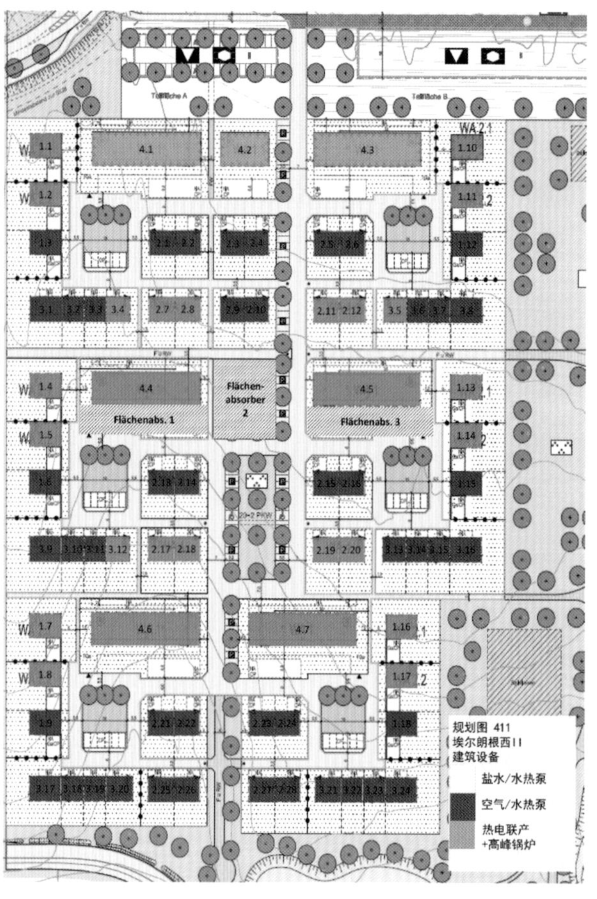

图 9.10 产能社区的建筑设备

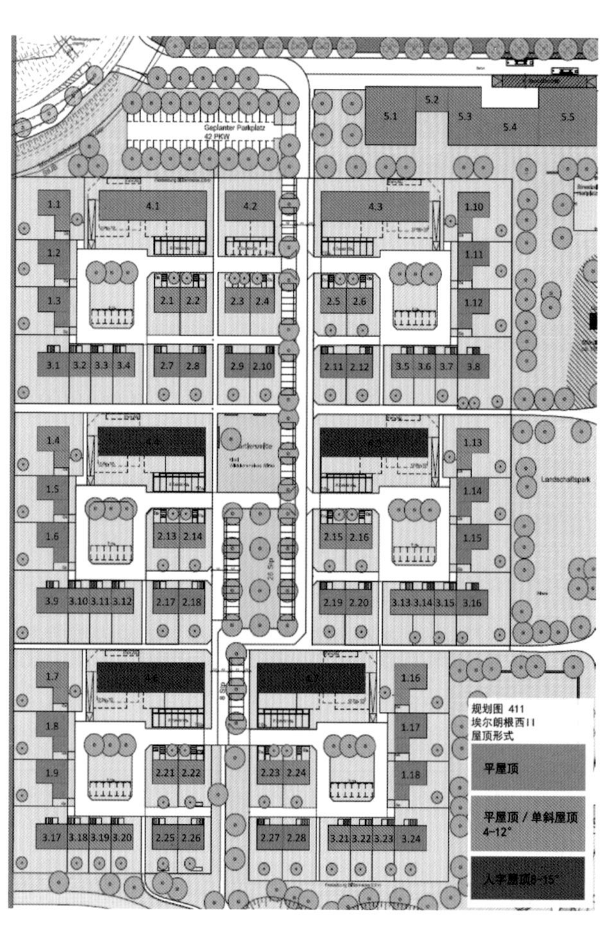

图 9.11 屋顶形式和光伏设备的各种布置方式

可再生能源

光伏是产能社区中可再生能源的主要取得方式。在每一个地块上都要尽可能生产运行所需的能量。

对于独栋或双拼别墅，规划每年至少生产 55kWh/（m^2a）能量。联排房和多户房至少 45kWh/（m^2a）。平屋顶光伏设备最好是东西向布置，在一天中产能分配良好，可以得到 65kWh/（m^2a）居住面积的能量。3 层楼的联排房采用坡度 4°的双斜屋顶加满铺的光伏板，是合理的办法。对各种光伏安装的可能性参见第 7 章。

能量平衡总结算

在采用前述部件的基础上，此社区的能量收支结果证明为正数（产能）。在需求侧列入计算的是采暖、制冷、热水制备和电力；可再生能源的得能主要来自光伏发电。无论终端能耗或一次能耗结算，可再生能量都有超产（图 9.12 和图 9.13）。

在整个社区使用能量需求1134MWh/a的基础上，终端能量需求为696MWh/a，可再生能源的得能为934MWh/a，比需求高出34%。

一次能源需求1238MWh/a，而可再生能源得能为1322MWh/a。能量平衡结算可再生能源高于一次能源需求7%。联排房单独计算不能满足产能为正值的要求。4.1～4.3的建筑可以通过在热电设备中使用生物甲烷达到自给。

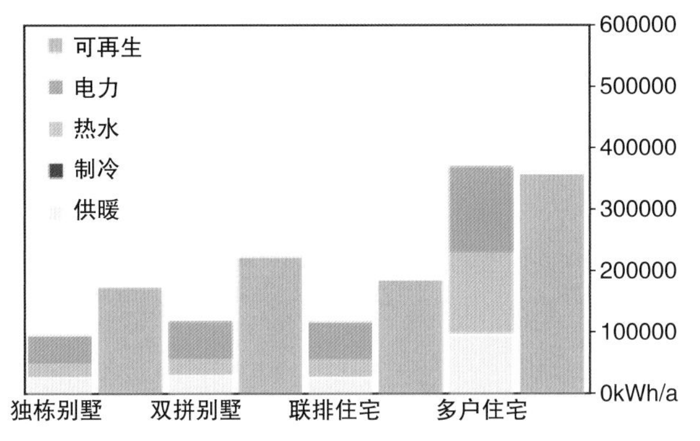

图 9.12 社区终端能量平衡：独栋别墅满足产能要求。多户住宅产能略低于需求，夏天可以满足产能要求（来源：Schulz-Darup）

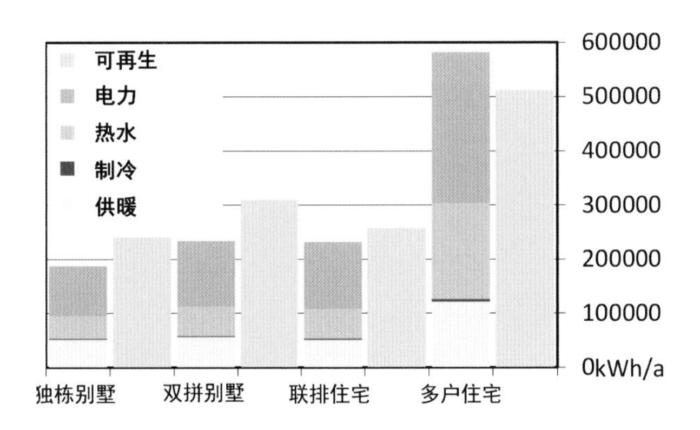

图 9.13 社区一次能源平衡结算：按供能方案结果与终端能源观察所得相当。独栋别墅满足正能量（产能）要求。多户住宅得能略低于需求，夏天满足产能要求（来源：Schulz-Darup）

成本、增量投资和经济效益

产能房概念的明确目标是必须有高经济效益。复兴银行KfW节能房40的初期投资比节能条例房高41000欧元，被动房则高42500欧元。光伏设备和高效电器投资已经包括在内。而另一方面从每月成本看（包括融资成本、运行及维护成本），“KfW节能房40”和“产能被动房”从第一个月起就比节能条例标准房划算。节能条例房每月成本1380欧元，KfW节能房40带光伏每月1303欧元，被动房每月1299欧元（参见第8章）。

从第一个月起就具备的成本优势来自于较低的融资成本和奖励，以及建筑的运行成本节约。这个节能标准足以满足可持续的气候保护要求。而建筑物保值性上优于普通标准建筑。

这个产能社区如今已经成为一个生态上或经济上可以复制的模式。

实施方面

本地块是埃尔朗根市通过置换取得的，所以在市政府与买主之间的销售合同中可以加入产能要求的条款。在销售开始前对有兴趣的买家举行说明会，会中介绍了技术方面、购买流程，以及埃尔朗根市环保局对节能方面的辅导。重要的是，买主将委托有建设被动房经验，能确保项目经济实现的建筑师。

9.4

社区层面的要求：社区气候保护方案

气候保护的要求，对每一个社区，都是一个不同的任务。首先应定下合宜的步骤，然后由此制定出达成气候目标的策略。而可能更合理的做法是在考虑整个地区的背景下进行这个过程。下面的例子显示，由于社区的大小及个别情况的不同，社区之间的基本条件差异可能非常大。研究证实，联邦政府的气候保护目标在社区经济上是可以实现的。利用今天已经具备的技术，在 2050 年可以达到既有建筑对气候无负担的目标，但这在节能和可再生能源两方面都需要高度积极性。

建立气候保护方案的方法步骤是，首先，先选择建筑类型：在 20～30 种不同特征的建筑类型中，就每一种类型的能量需求的推估进行三种假设状况的研究。除了居住面积的变化发展外，每年的整修率，特别是整修标准，是最重要的影响因素。这里要指出其中的限制：从经济观点看来，现有建筑的整修应按照各建筑构件的使用时间的循环。从企业管理和国民经济的观点来看，多久需要整修，也只能有条件地提高频率。这使得在积极推动下，每年可整修 1.6%～1.8%，在有限时段里，偶尔可略超过 2%。

图 9.14 按三种状况呈现了结果。各种状况中计算了采暖、热水制备和电力需求（包括制冷）的能量特征值。在参考状况中，采暖能量需求按照过去数十年的变化推演，预测将逐步下降。在气候保护状况中，考虑了在未来数年间整修标准的继续发展，从 KfW 能效房 100 到 2020 年实现的 KfW 能效房 55 标准。在这之后，在今天已经被广泛应用的标准基础上，只有少许的改进直到 2050 年。在最佳实践状况中，则非常激进地以三年为一阶段将标准从 KfW 能效房 100 提高到 70，再提高到 55，从 2021 年起按照当今的被动房新建房标准。这种能效水平再今天已经有可市场化的构件可以用在现有建筑上，但还需要提高经济应用（图 9.14）。

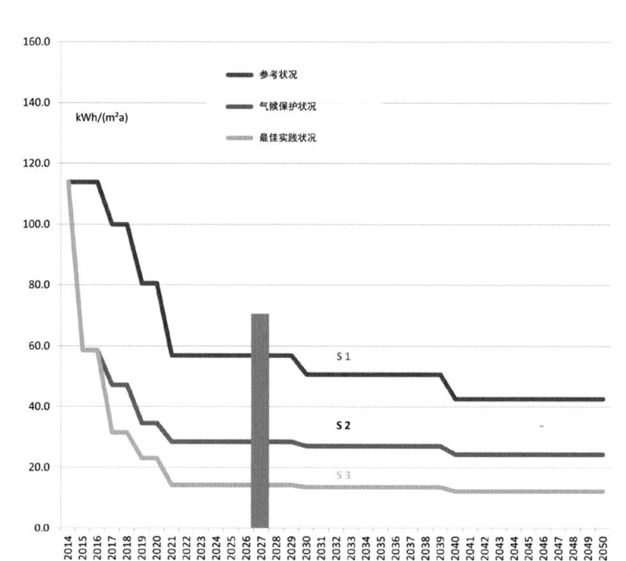

图 9.14 整个住宅类型的采暖需求指标，采参考状况、气候保护状况、最佳实践状况的平均值［kWh/（m^2a）］（来源：Schulze-Darup）

与此相反的，是参考状况的中等标准，这是按照现行能效标准“保持不变”画出来的。如果现有建筑在其需整修的构件使用寿命周期到达之前就进行节能整修。就会出现“半吊子”质量整修得不偿失的情况：一方面必须比正常情况对部件提前翻新。另一方面，按中等标准进行节能整修，经济性上比没有整修过的建筑还要不划算的多。

以下说明三个大小不同社区的研究结果及各区建筑物现状的特殊性。

500000 居民的社区

住宅建筑

500000 居民的纽伦堡市在住宅建筑方面的气候保护方案结果如下。参考状况下，按惯常的整修额度每年 1.2%，至 2050 年节省采暖能量需求 36%。在气候保护状况下，按 1.5% 的较高的整修额度节省能量提高至 55%；按非常高的整修额度 2% 节省能量达 67%。拿技术上可行的理论值来比较，如果对所有建筑现状以每年平均 2.5% 比例在最佳实践状况下进行整修，到 2050 年将最终减少 87% 的能量需求（图 9.15）。

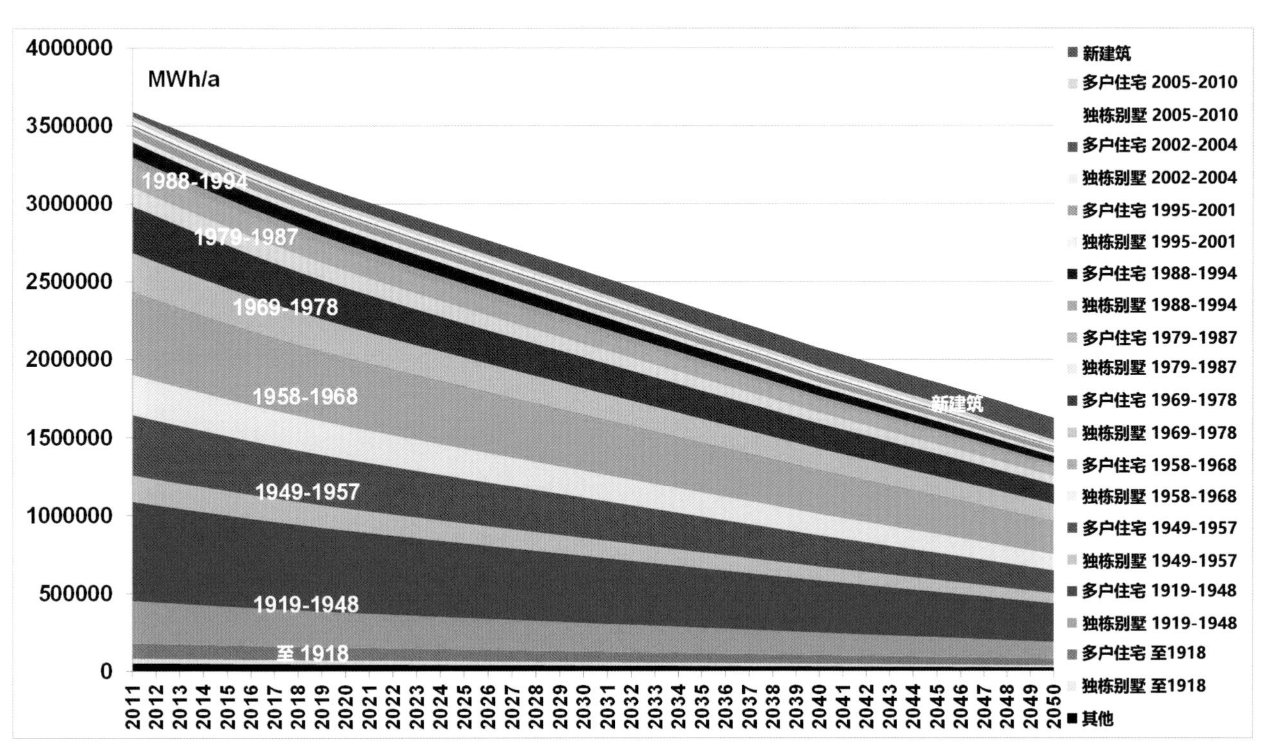

图 9.15 年整修率 1.5% 在气候保护状况下建筑类型的采暖能量需求（MWh/a）。至 2050 年节省 55%。如果整修率提高到 2%，将节省 67%（来源：Schulze-Darup）

热水制备的平均终端能量需求，有非常高的有效节约潜力，这有一部分与建筑整修的更新循环不相干。在每一个更新循环中采暖系统都有明显的改善潜力。在气候保护状况下比原数值节省超过 50%。这里讨论的是终端能量，例如热泵的效率列入考虑。

在电力需求方面，从参考状况开始，多户住宅的实际数值为 36kWh/（m^2a），而独户别墅为 31kWh/（m^2a）。这些数字发展到 2050 年为 14/13kWh/（m^2a）。气候保护状况发展到多户住宅 12kWh/（m^2a），独户别墅 11kWh/（m^2a）。在最佳实践状况下为 2050 年 10.5/10kWh/（m^2a）。如此大幅节约的前提是，坚持采用市场上所能提供的最新最高端产品，以及可持续发展消费意识的提高，包括对自给自足行为的正向理解。而在所有的假设中，使用者的舒适度都因为新技术而提高。显然，由于反弹效应，明显不同的状况也是可能的。

非住宅建筑

在商业、贸易、服务、工业领域中按照一种利用类型以可比较的形式作了结算。在参考状况下以年整修率 1.2% 可节省终端能量需求 34%。在气候保护状况，年整修率 1.5%，终端能量节约 55%，达 4697GWh/a（图 9.17）。整修率若能提高到 2%，则可节约 61.7%。如果进一步提高标准到最佳实践状况，节省将达 70.3%。如果年平均整修率为 2.5%，将节约 77.6%。但这只能说是理论上能达到（图 9.16）。

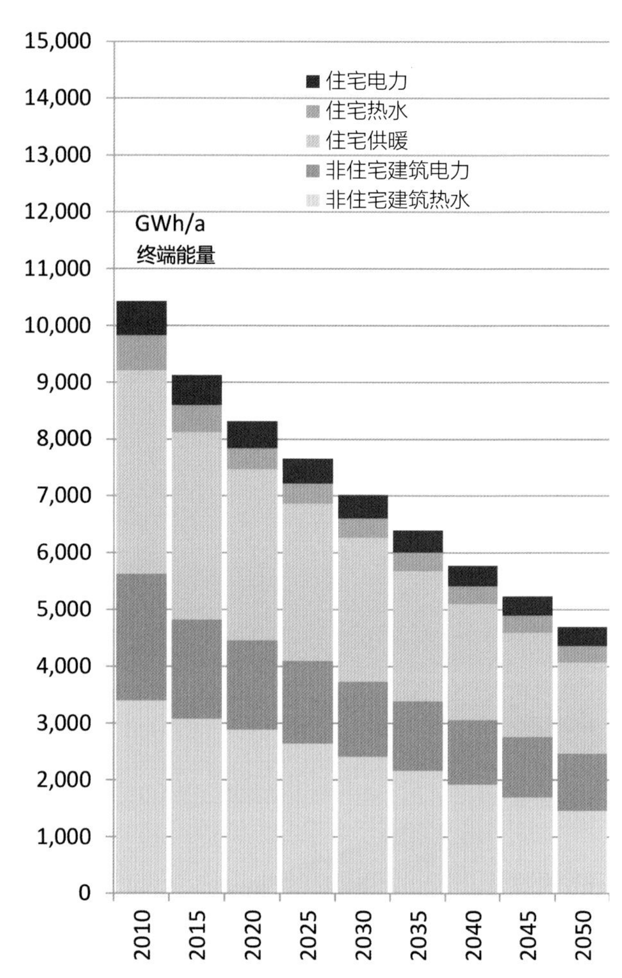

图 9.16 气候保护状况下年整修率 1.5% 住宅与非住宅建筑的终端能源需求发展（来源：Schulze-Darup）

可再生能源：为了达成联邦政府设定的目标，至 2050 年建筑实况绝大部分对气候无负担，必须以可再生能源满足剩余的能量需求缺口。基本上研究的结论是，全面可再生能源供电即使在气候保护状况下，也必须用非常大的投入才有可能。图 9.17 为气候保护状况下年平均整修率 1.5% 的终端能耗。在住宅和非住宅（包括工业）建筑之外，还将交通也纳入考察。在此状况下，在 2050 年还保留了最低限的化石能源供给，没有计算在内的是负载管理。图中显示的可再生能量盈利只有四分之一可在城市区域内生产，超过一半从地区提供，剩下的约 20% 要从地区以外的可再生能源取得，例如离岸风力发电。

100000 居民的社区

类似前述对纽伦堡的研究，在此对 100000 人口的埃尔朗根进行了探讨。这里一样按所说的状况进行，对每一种建筑类型个别设定标准。以多户住宅“建造年份 1901～1918”为例，可以看到计算所得的参考状况下采暖需求在整修的未来数年内约 100kWh/（m^2a），此后为 80kWh/（m^2a）。在气候保护状况下整修后未来数年为 60kWh/（m^2a），2020 年为 50kWh/（m^2a），此后趋向 40kWh/（m^2a）。但文物保护建筑或建筑群，或代表城市样貌建筑，则以较高的数字计算。

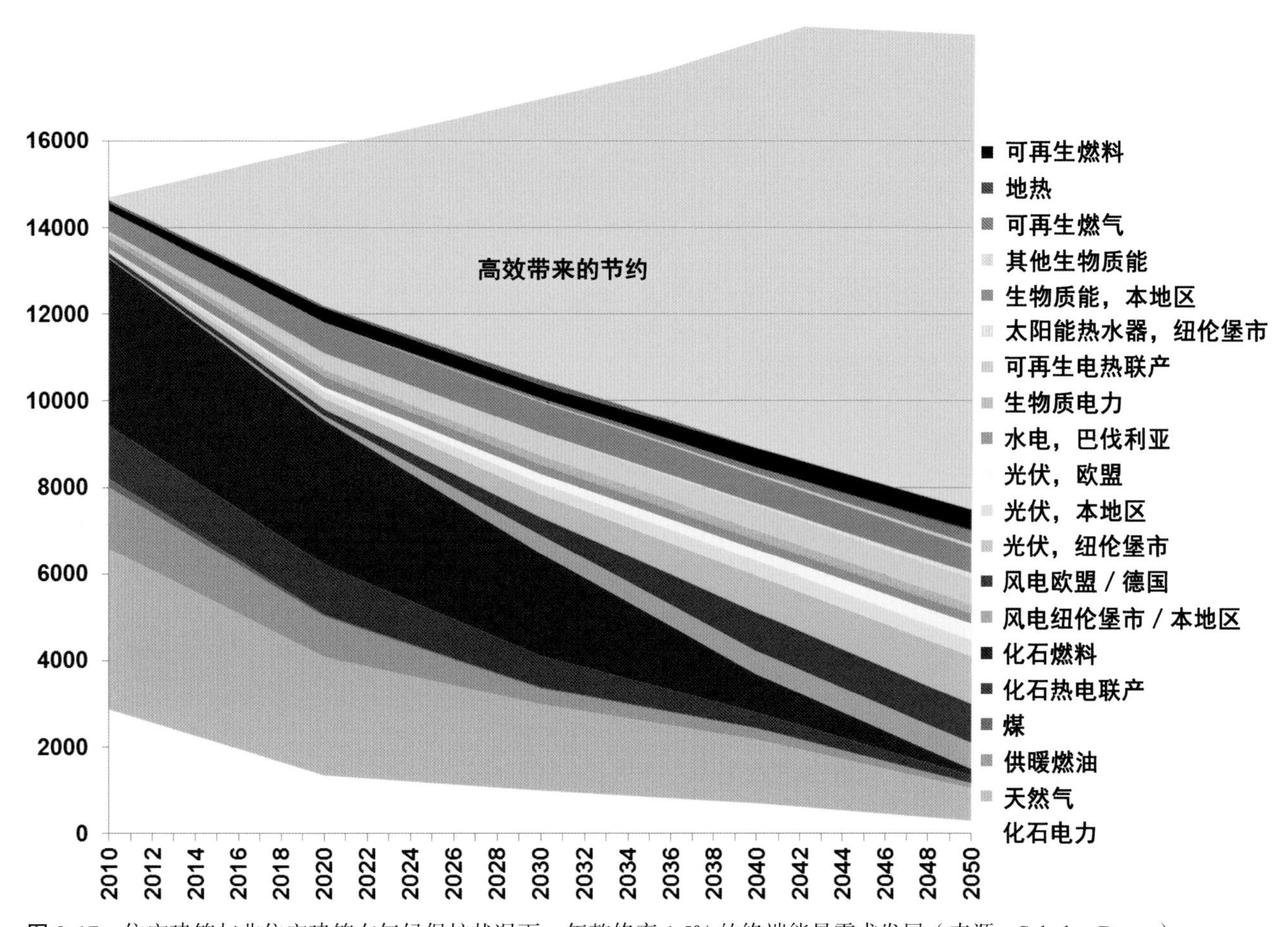

图 9.17 住宅建筑与非住宅建筑在气候保护状况下，年整修率 1.5% 的终端能量需求发展（来源：Schulze-Darup）

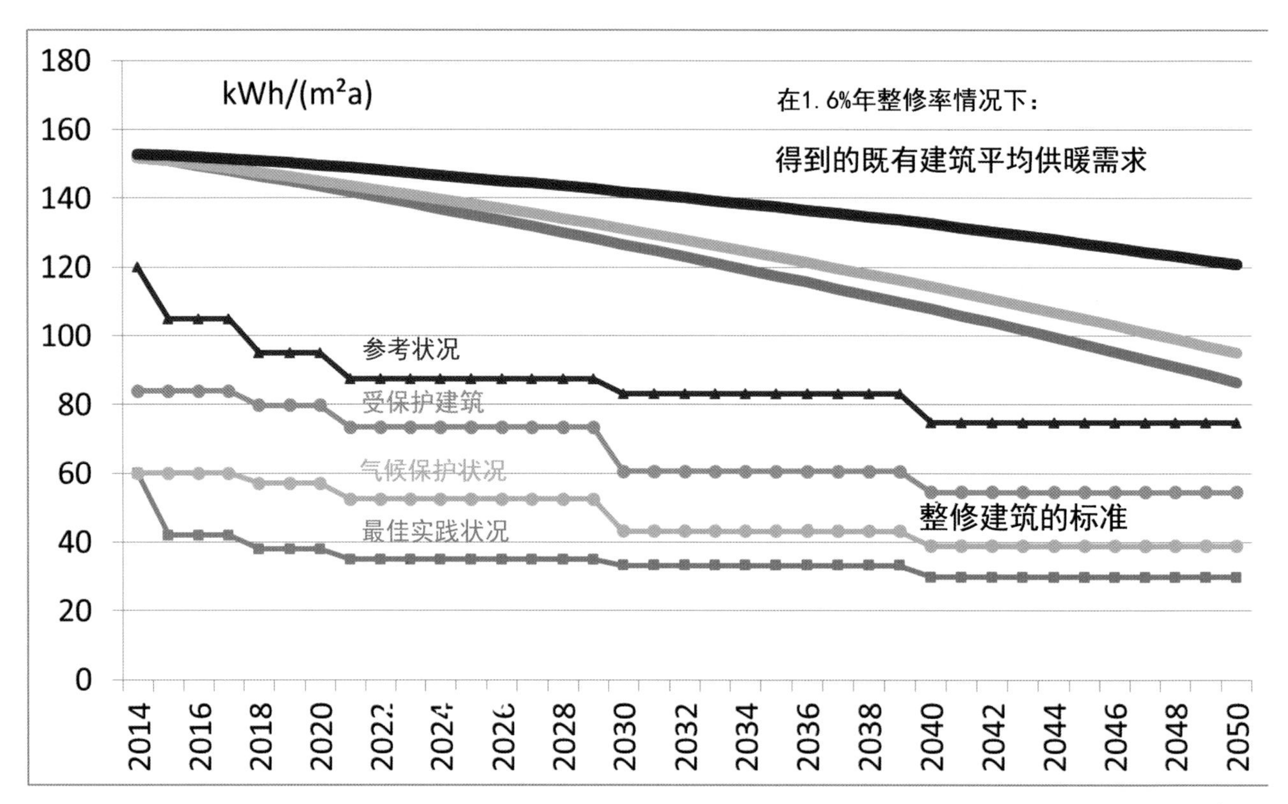

图 9.18 埃尔朗根创建期的兴建的多户住宅在参考状况、气候保护状况、最佳实践状况下的采暖需求平均值[kWh/（m^2a）]。受保护建筑加上一放宽值（深绿线为气候保护状况的例子）。例如整修后采暖需求平均值可为 53kWh/（m^2a）。应用目前可用的部品部件就可以很经济地实现。上方连续线所示为年整修率 1.6% 时，此类建筑平均采暖需求减少的量。（来源：Schulze-Darup）

在住宅区如果按参照状况“保持原状”不甚积极的整修标准，按目前 1.2% 的年整修率进行，则到 2020 年采暖需求只会减少 5%，到 2050 年减少 34%。在积极的气候保护状况下（自 2020 年起采用“KfW 能效房 55”标准），按提高的年整修率 1.6%，则至 2020 年减少 10%，2050 年减少 51%。制备热水的能量需求和电力消费在气候保护状况下减少的情况与此相仿（图 9.18）。

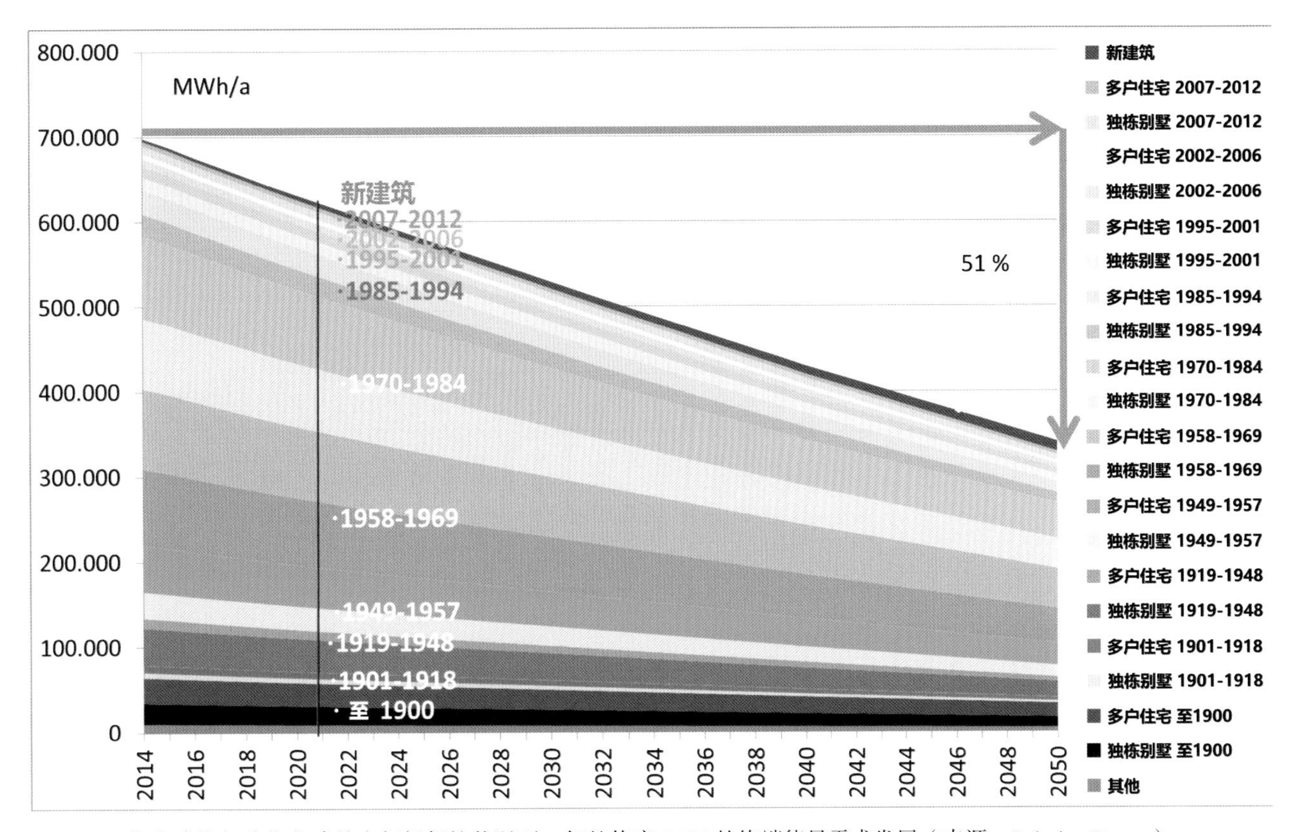

图 9.19 住宅建筑与非住宅建筑在气候保护状况下，年整修率 1.5% 的终端能量需求发展（来源：Schulze-Darup）

非住宅建筑，包括贸易、商业、服务业、工业（贸商服工）建筑，在 2030 年以后将呈现明显的使用面积增长。按 16 种主要使用方式，包括 5 种次要分类，如同住宅建筑一样依照三种状况进行研究。拆除率和相应的新建率高于住宅领域。评估显示，在“供暖”和“热水 / 作业热能”方面，能源上和经济上最合理的是气候保护状况，以及年整修率 1.6%～1.8%。如此至 2050 年可达到节省 50%。此外，电力消费的减少，包括制冷，在贸易、商业、服务、工业领域意义重大（图 9.19）。

住宅和贸、商、服、工建筑终端能耗按气候保护状况至 2050 年可降低 60%。依据终端能耗推算出一次能源需求和二氧化碳排放的发展。因为在计算中只考虑了减少非常多的石化能源的影响，在预测越往后的年份时，可参考性越低。因此，还要额外按照可再生能源进行一次能源需求的观察。视供能系统的可再生能源的储存效果如何，或者负荷管理的效能如何，必须生产比最终需求的 1.3～1.5 倍的可再生能源。特别是在冬季消耗的能源，其可再生能源放大率更为不利。因为必须对能量进行暂时存储，可再生能源量是终端能量需求的 1.8 倍。由此，必须采取有力的措施尽可能减少采暖需求。

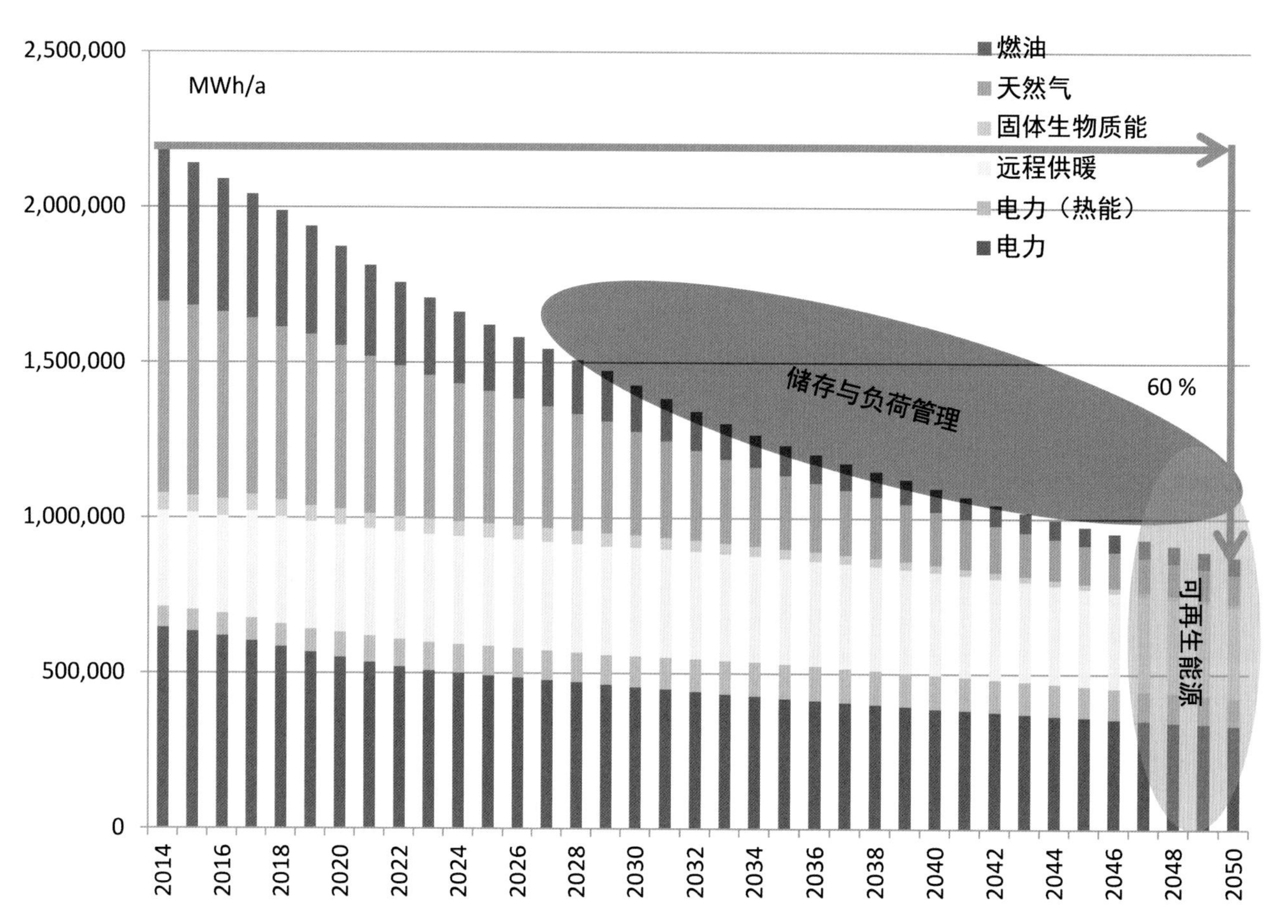

图 9.20 埃尔朗根市住宅与非住宅（贸商服工）建筑在气候保护状况，年整修率 1.6% 时的最终能耗需求的发展，按能源区分。灰色椭圆圈代表可再生能源必须提高的生产量，以实现在可再生供应系统中的负荷管理及存储（来源：Schulze-Darup）

要提高可再生能源在社区及地区范围的潜力，必须付出更多的努力。在计算中清楚看到，可再生能源与较高的面积利用相关联。因此，主要的挑战并非来自技术方面，而是应用这些技术的文化可接受度。今天，社会上就已经热烈讨论合适的战略选择。这些讨论一方面来自对我们城市、社区以及风景面貌的高度敏感，另一方面也来自行动者或相关产业的个别利益。图 9.20 中显示了埃尔朗根及周围区域中各再生领域的潜力。此外还依赖一部分的额外离岸风能，气候保护状况呈现的是对可再生能源的生产的积极态度。

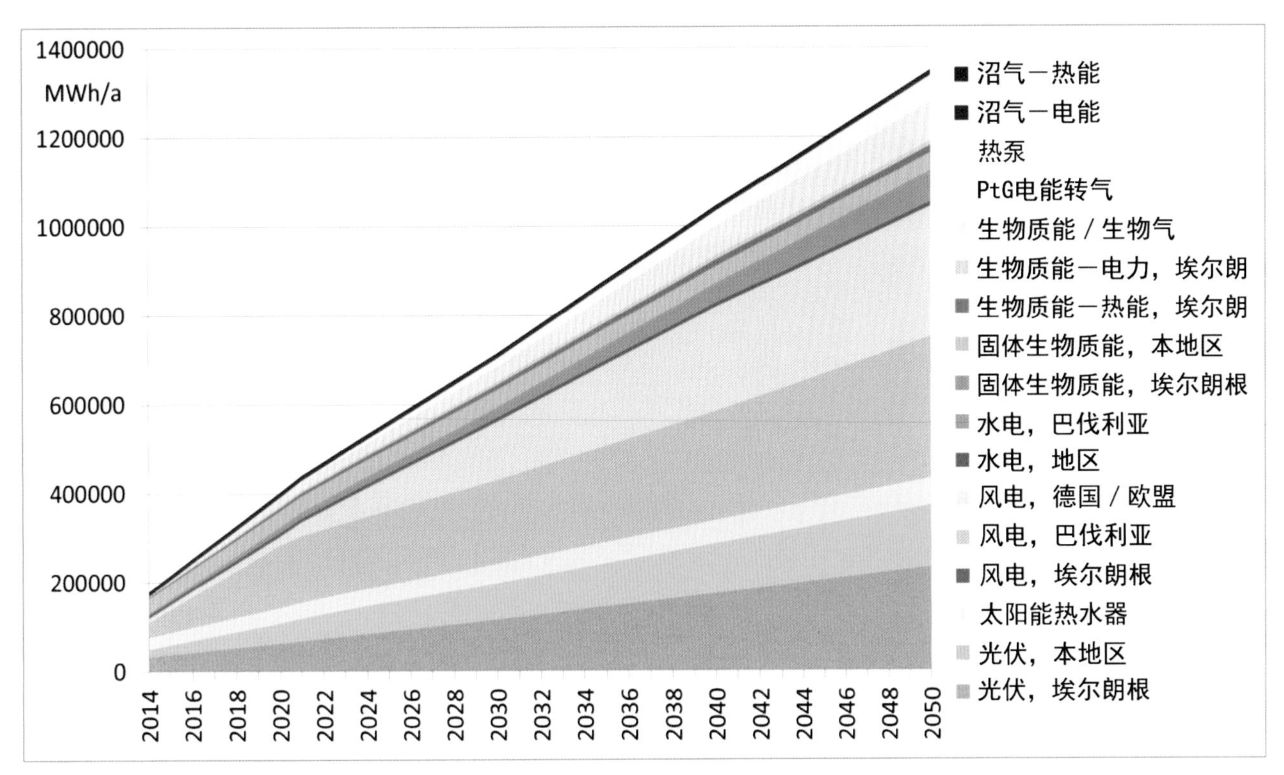

图 9.21 在采暖非常积极措施下，埃尔朗根的可再生能源发展，只有 30% 在埃尔朗根市区生产，大部分来自周边区域（来源：Schulze-Darup）

从可实现的可再生能源与各领域的能量需求对比，可看到在气候保护状况下至 2050 年对化石能源的需求还有 30%（图 9.21）。

2600 居民的村镇

对上弗朗肯邦的一个村镇库尔缅（Kulmain）为例进行了研究。根据预测的人口发展，在邦统计厅报告的基础上，推算出居住面积的发展。居民人口在 2030 年将较 2013 年的 2310 人略为减少至 2205 人。相反趋势是人均居住面积从当时的 45m^2 增加到 2030 年的 49m^2，再到 2050 年的 54m^2。总居住面积从当年的 104600m^2 增加到 2030 年的 108500m^2，再到 2050 年的 112000m^2。

如前述两个例子，这里也计算了在三种状况下最终能耗的发展。图 9.22 中显示在气候保护状况下年既有建筑整修率 1.5% 的结果变化。库尔缅的采暖需求将从 2011 年的 25563MWh 下降 46% 达到 2050 年的 12092MWh。如果既有建筑年整修率提高到 2%，将达到下降 5%，9386MWh。努力追求的是在未来十年中整修率略高于 1.5%。

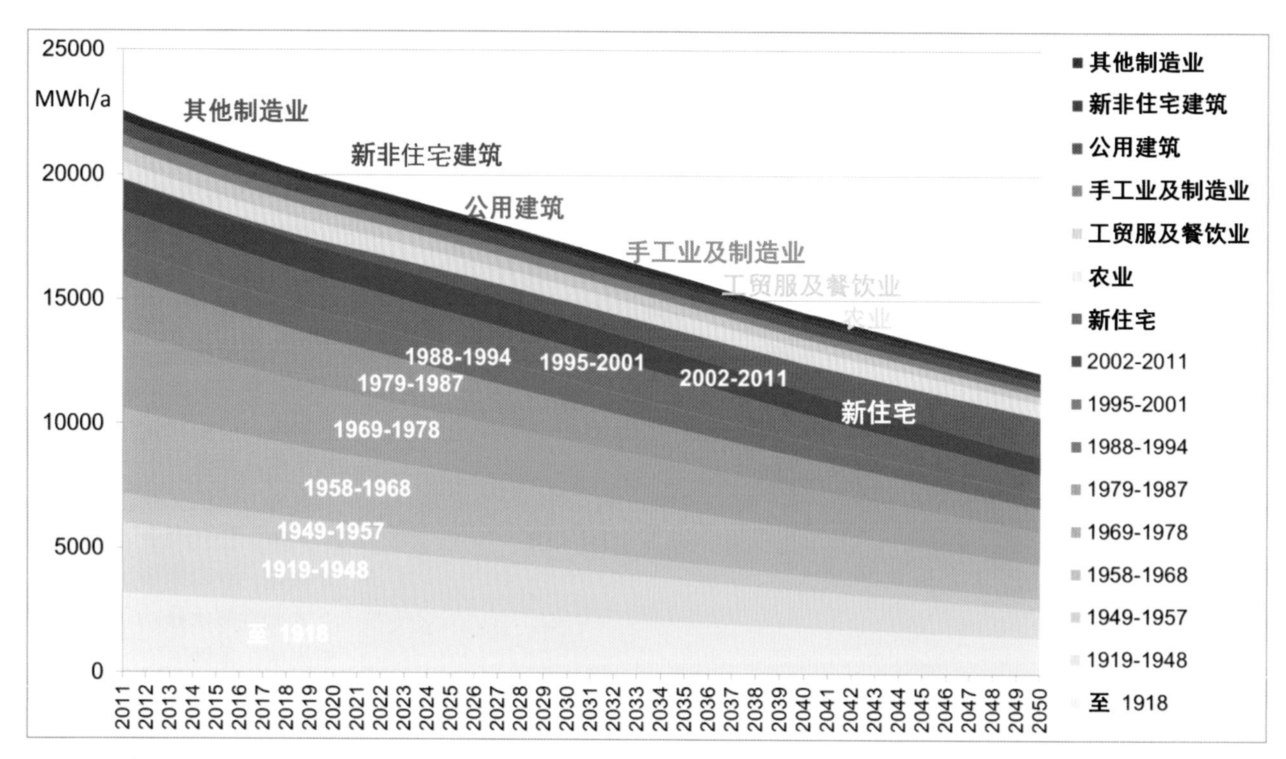

图 9.22 建筑在气候保护状况，年整修率 1.6% 时的终端能耗发展，节约达 46%（来源：Schulze-Darup）

气候保护状况中，整修率 1.5% 时，在采暖、热水、电力领域里最终能源的节约将从 2011 年的 30600MWh 减少 46% 再到 2050 年的 16400MWh。如整修率为 2%，减少的程度提高到 54%，2050 年的终点值为 13600MWh。如果采用最佳实践状况，年整修率 2%，则减少将达 63%，再到 11300MWh。对库尔缅经济上合理的目标为气候保护状况，年整修率 1.5%～2%。

可再生能源的应用也为农村社区提供了很大的经济机会。库尔缅有很高的可再生能源开发潜力，到 2050 年可再生能源将达需求的五倍。

由此可得，含负载管理和存储技术的能耗在内，本地区在可再生能源领域的开发价值，即使仅以 0.1 欧元 /kWh 平均成本价格计算，每年将超过 800 万欧元。这相当于在能源领域的约 100 个全职工作岗位，再加上由此产生服务业工作岗位的潜力。由此，通过提供可再生能源，可为这样的村镇保障或新创约 10% 的工作岗位。

Literatur- und Quellenverzeichnis

[1] EAN, Schulze Darup: “Energieeffizienzstrategie Nürnberg 2050” — im Auftrag des Umweltreferats der Stadt Nürnberg 2011—2012

[2] Schulze Darup: “Energieeffizienzstrategie Er- langen 2050” — im Auftrag des Umweltreferats der Stadt Erlangen 2012—2014

[3] Schulze Darup, EAN: Klimaschutzgutachten der Gemeinde Kulmain — im Auftrag der Gemeinde Kulmain 2013

第 10 章

实际案例：成本/方案/细节/参数

10.1

青岛被动房技术体验中心

项目总览
• 业主 中德生态园，青岛
• 设计及项目管理 RoA-RONGEN TRIBUS VALLENTIN GmbH & CABR
• 建筑设备规划 INCO Ingenieurbüro GmbH & CABR Beijing
• 土地面积 4843m^2
• 主要使用面积 13768m^2
• 总建造成本 约 1.2 亿元
• 建造时间 2015 年

项目简介

基地位置

青岛是位于北京和上海之间，地处中国东海岸的一个大型港口城市。青岛局部地区处于极端气候环境下。在温偏凉季风气候带控制下，夏季高温高湿：气温 30℃，相对空气湿度 90%；冬季则接近欧洲的气候条件。

项目基地位于青岛中德生态园的 C2 片区核心区域（图 1）。

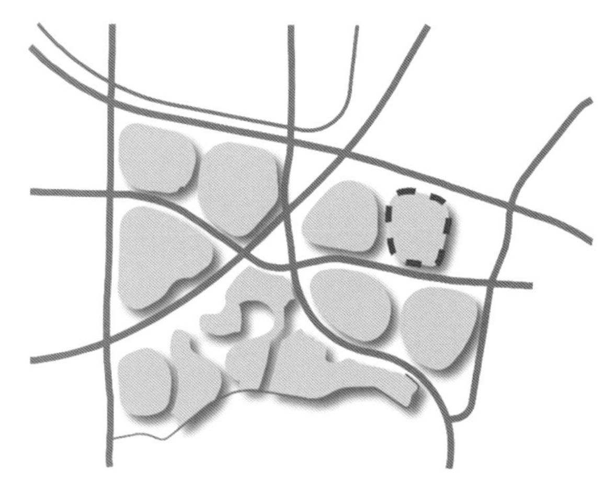

图 1 青岛中德生态园 C2 片区（“霍夫曼明日城”）

项目建设和建筑设计

位于青岛西海岸新区的被动房技术体验中心项目（简称“PHTEC”）设计定位为多功能综合性建筑体，于 2016 年 9 月竣工并投入使用。该建筑的总能耗面积约 7500m^2。内部功能包含大型展览空间、办公空间、培训和会议空间、大型报告厅、被动房公寓体验区，以及能够容纳 72 个停车位的地下停车场。

建筑体的外型圆润，以青岛当地常见的“卵石”为构思原形，以紧凑的有机造型，融合建筑外观与内部空间的整体布局。建筑几何中心区域是以多层中庭空间构成的“腔体结构”（图 2），采用这种形式一方面突出强调被动房节能的重要设计原则，另一方面使内部空间结构与外部造型相互呼应。为了贯穿“卵石”这一构思主题，紧邻主楼的独立餐厅单层副楼建筑也设计为相同的弧面造型。

图 2 中庭

在室外周边的景观用地上，有多处高出地坪的通风井，这是建筑新风系统的进风口与排风口。为了使统一场地中的整体设计语言，所有通风井都包裹在白色浑圆的卵石造型外壳中，宛如散落在主楼周围的“卵石粒”（图 3）。环绕主楼外廊的护栏，以其多重曲面的弧面造型和富有韵律的起伏变化为“卵石”带来灵动的肌理效果；黄昏降临时，设计在护栏面板缝隙内的 LED 灯带透射出光芒，象征着这座白色有机卵石建筑的生命的脉动（图 4）。

图 3 通风井的造型设计

图 4 南侧外景

被动房技术体验中心项目是中德两国在“气候与环境保护”合作中非常成功的示范项目。2014 年 7 月 4 日，在两国总理共同见证下完成了建筑设计项目合同的签署仪式。

结构和材料选择

被动房技术体验中心的建造过程中必须考虑到很多因素：不仅要精确处理不同楼层间旋转、交错的复杂结构造型，同时必须在符合中国建筑规范的条件下尽可能满足被动房对建筑热桥的处理要求。这里要面对的巨大挑战是：在中国如何依靠很大一部分缺乏被动房经验的施工人员，来实现一些在欧洲被视为为相对普通的建筑技术。因此，必须制定明确的、符合实际操作可能性的工程解决方案。

被动房技术体验中心的造型立面并不是建筑物的保温外围护结构，而是由曲面外廊护栏构成的造型外壳。护栏由浅色的双曲面工艺铝复合板构成，包裹范围由外廊楼板至外廊吊顶。铝复合板表面交叉的灯光凹槽进一步分割立面，大体块分割的方法可避免这些灯带缝隙在不同楼层间的对缝差过于明显。这就要求精确的三维设计和现场精准的安装配合。综合考虑当地实际的材料加工工艺与安装能力后，最终确定施工采用的材料。外廊内侧的内立面才是被动房保温外围护结构层，采用深色的铝复合幕墙结构，从视觉上突出外廊护栏的白色线条。

建筑的内部结构遵循一个简单的原则：围绕中央中庭展开不同楼层的功能分布。透过中庭顶部的天窗，将充足的自然光线引入各个楼层。不同楼层在中庭区域的连接廊桥都存在细微的旋转变化，有助于活跃建筑的内部空间（图 5）。

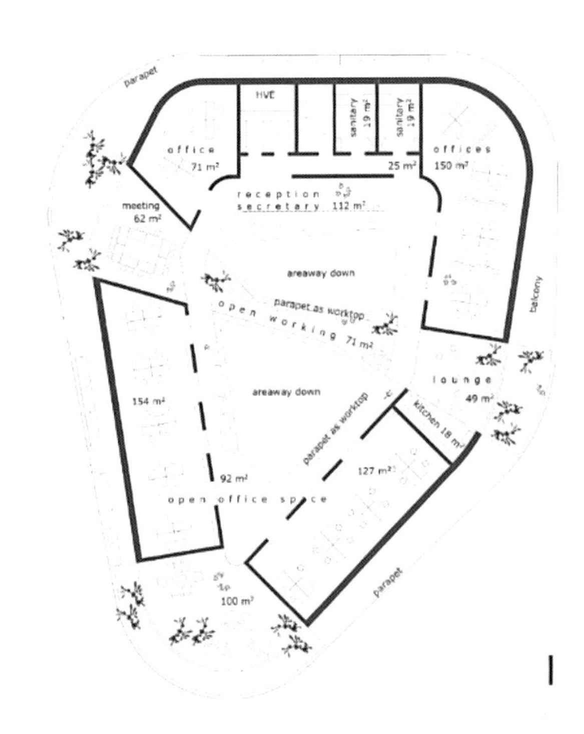

图 5 标准层平面

被动房验证（PHPP） 表 1

一般指标		
建造时间	2015	
使用单元	1	
使用人数	384	
室内温度	20	
内部热源	9.8W/m^2	
按供暖面积计算指标	项目实现指标	被动房限值
供暖面积	7535m^2	
供暖需求	13kWh/m^{2}a	≤ 15kWh/m^{2}a
制冷能源需求	22kWh/m^{2}a（11 显热，10.3 潜热）	
鼓风门测试	n_{50} = 0.40/h	≤ 0.6/h
一次能源指标（热水，供暖，辅助电力）	61kWh/m^2	≤ 120kWh/（m^{2}a）
生产可再生能源，按投影面积计算，	19kWh/m^{2}a，投影面积＝ 2850m^2	
供暖负荷	10W/m^2	
制冷负荷	8W/m^2	

被动房技术体验中心采用钢筋混凝土结构，立面大面积采用木结构玻璃幕墙，北侧立面的窗带同样采用被动房窗。出于抗震的要求，建筑的结构为强大的圆柱、梁和薄楼板组成。对于部分的室内悬挑空间和外侧环绕的悬挑外廊，必须找到合适的减少热桥解决方案。外廊楼板架设在与阳台悬挑梁之上。对这一结构明显的热桥风险的解决办法是：采用厚度为 5cm 的 PIR 保温板，向外侧延伸至少 50cm 宽度，对梁进行连续保温层包裹。在德国，在这一结构部位通常会采用“隔热篓”（Isokorb）连接构件（一种楼板隔热断桥构件），但是这种产品暂时在中国未获得抗震的审批而未被允许使用。因此，如需采用前述替代性的楼板断桥方案必须进行额外的热桥计算，以期尽可能接近于隔热篓构件的断桥效果。而这种替代性的做法，也将成为适应中国市场典型的结构热桥解决方案。

结构柱和楼板采用高质量的清水混凝土工艺完成浇筑，因此在竣工后形成最终的肌理效果，不再作墙面修饰。而在绝大部分的办公和居住空间则安装石膏吊顶板，用于隐藏分布在楼板下方的通风和各类管线。这种差异化的处理手法很重要，因为在一个示范性建筑项目中，应该尽可能展现被动房在设计中的不同效果与可能性。

立面上另一个重要的组成元素是与房间净高一致的木质三层玻璃幕墙，所有窗体均符合被动房标准。窗间墙外侧铺设 250mm 厚度的保温岩棉。外墙保温层在外廊内侧的墙体连续铺设，结合之前提到的楼板底梁断桥工艺，因此外廊的楼板与楼层楼板在热能防护的角度是隔断的。外廊内侧外墙的铝复合板幕墙龙骨直接固定在外廊的楼板上，由于外廊的楼板已经与热围护结构隔离。因此，幕墙龙骨的安装固定不必再使用幕墙绝热锚固件。这一幕墙绝热改进方案同样也是在施工现场构思形成的。

用 designPH 软件构建外围护结构

建筑的自身阴影和外部阴影是影响建筑能耗的重要因素。被动房技术体验中心的外廊区域为整体建筑带来了一套独立于建筑外围护结构以外的优化立面效果。外廊悬挑而产生的阴影有利于夏季隔热。这一方面的优化设计从 designPH 软件得到很大帮助。借助这一软件可以快速对建筑能量平衡进行直观地定量测试。

建筑的“卵石”弧形表面信息在录入 PHPP 计算包的过程非常复杂。外廊护栏的双曲面构件和其产生的阴影模拟必须采用三维模型来完成。因此，建筑设计方案的确定将最终通过可视化的三维模型来呈现，而目前已经竣工建成的建筑外表皮造型，也正是通过软件模拟计算所呈现的结果。通过使用 designPH 软件，所有必要的几何数据和建筑构件的参数被输入 PHPP 计算包。通过这一软件，解决了一些几何造型复杂的建筑项目难以输入 PHPP 的问题。

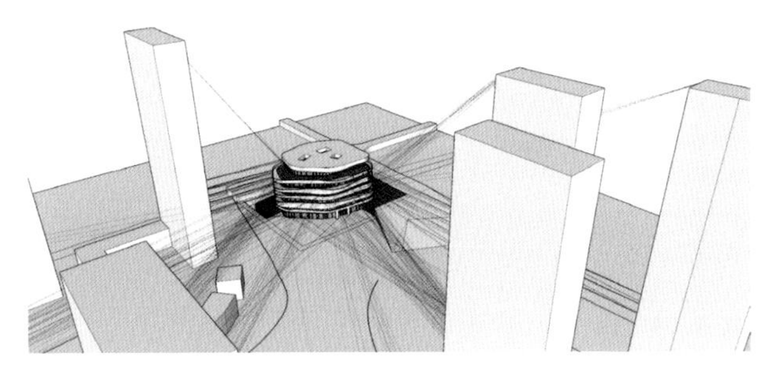

图 6 在 designPH 软件中建立的建筑模型，自动计算分析邻近建筑物的阴影

用 PHPP 进行能耗平衡计算

被动房技术体验中心的设计通过国际公认的能耗平衡计算软件 PHPP9.3 版的验证。首先用 designPH 为建筑数据建模（图 6），然后将其不规则的热工围护结构参数，包括面积、U 值、建筑构件、窗户和阴影，自动导入 PHPP 软件中。

由于混合的功能分区（会议厅，培训室，展览区，办公室，公寓，健身区等），需要对内部热源进行详细记录。为此，在 PHPP 中创建了一个额外的工作表，其中每个单独的热源按功能区逐个进行记录。不仅是人体和照明设备，还包括电器设备如电脑、显示器、打印机、服务器、烹饪设备、冰箱，娱乐电子设备、健身设施等，所有电器设备每天和每周的工作时间都将被记录。每个单独的房间都被划分并涵盖在 12 种功能内，以便获得每平方米能耗面积内不同热源的实际值，包括照明、人员和设备。

这些评估数值是明确的日均值，并非每小时峰值。对于被动房，这是正确的计算方法，因为被动房的外围护结构具有优异的隔热性和气密性，同时配备含热回收功能的通风系统和良好的外部遮阳。因此相较于传统建筑，被动房冬季的热负荷峰值和夏季的冷负荷峰值都大大降低。这可以通过对各种功能区域（例如会议室在一定时间段内人员数量增加）额外的冷热负荷的动态模拟来证明。基于这些结果可以验证上述内部热源。然后这些重要信息将提供给电气专业技术人员，以便其作为参考依据用于检验采暖和制冷系统的规划设计。

减少热桥

保证建筑质量的一个重要方面是针对热桥效应的详细规划，特别是环绕建筑的悬挑外廊楼板。混凝土悬挑楼板将导致大量的热损失，而由于抗震审批的原因，隔热篓绝热构件无法采用。因此，最终选择了尽可能减少悬臂梁数量的办法，如图 7 所示。这对于施工来说是最简便的解决方案，同时也满足了当地对抗震结构规范的要求。单个悬臂梁的截面为 30cm×80cm，点热桥系数 χ＝1.0W/K，整体建筑物仅有 150 处这样的穿透位置。室内侧梁梁周围的表面温度始终高于13℃，因此该解决方案是可行的。

各部件的建筑物理指标 **表 2**

建筑部件	建筑物理指标，按 DINENISO 6946 U [W/ (m²K)]	示 意 图
外墙	0.133	1. 室内装饰面板 2. 250 厚加气混凝土砌块 3. 250 厚岩棉保温板 4. 50mm 空气层 5. 铝塑板外墙面
屋面	0.078	1. 10 厚内墙抹灰 2. 300 厚钢筋混凝土楼板 3. 20 厚水泥砂浆找平层 4. 30 厚找坡层 5. 430 厚 XPS 保温板 6. 30 厚细石混凝土找平层 7. 防水层：聚氨酯涂膜防水 隔离层：聚乙烯膜 8. 25 厚水泥砂浆结合层 9. 防滑地砖
底板	0.155	1. 25 厚地板覆层 2. 20 厚细石混凝土找平层 3. 35 厚 EPS 隔声层 4. 300 厚钢筋混凝土板 5. 250 厚岩棉保温板 6. 20 厚水泥纤维板

图 7 楼板与底梁

环绕建筑主体的悬挑楼板需要一个特殊的解决方案来弥补热桥带来的热损失。通常来说：用被少量、单个截面较大的点状悬臂梁穿透，比没有隔热措施的连续混凝土楼板热工性能更好。单个点状悬臂梁穿透的点热桥系数 $\chi = 1.0W/K$。

建筑设备

由于特殊的气候，针对室外新风的除湿需求开发了特别节能的设备技术。对整体建筑的供暖、制冷与除湿由一套中央通风系统来完成（图 8），通过水到水地缘热泵机组作为供暖和制冷的能源。

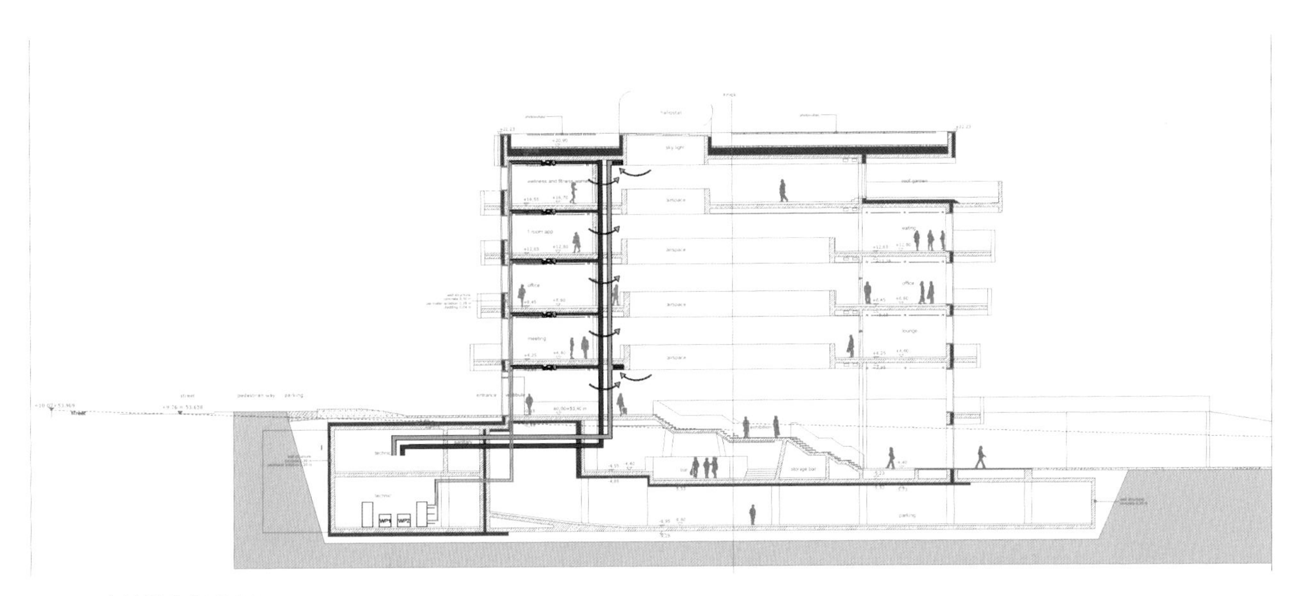

图 8　建筑设备概览图

用户的使用设定

在气候条件较为特别的地区，设定合理的室内气候条件，是影响被动房达到最佳运行效果的决定性因素，因为用户往往习惯于设定和室外差异非常大的室内温度和湿度（夏季往往因室内温度过低而导致感冒）。此外，内部温度设置得足够高，外部组件可以保持无露点。这一点对发现施工错误很重要。

此项目中，夏季的室内允许条件如下：

当室外的空气条件为 30℃－90%RH（相当于 24.4g/kgH）时，室内的空气条件可以设置为 26℃－60%RH（相当于 12.0g/kgH）。

这样的高温天气在青岛也是不寻常的。关键在于，每千克空气中必须除去超过 12 克的水分。额定的新风量高达 30000 立方米 / 小时，这意味着在满负荷运行时，每小时必须从新风中冷凝除去 360 升的水！如果采用传统的技术，达到这样的要求将非常耗能。

必要的供暖和制冷供能来自于地源热泵。在该项目中采用这项技术是非常有意义的，因为供暖和制冷的需求完全分离，在冬季冻结的土壤将在夏季融化。安装了 80 个埋深 150m 的热泵地埋管，目的是为了只用水作为运行媒介，不添加乙二醇。因此相比在欧洲的情况，这样的地埋管配置过于庞大。

通风系统设计

在此项目中希望尽可能只依靠一套技术系统来满足供暖、制冷和通风的运行需求。

因此，在所有室内房间均采用冷梁系统来实现室内气候环境及单独区域的控制。由于极端的室外温度，当遇到较大的制冷负荷时，单单依靠新风设备无法满足温度调节的需求。

而冷梁系统配备有冷水盘管，能够提供所需的额外补充制冷量（在冬季则提供额外供暖量）。

风口感应器包括水制冷调节器，其提供所需的额外的冷负荷（冬季热负荷）。由于其结构特点，由冷梁送出的送风气流能够充分与室内空气混合换热，达到高效的温度调节效果。

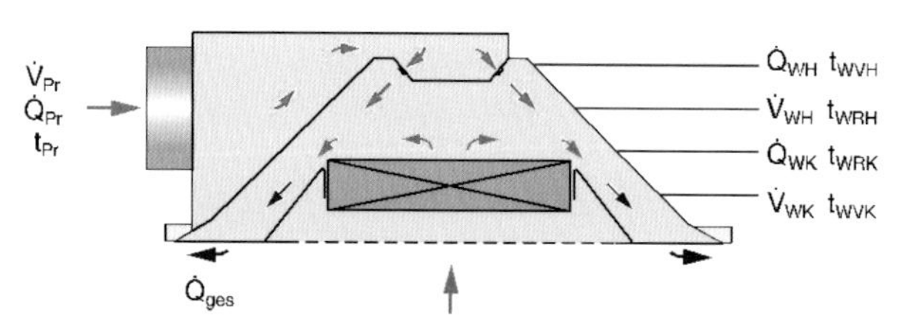

图 9　冷梁工作原理示意图

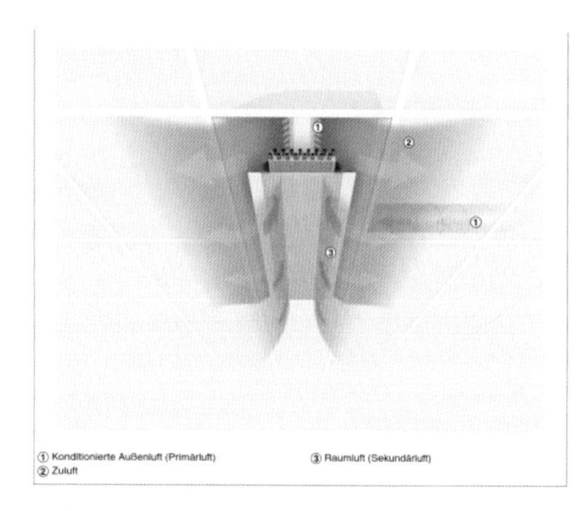

图 10　冷梁运作原理示意

室内的回风气流通过经隔音处理的溢流管道集中输送到建筑中心的中庭区域，并被集中回收吸入到中央设备间。

通过这种方式，可以多次利用好不容易处理过的空气，因为并不是所有房间的空气质量都要达到室外新鲜空气的级别。

冷梁的优点：

▶ 降低设备总风量，从而减少对新风的处理量；
▶ 简化管网，成本造价优势和较低压损。

新风设备

为了以最小的设备能耗来满足必要的新风需求，本项目采用了特殊设计的通风系统。新风机组的常规设备段由风机、加热和制冷盘管、消音器、过滤器以及特殊的转轮式热交换器组成，这不仅保证了80% 以上的热回收率，湿回收率更高达 80%。这种高水分回收率的吸附式转轮是最重要的部件，它能够大量吸附室外高湿空气中的水分。而如果采用普通被动房中常规采用的板式热交换器则无法实现这样的效果，冷凝器中冷凝所需的整体湿负荷会造成非常高的运行能耗。

为了进一步减少除湿能耗，在转轮式热交换器的后面额外配置了一个板式换热器（热回收率 60%）和一个用于除湿的制冷盘管。

在冬季工况下，只运行常规设备段，热回收率为80%。

在夏季工况下，附加设备段开启。空气在第二个制冷盘管处被额外强制冷却，达到除湿效果。然后，经除湿的冷空气再次被重新加热到适合输入室内的温度。这一系列过程不是通过传统的主动供热，而是通过使用板式热交换器来实现。

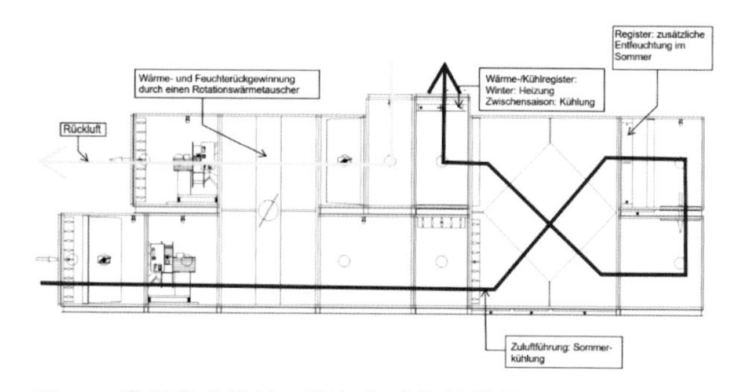

图 11　带吸附式转轮、附加板式换热器的通风系统

能量平衡焓湿图

焓湿图中显示了能量平衡。

由于热泵在制冷模式下运作总会产生余热，所以人们普遍认为使用板式热交换器来节省额外的能耗是不划算的。

然而，这是不正确的，因为新风在第一次经过板式热交换器时已经冷却，甚至部分出现冷凝。这减少了制冷盘管所需提供的制冷负荷，并且进一步显著降低了热泵的总能耗。

在 149 千瓦的运行功率下，吸附式转轮具最高节能效果。板式热交换器将所需的制冷负荷减少了 66kW，这大约占所有部件总功率（301kW）中的 22%。

系统方案比较　　表 3

	无热交换	吸附式转轮除湿	被动房体验中心
电力需求/%（热泵效能因数=4.0）	68.5kW/100%	39.5kW/58%	22.5kW/33%

表 3 显示了 3 种可能的系统方案（无热回收功能的系统 / 带吸附式转轮的系统 / 青岛被动房技术体验中心，所有方案均采用热泵制冷）。

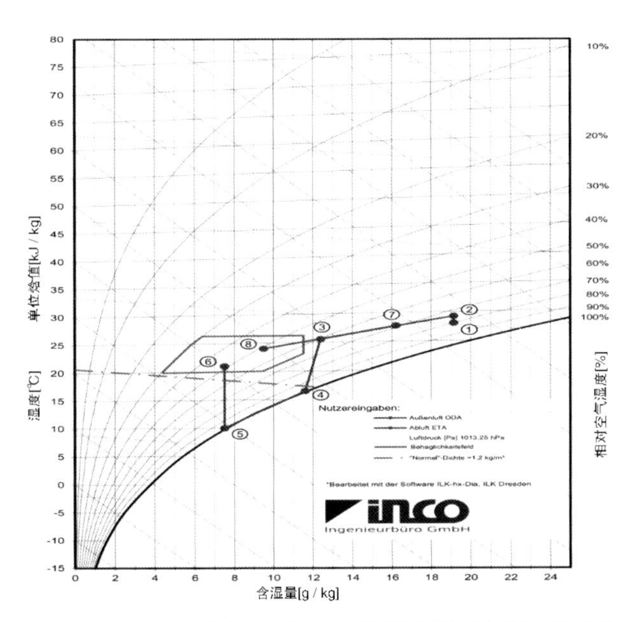

图 12　带吸附式转轮、附加板式换热器的新风系统焓湿图

此外，在热湿气候中，通风系统不像在一般地区处于负压状态，而是在正压状态下运行，以防止潮湿的室外空气渗入建筑。

热泵方案

在被动房技术体验中心项目中采用地源热泵技术为建筑供暖制冷。由于当地的特殊气候条件，对热泵技术的应用也有特殊的要求。

在项目所处地区，夏季和冬季之间几乎没有过渡阶段，因此运行模式只分为供暖与制冷两种运行模式，并且这两种运行模式不需要在同一时间段内进行相互切换。

热泵需要配备最高的额定功率，从而维持最低的能耗，当温差较低时，必须通过液压器来调节区分不同温度的使用要求。

产生的能耗计算应包括诱导式出风口的液压系统和通风设备的加热器。

在冬天，只需一个温度等级。按诱导式出风口所需的较低温度等级设置通风设备的加热器（45/40℃）。

在夏天，需要两个不同的温度等级，即诱导式出风口的 16/19℃（不可出现冷凝，因此制冷温度必须被限制）和用来在通风设备中除湿的 7/12℃。

为了实现热泵的最佳性能数据，使用两个热泵来提供两个温度等级。

光伏发电系统

为了满足 PHPP 软件对项目的认证要求，建筑屋顶额外安装了光伏发电设备。

水循环系统的节电设计

为了确保水循环设备在实际运行中达到最低能耗，

需要进行多方面的优化。项目规划期间在中国提倡做这些方面的优化并非易事，这也一定程度上造成与中国同事沟通协调的问题。

设计优化

设计优化的内容包括：
新风系统的设计
- 风管内风速设定在 3～5m/s；
- 基于节能目的对调节器部件进行优化；
- 所有转换接口的优化（以弧形代替折角，挡风板等）；
- 主要工作区的风扇在保持必要性能的情况下进行能耗优化。

供暖和制冷系统的设计：
- 管网压力损失≤50Pa/m；
- 在所有水龙头上进行节能优化，部分水龙头尺寸需大于管道尺寸；
- 泵上的扩大段，优化所有组件的过渡段；
- 带有压差控制的干式真空泵。

这些优化建议有很大一部分得以实现，但总体上还存在进一步优化的空间。

特别是这个项目中，只有进一步对设备运行能耗进行持续数据监控，才能保证现有的技术措施在实际运行过程中达到最佳的节能效果。

建筑设备一览表 表 4

系统	内容
供暖系统	热泵
饮用水加热系统	取自公共管网
发电系统	光伏板：42625kWh/a
雨水利用系统	雨水收集并用于花园浇灌及厕所冲水
建筑通风系统	2 套中央通风系统： a）18930m³/h 最大风量，75% 热回收 b）9570m³/h 最大风量，75% 热回收
建筑自动化系统	总线系统：各个房间自动温控光控遮阳

在气候和环境保护的大背景下，被动房技术体验中心项目的落地在中国具有非常重要的意义。作为青岛中德生态园的示范性建筑，被动房技术体验中心的实施不仅具备高建筑美学设计水准，同时也达到高建筑节能标准。

在建筑供暖、制冷和通风技术领域，被动房技术体验中心作为青岛地区第一座被动式多功能建筑，实现了在夏季特殊气候条件下对室外空气进行除湿的节能技术。

尽管在项目的推进过程中存在巨大的挑战，例如对不规则建筑造型的精度控制、与当地建筑法规的匹配协调、指特定产品和材料的获取难度以及设备的审批问题等，但最终该项目成功通过被动房认证。这表明，即使对一些复杂的造型结构的建筑，借助相应软件计算同样能相对容易地完成具体的节能建模。另外，在设计和施工过程中出现的细节解决方案，相信可以作为中国市场日后解决相关被动房问题的范例。

参考文献

[PHPP] Feist, Wolfgang et al., Passivhaus Projektierungspaket, Version 9（2015）, Passivhaus Institut, 2015
[designPH] Feist, Wolfgang et al., designPH, Version 1.x（2016）, 3D-Tool zur grafischen Dateneingabe in das PHPP, Passivhaus Institut, 2016
[Passivhausinstitut , 2012] Passivhausinstitut, Darmstadt, Passivhäuser für verschiedene Klimazonen 2016
[Passivhausinstitut, 2016] Passivhausinstitut, Darmstadt, Passives Houses in Chinese Climates, April 2016

详图 1　外墙开启窗处节点详图

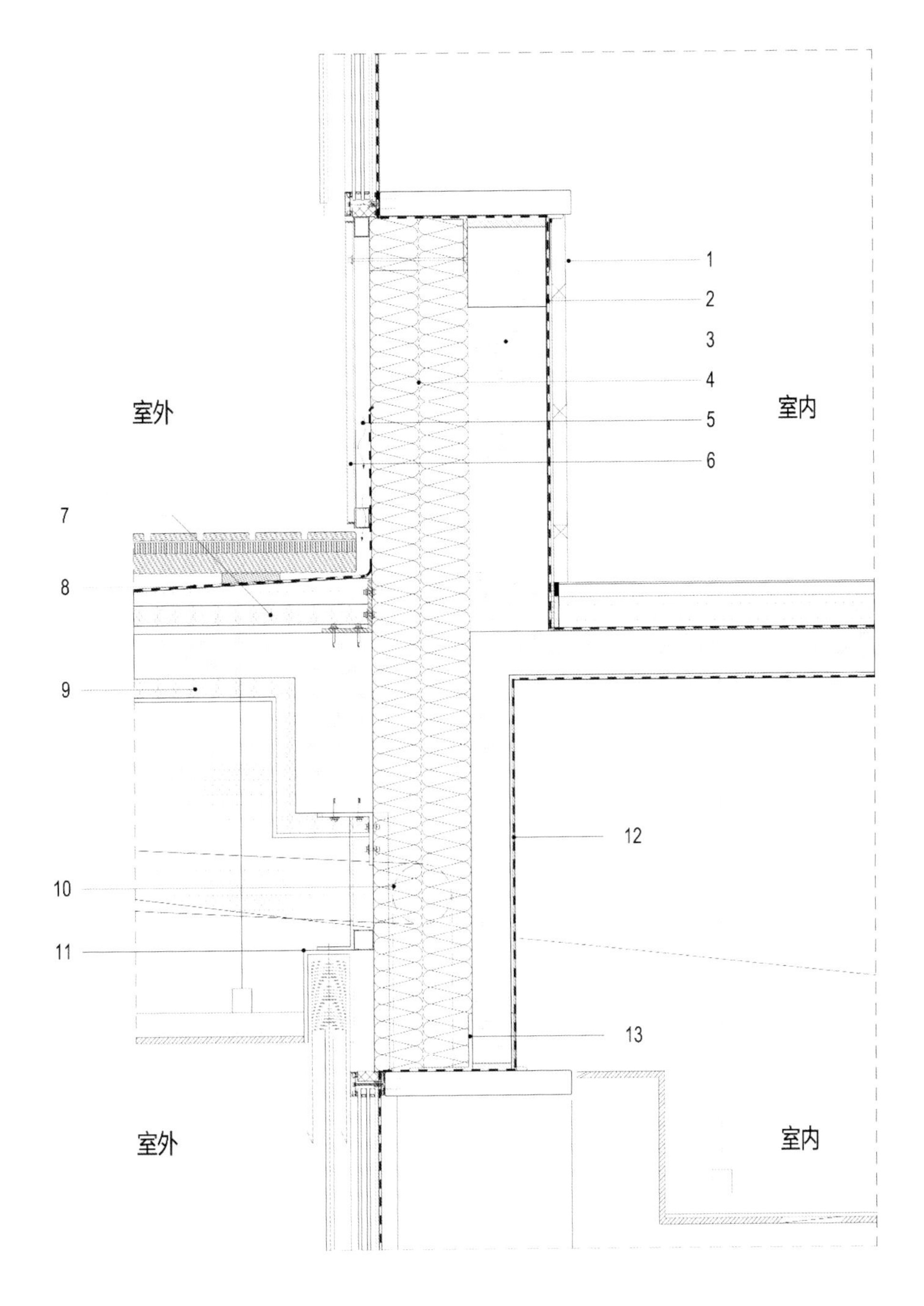

1　内墙饰面板
2　内墙抹灰（气密层）
3　200 厚加气混凝土砌块墙
4　250 厚岩棉保温板
5　50mm 铝塑板幕墙龙骨（通风层）
6　外墙铝塑板
7　50 厚 EPS 聚苯板保温
8　隔离层：0.4 厚聚乙烯膜
　防水层：聚氨酯涂膜防水
9　斜梁外 50 厚 EPS 聚苯板保温
10　排水管
11　遮阳安装槽
12　内墙抹灰（气密层）
13　玻璃幕墙固定件

详图 2 屋顶女儿墙节点

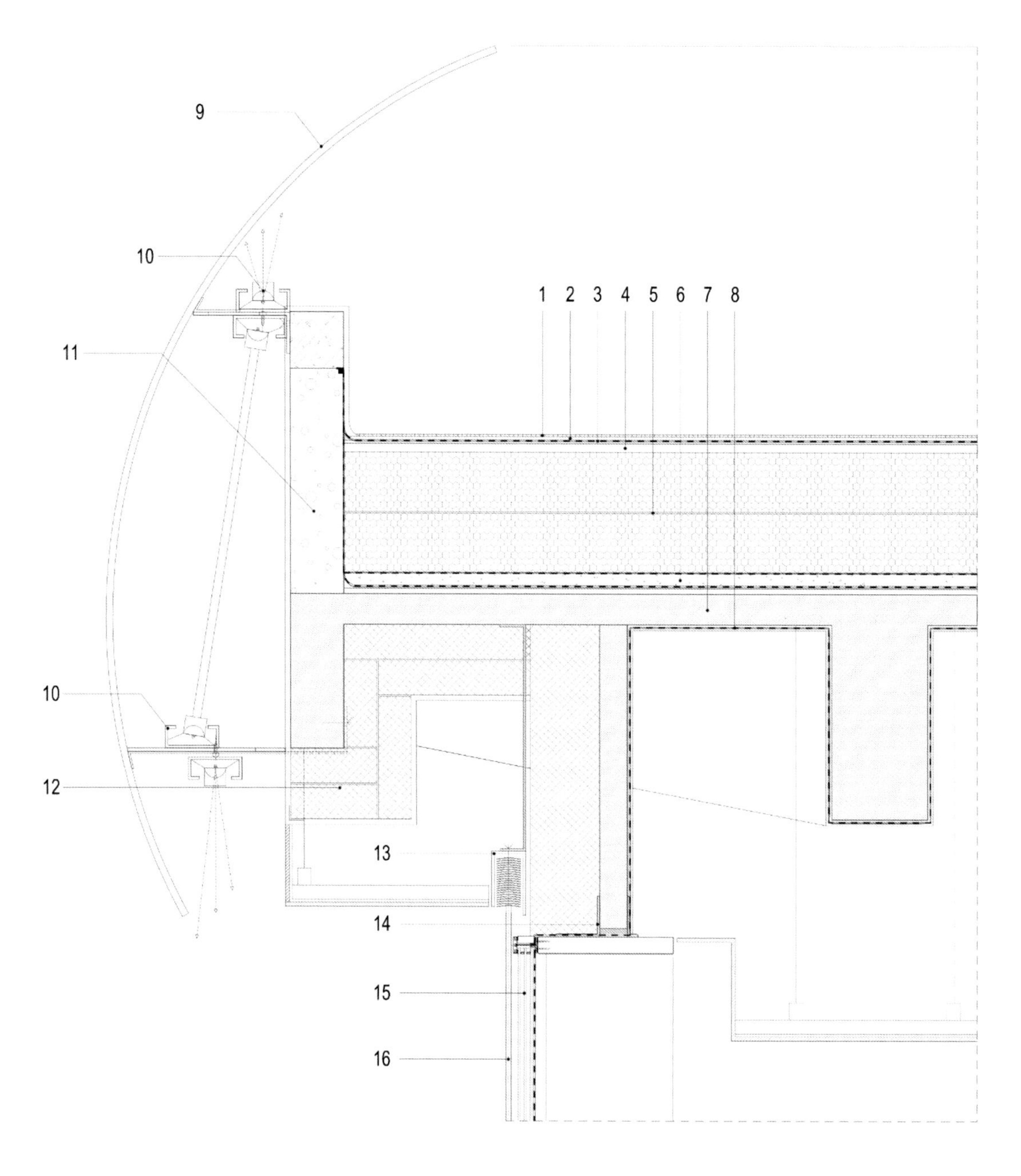

1 1.8 厚釉面防滑地砖铺实拍平
缝宽 5，1：1 水泥砂浆填缝
2 25 厚 1：3 水泥砂浆结合层
3 隔离层：0.4 厚聚乙烯膜
防水层：聚氨酯涂膜防水
4 30 厚 C20 细石混凝土找平层
5 430 厚 XPS 保温板
6 20 厚 1：2.5 水泥砂浆找平层
7 钢筋混凝土楼板
8 内墙抹灰（气密层）
9 搪瓷钢板饰面
10 夜景 LED 照明灯带
11 200 厚加气混凝土砌块女儿墙
12 250 厚 XPS 保温板板
13 遮阳窗帘线盒
14 玻璃幕墙固定件
15 被动式玻璃幕墙
16 侧向遮阳卷帘导轨

详图 3　一层外廊节点详图

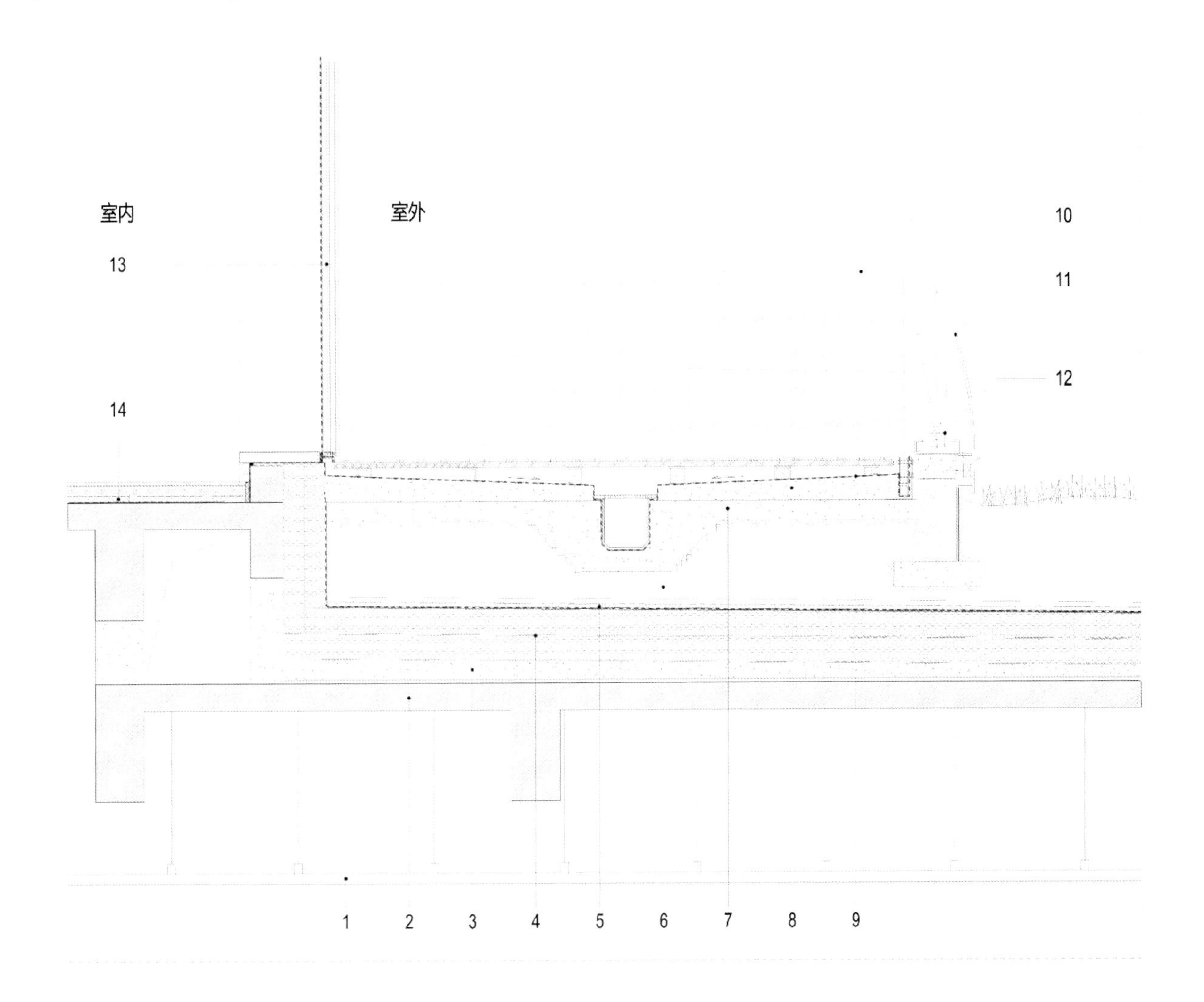

1　吊顶
2　现浇钢筋混凝土顶板
3　20 厚 1：2.5 水泥砂浆找平层
4　150 ＋ 150 厚 XPS 保温板
5　排水层：凹凸型塑料排水板，4 厚 SBS 耐根穿刺防水卷材
　普通防水层：4 厚 SBS 防水卷材
6　素土分层夯实
7　120 厚混凝土垫层
8　最薄处 30 厚 2% 找坡层（轻集料混凝土）
9　聚氨酯涂膜防水
10　安全玻璃栏杆
11　搪瓷钢板装饰面层
12　夜景 LED 照明灯带
13　被动房玻璃幕墙
14　35 厚 EPS 隔声层

10.2

世界最大被动房工厂：森鹰窗业工厂及办公楼

项目总览
▶ 业主 哈尔滨森鹰窗业股份有限公司
▶ 设计及项目管理 德国隆恩建筑师事务所 RoA RONGEN ARCHITEKTEN GmbH Propsteigasse 2 41849 Wassenberg
▶ 建筑设备规划 Energie Technik — Welfers
▶ 土地面积 91911m^2
▶ 主要使用面积 55216m^2
▶ 总占地面积 80831.21m^2
▶ 总建造成本 约 15600000 欧元
▶ 建造时间 2013 ～ 2014 年

项目简介

森鹰公司作为中国最大的木框窗制造商，对实现被动房标准的建筑有很大的抱负。森鹰也是第一家其产品得到德国被动房研究所认证的中国被动房窗生产者。因此，当森鹰公司要在新地点上建新厂房及新办公楼时，理所当然地要建成被动房。

森鹰窗业双城二期工厂及办公楼于 2016 年底竣工，2017 年 7 月投入使用，并于 2018 年 9 月获得吉尼斯世界纪录，被评为世界最大被动房工厂。

该工厂及办公楼按照德国被动房标准建造，取得了被动房研究所的被动房认证。投入使用后年总节省取暖制冷费用 180 万，年总二氧化碳减排量为 42 万公斤。

森鹰被动房工厂的建成使用不仅让森鹰实现了“在世界上最节能环保的工厂里，制造世界上最节能环保的铝包木窗”的理想，同时也扩展了被动房在中国乃至世界范围内的应用。除了民用住宅，办公室以及工业厂房等方面的应用，也通过这个项目实现了落地。

建筑场地

目前，在建的新窗户工厂及新办公楼的场地位于哈尔滨的一个工业园内。

新办公楼的长边朝南，大门也在南侧。它与在北侧的窗户生产车间通过一个在冬天低度供暖的玻璃侧翼相连，东侧为不供暖的库房。

平面及剖面

访客从南侧的大门进入两层建筑的办公楼。宽敞的大堂，一个开放式楼梯通往二层。大堂与西侧森鹰窗户产品的展厅相连。

大堂东侧为办公区（大、小间办公室）及食堂和厨房。中央为会议区，还规划了一个图书室。卫生间和设备房在北侧。

二层大堂东侧的空间利用与一层相同。一层食堂的位置在二层为大办公区。

大会议室 / 培训教室，董事长办公室和服务人员座位在二层西面山墙侧。

生产车间在一层有三条生产线，仓储区，控制室，卫生间和附属空间。生产车间大部分为一层全高，在小部分两层的区域中布置了大办公室、食堂、员工更衣室和附属空间。

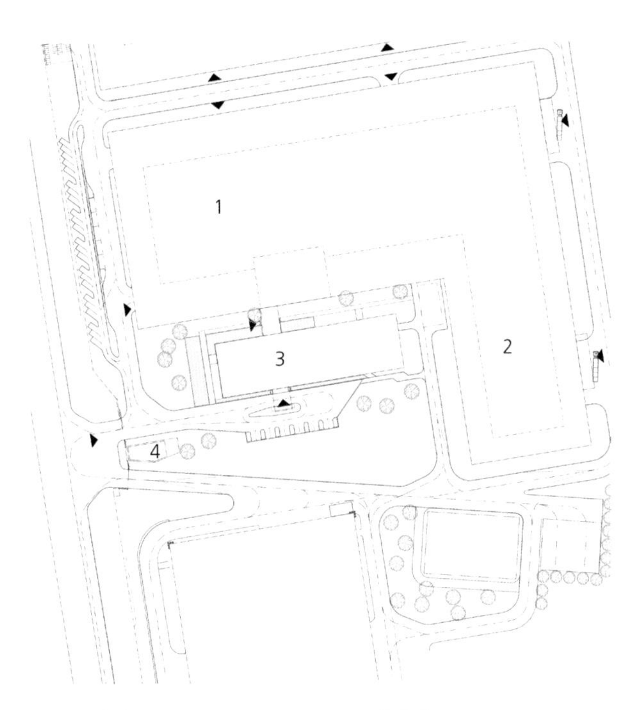

1 生产车间　3 办公室
2 库房　4 门卫房

图 1 位置图

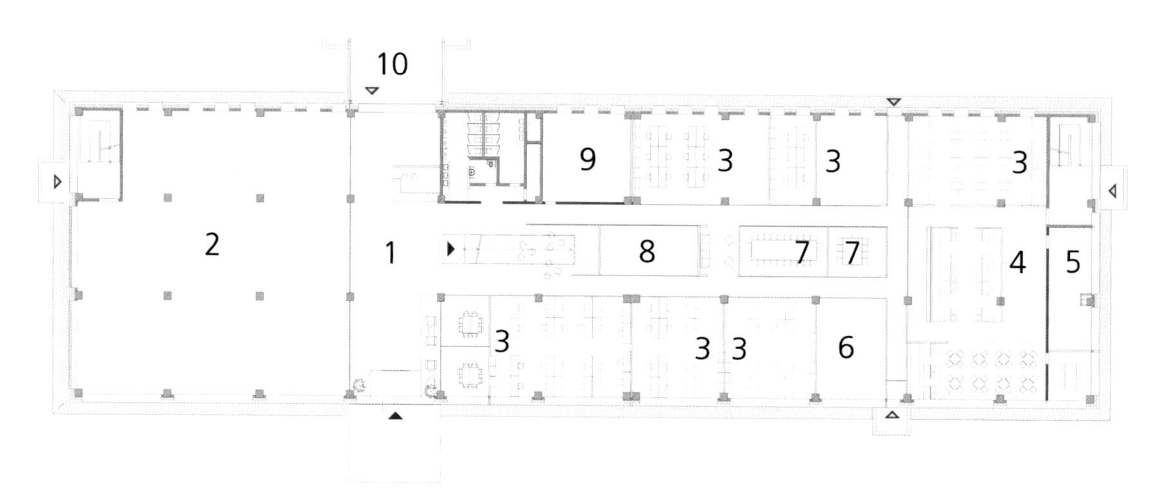

1 大堂
2 展厅
3 办公室
4 食堂
5 厨房
6 备用间
7 会议室
8 图书室
9 设备间
10 通往生产车间的连通区

图 2 一层平面图，办公楼

1 会议 / 培训室
2 董事长室
3 会议室
4 档案室
5 办公室
6 备用间
7 茶水间
8 设备房
9 厕所
10 挑空

图 3 二层平面图，办公室

图 4 办公楼透视图

图 5 办公楼透视图

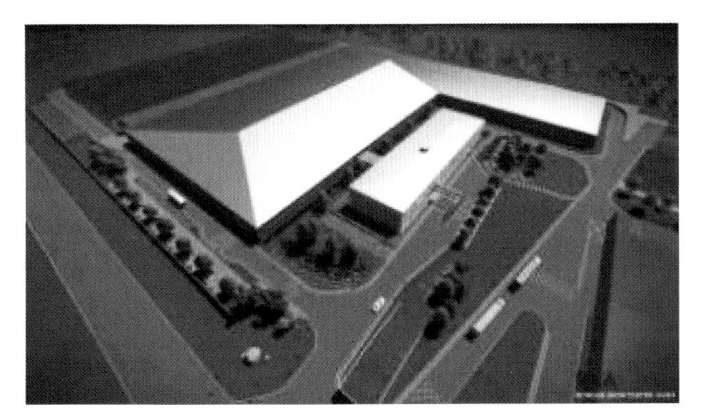

图 6 鸟瞰图

图 7 生产车间侧角

图 8 模型

建筑物理情况

这里冬季温度可以低至 -40℃。夏天有时很热而相当干燥。在这种气候中，按被动房标准建设窗户工厂和办公楼的确是特别的挑战。

应用森鹰自产的最高等级被动房窗

建设被动房，对配套用窗的保温、密封、节能等性能有更高的要求。特别是在哈尔滨这样严寒的气候区，更需要非常高保温隔热等级的被动房窗。而符合这种特高要求的产品，在中国市场上已经可以获得。本项目的被动房窗，就是业主森鹰窗业自己生产的。

森鹰办公楼被动房的窗户采用的为森鹰自主研发生产 P160（U_w 值低于 0.6W/m^{2}K）铝包木窗产品。该产品获得德国 PHI-A 级认证，是被动房窗认证的最高等级，也是目前中国节能保温等级最高的建筑用窗产品。

森鹰作为中国首家获得德国被动房屋配套窗认证的企业，除了 P160 被动房铝包木窗外，于 2012 年研发推出的 P120 被动房铝包木窗（U_w 值低于 0.8W/m^{2}K），获得 PHI-B 级认证，是中国首款符合被动房窗标准的产品。

森鹰窗业于 2015 年推出的 Scw60 被动房明框幕墙产品（U_{cw} 值低于 0.8w/m^{2}K），获得 PHI-A 级认证。成为中国首个取得德国 PHI 认证的幕墙产品。

森鹰 P120 铝包木被动房窗

森鹰 P160 铝包木被动房窗

森鹰 Scw60 被动房明框幕墙

被动房验证（PHPP） 表 1

	生产车间		办公楼	
一般指标				
建造时间	2014 — 2016		2014 — 2016	
住户数	—		—	
人员数	250		200	
建筑容积	136809.4m^3		28938.2m^3	
室内温度	15/25℃		20/25℃	
内部热源	3.6W/m^2		3.8W/m^2	
按能耗面积计算的指标	项目实现的指标	被动房认证限值	项目实现的指标	被动房认证限值
能耗面积	15575m^2		4029.2m^2	
供暖能耗指标	13.83kWh/（m^2a）	≤ 15kWh/（m^2a）	14.62kWh/（m^2a）	≤ 15kWh/（m^2a）
鼓风门试验结果	0.20h^{-1}	≤ 0.60h^{-1}	0.16h^{-1}	≤ 0.60h^{-1}
一次能源指标（热水、供暖、辅助及日常电力）	108kWh/（m^2a）	≤ 120kWh/（m^2a）	119.85kWh/（m^2a）	≤ 120kWh/（m^2a）
一次能源指标（热水、供暖、辅助电力）	22kWh/（m^2a）		43kWh/（m^2a）	
供暖负荷	13.72W/m^2		18W/m^2	
依据能源条例 2006 按使用面积计算的指标	项目实现值	节能条例要求	项目实现值	节能条例要求
依据节能条例计算的使用面积	—		4934.7m^2	
一次能源指标（热水、供暖、辅助电力）	—	≤ 40kWh/（m^2a）	35.4kWh/（m^2a）	≤ 40kWh/（m^2a）

卓越的气密性

气密性检测是被动房节能效果认证的重要一环。森鹰被动房工厂及配套办公楼，由德国被动房研究院（PHI）认可的专业检测机构德国屋大夫进行检测。2017 年 8 月，森鹰被动房工厂及配套办公楼通过气密性检测，被动房工厂 n_{50} = 0.20/h，配套办公楼 n_{50} = 0.16/h，均远低于 0.6/h 的被动房要求。非常优秀的气密性，证实了设计与施工的高品质，也大幅降低了空气对流的热损失，为保温节能提供了坚实的保障。

各部件的建筑物理指标 **表 2**

建筑部件	按 DIN EN ISO 6946 建筑物理指标 U［W/（m^2K）］	示　意　图
生产车间外墙	0.125	1 钢柱 2 墙梁 3 岩棉，d = 300 mm 4 间隔件 5 外立面龙骨 6 金属挂板 7 背通风，d = 40 mm 8 间隔件
生产车间屋顶	0.099	1 屋顶钢檩条，d = 300 mm 2 梯形压型钢板 3 隔汽层 4 耐踏保温层，d = 140 mm 5 岩棉保温层，d = 160 mm 6 U 型轨条，屋面固定，d = 160 mm 7 褶边屋面板
生产车间底板	0.758	1 涂层，d = 6 mm 2 底板，d = 250 mm 3 垫层，d = 30 mm 4 PE 膜 5 XPS 保温板，d = 40 mm 6 毛细作用隔断层，d = 500 mm
窗	0.666	—

建筑设备

通风设备按照使用单元分配。通风量按照预期的人员数决定。

规划的通风量是最大风量，即在正常运行中风量较小，而且规划为可配合需求。就是说会依据实际人数通过测控调节（MSR）技术自动调节。这样，只需要必要的风量。供暖热需求也是如此，只提供必要的热能。

一层

厨房

厨房的通风设备还未能最终定案，业主还没有决定厨房使用的程度。只是加热食物还是真正高强度使用，后者将产生大量高油回风。

在德国，基于消防的考虑，高油回风（例如来自抽油烟机或回风顶棚）不允许进入房间的通风设备。在德国，高油回风管道必须达到“L90 隔绝”耐火等级（至少耐火 90 分钟）单独排往室外。如果最终决定这里会有高油回风，则会考虑使用感应式抽油烟机，这种抽油烟机只会抽取 30% 的加热过的室内空气，其他 70% 利用喷射法直接将过滤过但未加热的送风吹入油烟机。与烹饪时反正会产生的热相结合，这个系统几乎在热能消耗上是无增减的。

食堂

这一区域单独安装一套通风系统，因为只有上班时间才会满负荷运行。送风量略小于回风量，这与相应的送风出气口（装在门上）相结合，防止食物的气味散布到建筑物里。

展厅

按照中国建筑规范，展厅必须有单独的通风设备，这里遵循这项规定。

研发行政区

在此区域中，一层和二层的财务、销售、管理部门共用一套设备，这些核心部门的使用时间是一致的。

上述建筑部分的温度大致相同，这样分配是合理的。

卫生间

一层和二层的卫生间共用一套通风设备，作为单独的一个单元运行。

二层

董事长办公室

董事长办公室用一套单独的通风设备，因为这里还规划了浴室和卧室。

培训区

这里不是一直使用的区域，单独使用一套通风设备。这套设备可能调到“最小”的机会比“正常”或“最大”的机会多。合理的设计，是加装风量调节器，这样可以将风量从演讲厅转到大堂。因为可以假设，大堂区域会在休息时间成为进食场所。因为不可能所有人都同时在演讲厅和大堂中，而是在一定时间内大多数人在一边，少数人在另一边。因此，通过转向设定利用一套设备服务两个区域，是合理的办法。

被动房对温度的大幅变化反应很慢，会有很长时间的滞后。而实时温度变化在通风设备上可以直接读出。对通风而言气候数据是决定性的，特别是会发生的最低温度。即使这是在一年中只有几晚几个钟头才会达到的最低温，也仍然是对空气加热的重要条件。在哈尔滨必须考虑，极端情况下室外温度会降到 −40℃的低温。而在计算能耗时这最低温没有什么意义，平均室外温度才是主要的。

即使用上所有的热回收手段，对空气加热器而言最低温度仍是最重要的数字。当时外温度可能低至 −40℃时，几乎不可能保护乙二醇水 / 气加热器。因为黏度随着乙二醇的高比例（这在极端低温时是必要）而迅速下降，后果是必须大幅提高泵的功率，以克服这种阻力。如果系统内产生气泡，即使时间很短，都可能发生冻结，进而导致气 / 水热泵胀裂。因此这些办公楼的设备（生产车间的设备也如此）要从一个共同的舱室来供应，并在旁道中对寒冷的室外空气进行预热。

采用旋转热交换器作为热回收系统。例如温度低于 −5℃时板式热交换器已经几乎不能使用。在排风中所含的湿气会凝结在薄板的排风侧表面上。新风管道中的温度太低时在排风侧凝结的水滴会冻结。它们会很快“生长”。这情形发生在新风吸走的热能大于排风带来的热能供给时。

在这么低的室外温度下（−40℃），必须采取特别措施，构建的设备要简单，而可靠运行。

办公楼和车间采集中新风吸入方式，因此可以各加装一个旁路器，用于预热新风，无论哪一种热回收系统都适用（旋转式热交换器、平板式热交换器，或循环复合系统）。为了应付冬季可能的极端低温，保障可靠的运行，在第一道热回收之前，加一个混合舱来预热室外空气。当温度低于 −10℃时，一台送风机会将一部分寒冷的新风吸走，对这一部分新风加热，再将其送回到混合舱中。在发生故障时（例如停电，供电故障等），预热器新风和送风侧的气密百叶盖板会立即关闭，而预热器旁道的百叶盖板随即开启。只要室外空气温度低于 −20℃，整个设备的新风和排风气密百叶盖板就会关闭。在这种低温下，单是通风器转轮由于惯性逐渐停下的过程中带进来的冷风就可能导致水 / 气热交换器冻结。为尽量降低冻结造成的伤害，百叶盖板、调节阀、泵都个别使用不断电驱动。与一直保持热量的缓冲储水罐相连，可以保障设备有控制地安全“逐渐停下”。预热在 −10℃至 −20℃之间就必须启动，因为旋转热交换器在 −20℃以上才能不冻结地安全运转。

故障排除或电力恢复之后，首先运行送风器来对新风舱进行预热。等到经过预热的气流达到够高的温度之后，才会将整个设备的新风盖板逐渐开启。这样可以将热交换器冻结的危险降到最低。这个“有控制地提高”过程，也称之为“启动档”。

为了保障这一保护档在停电时可靠运转，所有的百叶盖板都装有弹簧反弹电动机。这些电动机只有在张力下才会开启。当张力消失时（例如因为防冻恒温器或停电），盖板会因为内建于驱动器的弹簧回弹立即自动关闭。百叶盖板在新风区，以及排风区必须采用气密盖板。普通（非气密）百叶盖板在每片百叶上没有密封，因此即使在关闭状态下还会“漏风”。这一方面因为风压，另一方面因为通风器转轮的动力压力，即使在关停驱动后还会发生。如果转轮在额定转速下或正常范围内（例如在小于应有风量时）运转，当断电时，转轮并不会立即停下。因为电动机转轮的质量，这个旋转系统有一定惯性（见前述），转速虽然很快减小，但不会突然降到零。只要转轮还在旋转，就会带进冷风。在不利情况下导致空气加热器结冰而至损坏。为对付低温而提高乙二醇的比例不是办法。在比例为 30% 时，黏度已经非常差，以致系统的压力损失已经比水高 1.7 倍。利用外加装置通过混合舱预热的好处是，只有当温度真的这么低的时候，才会发生能耗。空气阻力在其他运行状况下不起作用，因为这装置根本没启动。

对热回收不足部分集中预热的分离式热回收装置有其优点。某些装置可以在更低的温度下运行，优于用旋转热交换器。对小设备（送风 / 回风量 < 1000m^3/h）也是一样。这种小设备一般使用逆流板式热回收，如果没有预热在 −3℃就可能冻结。在过渡季节应该使用旁路盖板，以使热交换器在新风侧和排风侧的阻力降到最低。

对所有装置在无论是送风侧和回风侧或新风侧和排风侧都要加装消声器。新风管道要装烟雾开关 / 感应器，可以及早发现外界的烟雾吸入（例如临近建筑着火）。这对送风和排风管道也是一样，可以及早发现设备房失火（送风管道）或建筑物内失火（回风管道），在示意图中防火盖板只是举例。在德国，这样大的建筑物会划分成几个防火区。防火区的划分以及防火盖板的必须由中方决定。依据中国规范来规划在什么位置装多少防火盖板，是中方设计院的工作。

除了冬天的极低温度，哈尔滨夏天也会很热，但以其约 50% 的相对湿度还是偏干燥的。这些信息虽然不足以具体安排，但可以假设，至少办公楼的室内空气设备应该要有制冷的可能，特别是因为内部热负荷。这样，需要降温的时候，可以用很少的投入，对因卫生需要而送入建筑的新风制冷。当回风温度低于室外空气时，旋转热交换器也可以用于“回收冷量”。所有的空气加热器都可以作为空气降温器。只要在水开关上将制热水拨到制冷水，或热水回流改到冷水回流。

空调热水或空调冷水管网的相应接头，与不断有水流通过的管道 / 分配器（供暖水和冷却水）两者之间有一定距离。所以空气加热 / 制冷最好用“喷入式”工作。混合式只有在连接管道与分配器之间距离很近时（例如＜5m）才建议使用。基本上所有空气加热器都要加装防冻恒温器，以及回流感应器作为水侧的防冻措施。为了防止调节器“断续工作”，最好将热水泵水管（在连接示意图上同时也是冷水管）加装一个温差监视器。如果调节阀在加热运行中关闭了很久时间，水管会冷却。这可以从分配器和加热阀前方的两者温度差察觉。当温差超过一定限度（例如 5K）时，区间阀门会暂时开启，直到送水感应器和回流感应器的温度一致为止。另一个方法是安装压差调节器，它在调节阀关闭时打开。而这不断循环的水量应该保持着很小。

基本上只应使用带电子转速调节的高效水泵。在使用喷射档基本上水量必须保持不变时亦然。通过转速调节器水泵可以准确地按每一个回路的阻力设定，缩减水量意味着电能的利用效率不佳。

热能供应

假设供热是通过连接到锅炉房的近程管路来提供的，锅炉房中已经安装的水泵对直接供应通风设备而言太大了。同时，假设使用的散热器恒温阀无法承受压差而会被冲开，为了避免这些问题并让设备尽可能按需求运行，在与近程供暖相连接的一侧安装一个缓冲储水箱。它有多重任务：

- 形成水力脱钩，这样可以在有需要的时候才开启供热站的近程供热管网水泵；
- 可以与不断电设备（在测控调节开关箱内）一起，维持紧急状态下的运行，让通风设备在断电时有控制无损伤地“逐渐停下”（如前所述）。

缓冲水箱可以和内建的弯管热交换器一起，提供卫生的饮用水加热。按照规划这里最理想的方式是使用轮替分层水箱系统。这系统最为有效，因为这里当热水侧大量热水被取用时，会用一个电子调节的循环水泵从水箱顶部将最热的缓冲水朝向上涌的饮用水送去。这种逆流加热方式是最有效的热交换，主要在大多数热交换器中应用，这是靠饮用水盘管热交换器的双水管达成的。如果只取出少量的热水，则饮用水的加热是通过自然的温度分层的热虹吸原理达成。

建筑设备一览表，办公楼　　表 3

供暖系统	▶ 天然气冷凝式锅炉 215kW（与生产车间供暖一起考虑） ▶ 缓冲水箱
饮用水加热系统	▶ 天然气冷凝式锅炉 215kW（与生产车间供暖一起考虑） ▶ 太阳能热水器
发电系统	▶ 从公共电网取电 ▶ 在相邻车间上的光伏产电
雨水利用系统	▶ 未考虑
建筑通风系统	▶ 可控通风设备（通风器数量：4，驱动风量 360 － 9140m³/h）带热回收；有效热回收率（按 PHPP）81%。总通风效能达 21800m³/h
建筑自动化系统	▶ 没有整体的建筑控制技术；在个别数据点可启用建筑控制技术

生产车间建筑设备一览表　　表 4

供暖系统	▶ 天然气冷凝式锅炉 215kW（与生产车间供暖一起考虑） ▶ 缓冲水箱
饮用水加热系统	▶ 天然气冷凝式锅炉及连接的饮用水蓄水箱
发电系统	▶ 安装光伏系统；规模待定
雨水利用系统	▶ 未考虑
建筑通风系统	▶ 可控通风设备（通风器数量：4，驱动风量 600 － 5000m³/h）带热回收；有效热回收率（按 PHPP）82%。总通风效能达 19120m³/h
建筑自动化系统	▶ 没有整体的建筑控制技术；在个别数据点可启用建筑控制技术

详图 1　办公楼女儿墙

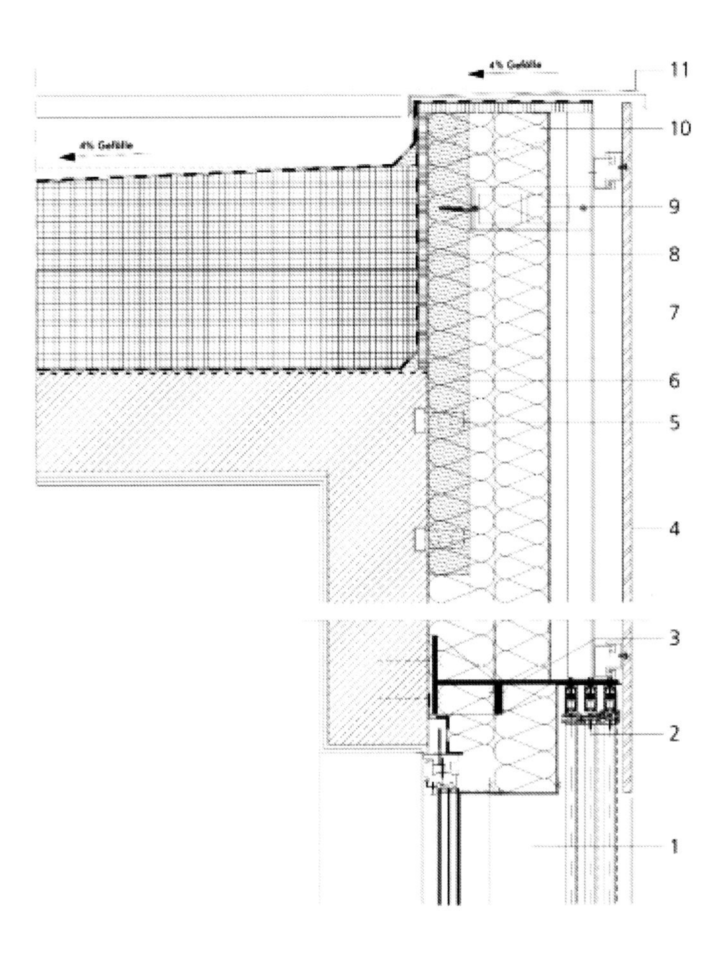

1　窗帮铝板
2　遮阳导轨
3　遮阳固定版
4　混凝土纤维板，d ＝ 20mm
5　型材轨条
6　方木
7　岩棉，WLG 032，d ＝ 300mm
8　女儿墙封口，人造木工板，d ＝ 22mm
9　支撑构件
10　加固板，120mm×300mm×30mm
11　女儿墙封顶锌板

第 10.2 章

详图 2　办公楼基座详图

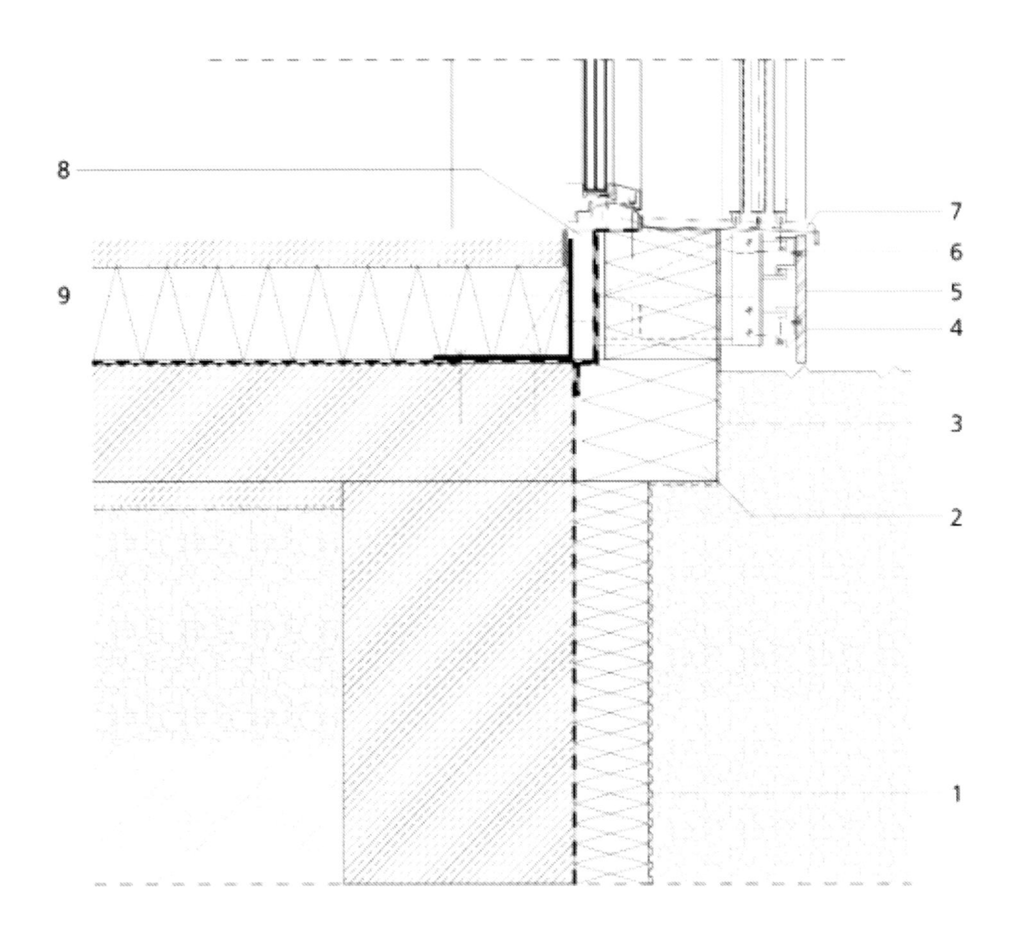

1　周边保温层，d = 160mm
2　聚苯乙烯硬泡沫 d = 300mm
3　排水垫
4　防虫栅
5　混凝土纤维板，d = 20mm
6　被动房窗
7　铝窗台
8　硬木，50mm×270mm
9　钢基座

详图 3　生产车间檐口详图

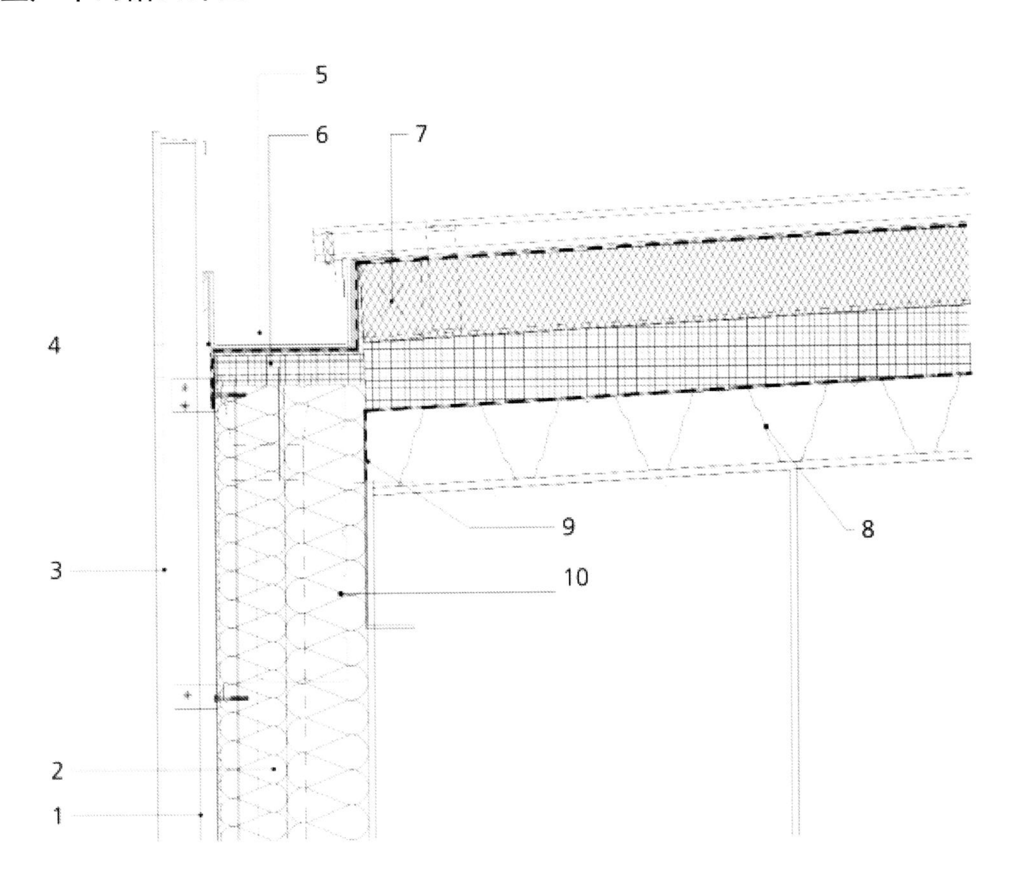

1　被通风，d ＝ 40mm
2　岩棉，d ＝ 300mm
3　挂板
4　天沟固定件
5　天沟槽
6　带坡保温层，减少热桥
7　封檐板
8　S 梯形压型钢板
9　气密卷材
10　钢匣

10.3

带地下车库与马术厅的高级公寓楼

▶ 业主 TraudelundNikoKleuters
▶ 设计及项目管理 RoARONGENARCHITEKTENGmbH Propsteigasse 2 41849 Wassenberg
▶ 建筑设备规划 Energie-TechnikWelfersGmbH
▶ Grundstücksfläche 2720 m^2
▶ Hauptnutzfläche 815m^2
▶ 总占地面积 389 m^2
▶ 总建造成本 2780000 欧元 （KG200，300，400，500，700）
▶ 建造时间 2011 年

项目简介

这个带地下停车库的住宅项目，针对节能与二氧化碳减排，应用了各种已知的有效技术手段。这是一个迄今为止独一无二的项目。建筑的各方面，从照明、采暖、通风、制冷到污水排放，使用的无一不是最高效最节约的技术，例如照明完全使用 LED 灯。

图 1 位置图

场地

该场地位于北莱茵 - 威斯特法伦州 Geilenkirchen 市以农业为主的 Waurichen 城区中心，这套住宅是作为取代从前的农业设施而建造的。因此这里应该形成一个聚落，作为“带马术厅的农庄”融入当地的乡村结构，但要运用“当代的语言”。

平面图与剖面

这一组住宅群由 5 个高级公寓组成。其中 3 户为复式公寓，153～184m^2，每户都有内通一、二楼两层。这三户复式公寓每户都有独立入口，可以直接从外面经过自己的专属花园进来。这在品质上与舒适的独户联排别墅相比毫不逊色。

三层是一个叠加层，有两户阁楼公寓，居住面积分别为 75m^2 和 152m^2，带有宽敞的环绕露台。

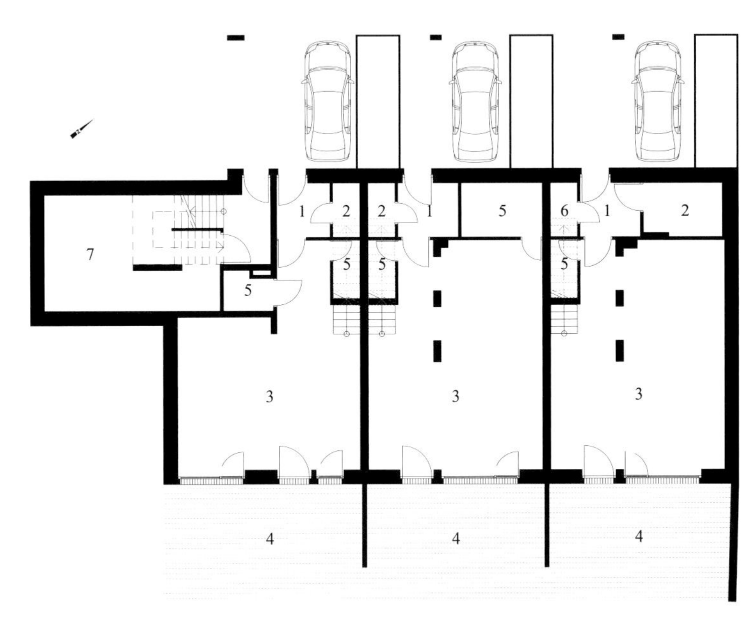

1 玄关
2 厕所
3 开放式起居室、餐厅、厨房区
4 露台
5 储藏室
6 衣帽间
7 设备房

图 2 一层平面图

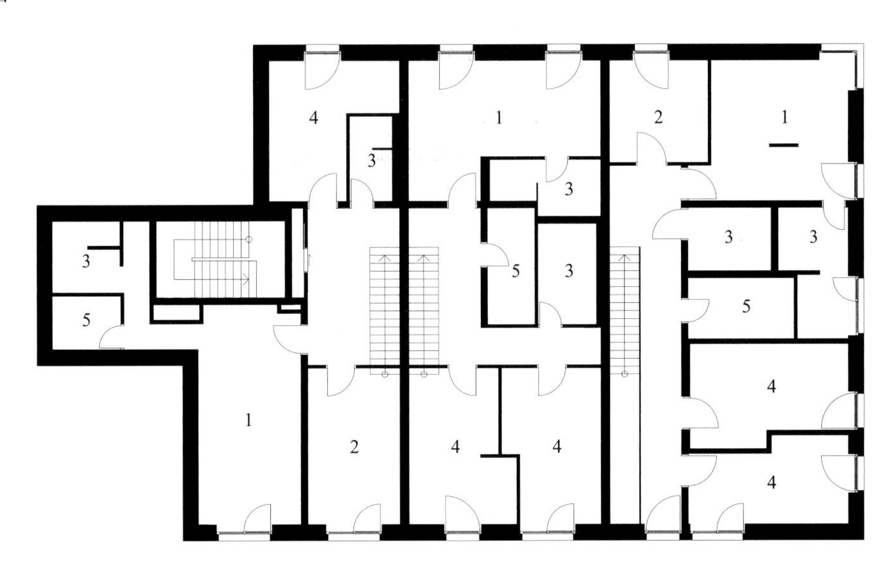

1 卧室
2 书房 / 客房
3 浴室
4 子女房
5 储物间

图 3 二层平面图

1 玄关
2 厕所
3 开放式起居室、餐厅、厨房区
4 浴室
5 卧室
6 子女房
7 储藏室
8 露台
9 设备房

图 4 三层平面图

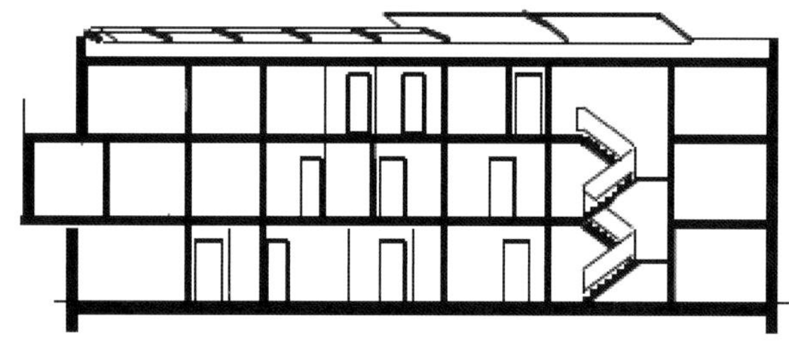

建筑纵向剖面

图 5 建筑剖面

结构

一层和二层为砌筑结构，承重外墙以 24cm 的石灰砂岩砌成。外墙和钢筋混凝土楼板一起构成了很大的蓄热体，足以让建筑在夏天保持凉爽，而冬天长久维持温暖（壁炉效应）。石灰砂岩外墙的保温使用复合外墙外保温系统。

叠加层（三层）为木架结构（墙及屋顶），木板铺面，平屋顶（屋顶铺膜）。

建筑的气密性，在一层和二层依赖内侧抹灰保障；三层（木结构）则是靠贴膜，以及用胶带密封木板接缝实现。周密的设计将热桥减到最少。

图 6 建筑背面，东南向

图 7 建筑背面，南向

图 8 建筑正面，西北向

建筑物理情况

建筑的热工质量按照被动房标准。用 PHPP 2009（费斯特教授开发的被动房规划程序包）进行了验证。结果见表 1。

各部件的建筑物理指标见表 2。

被动房验证 表 1

一般指标		
建造时间	2011	
住户数	5	
住客数	19.1	
改建容积 V_e	2966.5m^3	
室内温度	20℃	
室内热源	2.10W/m^2	
按能耗面积计算的指标	项目实现数值	被动房认证限值
能耗计算面积	669.6m^2	
采暖能耗指标	14kWh/（m^2a）	≤ 15kWh/（m^2a）
鼓风门试验结果	0.5h^{-1}	≤ 0.60h^{-1}
一次能源指标 （热水，采暖，辅助及家用能耗）	77kWh/（m^2a）	≤ 120kWh/（m^2a）
一次能源指标 （热水，采暖及家用电力）	23kWh/（m^2a）	
采暖负荷	9W/m^2	
按 EnEv 使用面积计算的指标	项目实现值	要求
按 EnEv 使用面积	669.6m^2	
一级能源指标 （热水，采暖及辅助电力）	16kWh/（m^2a）	≤ 40kWh/（m^2a）

各部件的建筑物理指标　　**表 2**

建筑部件	建筑物理指标，按 DIN EN ISO 6946 U［W/（m²K）］	示意图
外墙	0.102	1　石膏抹面，d = 10mm 2　多孔混凝土 PPW4，d = 240mm 3　聚苯乙烯硬泡沫板 WLG032，d = 300m 4　矿基外抹面，d = 7mm
屋顶	0.059	2% GEFÄLLE IN DER FLÄCHE 1　屋顶密封膜 2　坡度保温层 WLG 035 3　聚苯乙烯硬泡沫板 WLG 035，d = 400 mm 4　密封膜 5　钢筋混凝土顶板，d = 200 mm 6　石膏抹面，d = 10 mm
底板	0.377	1　复合地板铺面 2　水泥找平层，d = 55 mm 3　膜 4　聚苯乙烯硬泡沫板 WLG 035，d = 80mm 5　密封膜 6　钢筋混凝土底板，d = 250 mm 7　打底层，d = 50 mm 8　膜
窗	0.80	—

建筑设备措施

公寓在冬季通过热泵采暖。夏季降温不经过热泵，而是被动降温，即使用循环泵，不用热泵压缩机。

在冬天，所有公寓通过热泵采暖。夏天则把多余的热量传到储冰库中，到冬天时作为热源，用于公寓供暖。一般情况下，夏天制冷要消耗一级能源（例如传统的制冷设备），又会产生额外的热能，需要排放到室外。在本项目中，则只需要送到储冰库里。降温过程的热能以一种“再生能源”的形式在储冰库中“回收”了。不必驱动冷机，只用循环泵通过热交换器。为了提供热饮用水（淋浴、浴缸、厨房用），每一户有一个独立的储水箱带内装热饮用水热交换器。因为储水箱在室内，储存的热水时间久了还是会穿过保温层散发热量，等于不该有地加热了房间。为了防止这种效应，储水箱外包了一层降温罩，当温度超过预设室温时，会将多余的热能作为再生能源导入储冰库。

在计算热泵或冷机的效能系数（COP）时，压缩机电力驱动的功率是以正数计算的（例如，1：5 = 1kW 电力＋ 4kW，即共计 5kW）。

在计算冷机时，在较低温度水平上（＝冷）压缩机电力驱动的功率是以负数计算的。即 1：5 = 5kW－1kW = 4kW 热能。这样，这系统是一个封闭的循环。只有很小的能量损失。除此之外，太阳能直接通过集热器将热水送到储水箱中。

将光伏模组一年产生的电能（kWh）和TGA设备（热泵）的电力需求，加上辅助电力，以及有控制的公寓通风（也都以 kWh 计）相对比，可以看到光伏设备生产的电力超过需求电力，即这个建筑在“采暖制冷及通风”上“不需要”一级能源。

如果光伏设备生产的电力留作自用，而不是馈送到公用电网，这些公寓供暖制冷所用的就是“绿电”。也就是说，这个公寓建筑的供暖制冷时二氧化碳零排放，百分之百利用可再生能源。除此之外，地下车库还有一个给租户电动车使用的充电桩。租户要承担的费用，只是加 10 欧元，含在“供暖房租”内，除此之外不要再付附加费。

屋顶上 $60m^2$ 的太阳能设备，用来制备热水及地暖的补充热源。太阳能设备将产生的热能送到两个轮替储水箱中，可以辅助或减轻热泵的负荷。

雨水引到储水罐中，用于花园灌溉。

污水通过一个中水处理设备（半渗透膜设备）循环回收。处理后生成中水，其水质达到可以进一步处理为饮用水的水平。

建筑设备

通风：Drexel und Weiss，Aerosilent centro 1200，中央住宅控制通风设备带额外的土壤热交换，对进气进行冬天预热，夏季降温。热回收效率 86%，储冰库作为热泵的热源，同时提供夏季建筑降温的可能。为租客带来非常高的居住舒适度。

采暖：平屋顶上的带混凝土水箱和除热及再生热热交换器的储冰库，与一个热泵联合，作为热能产生器与再生热交换器。

设备房里 2 个 1000 升的大储水箱，连接到各户的小储水箱（各 450 升）。
热循环：35/28℃热水。

所有建筑设备组件见表 3。

建筑设备一览表 **表 3**

供暖系统	▶ 混凝土储冰库 ▶ 除热及再生热交换器 ▶ 热泵 ▶ 设备房中两个大储水箱连接到每个公寓中的小储水箱 ▶ 采暖热水循环 35/28℃
饮用水加热系统	▶ 混凝土储冰库 ▶ 除热及再生热交换器 ▶ 热泵 ▶ 设备房中两个大储水箱连接到每个公寓中的小储水箱
发电系统	▶ 光伏设备装于马术厅上
雨水利用系统	▶ 雨水利用系统储水罐
建筑通风系统	▶ 建筑通风通过热泵通风一体机 ▶ 混凝土储冰库
建筑自动化系统	▶ 霍尼韦尔 DDC 直接数字控制系统

详图 1 女儿墙

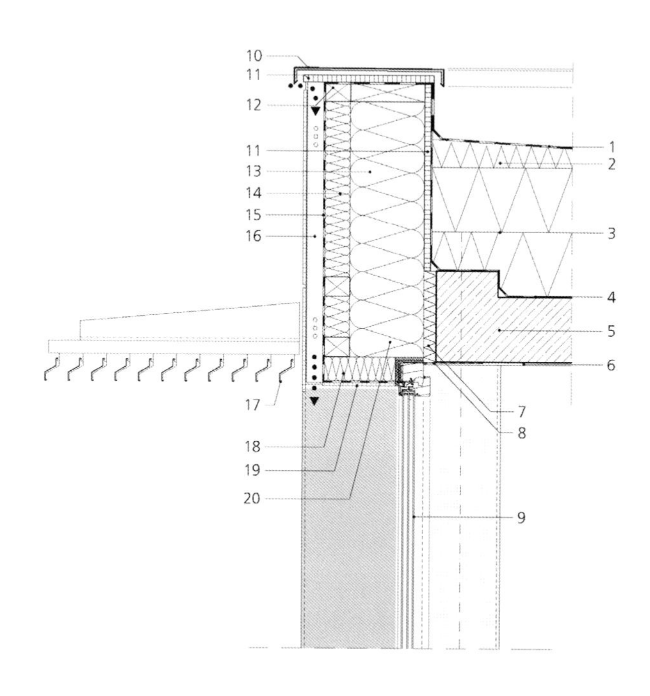

1 屋顶密封卷材
2 坡面保温层，WLG 035
3 聚苯乙烯硬泡沫板 WLG 035，d = 400 mm
4 隔汽层
5 钢筋混凝土楼板，d = 200 mm
6 石膏抹面，d = 10 mm
7 保温层
8 窗固定钢板
9 被动房铝木三层玻璃窗
10 女儿墙盖板
11 欧松板，d = 22 mm
12 顺水条作为高压层压板的支撑下构，d = 80/60 mm
13 矿物纤维 WLG 032，d = 240 mm
14 矿物纤维 WLG 032，d = 80 mm
15 透汽抗紫外线保温材料保护膜
16 通风层
17 铝遮阳
18 龙骨 d = 80/60 mm/，矿物纤维 WLG 032，d = 80 mm
19 高压层压板 HPL，d = 10 mm
20 固定遮阳用钢支座

详图 2 两楼层之间窗的节点

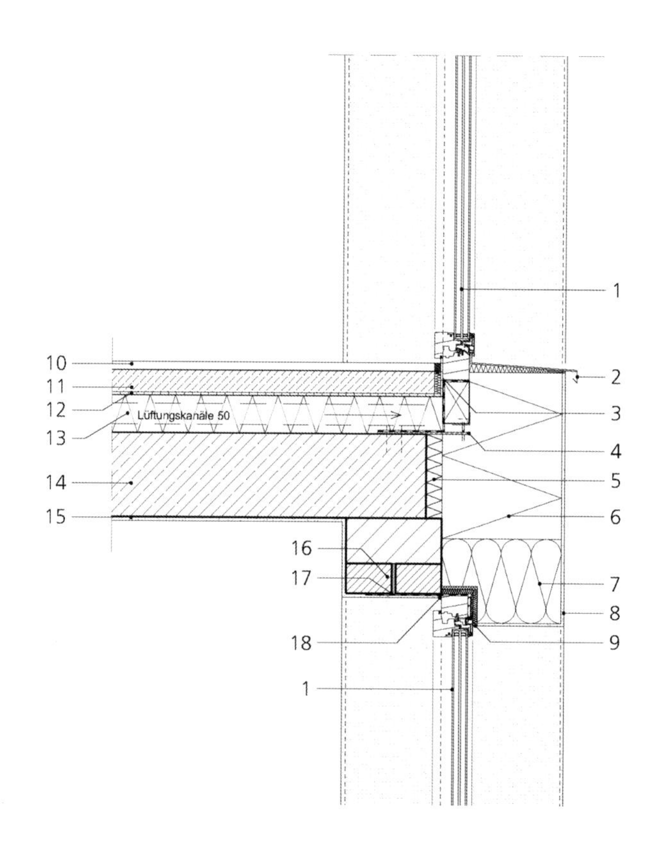

1 铝木被动房三层玻璃窗
2 铝窗台板
3 窗边保温条及密封条
4 安装支座
5 聚苯乙烯保温层 WLG 025，d = 40 mm
6 聚苯乙烯硬泡沫保温层 WLG 035，d = 300 mm
7 物矿纤维层压保温条，防火 A 级材料
8 矿基外抹面，d = 7 mm
9 抹面封边轨条，带接缝密封条
10 拼花地板，d = 20 mm
11 水泥找平层，d = 60 mm
12 膜
13 硬泡沫板 WLG 035，d = 90 mm
14 钢筋混凝土板，d = 200 mm
15 石膏抹面，d = 10 mm
16 预制窗楣
17 窗固定钢板
18 围绕窗框气密封贴

10.4

碧尔之屋——世界最小的独栋被动房

项目总览
▶ 业主 Inge Kandziora-Rongen
▶ 设计与项目管理 德国隆恩建筑师事务所 RoA RONGEN ARCHITEK TEN GmbH Propsteigasse 2 41849 Wassenberg
▶ 建筑设备规划 Fa. Di. Diomede & Peters
▶ 土地面积 136m^2
▶ 主要使用面积 84m^2
▶ 总占地面积 68m^2
▶ 总建造成本 160000 欧元
▶ 建造时间 2008 年

项目简介

场地

瓦森贝尔格（Wassenberg）是靠近荷兰边境的小城，人口 18000 人，其中 7000 人住在城中心区。该建筑地块在历史老城区，就在当年的城墙旁边。这里在 2009 年建成了当时最小的独栋被动房，“碧尔之屋”（AmBuir2），很可能今天仍保持着这个纪录。

这栋建筑独特的场地位置，给建筑师带来的挑战，超过了一般对功能和结构的要求。这亟待整修的小房子本来准备彻底翻修。但最终发现建筑的状态如此糟糕，根本无法补救，只能拆除重建。但背后的建筑山墙是古城墙的一部分。因此按照文物保护规定，必须尽可能保持原建筑的样貌。同时，新建筑在容积和建筑形式上必须与原建筑完全一致。

由此产生的是一栋二层无地下室的居住建筑。平面布置采开放式，如此可以弹性利用。如今是一位对建筑非常感兴趣的律师，他也是艺术品收藏者，执意租下该建筑作为律师事务所。

平面和剖面

入口在建筑一层北侧，经过一道风闸门来到接待区。一层有一个小浴室、茶水间和开放式办公区，朝西布置了一个小露台。

开放式办公区的西面和南面都是大窗，风闸的设置隔断了一层和二层。单跑楼梯从风闸门上到开放式的二层屋顶层，这里是工作区和律师接待客户的会谈区。东南侧一个屋顶层露台扩展了空间，朝西和朝南的大窗提供了开阔的视野和太阳得热。

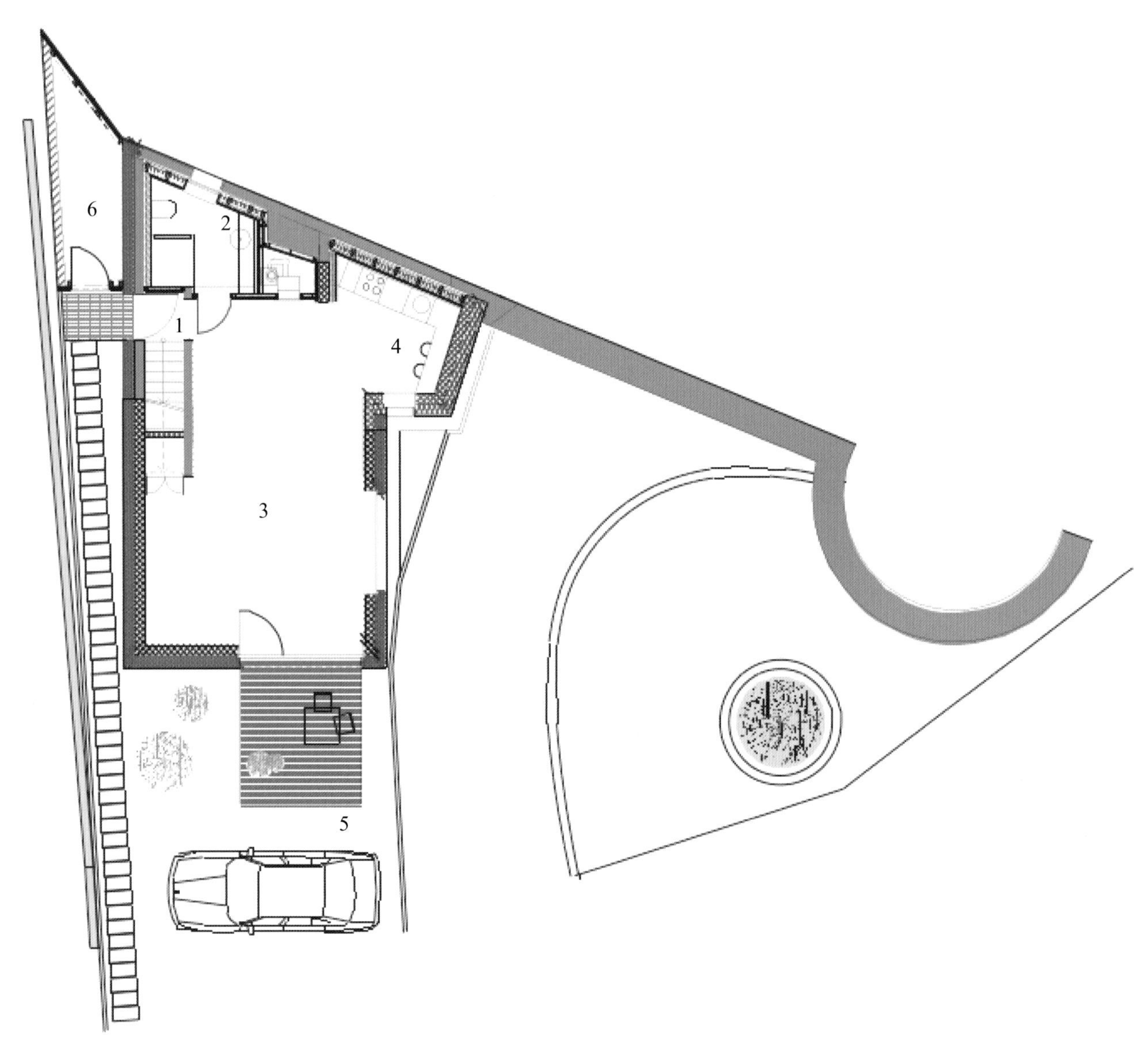

1 入口区 / 风闸
2 浴室 / 厕所
3 起居室 / 餐厅区
4 厨房
5 露台
6 储藏

图 1 一层平面图

在北侧的设备间是屋顶层唯一封闭的区域，其中安装了带热交换的通风设备、热泵和储水箱。

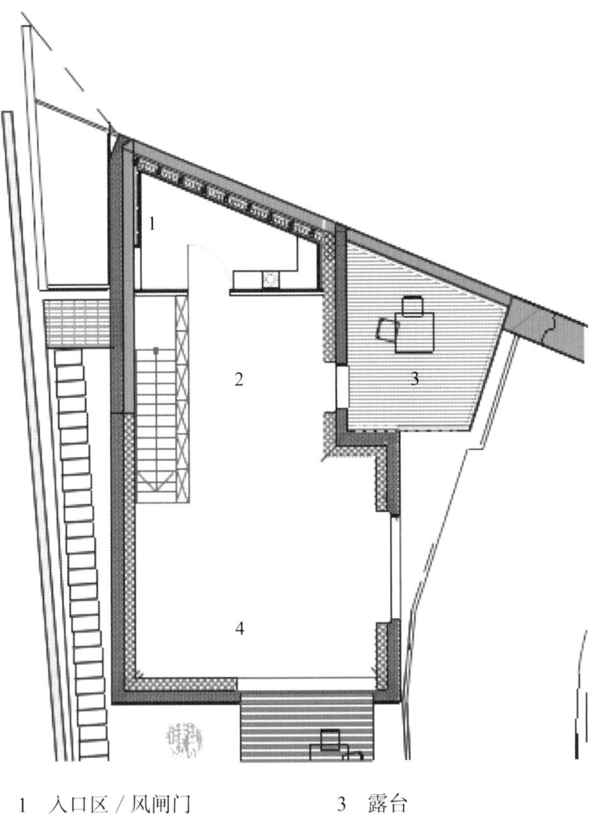

1 入口区 / 风闸门
2 书房
3 露台
4 卧室

图 2 二层平面图

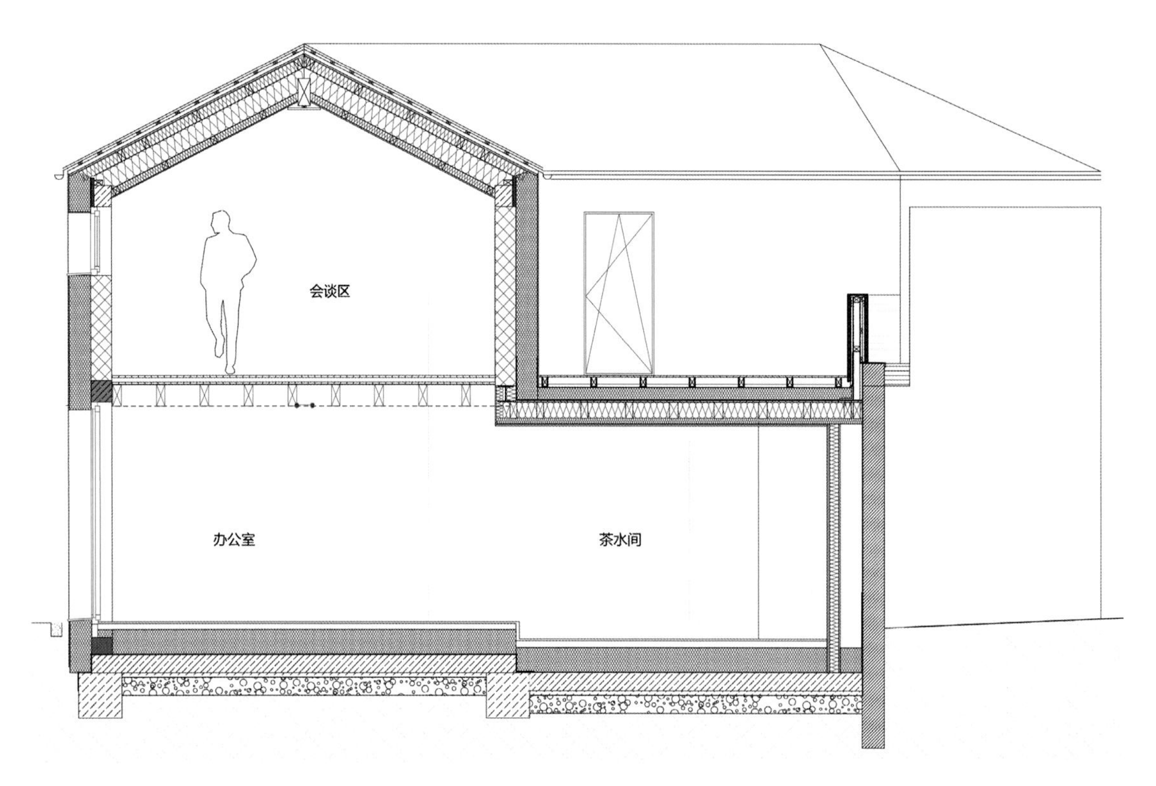

a）建筑横向剖面

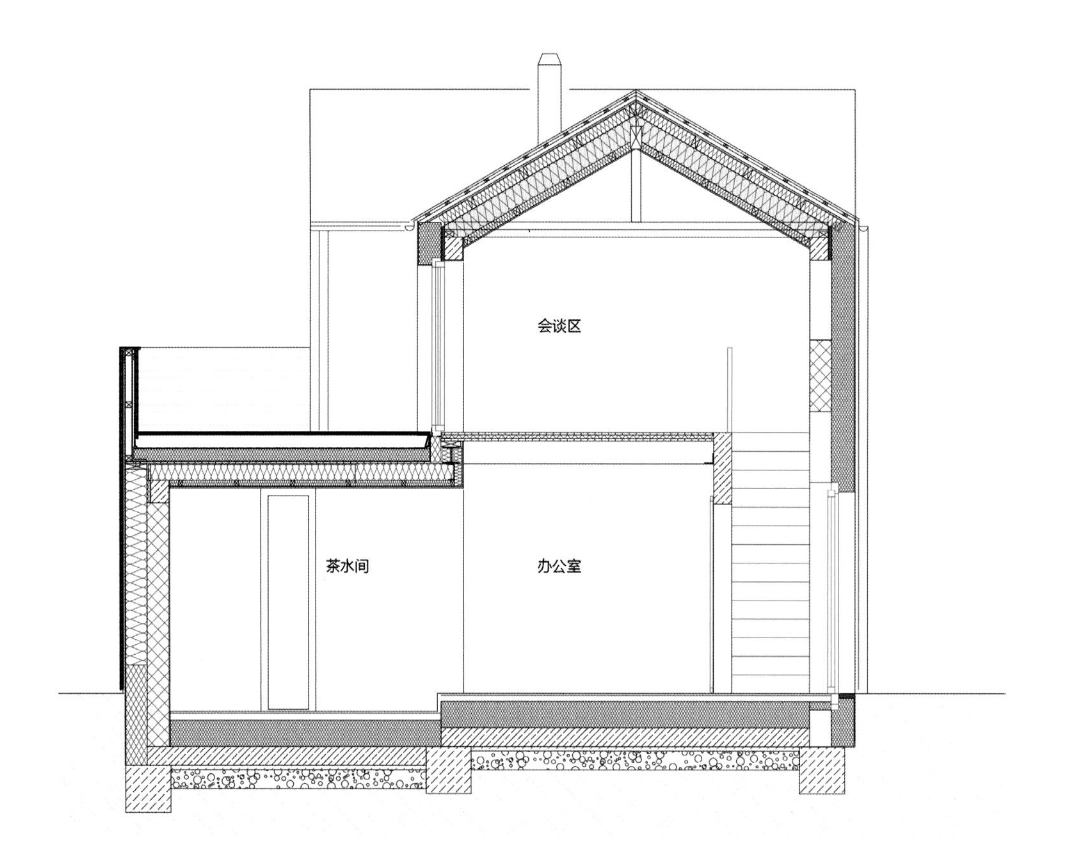

b）建筑纵向剖面

图 3 建筑剖面

结构

该建筑采用传统材料建造，大约五分之一的老建筑原外墙保留下来，新建外墙部分采用发泡混凝土。

在历史古城墙区，即背面的山墙部分，必须采用内保温，文物保护的砖砌墙石料表面必须保持原样。

底板为钢筋混凝土。

新建筑的楼板必须和原建筑一样，采用木梁楼板。一楼顶板的楼板木梁外露可见。

屋顶结构为檩条屋顶架，上承椽子及檩条。

外墙面采用高度保温的外保温复合系统。导热等级为 WLG 022（导热系数 0.022W/mK）。

建筑东南侧的附属建筑为厨房的一部分，外饰面为上光的多孔落叶松木条。这一直延伸到屋顶露台的女儿墙。

图 4　建筑东南立面

图 5　建筑东南立面，整修前

图 6　入口处及储藏间

图 7 露台

图 8 城墙一瞥，整修前 / 整修后

图 9 内一景，一层 / 二层

建筑物理情况

建筑的外围护面积和容积之比（体形系数）对建筑的采暖需求有决定性影响。特别是小的独栋房，体形比更大，在建筑节能效率上就更为不利。同时辐射热损失也更高。换句话说，房子越小，越难达到被动房标准。

在这能耗面积只有 $82m^2$ 的特别小的被动房里，为达到被动房标准，采取了一系列措施：从朝阳面的大窗，到热回收率高达 92% 的通风系统。

达到被动房标准的一个重要贡献主要来自外立面的保温材料。这里选用的甲阶酚醛树脂硬泡沫材料，导热系数仅为 λ＝0.022W/（mK）（WLG 022），因此厚度只需 24cm。如果用一般的 WLG 040 外墙复合保温系统，要达到同等的传热系数（U 值），保温材料的厚度大约需要 43cm。

保温材料分为每层各厚 120mm 的两层铺设，这样可以避免贯通的接缝和热桥。第一层粘贴并锚固。为了保证在压贴时至少 60% 的面积与底层粘合，粘结砂浆的涂布不仅在保温板的边缘形成框型，还外加纵向三条。第二层保温板错缝满面粘贴在第一层上。由于保温层厚度限制在 24cm，外立面看起来还很纤薄。

建筑物外墙由历史古城墙构成的部分，在内侧覆盖一层木架外贴欧松板的内饰面，内饰面和城墙间的空隙用保温材料填充。古城墙凹凸不平的表面，用导热系数等级 WKG035 的珍珠岩补平。
被动房验证用 PHPP2007（费斯特教授开发的被动房规划设计软件包）进行。

被动房验证（PHPP） **表 1**

一般指标		
建造时间	2008	
住户数	1	
人员数	2.3	
建筑容积 V_e	397.0m^3	
室内温度	20℃	
内部热源	2.9W/m^2	
按能耗面积计算的指标	项目实现值	被动房限值
能耗面积	81.5m^2	
供暖能耗指标	14kWh/（m^{2}a）	≤ 15kWh/（m^{2}a）
鼓风门试验结果	0.3h^{-1}	≤ 0.60h^{-1}
一次能源指标（热水，供暖，辅助及日常电力）	112kWh/（m^{2}a）	≤ 120kWh/（m^{2}a）
一次能源指标（热水，供暖，辅助及日常电力）	37kWh/（m^{2}a）	
供暖负荷	10W/m^2	
依据节能条例 2006 使用面积计算的指标	项目实现值	EnEV 要求
按 EnEV 依据节能条例计算的使用面积	127.0m^2	
一次能源指标（热水，供暖，辅助及日常电力）	24kWh/（m^{2}a）	≤ 40kWh/（m^{2}a）

在气密外围护完成后进行了鼓风门试验以检查建筑物理性能。量测结果换气次数为 $0.30h^{-1}$。证实了建筑围护的气密性极佳。

各部件的建筑物理指标见表 2。

各部件的建筑物理指标 **表 2**

建筑部件	按 DIN EN ISO 6946 建筑物理指标 U [W/(m²K)]	示意图
外墙	0.091	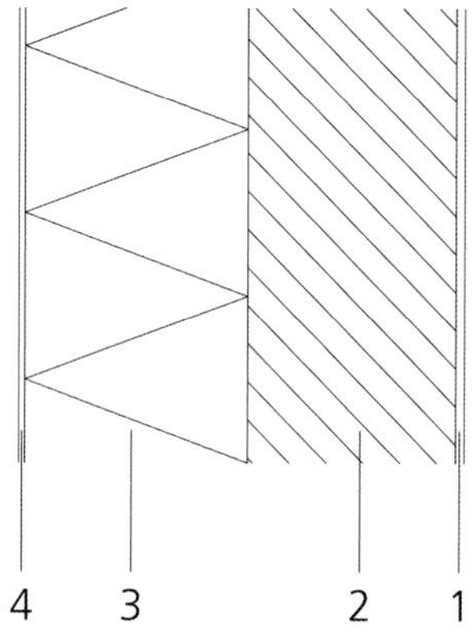 4 3 2 1 1 石膏抹面，d = 10mm 2 多孔混凝土，PPW/035，d = 240mm 3 聚苯乙烯硬泡沫，WLG032，d = 260mm 4 矿基抹面，d = 8mm
屋顶	0.100	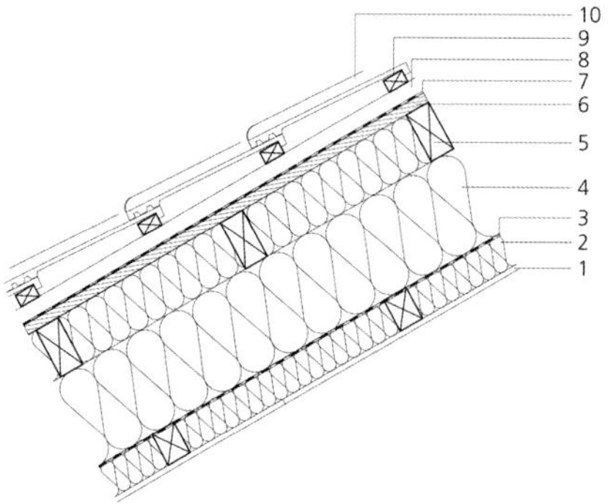 1 石膏板覆面，单层，d = 12，5 mm 2 安装层，d = 80 mm 3 隔汽膜，SD100 4 椽间矿棉保温材料，WLG 035，d = 220mm 5 矿棉，WLG 035，d = 120 mm 6 屋面板，d = 24 mm 7 沥青屋面卷材 G200DD 8 顺水条，40 mm×600 mm 9 挂瓦条，50 mm×30 mm 10 瓦片，ERLUS LINEA 灰色
底板	0.089	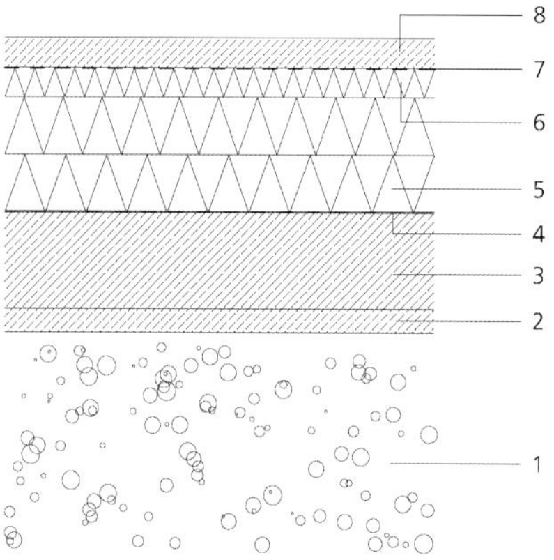 1 砾石 2 垫层，d = 50 mm 3 钢筋混凝土底板，d = 30 mm 4 水平密封 5 聚苯乙烯，WLG 035，d = 240mm 6 聚苯乙烯，WLG 035，d = 60 mm 7 聚乙烯 PE 膜 8 找平层，磨光，d = 65 mm
窗	0.800	

建筑设备措施

除了带热回收的通风设备，在墙凹处装设了一个公称热功率 8kW 的柴粒炉，以维持必要的室内温度。这个暖炉 8kW 的功率大大超过了需要。这一方面迫切需要开发新产品。这样一栋房子，只需要十分之一功率的柴粒炉就够了。

柴粒添加采用手动。所需的柴粒实在太少，不值得装自动给料设备。

一层的送风从地板闸口流入开放式办公室。

烟气从屋顶的不锈钢烟囱排放到室外。

建筑通风的热回收器热回收率高达 92%。设备的高效率来自其逆流式管道热交换器，热交换面积高达 60m^2。也就是说，热交换面积是市场上常见的交叉流板热交换器的 5～8 倍。所选用的热交换器还有一个夏季的旁通管，避免在温度较高时不当地对送风加热。

建筑设备一览表 **表 3**

供暖系统	▶ 辅助供暖用柴粒燃炉，Wodke 公司，PE 型，装设在起居区域内
饮用水加热系统	▶ 威能日用水热泵 geoTherm
发电系统	▶ 电力取自公共电网
雨水利用系统	
建筑通风系统	▶ 带热回收通风系统，Paul Wärmerückgewinnungs GmbH，Termos 200DC 型
建筑自动化系统	▶ 无

图 10 通风设备

详图 1 屋檐详图

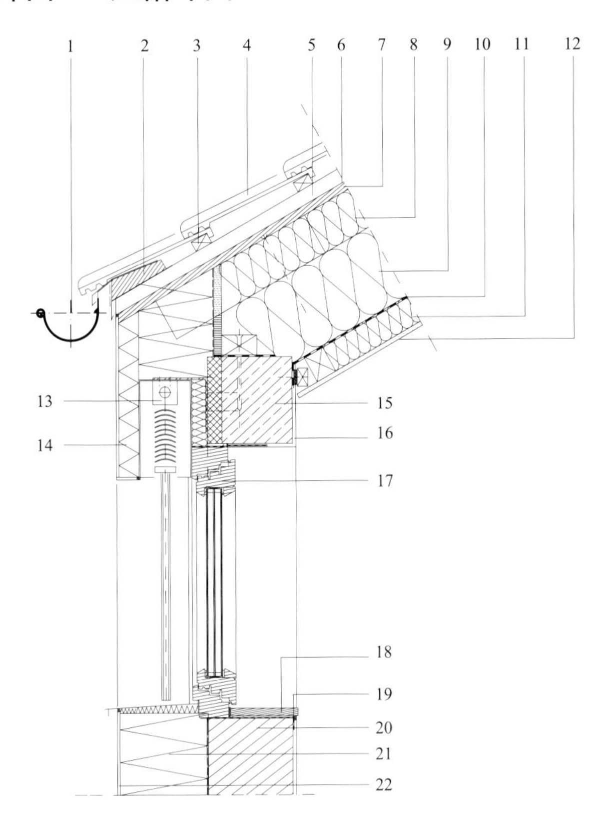

1 锌板天沟
2 屋檐板
3 挂瓦条，30 mm×50 mm
4 瓦片，Erlus Linea，灰
5 顺水条，40 mm×60 mm
6 铺砂面沥青屋面卷材 G200DD
7 屋面板，d = 24 mm
8 椽上保温层，矿棉 WLG 035，d = 120 mm/ 椽，60 mm×120 mm
9 椽间保温层，矿棉 WLG 035，d = 220 mm/ 椽，60 mm×220 mm
10 阻汽卷材 SD100
11 安装层，d = 80 mm
12 石膏板，d = 12.5 mm
13 遮阳
14 复合外保温系统 WLG 022，d = 60 mm
15 圈梁，200 mm×240 mm
16 石膏抹面，d = 10 mm
17 木框窗，三层玻璃
18 窗台板，MPX 合板，d = 21 mm
19 密封卷材
20 多孔混凝土 PPW 2-0.35；d = 240 mm
21 复合外保温系统 WLG 032，d = 251.5 mm
22 无机抹灰，d = 7 mm

详图 2 二层露台连接节点

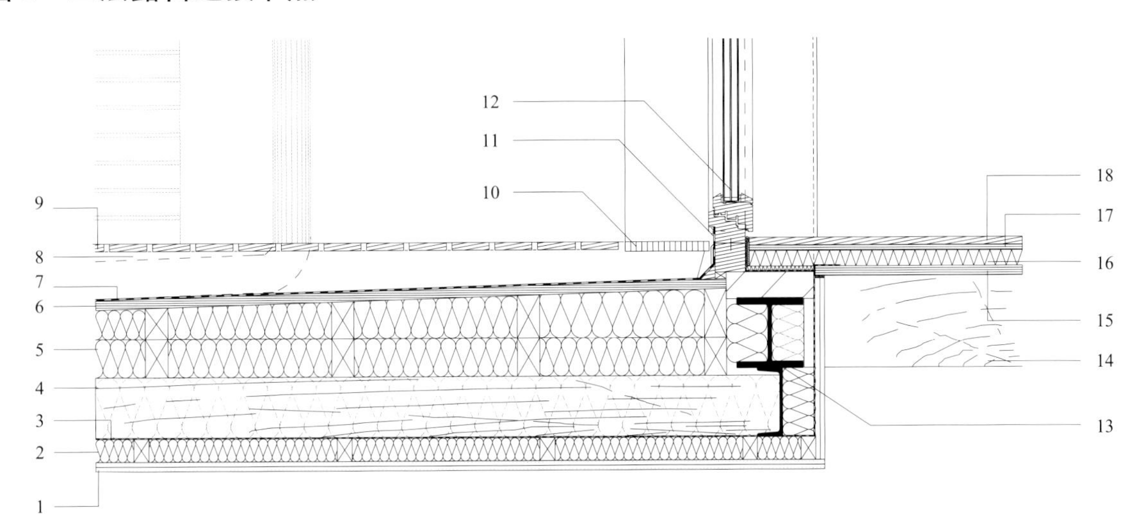

1 石膏板，二层，d = 12.5mm
2 安装夹层 / 岩棉 WLG035，d = 60mm
3 Dampfsperre
4 楼板梁 / 岩棉 WLG035，d = 160mm
5 副椽及其间的坡度保温层，岩棉 WLG 035，d = 100mm
6 欧松板，d = 25mm
7 椽下防水卷材
8 落水管，d = 100mm
9 木地板，d = 20mm
10 栅格，d = 20mm
11 木窗框
12 3 层玻璃
13 支撑构件，工字构件
14 楼板梁 100mm×240mm
15 欧松板，d = 25mm
16 踏步消声材料，d = 40mm
17 欧松板，d = 15mm
18 地板，d = 20m

10.5

度假农庄珀恩史翠西

▶ 业主 Thomas Pernstich
▶ 设计及项目管理 Michael Tribus Architecture Schießstandgasse 9 I-39011 Lana（BZ），Italien
▶ 建筑设备规划 Michael Tribus Architecture
▶ 土地面积 1431.00m²
▶ 主要使用面积 194.20m²
▶ 总占地面积 住宅 372.56m² 地下室 452.42m²
▶ 总建设成本 1570000 欧元
▶ 建造时间 2007 ～ 2009 年

项目简介

该建筑的主要任务在于为珀恩史翠西（Pernstich）度假农庄找到一个“私人住宅”和“度假农庄”尽可能相互独立的解决方案。依托卡特恩（Kaltern）村上方原生葡萄藤景观，沿着自然上升的地形，建筑形成两个错层的单体。

图 1 游泳池

建筑场地在 Kaltern 的 Weinstraße 街旁一个农业绿带中。

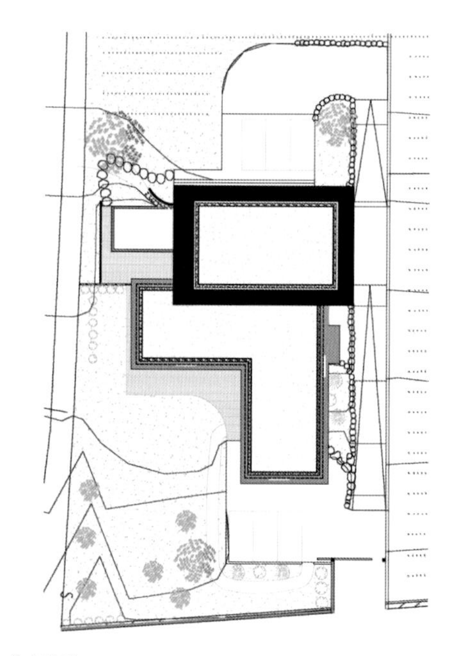

图 2 位置图

平面图及剖面图

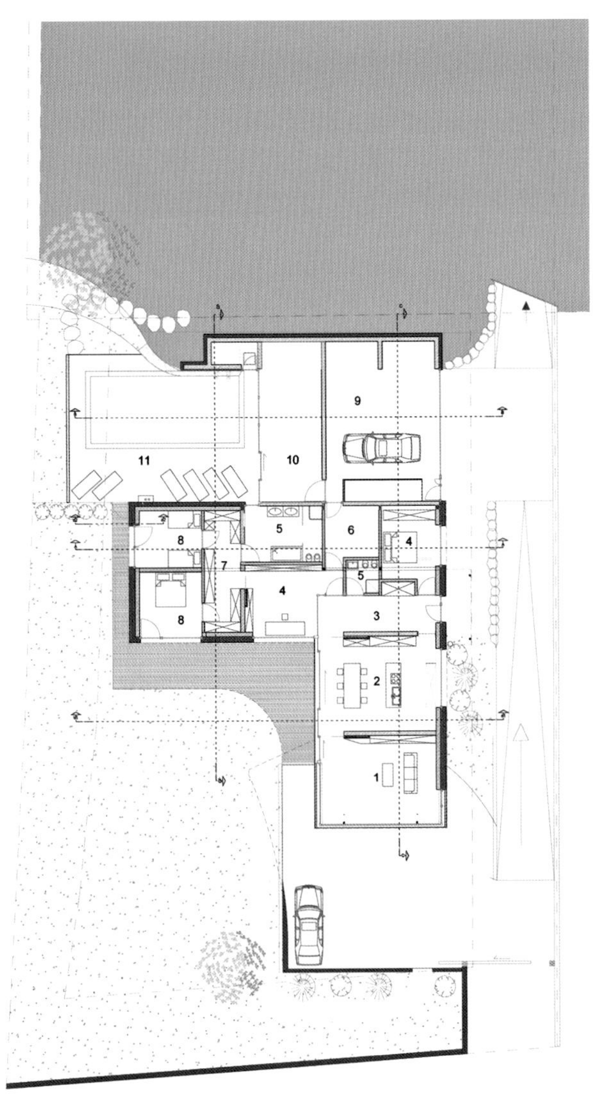

1 起居室
2 厨房与餐厅区
3 走道
4 办公室
5 厕所 / 浴室
6 更衣室
7 橱柜间
8 房间
9 车库
10 桑拿区
11 游泳池

图 3 一层

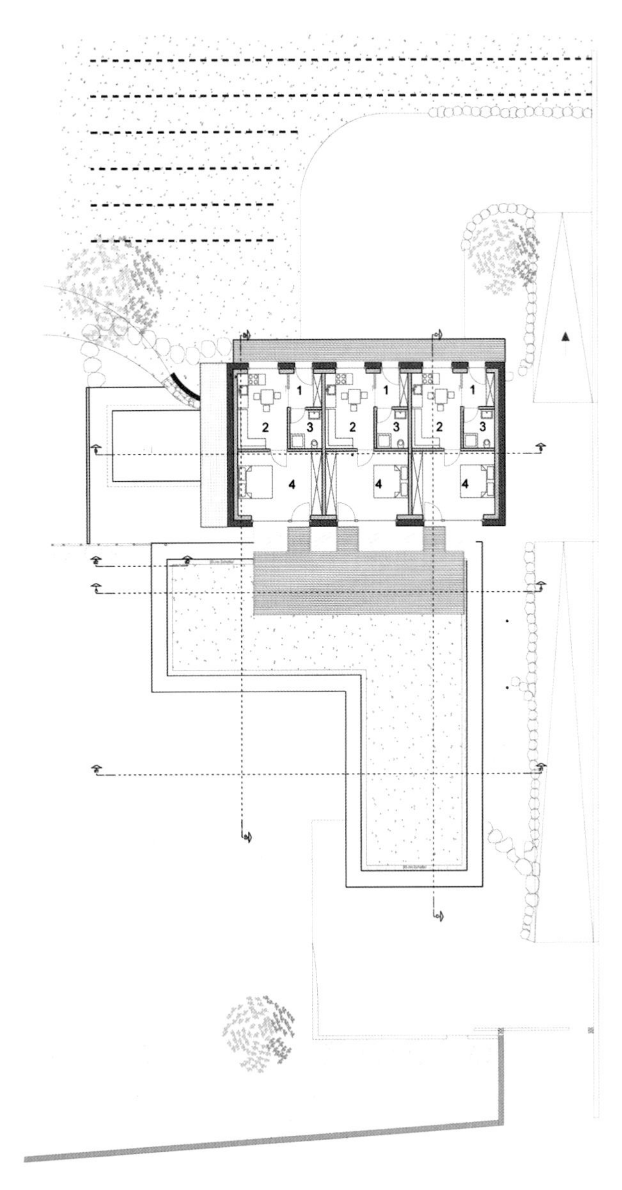

1 进口区
2 厨房
3 房间

图 4 二层

L 型的主要建筑是私人住宅，在东北翼上为厨房及居住区。伸入车辆入口庭院 4m 深的挑出位置，是带斜面玻璃幕墙的起居室。这景象令人联想到蹲踞在石头上的猎豹，口半开半闭。西南一翼上为卧室和浴室，两者之间是一间宽敞的大书房。

在主要建筑的后方，沿着地形上升。在第二层台阶上矗立着第二个深色的建筑，衬映着第一个建筑，作为其背景。

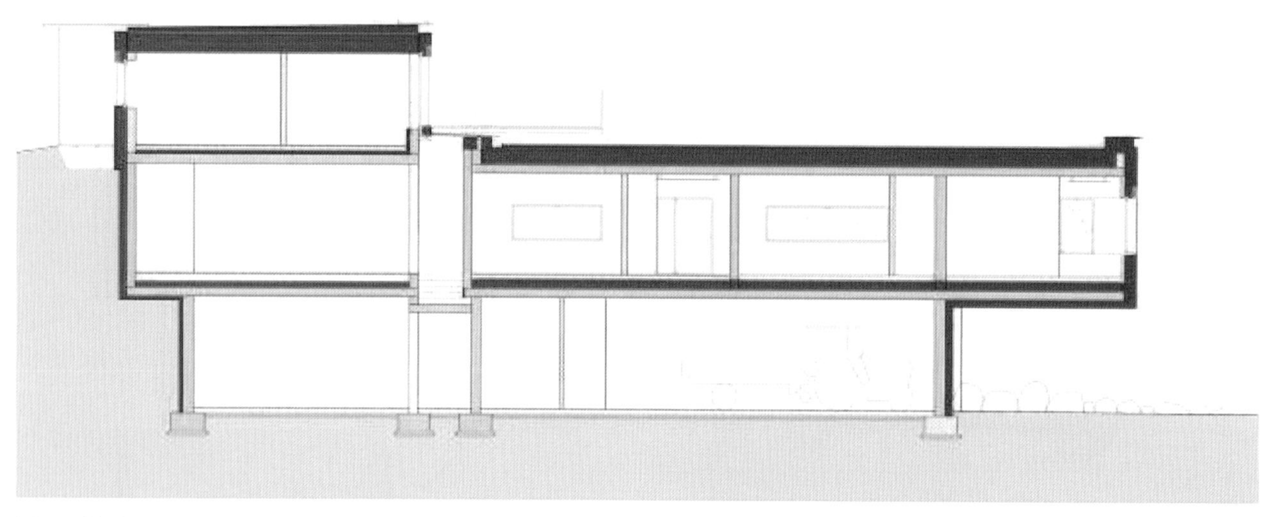

图 5 剖面

一层有车库和桑拿区，在其上方的二层是“度假农庄”的 3 个公寓。从公寓中可以在专属露台上远眺 Kaltern，一直可以看到湖面。

图 6 露台

图 7 起居室

图 8 游泳池

结构

该建筑是按被动房认证标准设计的。钢筋混凝土结构，无热桥。采暖与制冷都通过低温差大面积辐射板。设定的目标是建筑品质和节能兼顾。在这个原则下，实现了能量自给自足而又优美的建筑。

图 9 起居室

图 10 屋顶结构

屋顶结构为木工字梁，由高级层板胶合木的翼板和欧松板（OSB，定向结构刨花板）的腹板组成。屋顶结构覆盖纤维素保温层。车库的屋顶按结构计算要求为钢筋混凝土板，上方覆盖 XPS 保温板。再铺上 6cm 的保护混凝土层，避免外界影响。这样，在后来做绿化时不会被破坏。

图 11 详图

建筑物理情况

建筑为钢筋混凝土与砖结合的外保温砌体结构。因为建筑外形不很紧凑，外表面 / 体积比（形体系数）并不理想。只能用某些地方厚达 50cm 的保温层来弥补。

特别是地下室顶板在这个被动房项目中额外作了计算，最终按照计算结果加以相应的保温。

屋顶为绿植屋顶，雨水被收集起来冲洗厕所。

采暖和制冷都通过顶棚或地板（起居室区和浴室）。能量供给来自一套浅层地热设备。对这个采暖制冷系统还辅以最高热回收效率的机械通风系统。

覆盖斜面外墙的是一个 $8m^2$ 的大的太阳能热水器。从房间悬挑出来，也遮蔽了一部分游泳池，为整个建筑提供热水。

各部件的建筑物理指标见表 2。

图 12 高度保温隔热的中间楼板（地下室顶板）

被动房验证（PHPP） **表 1**

一般特征		
建造时间	2009	
户数	1	
住客数	25	
改建体积 V_e	$979.80m^3$	
室内温度	20℃	
内部热源	$2.10W/m^2$	
按能量计算面积计算的指标	项目实现的数值	被动房认证限值
能量计算面积	$194.17m^2$	
采暖能量指标	$15kWh/(m^2a)$	$\leqslant 15kWh/(m^2a)$
鼓风门气密测试结果	$0.60h^{-1}$	$\leqslant 0.60h^{-1}$
一次能源指标（热水、采暖、辅助及家用电力）	$104kWh/(m^2a)$	$\leqslant 120kWh/(m^2a)$
一次能源指标（热水、采暖、辅助电力）	$44kWh/(m^2a)$	
采暖负荷	$19W/m^2$	
按使用面积（依据 EnEV 2006）计算的指标		要求
使用面积（依据 EnEV）		
一次能源指标（热水、采暖、辅助电力）		

各部件的建筑物理指标　**表 2**

建筑部件	建筑物理指标，按 DIN EN ISO 6946 U [W/(m²K)]	示意图
外墙	0.078	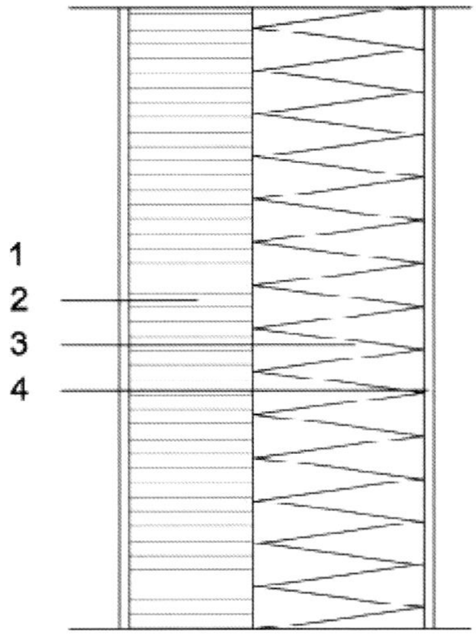 1 石灰抹面，d = 20mm 2 墙砖，d = 250mm 3 保温层，d = 350mm 4 石灰水泥抹面，d = 20mm
屋顶	0.067	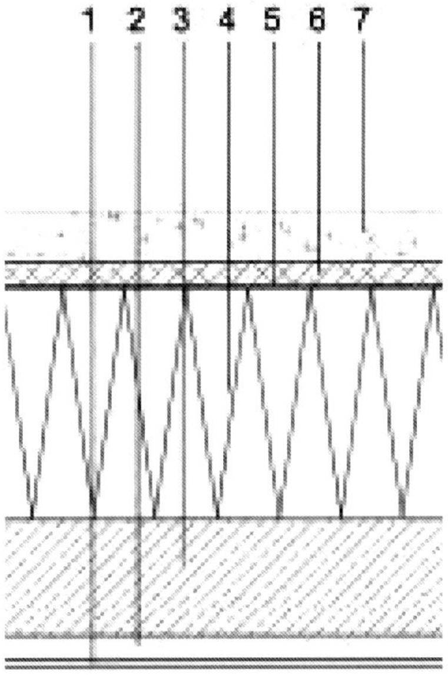 1 石膏板–内侧抹灰，d = 12.5－20mm 2 安装层，d = 40mm 3 钢筋混凝土楼板，d = 250mm 4 EPS，d = 500mm 5 PVC- 密封膜 6 导水垫，d = 30mm 7 砾石层，d = 60mm
	0.118	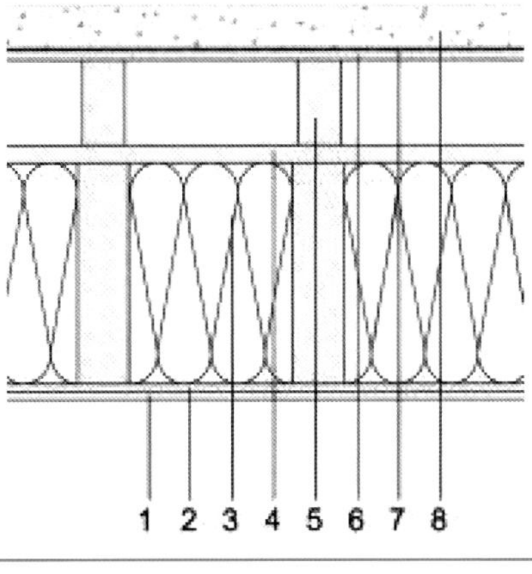 1 石膏板–内抹灰，d = 12.5－20mm 2 OSB- 欧松板，d = 20mm 3 椽子，椽间填充纤维素保温层，d＝250mm 4 OSB- 欧松板，d = 20mm 5 背通风层，d = 60mm 6 屋面板，d = 20mm 7 PVC- 屋顶密封＋保护垫 8 砾石层，d = 60mm

续表

建筑部件	建筑物理指标，按 DINENISO6946 U［W/（m^2K）］	示　意　图
底板	0.148	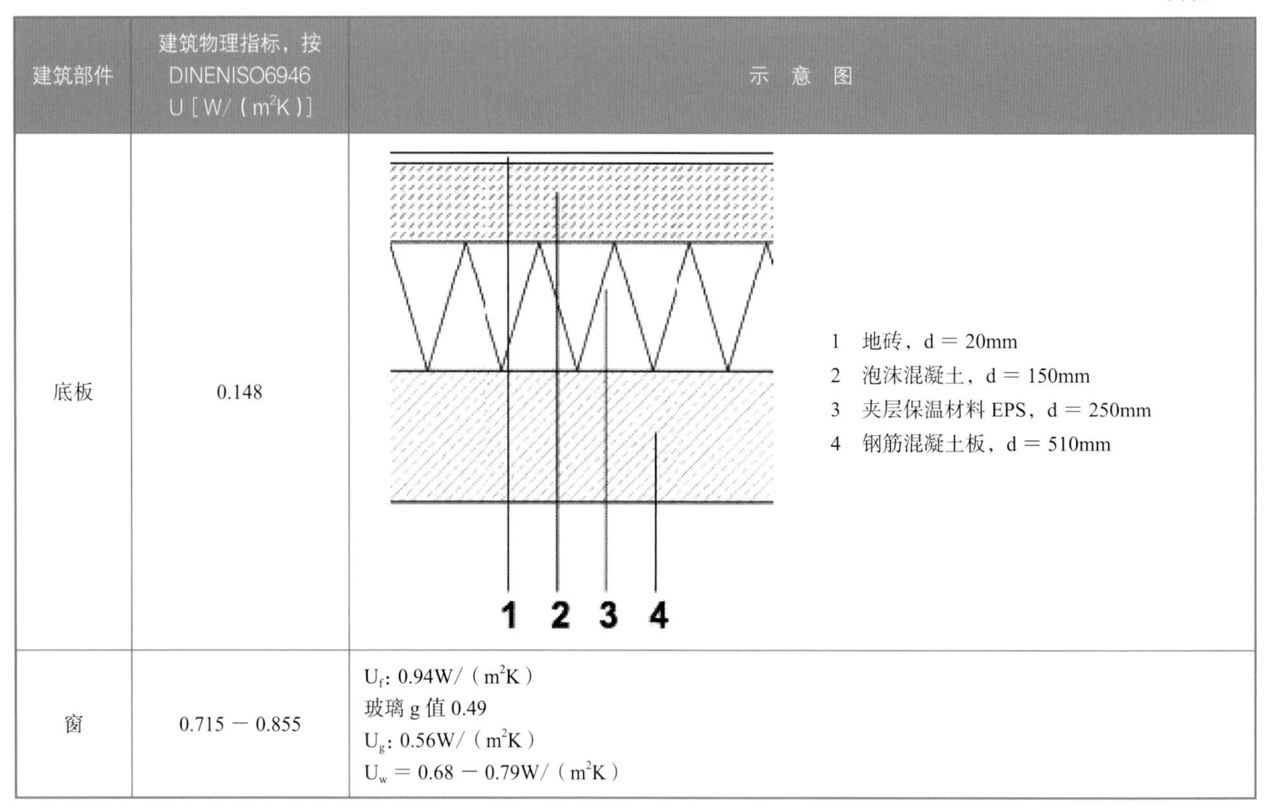 1　地砖，d ＝ 20mm 2　泡沫混凝土，d ＝ 150mm 3　夹层保温材料 EPS，d ＝ 250mm 4　钢筋混凝土板，d ＝ 510mm
窗	0.715 － 0.855	U_f: 0.94W/（m^2K） 玻璃 g 值 0.49 U_g: 0.56W/（m^2K） U_w ＝ 0.68 － 0.79W/（m^2K）

建筑设备措施

业主要求为该建筑现在就做好将来进一步安装效能更高热泵设备的准备。也就是说，热泵要能够从现在已经安装的“浅层地热埋管”取得必要的环境能量。这个地热埋管由围绕着地下层，深度约 5m，总长约 500 延米，直径 25mm 的盐水管构成。采暖及热水首先由一个约 8m^2 的太阳能热水器提供热水给一个 1000 升的暂存水箱，由此为顶棚和一部分地板提供低温差大面积采暖系统所需热能。因为在 Garnellenweg 街上的建筑车辆入口处已经连接了甲烷气体管道，可以用一个普通的便宜冷凝燃气锅炉作为后备装置。目前这种设备和未来可逆转运行的设备不同之处在于不能制冷，因此还要为建筑制冷另谋对策。这里借助一个建筑管理系统的支持。这系统也可以调节现有浅层地热泵的被动降温：经过从周围 5m 深的土壤中“汲取”温度，可以让建筑物中的过高温度经由安装的大面积采暖系统（特别是顶棚和浴室的地暖）转移到土壤中。

图 13 充满阳光的中间层

图 14 窗面

因被动降温的可用性是有限度的（在土壤中的冷量耗尽之后，要等到冬天才能再度生成），因此，及时对东面和南面大面积窗户提供遮阳更为重要。这通过建筑自动化来控制，首先是询问需求，如果不希望室内温度继续升高，就会启动相应的遮阳。除了这种服务于理想冷暖舒适度的节能调控之外，建筑管理系统还可以进行许多其他方面与优化能效有关的调控，例如采暖、降温、舒适通风设备、外遮阳，包括在这些领域的监视及控制。这个建筑还有一套峰值 8 千瓦的光伏设备。当设备可以提供自家需要的电力时，会针对建筑物内各种不同用途（洗衣机、洗碗机等），接受建筑管理系统的调控。

这个建筑目前离可以被称之为“能量自给建筑”只差一个可逆转运行的热泵。业主一定会在不久的将来，只要有更高能效比（COP）的设备在市场上出现时，安装上可逆转热泵。

两套通风系统：一套用于主建筑（180m^3/h），一套用于三个公寓（400m^3/h）。经过盐水循环预处理，装在北侧。

建筑设备一览表 **表 3**

供暖系统	▶ 浅层地热泵设备
饮用水加热系统	▶ 饮用水来自公用管网，利用盐水热泵设备加热
发电系统	▶ 从公用管网取得电力
雨水利用系统	▶ 总线控制
建筑通风系统	▶ 一套热回收通风系统，热回收率 85%。
建筑自动化系统	▶ 总线控制

详图 1　屋顶

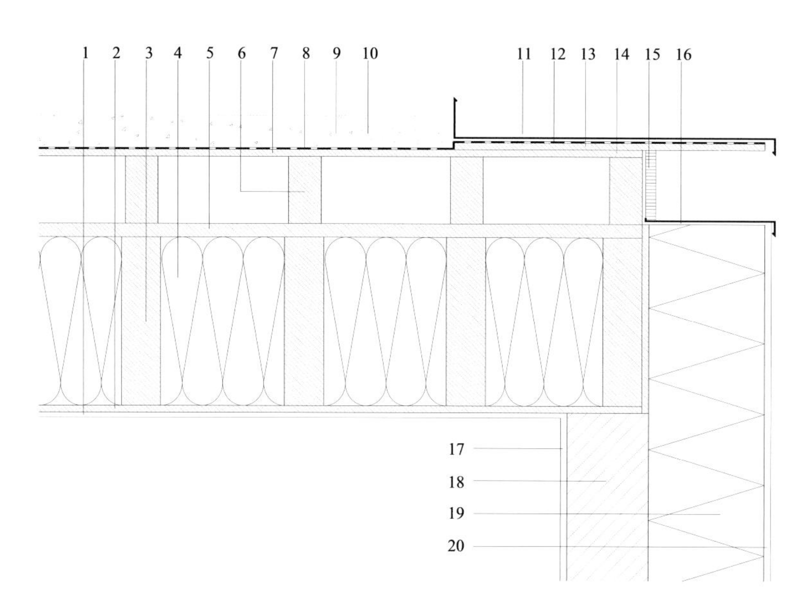

1　石膏吊顶
2　欧松板 d = 20 mm
3　木结构，d = 400 mm
4　纤维素保温层，d = 400 mm
5　欧松板，d = 50 mm
6　背通风层，d = 200 mm
7　欧松板，d = 20 mm
8　密封膜
9　碎石下构，作为排水层，d = 40 mm
10　绿植屋顶，d = 60 mm
11　钢板覆面密封层
12　PVC- 密封膜
13　欧松板，d = 20 mm
14　屋面板，d = 20 mm
15　方木及带孔金属板作为侧封板，d = 200 mm
16　钢板覆面形成间隙
17　内侧抹面
18　砖墙，d = 250 mm
19　保温层（EPS）d = 350 mm，
20　外侧抹面，d = 20 mm

详图 2　墙节点，地下室顶板 / 外砌体墙

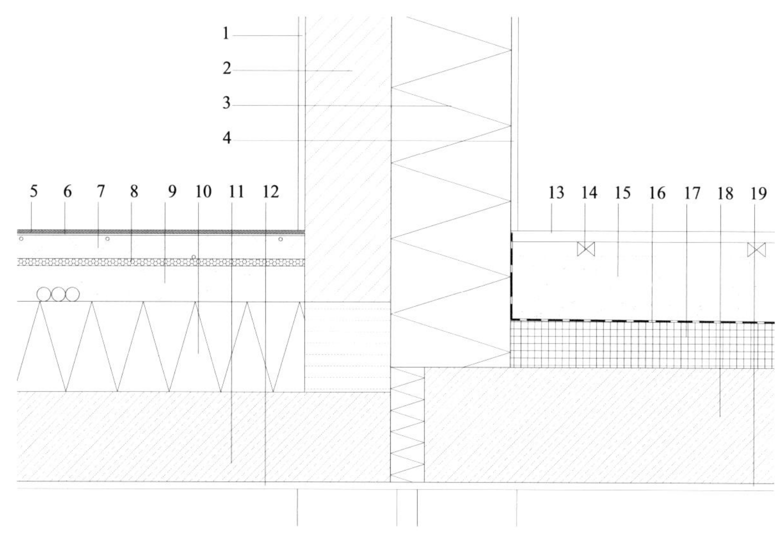

1　内侧抹面 d = 20 mm
2　砖墙 d = 250 mm
3　保温层（EPS），d = 350 mm
4　外侧抹面 d = 20 mm
5　地砖 d = 10 mm
6　粘贴层 d = 5 mm
7　找平层 d = 80 mm
8　踏步声隔声层 d = 20 mm
9　泡沫混凝土 d = 120 mm
10　保温层 EPS，d = 250 mm
11　钢筋混凝土顶板 d = 250 mm
12　内侧抹面 d = 10 mm
13　龙骨 d = 30 mm
14　垫木 40 × 50 mm
15　碎石下构，约 250 mm
16　PVC 膜
17　XPS 保温层（带坡度 150－100 mm）
18　钢筋混凝土顶板，厚度按结构计算 d = 320 mm
19　内侧抹面 d = 20 mm

10.6

模块化预制被动房，苏尼特左旗（中国内蒙古自治区），乌兰巴托（蒙古国）

项目总览
▶ 业主 内蒙古大族栢慧节能建筑科技有限公司
▶ 设计及项目管理 德国隆恩建筑师事务所 RoA RONGEN ARCHITEKTEN PartG mbB Propsteigasse2 41849 Wassenberg
▶ 建筑设备规划 Inco Ingenieurbüro GmbH
▶ 土地面积 120m^2
▶ 主要使用面积 72m^2
▶ 总建造成本 约 34000 欧元
▶ 建造时间 2017 年

项目简介

该项目的实施背景是：中国和摩尔多瓦政府共同努力，控制传统草原从事畜牧业的人口继续向城市外流的现状。这一举措是确保未来草原畜牧经济可持续发展的唯一途径。

为此，如何在可预见的将来改善、提高农村人口住房标准是十分迫切的课题。

深圳大族栢慧节能建筑科技有限公司借此机会，委托建筑设计方进行规划设计，采用预制钢结构模块化工艺，开发出适宜被动房的模块化建筑，作为面向牧区牧民的住房产品。

场地

首先，建造两栋各约 70m^2 的模块化住宅作为样板房。每栋建筑由两个模块组成，所有建筑模块以及相关组件在工厂预制完成。在这一生产过程中，如同汽车制造工业一样精细准控制建筑构件的质量和安装精度。对建筑执行这样的施工标准，是之前在中国和蒙古国未曾达到的。

图 1 单个建筑集成模块在工厂内完成制造、安装

平面及剖面

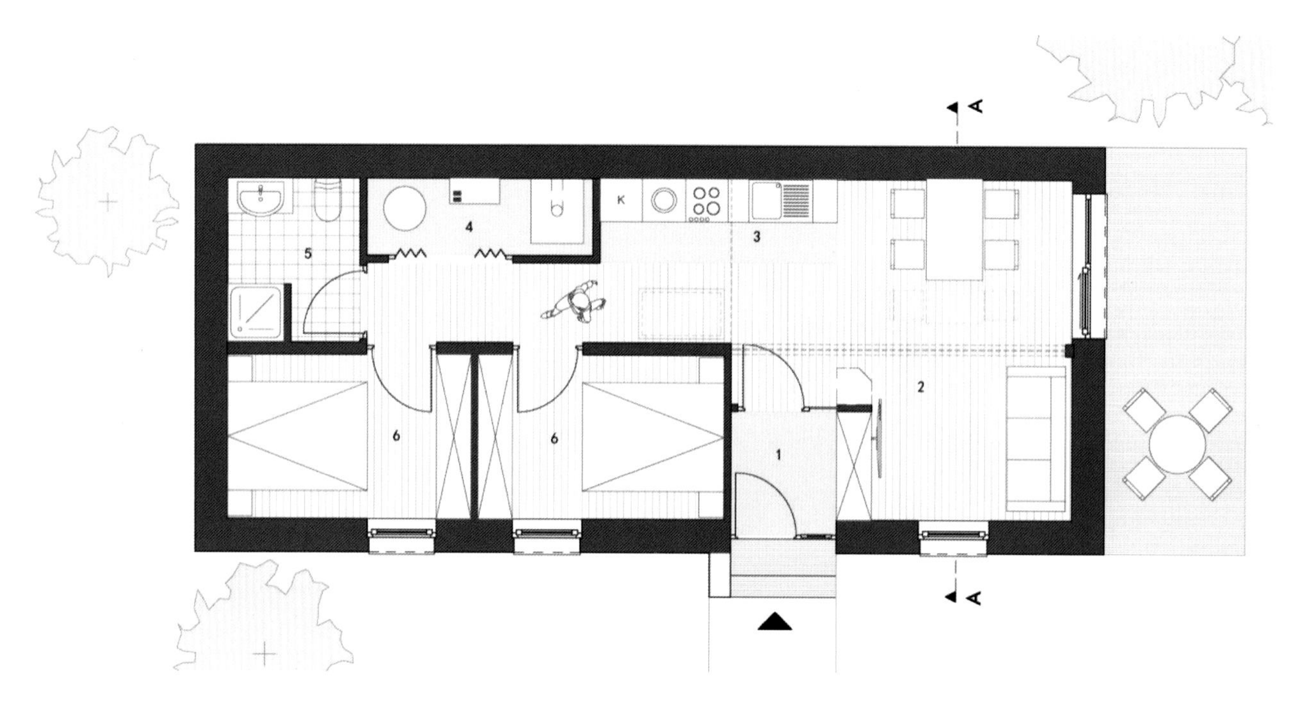

1 门厅
2 客厅 & 餐厅
3 厨房
4 设备间
5 浴室
6 卧室

图 2 平面图

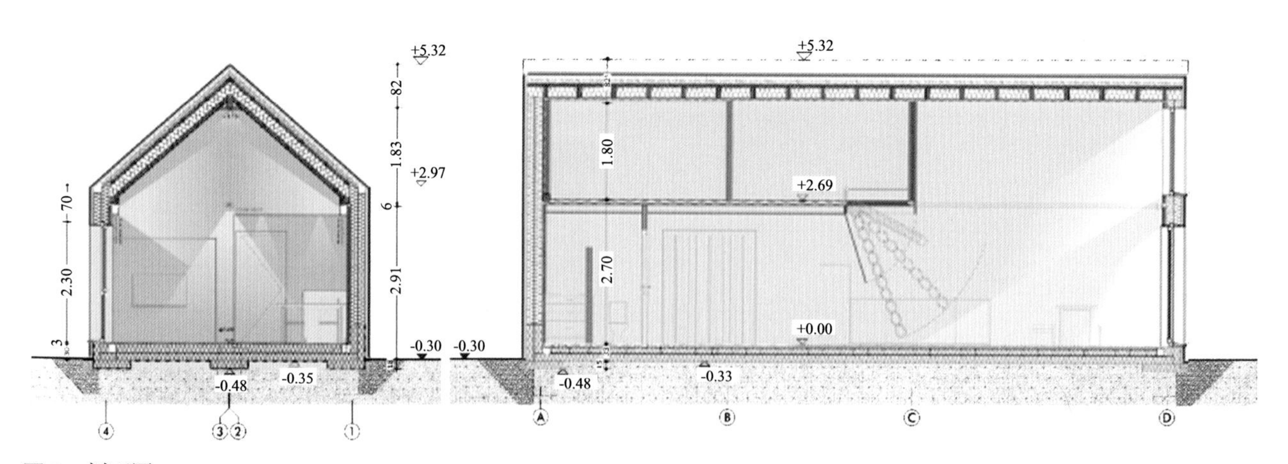

图 3 剖面图

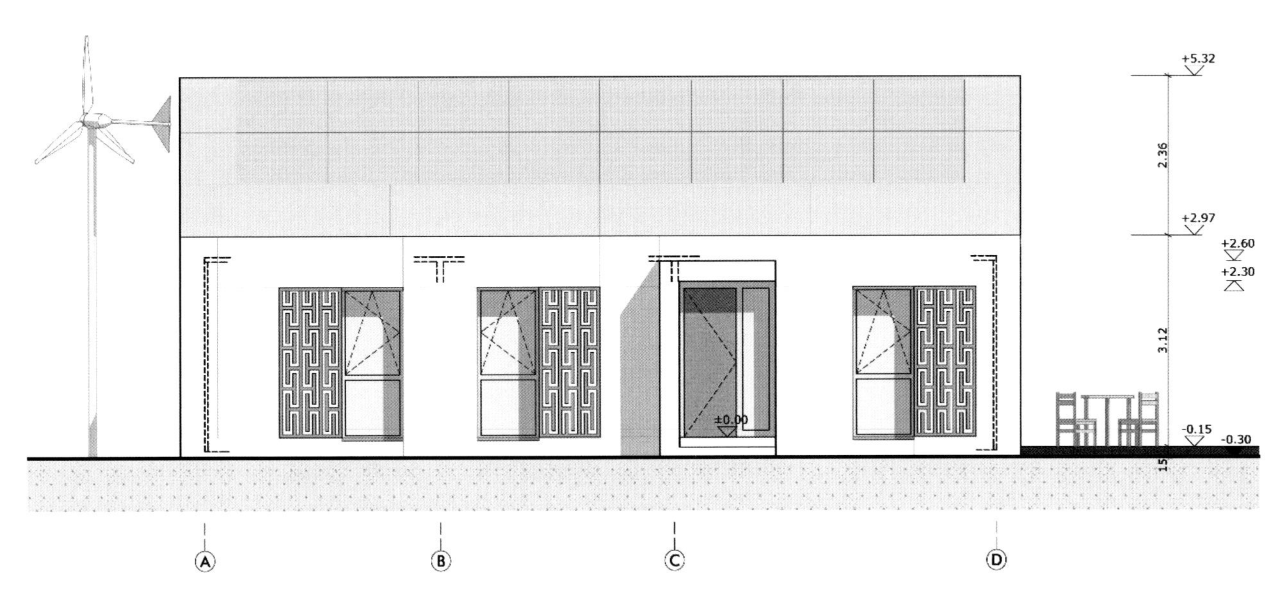

图 4 南立面

结构

作为建筑主体支撑结构，在苏尼特左旗建造的样板房采用两只废弃的海运集装箱。而另一栋运往蒙古国首都乌兰巴托市的样板房，采用的主体结构是全新焊接的钢结构框架。

房屋的基础底板为现场浇筑的混凝土底板，与建筑模块的底部完成连接。混凝土底板作为蓄热媒介，可以提供额外的蓄热量，不仅在冬季可以更长时间地保存热量，在夏季也有助于保持室内的凉爽。

样板房的外墙以两层错缝安装的 EPS 板作为保温层，保温层总厚度为 30cm。

外立面由白色的阳极氧化铝板组成，并且表面有镜面效果，将周围的景色映入其中，使建筑和景观融为一体。

所有内墙铺有双层石膏防火板。在高质量的 OSB 木板制成的地板下铺设一层额外的石膏板，有助于增加蓄热量并改善房屋的隔声效果。

建筑的另一个特点是高效隔热的窗户外侧的折叠构件，该构件可以在晚上从外侧折叠进窗洞中。因此，冬季建筑物的窗户在风雪中的受冷面可以减到极小。

图 5 集装箱主体结构切割门、窗洞口

图 6 模块完成组装后的吊装

建筑物理情况

建筑的热工性能符合被动房的标准。以 PHPP 作相应的验证。结果见表 1，各部件的结构参数如表 2 所示。

被动房认证（PHPP） **表 1**

一般指标		
建造时间	2017	
住户数	1	
人员数	3	
建筑容积	180m^3	
室内温度	20℃	
内部热源	空调热泵机	
按能耗面积计算的指标	项目实现的指标	被动房认证限值
能耗面积	72.33m^2	
供暖能耗指标	18kWh/（m^{2}a）	≤ 15kWh/（m^{2}a）
鼓风门试验结果	0.6h^{-1}	≤ 0.60h^{-1}
一次能源指标（热水、供暖、辅助及日常电力）	94	≤ 120kWh/（m^{2}a）
一次能源指标（热水、供暖、辅助电力）	46	
供暖负荷	11W/m^2	
按 EnEV 2006 使用面积计算的指标	项目实现值	节能条例要求
依据节能条例计算的使用面积	—	
一次能源指标（热水、供暖、辅助电力）	—	≤ 40kWh/（m^{2}a）

各部件的建筑物理指标　　**表 2**

建筑部件	建筑物理指标 DIN EN ISO 6946 U[W/（m²K）]	示　意　图
外墙	0.101	1 石膏板，13mm 2 PE 膜 3 岩棉 035，40mm 4 钢板，2mm 5 EPS 保温，300mm 6 外墙龙骨结构 7 氧化铝板
屋顶	0.105	1 石膏板，13mm 2 岩棉 035，60mm 3 隔汽膜 4 EPS 保温 035，200mm 5 EPS 保温 035，60mm 6 OSB 板，25mm 7 檩条，4/6mm 8 屋面龙骨结构 9 氧化铝板
地面		1 木地板 2 隔声垫 3 隔汽膜 4 XPS 保温层 5 钢结构底面与隔汽膜 6 碎石

建筑设备

配有一个带有集成热泵的空调机组，为冬季提供舒适的室内温度，并确保夏季凉爽的室内气候。
可控的通风系统具有 90% 以上的热回收能力，可确保在冬季大部分的热量保存在室内。

样板房作为示范楼房建成后，将以此为基础，在 2017 年底之前，按照各自所在所在地点的气候条件，建成 125 个优化的被动房。

建筑设备一览表 **表 3**

供暖系统	空调热泵机
饮用水加热系统	燃气锅炉
发电系统	5kW 风光互补系统
雨水利用系统	—
建筑通风系统	全热交换率达到 92% 新风机
建筑自动化系统	—

10.7

美冉洛赫鲍尔别墅建筑群

▶ 业主 Wolfgang Reisigl Alexander Schweitzer
▶ 设计及项目管理 Michael Tribus Architecture Schießstandgasse9 I-39011 Lana（BZ）Italien
▶ 建筑设备规划 Michael Tribus Architecture Schießstandgasse 9 I-39011 Lana（BZ）Italien
▶ 土地面积 1350m^2
▶ 主要使用面积 莱西格双拼别墅： 大别墅 235m^2 小别墅 155m^2 史怀哲独户别墅 291m^2
▶ 总占地面积 别墅 542.12m^2 别墅 389.04m^2
▶ 总建造成本 不详
▶ 建造时间 2006 ～ 2007 年

项目简介

洛赫鲍尔（Lochbaur）位于帕斯尔河谷入口的美冉（Meran）的北方边缘，在著名的申纳（Schena）墓园正下方。其位置在向西南倾斜的缓坡上端，四周有苹果树林围绕。地块后方东北向逐渐高起，北面以一片树林为界。林中有小溪流淌，作为灌溉渠道形成地形边界。

地块上原有的两栋建筑被拆除。按照现行法规，在农业绿地中，拆除的两栋建筑都可以各自重建一栋850m^2 的建筑。由此确定了方案：一栋独立别墅，另一栋与之相关联的双拼别墅。利用上升的地形，连通的地下层是很大的共用车库，车库上面是三户别墅的露台。

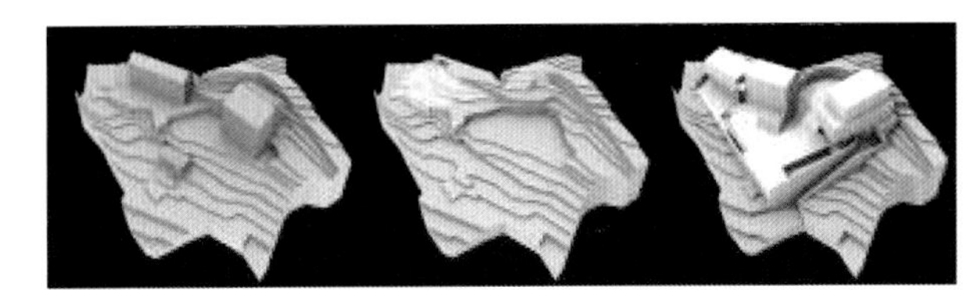

图 1 3-D 模型：拆除的老建筑及新建筑

三栋别墅从露台看去，向后方开展，沿自然地形升高。露台绿化，作为三栋别墅的花园。露台的高程比谷底高一层楼，可以眺望帕塞尔河谷及对面的特克塞尔（Texel）山脉。

图 2 史怀哲别墅南外墙面

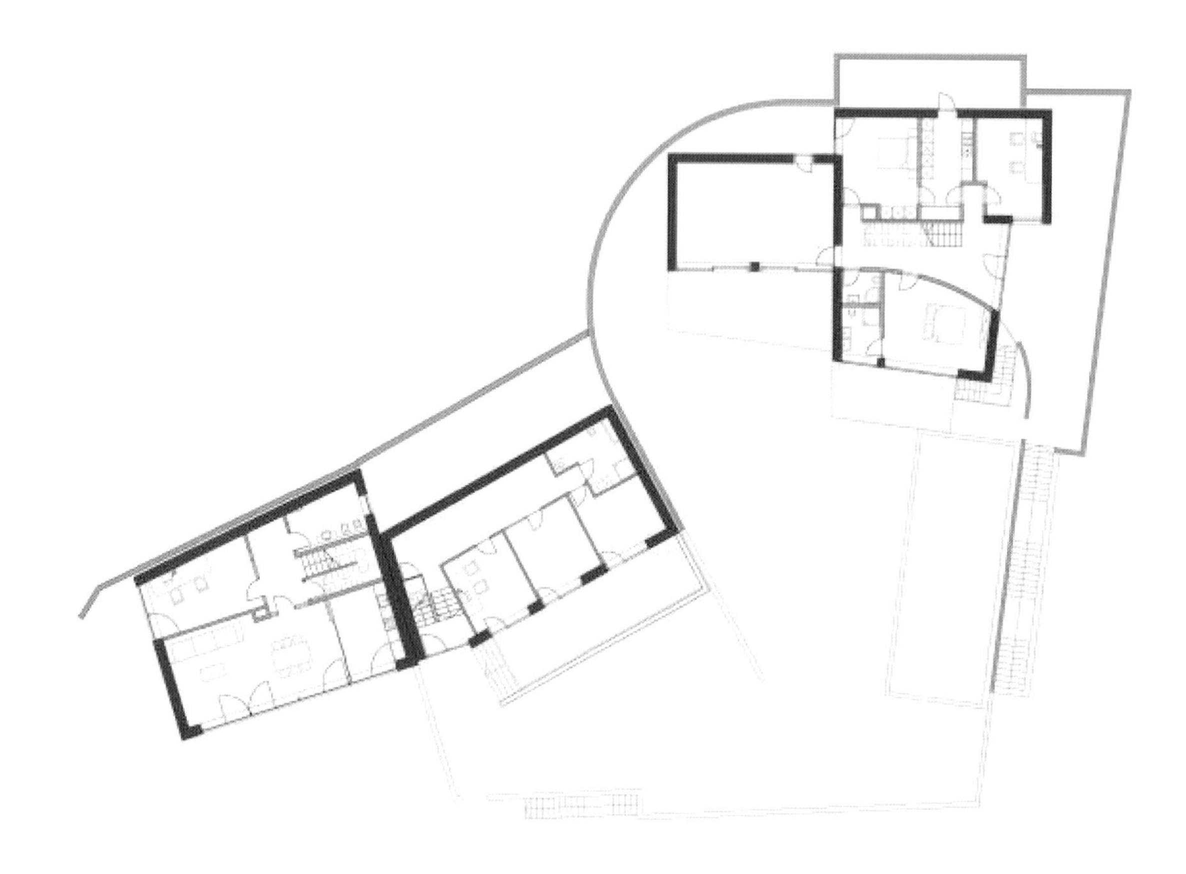

图 3 一层

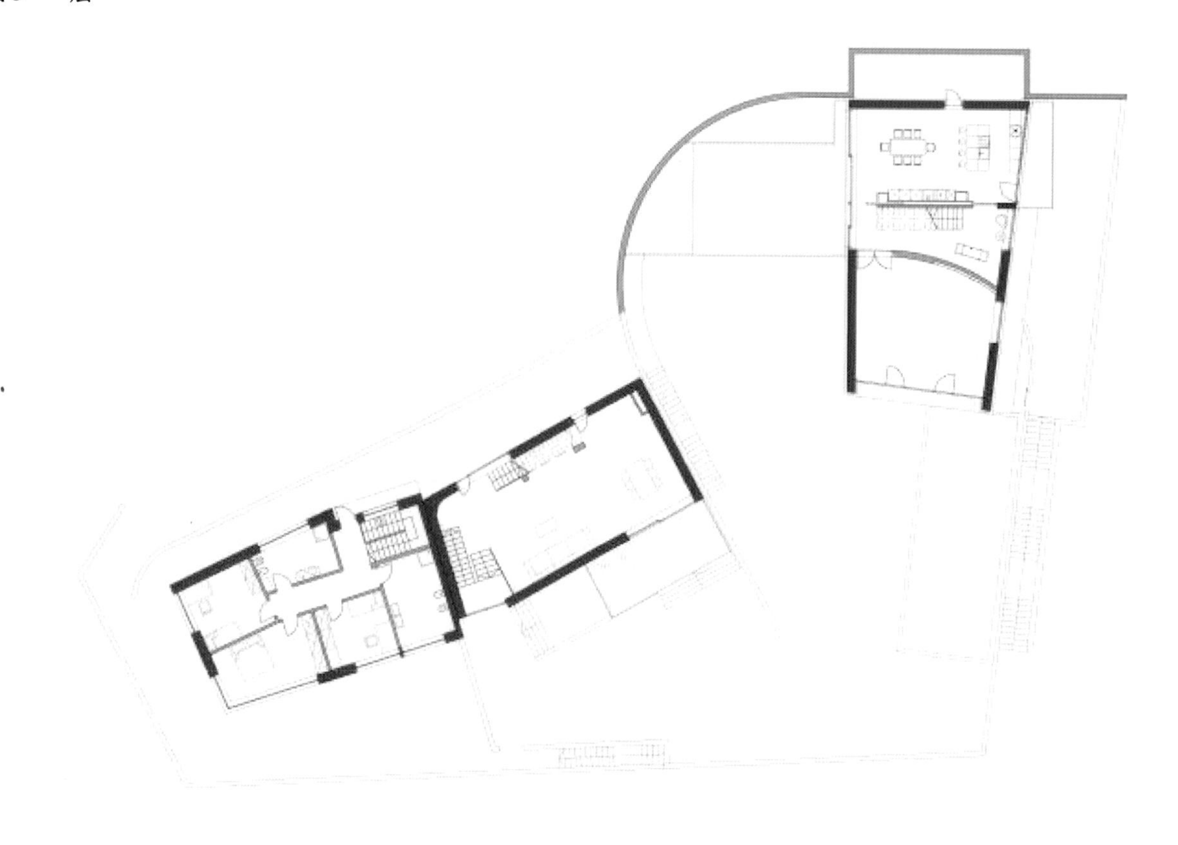

图 4 二层

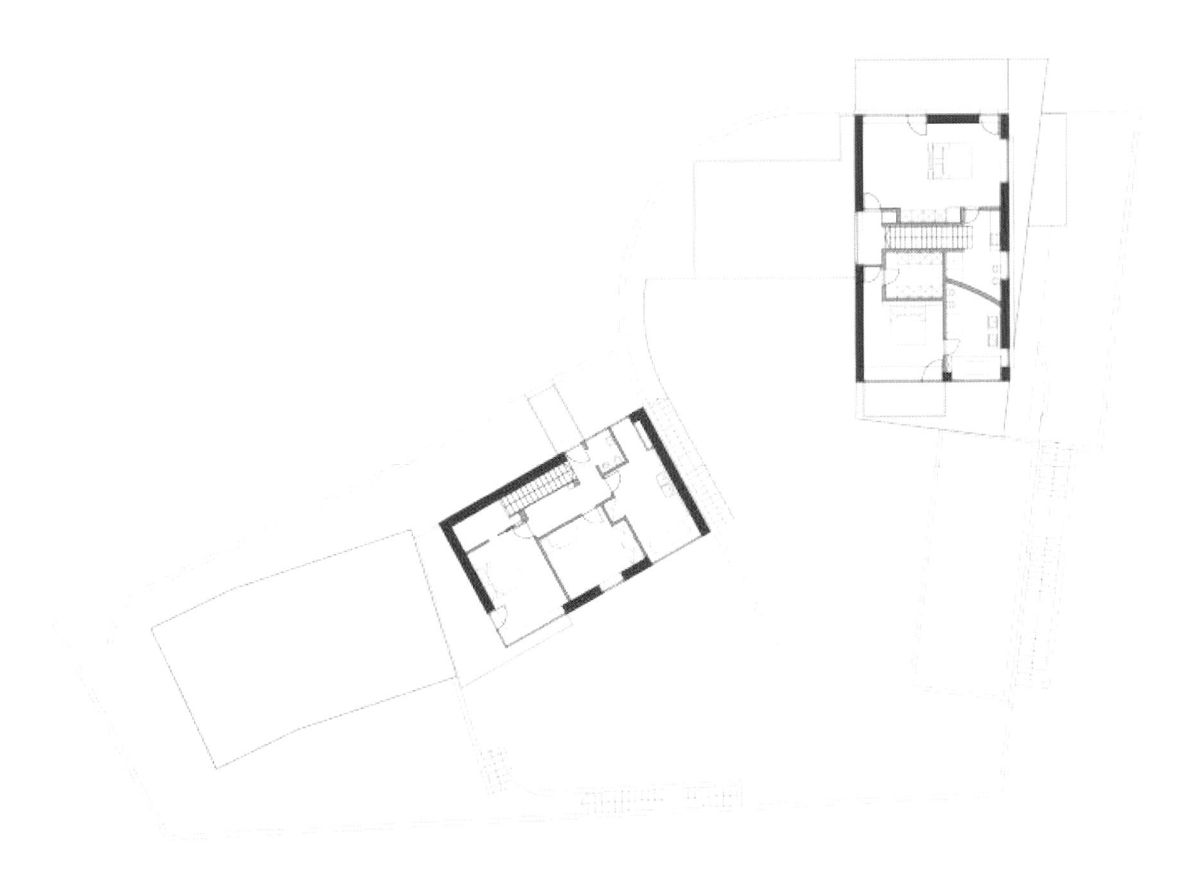

图 5　顶层

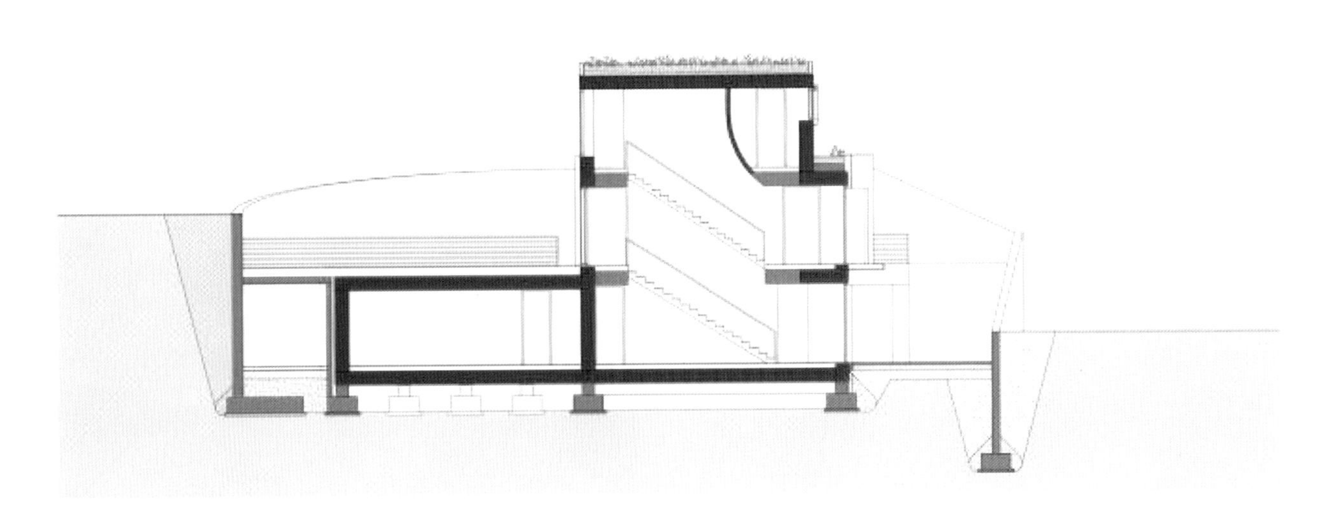

图 6　史怀哲别墅横剖面

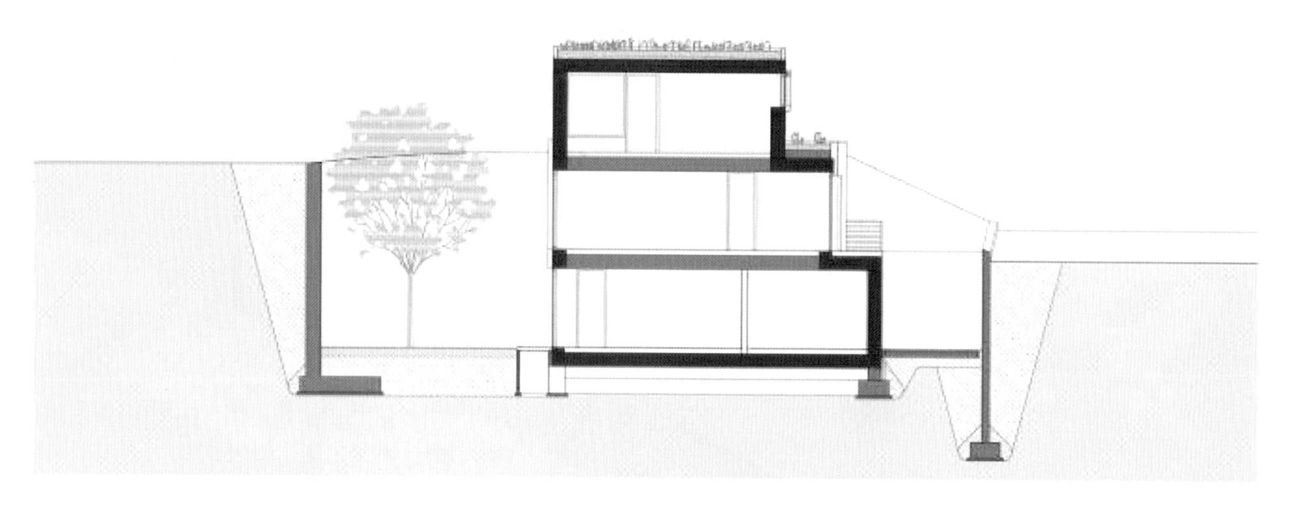

图 7 史怀哲别墅纵向剖面

结构

支撑斜坡的挡土墙和整个地下停车库都是钢筋混凝土结构，面向河谷的一侧以天然石贴面。

图 8 泳池与开阔美丽的视野

别墅的建筑主体完全是预制木结构组成，安装在准备好的混凝土底板上。预制的外墙构件中纤维素保温层厚 40cm，木工字构件框架作为结构件。内侧因为有管道通过，用石膏板贴面。外侧抹灰，或栎木板覆面。

图 9 浴室

建筑物理情况

木结构的地板、外墙和屋顶的保温非常好，传热系数 U 值 0.088W/m^{2}K，与 3 层玻璃窗以及舒适的带热回收通风设备相结合。这三栋被动房的采暖能耗可以达到低于 15kWh/（m^{2}a），按气候房标准（KlimaHaus）规定的计算法能耗为 10kWh/（m^{2}a），相当于金奖级。因此，该建筑在 2008 年获得了“气候房奖”。

图 10 走道及上行楼梯

图 11 通往起居室区的内部楼梯

图 12 起居室及周围地区景观

图 13 浴室

被动房验证（PHPP） **表 1**

一般指标		
建造时间	2009	
户数	2	
住客数	8	
改建容积 V_e	966m^3	
室内温度	20℃	
内部热源	3.5W/m^2	
按能耗面积计算的指标	本项目实现数值	被动房认证限值
能耗计算面积	207m^2	
采暖能耗指标	13kWh/（m^2a）	≤ 15kWh/（m^2a）
鼓风门测试结果	0.6h^{-1}	≤ 0.60h^{-1}
一级能源指标 （热水，采暖，辅助和家用电力）	73kWh/（m^2a）	≤ 120kWh/（m^2a）
一级能源指标 （热水，采暖，辅助电力）	59kWh/（m^2a）	
采暖负荷	15W/m^2	
按 2006 EnEv 使用面积计算的指标		要求
按 EnEv 计算的使用面积		
一级能源指标 （热水，采暖，辅助电力）		

各部件的建筑物理指标　　**表 2**

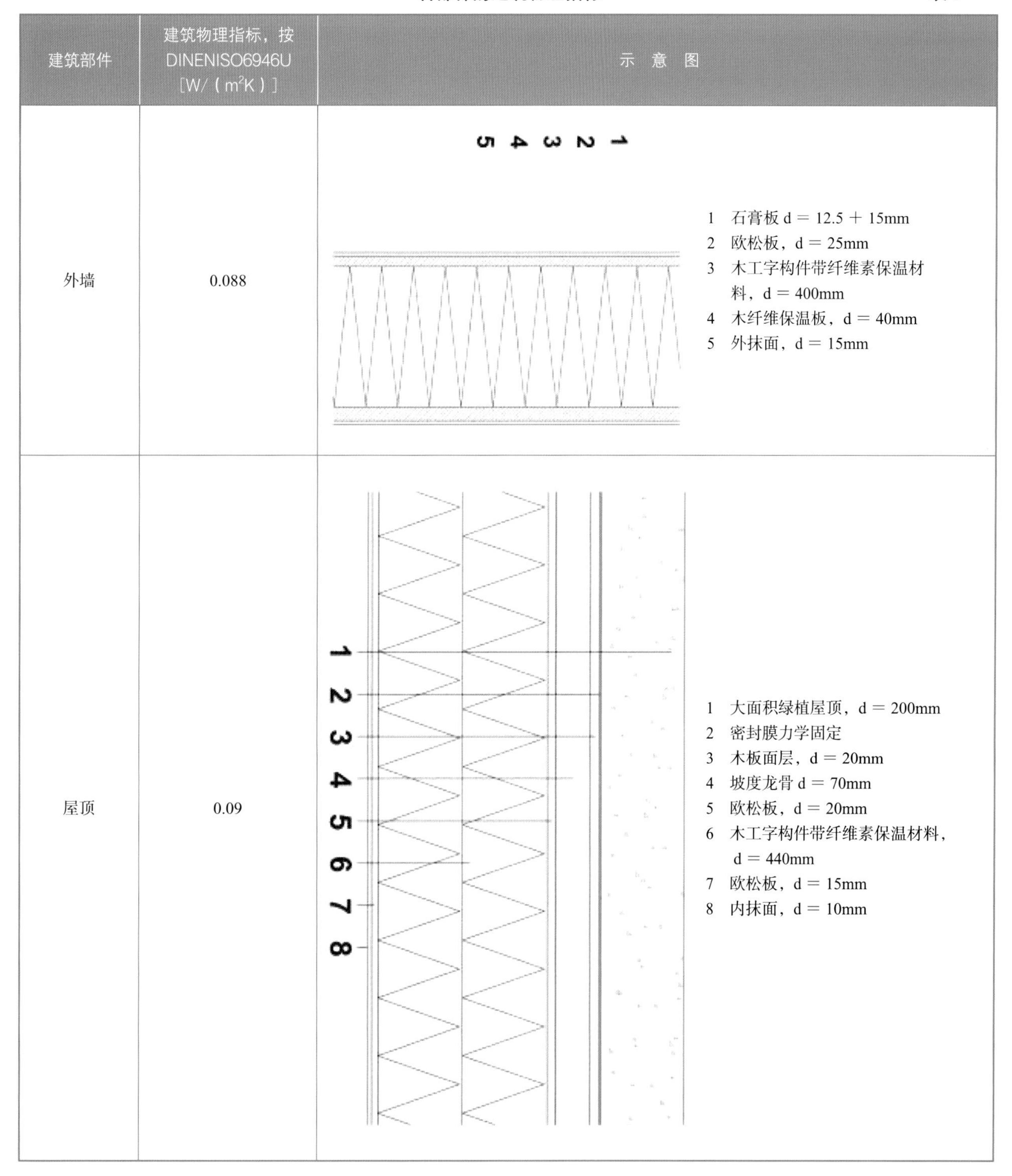

建筑部件	建筑物理指标，按 DINENISO6946U [W/（m^2K）]	示意图
外墙	0.088	1 石膏板 d = 12.5 + 15mm 2 欧松板，d = 25mm 3 木工字构件带纤维素保温材料，d = 400mm 4 木纤维保温板，d = 40mm 5 外抹面，d = 15mm
屋顶	0.09	1 大面积绿植屋顶，d = 200mm 2 密封膜力学固定 3 木板面层，d = 20mm 4 坡度龙骨 d = 70mm 5 欧松板，d = 20mm 6 木工字构件带纤维素保温材料，d = 440mm 7 欧松板，d = 15mm 8 内抹面，d = 10mm

续表

建筑部件	建筑物理指标，按 DINENISO6946U [W/（m^2K）]	示 意 图
底板	0.09	1 拼花地板，d = 14mm 2 找平层，d = 40mm 3 踏步声隔声板，d = 20mm 4 找平填料找平填料，d = 95mm 5 欧松板，d = 20mm 6 木楼板带纤维素保温，d = 400mm 7 落叶松木板面层，d = 20mm
窗	0.74—0.86	木框窗 U_f: 0.69W/（m^2K） 玻璃 g 值 0.52 U_g: 0.60W/（m^2K） U_w = 0.74 − 0.86W/（m^2K）

建筑设备

一台柴粒燃炉制备热水及采暖。

图 14 浴室，安装

两台带热回收效率 87% 的中央通风设备提供全控制的住宅通风。

7.5kW 光伏设备生产电力。

建筑设备一览表 **表 3**

供暖系统	▶ 柴粒燃炉
饮用水加热系统	▶ 取自公共网路用木粒燃炉采暖加
发电系统	▶ 光伏设备 7.5kW ▶ 取自公共电网
雨水利用系统	▶ 利用作为花园灌溉
建筑通风系统	▶ 二台中央通风装置带 87% 热回收提供有控制的住宅通风
建筑自动化系统	▶ 无

详图 1　屋顶
顶板节点

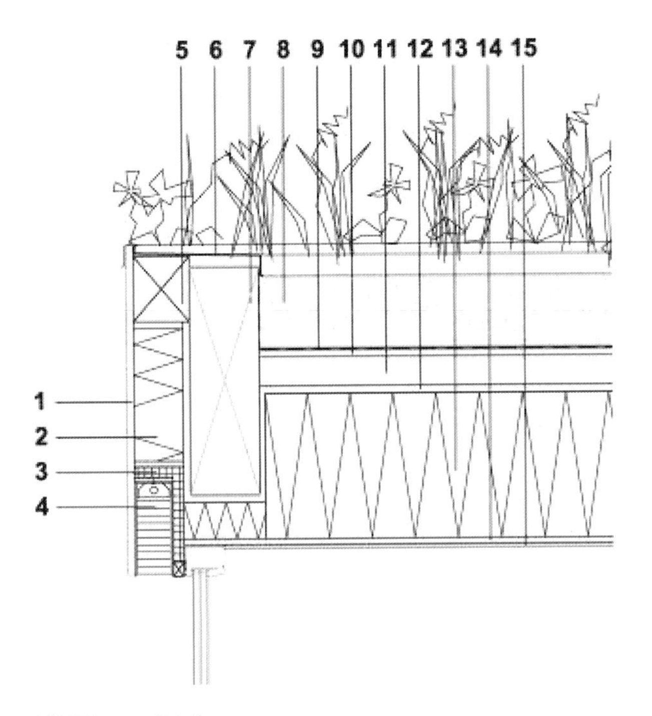

1　外抹面，d ＝ 10mm
2　保温层 EPS，d ＝ 140mm
3　保温层 XPS，d ＝ 30mm
4　全保温百叶盒
5　方木，160mm×180mm
6　金属盖板，d ＝ 0.5mm
7　木梁，d ＝ 630mm
8　砾石层，d ＝ 200mm
9　密封膜带保护绒
10　木板面层，d ＝ 20mm
11　背通风层，d ＝ 80mm
12　欧松板，d ＝ 20mm
13　木工字构件带纤维素保温，d ＝ 400mm
14　欧松板，d ＝ 20mm
15　石膏板，d ＝ 12.5m

详图 2　阳台
露台节点

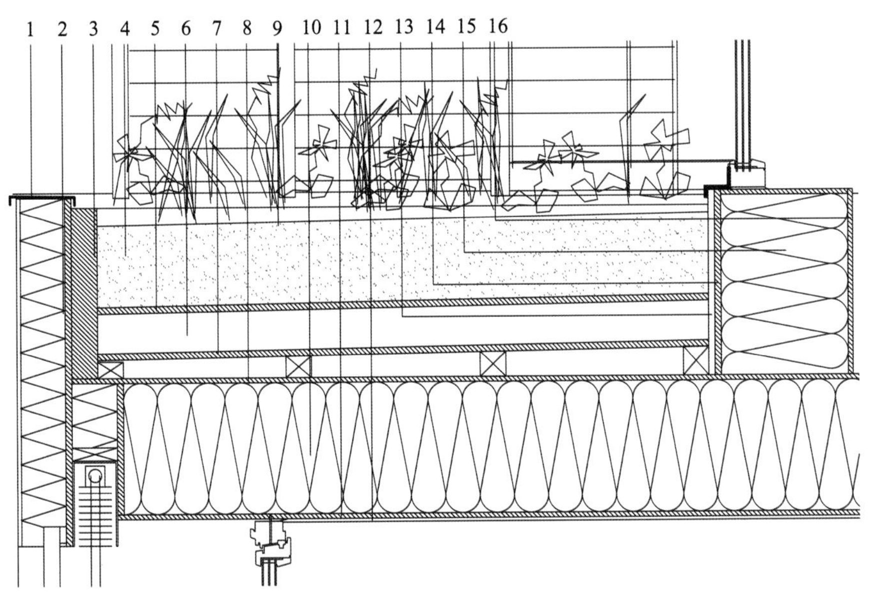

1　金属盖版
2　欧松板，d ＝ 20mm
3　木梁按结构计算 750mm×200mm
4　混合基层，加密封卷材及保护网布，d ＝ 240mm
5　条板，d ＝ 20mm
6　顺水条作为背通风层，d ＝ 80mm
7　欧松板，d ＝ 20mm
8　坡度龙骨，d ＝ 0－80mm
9　木工字构件带纤维素保温，d ＝ 400mm
10　欧松板，d ＝ 20mm
11　石膏板，d ＝ 12.5mm
12　饰面
13　金属基座板，d ＝ 20mm
14　欧松板
15　木工字构件带纤维素保温，d ＝ 400mm
16　欧松板，d ＝ 20mm

10.8

克热尔农庄

▶ 业主 Siegfried Kerer
▶ 设计及项目管理 Michael Tribus Architecture Schießstandgasse 9/1 I-39011 Lana (BZ), Italien
▶ 建筑设备规划 Michael Tribus Architecture Schießstandgasse 9/1 I-39011 Lana (BZ), Italien
▶ 土地面积 3600m^2
▶ 主要使用面积 360m^2
▶ 总占地面积 520m^2
▶ 总建造成本 1230000 欧元
▶ 建造时间 2012 ~ 2013 年

项目简介

克热尔农庄（Kererhof）位于特尔兰乡（Terlan）的七橡区（Siebeneich）南端，紧邻月光小径（Mondscheinweg）和月光渠（Mondscheingraben）。

地块位于农业绿地中，面积约 3600m^2。

克热尔农庄由一栋住宅建筑和一栋商业建筑组成。

图 1 进口处外观

图 2 克热尔住宅单元外观

克热尔家很久以来一直想要改建并扩大原来的客栈，但饶特院却没有足够的条件有效地经营一家饭店。在鲁巴屈巷的建筑和棚屋对克热尔家并不合适，因为那里什么基础设施都没有。特别是该建筑物的入口处十分危险，必须经过手动开闭的火车栅栏，这对未来有小孩的家庭并不合适。因此，他们决定将原来的建筑容积向特兰（Teran）镇的七橡（Siebeneich）聚居区域方向挪移。原来老地点的容积全部放弃，新的饭店因此命名为“克热尔农庄”。

结构

月光小径旁边的地块，位置比较方便，也更靠近已经开发的区域。所有的基础设施都具备，例如天然气、污水管以及饮用水在建造开始前就已经存在，出入口在月光小径上。

兴建新的农庄可用容积为 1250m³，再加上达到气候房 A 级标准可以提高 10%，即共有 1375m³ 可用，新的农庄需要的占地面积较少。

图 3 住宅单元瑞德（Rieder）外观

住宅的容积分为两个相似的结为一体的建筑，两者由一个在中间的共用入口区域相连接。

这两栋住宅建筑在平面图上形成一个 V 字形，也就是说，从前面看过去两者朝不同方向张开。通过退缩的入口区，两栋建筑虽然相连，但住户却会觉得住在一栋完全属于自己的建筑中。

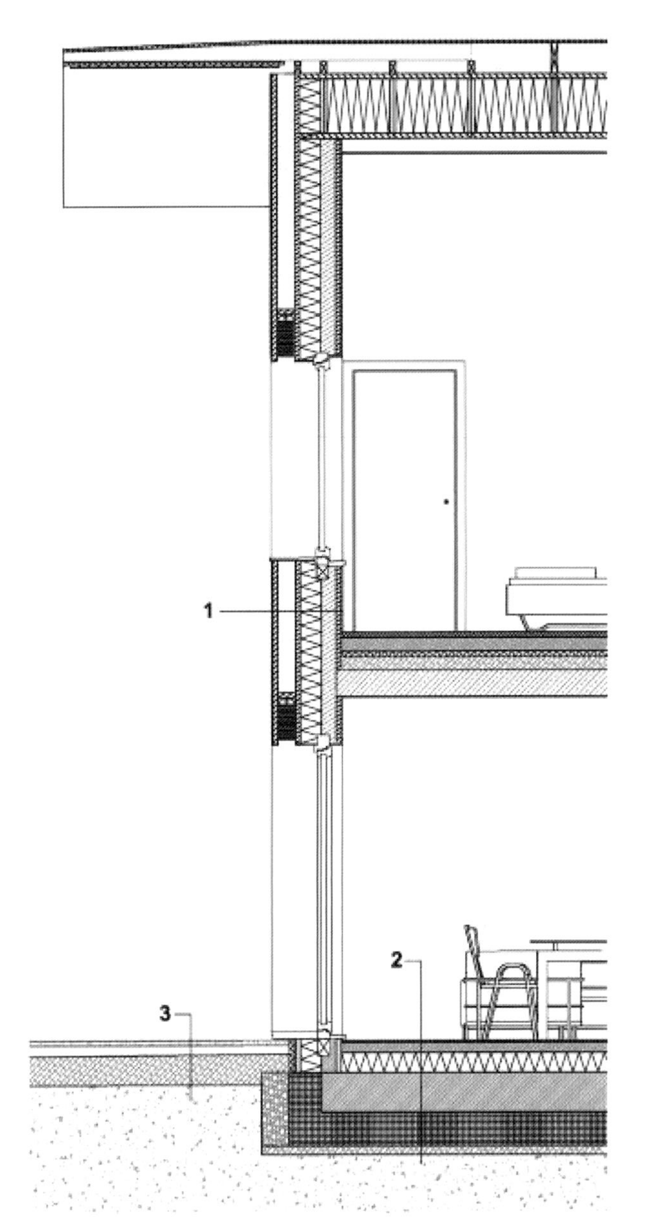

图 4 垂直剖面

饭店、住宅和其他建筑围成一个封闭的内院。

住宅建筑的北侧与饭店及停车场相连，旁边是设备间和锅炉房。

按地形研究结果，采取了将现有地面高程加高 1m 的预防措施，以免在洪水时被淹。

图 5 内院一瞥

总容积分配于两栋相似的建筑，构成两个独立的住宅。其中西侧一半由农庄主人居住，东侧另一半住的是他的女儿一家。二层就是顶楼，也就是没有另外建阁楼。饭店主人家的二层还有一个假日公寓，给来农庄度假的客人居住。

建筑物理情况

此建筑按照被动房及气候房“金奖”标准建设并获得认证。相应的供暖需求和气密性条件都得到满足，在施工中经过调控检查（鼓风门试验）。

通风系统带 90% 热回收。

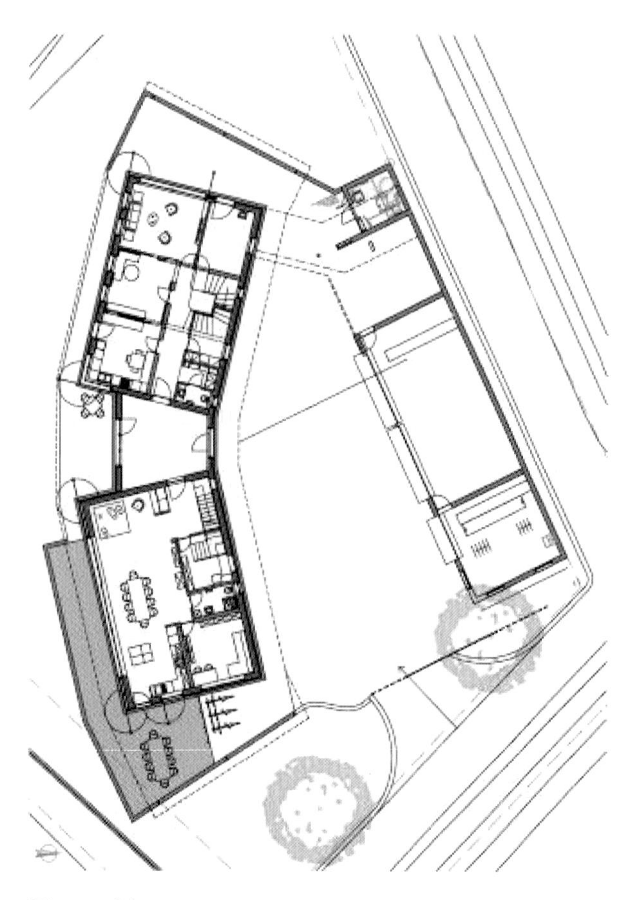

图 6 一层

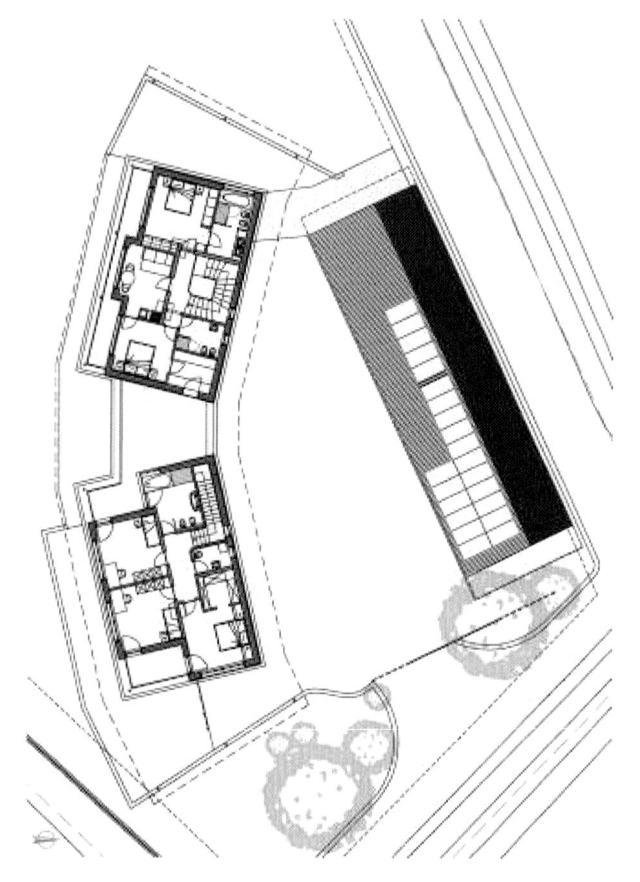

图 7 二层

各部件的建筑物理指标 **表 1**

建筑部件	按 DIN EN ISO 6946 的建筑物理指标 U[W/（m^2K）]	示意图
外墙	0.142	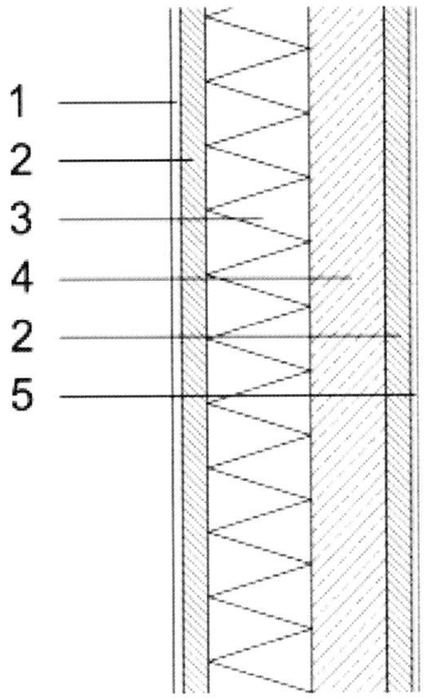 1 内抹面，d = 10mm 2 混凝土外模砖（内墙面） 3 填充混凝土 4 硬泡沫甲阶酚醛板保温层 2 混凝土外模砖（外墙面） 5 外抹灰，d = 15mm
屋顶	0.109	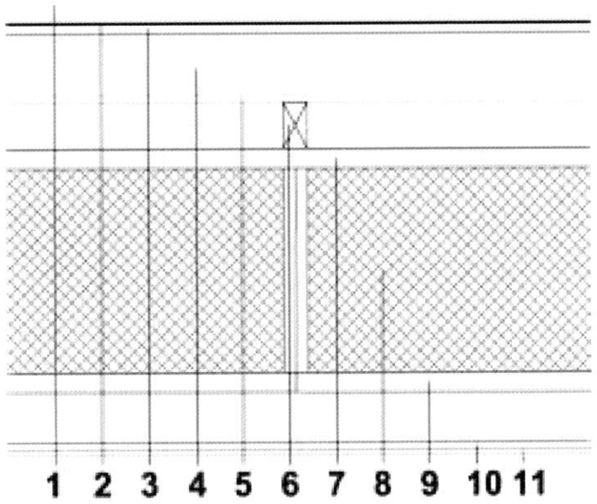 1 屋瓦覆面 2 密封卷物理方式固定 3 墙板，d = 20mm 4 软垫木，d = 90mm 5 木板屋面，d = 20mm 6 背通风层 7 欧松板，d = 30mm 8 木楼板带纤维素保温层，d = 410mm 9 欧松板，d = 30mm 10 石膏板吊顶= 12.5mm 11 内抹面，d = 10mm
地板	0.13	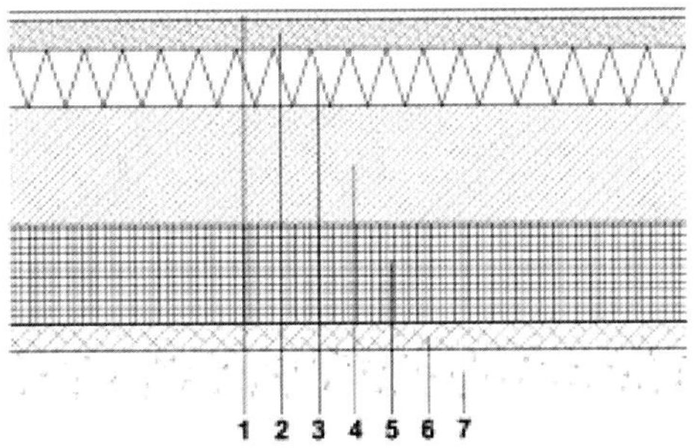 1 拼花地板，d = 20mm 2 找平层，d = 70mm 3 泡沫混凝土，d = 15mm 4 钢筋混凝土板，d = 300mm 5 XPS 保温层，d = 200mm 6 PVC 密封卷材 7 XPS 保温材料，d = 50mm
窗	0.85—1.17	木框窗 U_f: 1.091W/（m^2K） 玻璃 g 值 0.584 U_g: 0.64W/m^2k U_w = 0.75 − 0.841W/（m^2K）

建筑设备措施

热工卫浴安装

两栋建筑由一个中央供暖设备供暖，安装在车库建筑旁的一个附属房间内。独立的日常用热水和供暖热水设备由一个地热热泵（三个各深 100m 的钻孔）提供，同时由太阳能热水器辅助供给，一个 12kW 的光伏设备为热泵提供电力。

两户人家都可以独立对每一房间通过温控传感器个别调温。

每一栋建筑装有独立离散式 300m^3/h 的通风设备。

建筑设备一览表 **表 2**

采暖系统	▶ 地埋管（3 个钻孔各深 100m）带水热泵 13.4kW（安装功率 3.1kW）及 200 升储水箱
饮用水加热系统	▶ 饮用水取自公共管网 ▶ 太阳人热水器（14m^2）带 750 升暂存水箱
发电系统	▶ 光伏设备 10.5kW ▶ 额外电力取自公共电网
雨水利用系统	▶ 无
建筑通风系统	▶ 两套离散式通风设备（每住宅单元一套）
建筑自动化系统	▶ 总线系统，通过房间恒温器及气候站为个别房间自动调节遮阳

详图 1　基座节点详解

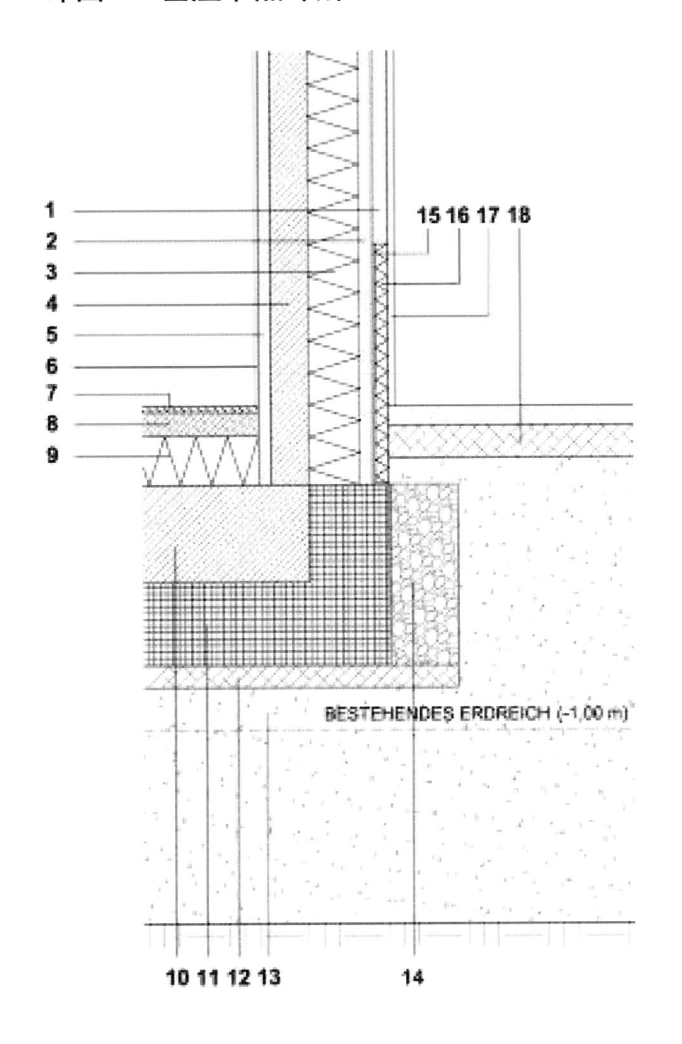

1　石灰水泥抹面，20mm
2　木屑外模砖，40mm
3　甲阶酚醛树脂硬泡沫保温材料，165mm
4　夯实混凝土，120mm
5　木屑外模砖，40mm
6　石膏抹面，20mm
7　拼花地板，20mm
8　找平层，60mm
9　泡沫混凝土，120mm
10　钢筋混凝土板，240mm
11　XPS 保温材料，熔接在 PVC 密封内，200mm
12　垫层（贫混凝土）100mm
13　夯实的土壤
14　混凝土砖，200mm
15　PVC 密封
16　XPS 保温材料，60mm
17　外抹面，15mm
18　室外区地砖及混凝土底层

详图 2　基座区热桥计算

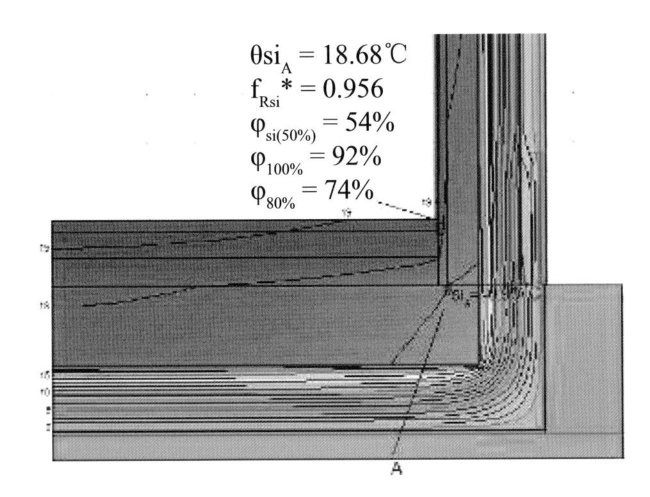

详图 3 阳台女儿墙节点详图

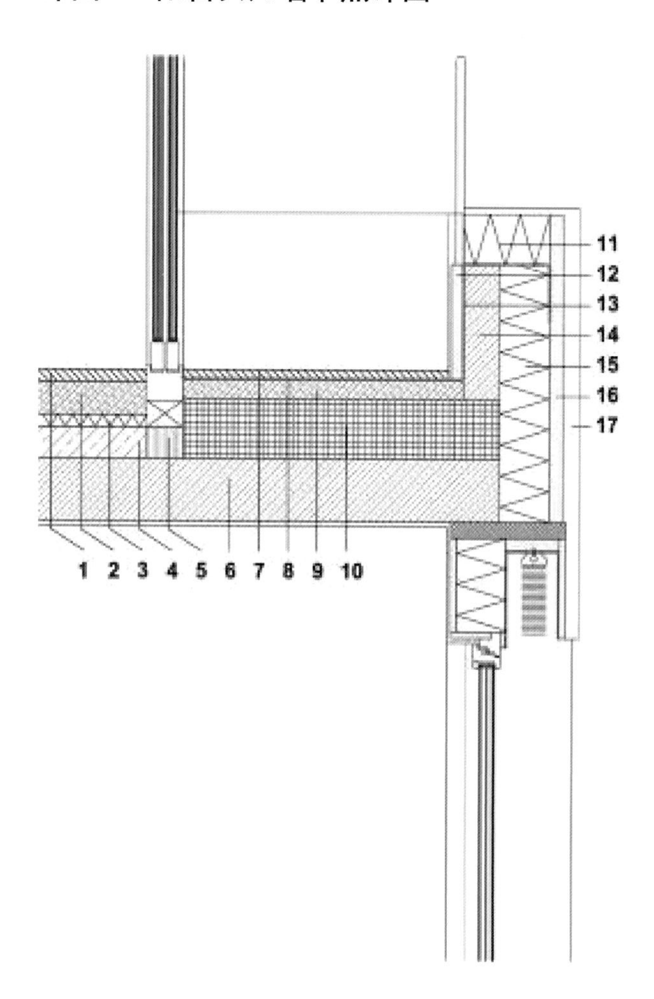

1 木地板，d = 40mm
2 地暖找平层及地暖，d = 100mm
3 承重板带保护膜，d = 40mm
4 泡沫混凝土，d = 100mm
5 副框垫高层
6 钢筋混凝土楼板，d = 200mm
7 瓷砖，薄粘贴层，d = 35mm
8 PVC 密封
9 混凝土保护层，d = 30mm
10 保温材料 XPS，d = 150mm
11 保温材料 XPS，d = 150mm
12 混凝土外模砖（内侧），d = 40mm
13 PVC 密封
14 现浇填充混凝土，d = 120mm
15 甲阶酚醛树脂硬泡沫保温材料，d = 16.5mm
16 混凝土外模砖（外侧），d = 40mm，d = 40mm
17 混凝土外模砖（双层）作为造型装饰元素，d = 40mm

详图 4 阳台女儿墙热桥计算

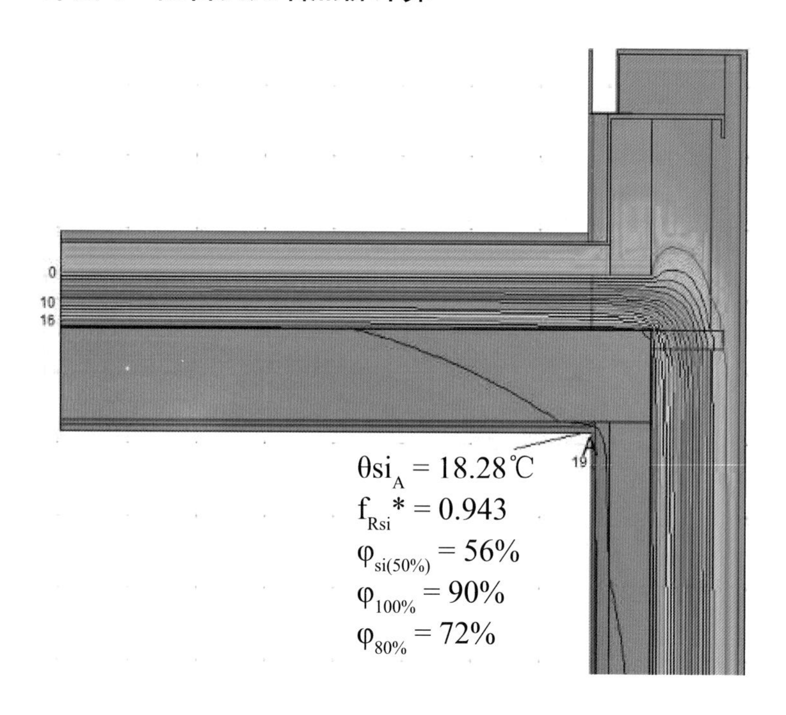

详图 5　屋顶节点详图

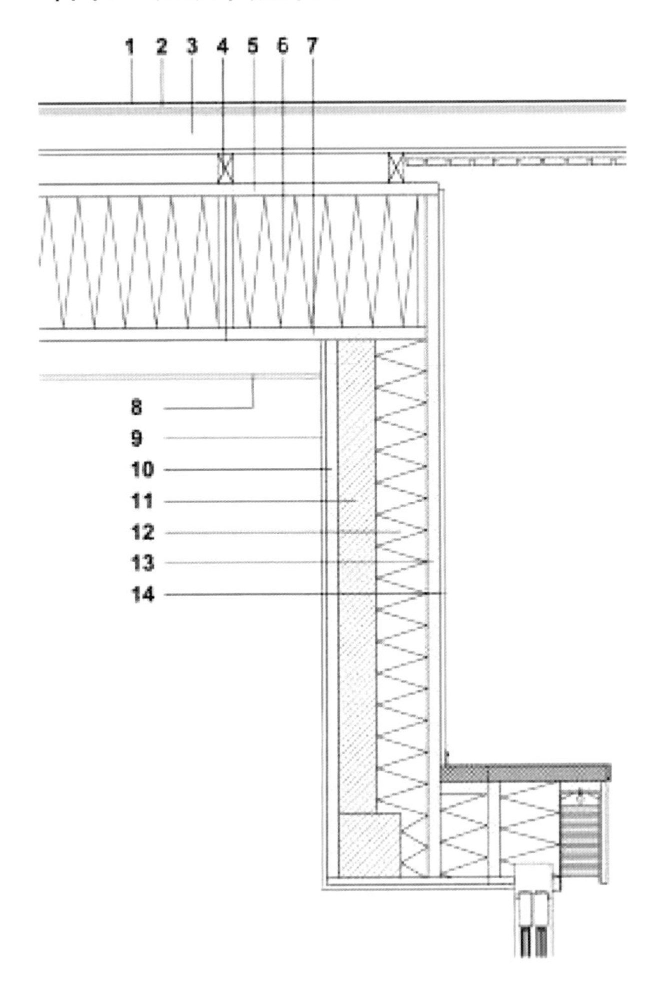

1　屋面
2　密封卷材钉在屋面板上，d = 20mm
3　IPE- 钢梁，屋顶悬挑的力学承重构件，d = 160mm
4　木龙骨通风层，d = 90mm
5　欧松板，d = 30mm
6　木顶棚夹纤维素，d = 410mm
7　欧松板 OSB，d = 30mm
8　石膏吊顶及内抹灰，d = 22.5mm
9　内抹灰，d = 10mm
10　混凝土模板砖（内墙面）
11　现浇填充混凝土
12　甲阶酚醛树脂硬泡沫保温夹层材料
13　混凝土模板砖（外墙面）
14　外墙抹灰，d = 15mm

详图 6　屋顶热桥计算

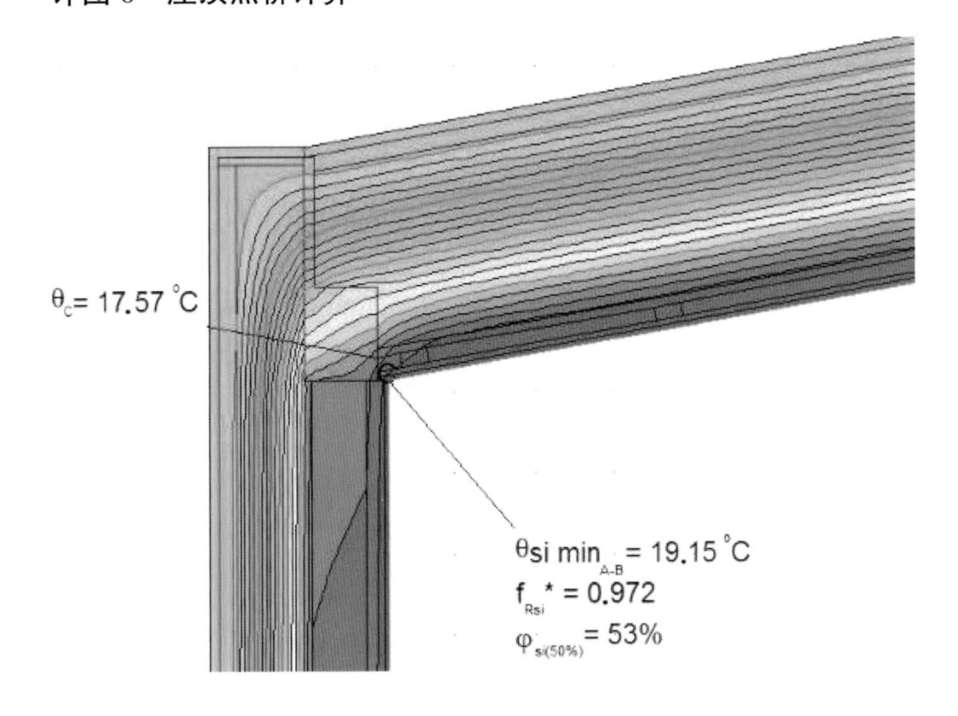

10.9

优级被动房办公楼

▶ 业主 Abwasserzweck verband Erdinger Moos
▶ 设计及项目管理 Architektur Werkstatt Vallentin GmbH Am Marienstift12 84405 Dorfen
▶ 建筑设备规划 Ingenieurbüro Lackenbauer，Traunstein
▶ 土地面积 2000m^2
▶ 主要使用面积 1337m^2
▶ 总占地面积 / 各楼层总占地面积 622m^2/1540m^2
▶ 总建筑成本 3940000 欧元（KG200–700）
▶ 建造时间 2011 年

项目简介

一个由 12 个乡镇和慕尼黑机场有限公司组成的地方联营体，在慕尼黑附近的埃尔丁（Erding）县共同经营一个污水处理厂，进行污水净化。在净水厂里要为 35 名员工建一个行政办公楼，一方面，建筑外观上要具有代表性；另一方面，技术要求很高，不但要满足被动房标准，还要做到产能房。

建筑造型选择了优雅的三角形，一面墙引导来客从外面进入建筑。内敛的集中的中庭，围绕着它的仿佛是悬浮着的耐候钢，耐候钢从内到外，是摸得到的几何雕塑。建筑上半部向前方凸出，二层显得很轻盈，就如浮在一层之上。在造型和节能设计上，前凸的二层上部建筑及其环绕阳台是自内而外的一种扩张，这形成了设计上最突出的元素，强调了三角的形状。功能上阳台既是遮阳，又是逃生路径。垂直光伏板形成阳台交替的开放面和封闭面，表现出业主对新技术的开放态度。

走向进口处，迎接访客的是建筑物前一个开阔的广场，顺着引导墙就来到内部。墙面一部分漆成蓝色，这是联营体的标志颜色。引导墙面有一个开孔，跨过一个天然水池，清澈的池水象征着净水厂的任务。访客来到一个宽敞的中庭，其中有一个植物岛，这里可以随意坐下，散发着家的气氛。植物岛是中庭的中心，这里可以作为展览厅，二层的回廊围绕着这个中心。办公室、大会议厅、员工休憩室分布在二层，自然光通过各开放空间及屋顶上灯笼式天窗的水平玻璃射进中庭。

通过应用被动房组件，外围护保温，朝南的大玻璃面，无热桥的结构，紧凑的建筑形体，达到被动房标准。屋顶和阳台上的光伏设备产生的电能，多于建筑物运转消耗的电能，因此达到了优级被动房的产能房标准。中庭内的植物岛，办公室到顶的玻璃窗，室外的绿化，在建筑物附近的两个水池，确保了舒适的小环境气候。

图 1 外墙面的固定直立光伏元件

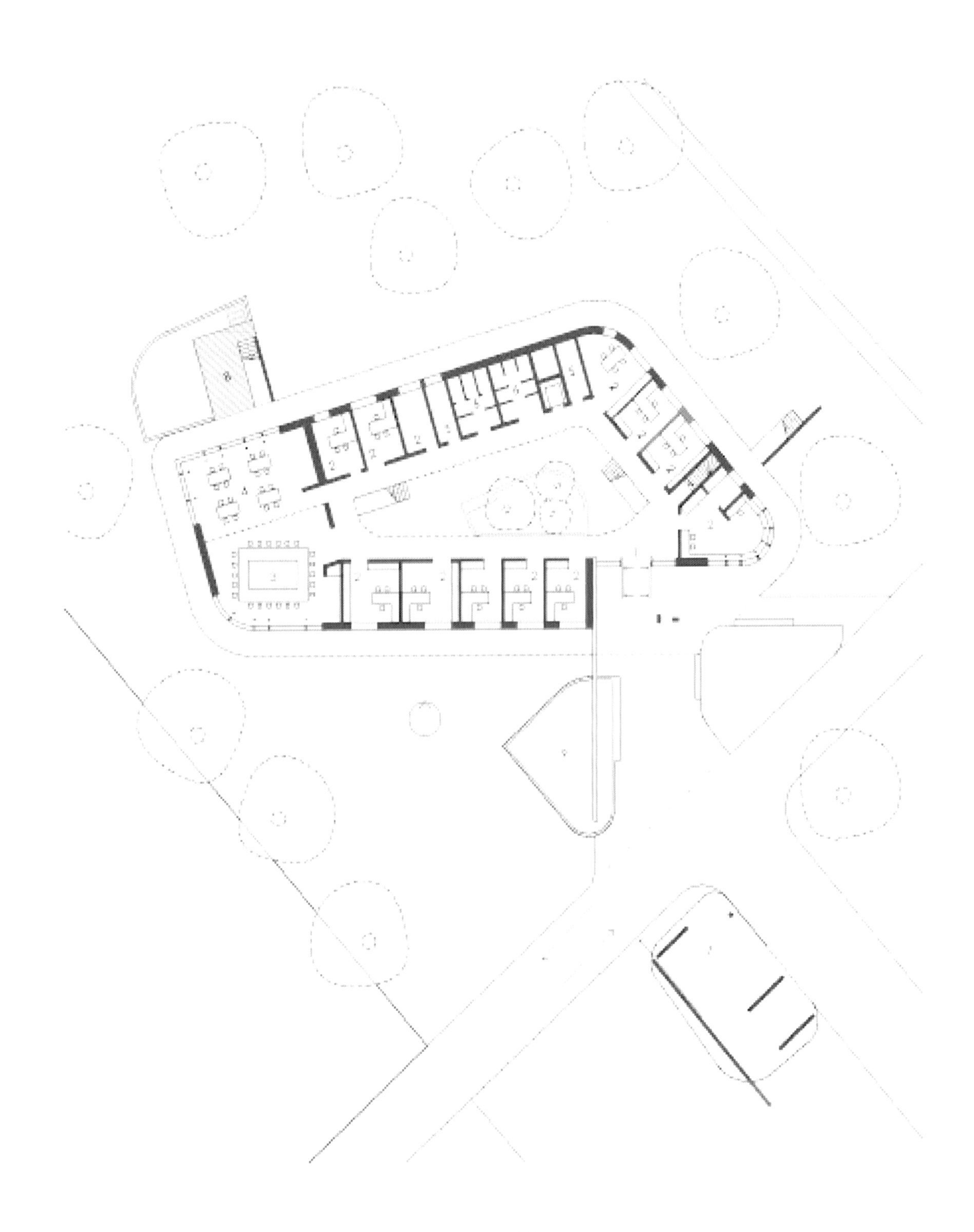

1 风闸
2 办公室
3 演讲室
4 交流室
5 储存室
6 厕所
7 停车场
8 木栈板及水池
9 水池

图 2 一层和室外造景

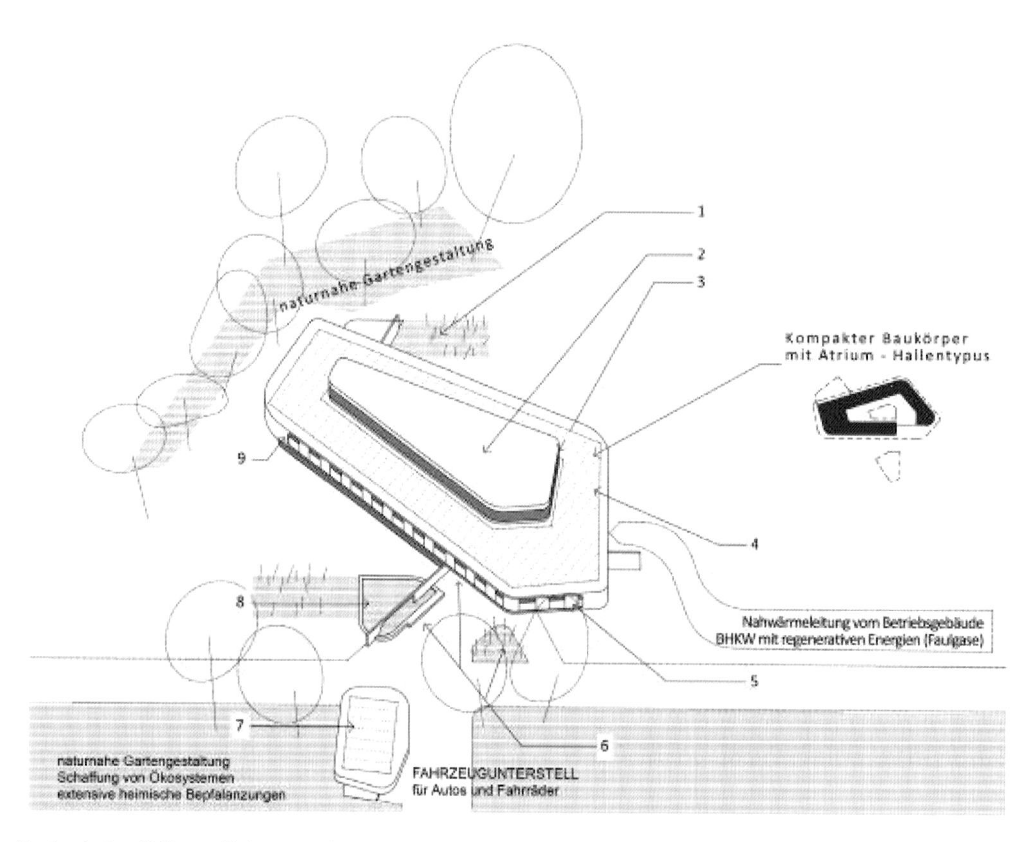

1 透水区：屋面－水池－芦苇区－排水沟－中水区
2 节能设备及 LED 灯照明
3 中庭有灯笼天窗，获取日光
4 屋顶生产太阳能
5 立面光伏模块生产太阳能
6 室外小气候调节：水池与植物；室内小气候调节：植物岛
7 屋顶生产太阳能
8 雨水利用：屋面，排水沟，中水利用
9 环绕阳台：遮阳，休憩，外部逃生通道，因此可以简化内部消防措施

图 3 建筑剖面

建筑内部所有的办公室围绕着一个宽敞的中庭，环绕玻璃面让自然光可以射入到建筑内部深处。一层的植物岛成为中庭的中心点，植物使室内小气候更为宜人。

环绕的阳台，有楼梯通到室外，因此在消防法规上室内通道和楼梯不必作为逃生通道。没有了消防顾虑，让中庭及回廊可以完全专注于提供舒适的高水平休憩功能。消防问题的解决，特别是对通风设备产生有利的影响，因为可以免除昂贵的防火阀门，从而大大节约了费用。

图 4 进口区的上层结构

图 5 宽敞的中庭，可以作为交谊场所和展览厅

结构

该建筑完全是钢筋混凝土结构，只有灯笼式天窗使用了胶合木梁。外墙有保温层，背通风为铝复合板外墙饰面。二层的阳台以耐候钢包覆，平屋顶，没有背通风，以塑料膜密封。基础底板下铺保温层。窗采用胶合木框架结构，断桥卡轨系统。可开启窗扇采用保温材料芯窗框，所有玻璃均为 3 层。悬挑的阳台楼板，用隔热篓做成断桥。

这些结构措施形成隔热性能非常高的外围护，再加上光伏设备，这个建筑达到了产能房的标准。阳台的线性热桥已经考虑在内，通过其他地方加强保温来弥补。

建筑物理情况

建筑的保温质量符合被动房标准。用 PHPP（费斯特教授开发的被动房规划程序包）作相应的验证，其结果见表 1。通过一台热电共生模组产生能量，以净水厂的沼气热驱动。

第 10.9 章

被动房验证（PHPP） **表 1**

一般指标		
建造时间	2011	
户数	1	
住客数	40	
改建容积 V_e	3546m^3	
室内温度	20℃	
内部热源	3.5W/m^2	
按能耗面积计算的指标		
能耗计算面积	1104m^2	
采暖能耗指标	14kWh/（m^2a）	≤ 15kWh/（m^2a）
鼓风门测试结果	0.21h^{-1}	≤ 0.60h^{-1}
一级能源指标 （热水，采暖，辅助和家用电力）	62kWh/（m^2a）	≤ 120kWh/（m^2a）
一级能源指标 太阳能光伏电力	69kWh/（m^2a）	
一级能源指标 （热水，采暖，辅助电力）	20kWh/（m^2a）	
采暖负荷	13W/m^2	
按 2006 EnEv 有效面积计算的指标		
按 EnEv 有效面积	1135m^2	
一级能源指标 （热水，采暖，辅助电力）	19kWh/（m^2a）	≤ 40kWh/（m^2a）

气密性

整个建筑围护高度气密。混凝土墙和窗户木框结构的接缝用胶带密封，内侧气密，外侧防风雨。被动房要求很高的气密性，按照迄今的实际气密建筑经验 [Feist 1993]，目标值为 50 帕压差下 0.6h^{-1} 换气次数。

鼓风门测试结果为 n_{50} 0.21h^{-1}。

建筑设备措施

建筑通风

带热交换的通风系统理所当然是在节能方案中不可少的一部分。

夏季的隔热，通过被动手段完美地实现了，例如环绕阳台的遮阳效果，以及混凝土结构的巨大蓄热质量。

热水制备

办公室与住宅相比热水需求较少，饮用水加热依赖远程供暖。

所有建筑设备组件见表 2。

光伏设备

这一个优级被动房项目的光伏设备分成多个区块安装在屋顶上，同时在环绕阳台上，用垂直的光伏模组板构成了外饰面造型的一个元素。

光伏设备生产的一级能源超过建筑的总能耗（包括运营用电）。

建筑设备一览表 **表 2**

供暖系统	▶ 净水厂余热（近程供暖）
饮用水加热系统	▶ 通过采暖系统
发电系统	▶ 40kW 光伏设备
雨水利用系统	▶ —
建筑通风系统	▶ Pichler LG 4000 ▶ 送风 / 回风（新风）系统
建筑自动化系统	▶ —

第 10.9 章

详图 1　雨棚和屋顶接口

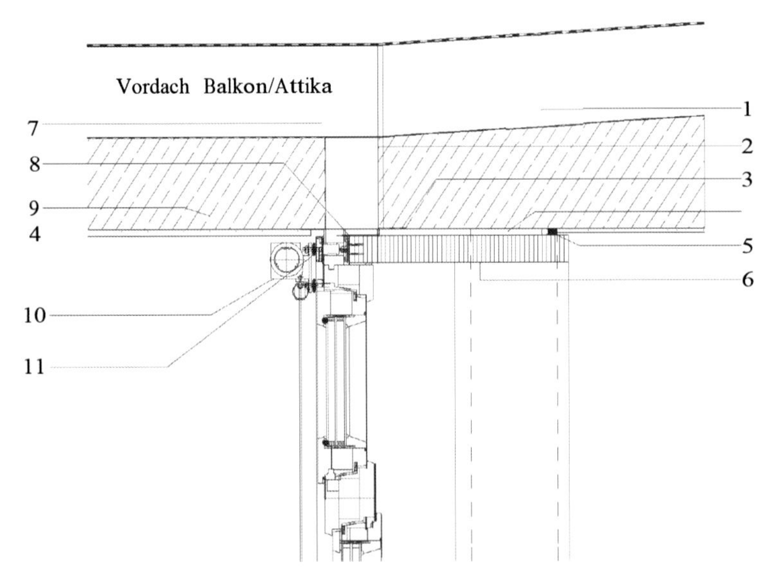

1　聚异氰保温材料
2　隔热篓连接件
3　聚氨酯泡沫
4　密封粘贴，防风雨（木结构）
5　亚克力（丙烯酸）硅胶填缝
6　横杆（胶合板）
7　保温材料
8　上覆保温层带铝盖板
9　钢筋混凝土
10　遮阳
11　被动房窗

详图 2　灯笼天窗檐边

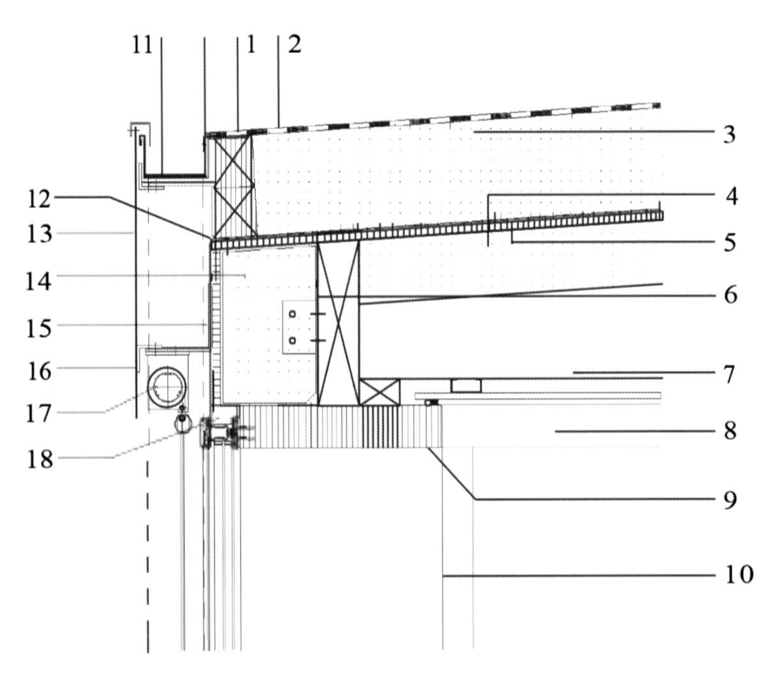

1　天沟导水板
2　密封膜
3　保温层，聚异氰
4　保温层，矿物纤维
5　欧松板
6　气密密封（木结构）
7　胶合木梁
8　石膏板吊顶
9　胶合木横杆
10　胶合木竖杆
11　钛锌天沟槽
12　应急密封
13　铝复合板，铆接
14　保温材料，矿物棉
15　L 型材，130/130mm
16　L 型材，50/50mm
17　遮阳
18　聚氨酯保温块

10.10

科尔维勒 LVR 日间医院

▶ 业主 Lands chafts sverband kheinland
▶ 设计与项目管理 RoA RONGENA RCHITEKTEN GmbH Propsteigasse 2 41849 Wassenberg
▶ 建筑设备规划 IngenieurbüroDipl.-Ing.MichaelEvers
▶ 土地面积 4895m^2
▶ 主要使用面积 1658m^2
▶ 总占地面积 2329m^2
▶ 总建造成本 5340000 欧元
▶ 建造时间 2011 年

项目简介

场地

场地位于科隆科尔维勒区（Chorweiler）玛丽安街。科尔维勒区是社会问题较大的城区（高失业率、高比例失业救济金领取人、毒瘾者等），业主要求面对公共交通区的立面要能够防范恶意砸打破坏。所以，在临街面做了双层砖砌墙面（增加一层外饰墙面）。

平面与剖面

该建筑外型特征是呈一个 V 字形。这是为了完全利用可建筑的面积，而将建筑物的边线贴近开发计划中确定的建筑界限上。

屋顶是两个相互错开、坡度平缓的斜面，金属面板，沿着建筑体走势呈圆弧型。屋脊线偏心通过大厅其中一堵墙面轴线的上方，不易察觉的屋面盖板是金属板带内嵌的光伏设备。

两所日间医院（一般精神科和所属的老年精神科中心）合并在一栋建筑中，分属上下不同的楼层，共用的入口就在 V 字形的尖角上。

开放的楼梯间和电梯在主要入口区。二层的屋顶空间挑空，大厅上方的天窗让充足的自然光射入大厅区。

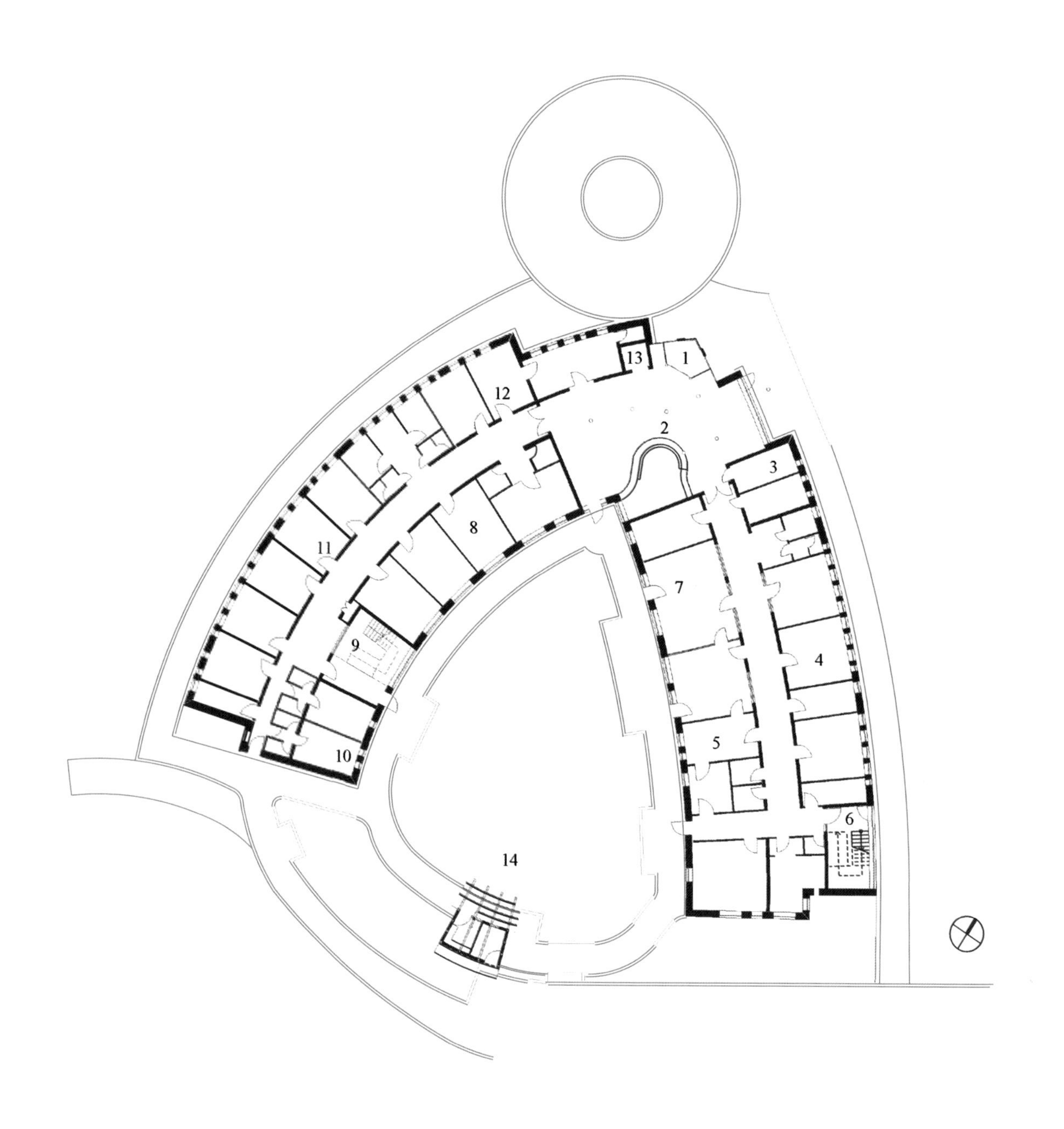

1 入口区 / 风闸门
2 大堂
3 设备间
4 休息间
5 主要家政间 / 厨房
6 楼梯间，东翼
7 起居区
8 治疗室
9 楼梯间，西翼
10 厕所 / 更衣室
11 看诊室
12 办公室
13 电梯
14 亭子

图 1 一层平面图

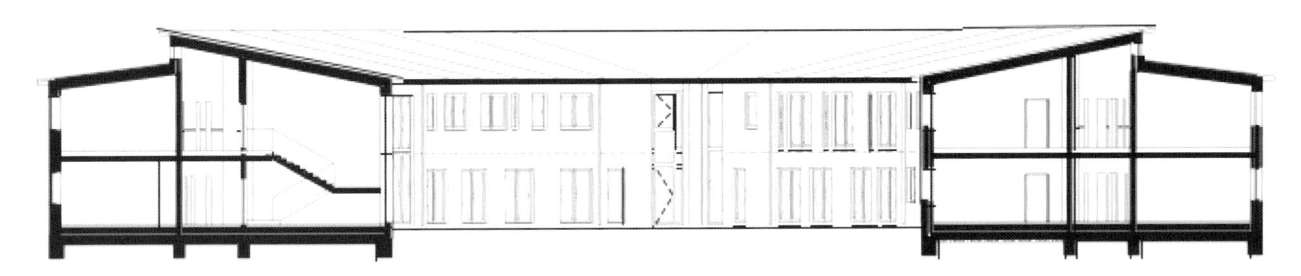

图 2 建筑剖面

结构

建筑体形在平面上呈圆弧形，两层楼，没有地下层，砌体构造。承重墙与非承重墙都是石灰砂岩砌成，楼板和楼梯为钢筋混凝土。因此有很高的蓄热质量，可以在冬天更久的储存热量（瓷砖壁炉效应），而在夏天有“免费夜间冷气”。

图 3 南外立面，端墙面

图 4 外立面过渡区

图 5 内部一景，大堂

图 6 内部一景，走道

被动房验证 **表 1**

一般指标		
建造时间	2011	
（住户）床位数	45	
人员数	70	
建筑容积 V_e	9965.7m³	
室内温度	21℃	
内部热源	3.9W/m²	
按能耗面积计算的指标	项目实现值	被动房限值
能耗面积	1658m²	
能量指标供暖	13kWh/（m²a）	≤ 15kWh/（m²a）
鼓风门试验结果	0.6h⁻¹	≤ 0.60h⁻¹
一级能源指标 （热水，供暖，辅助及日常电力）	106kWh/（m²a）	≤ 120kWh/（m²a）
一级能源指标 （热水，供暖，辅助电力）	38kWh/（m²a）	
供暖负荷	13W/m²	
按 EnEV 2006 使用面积计算的指标	项目实现值	要求
按 EnEV 使用面积	3189m²	
一级能源指标 （热水，供暖，辅助电力）	20kWh/（m²a）	≤ 40kWh/（m²a）

各部件的建筑物理指标 **表 2**

建筑部件	建筑物理指标	示意图
炼砖外墙	0.127	1 石膏抹面，d = 10mm 2 石灰砂岩砌墙，d = 175mm 3 岩棉，WLG032，d = 240mm 4 砌墙炼砖，d = 95mm
木外墙	0.131	1 石膏抹面，d = 10mm 2 石灰砂岩砌墙，d = 175mm 3 岩棉，WLG 035，d = 320mm/ 木结构 4 通风层，40mm，木结构 5 木外饰面，d = 25mm
屋顶	0.108	1 石膏板，d = 12.5mm 2 岩棉，WLG 035，d = 40mm 3 隔汽层 4 岩棉，WLG 035，d = 120mm 5 岩棉，WLG 035，d = 240mm， 6 屋面板，d = 30mm 7 透汽下防水卷材 8 褶边屋面板

续表

建筑部件	建筑物理指标	示 意 图
底板	0.111	1 垫层，d = 50mm 2 混凝土板，d = 200mm 3 沥青熔接卷材 4 聚苯乙烯保温材料，d = 255mm 5 聚乙烯 PE 膜 6 水泥找平层，d = 75mm 7 砂浆层，d = 20mm 8 加工石材，d = 25mm
窗	0.54	—

建筑物理情况 / 建筑设备

中央通风设备安装在保温维护以内的二层设备间里，计算所得通风量为 2730m³/h 送风与回风。某些房间还可以在人数较多时通过额外加强通风提高到约 570m³/h，用旋转热交换器进行被动热回收的热回收率达 78%。

室外新风吸入口和排风口作成防风雨栅的形式结合在外立面中。

因为所有的风管都在保温围护范围以内，只有室外新风和排风管有保温措施。

通风管道的水平布置在使用空间内沿着大厅墙面，在可能放置橱柜区的上方。

在各个房间内，出风口都装有标准化的恒定风量保持器及管道传声消声器。各工作空间和人员停留空间装有一个送风口，厕所和附属房间各装一个回风口。

需要高度隔声的使用空间（例如看诊室和检查室），因为用的是密闭门，所以各自装有一个送风口和回风口。进入这些房间的送风温度差必须比较小（最低约 17℃）。

通风设备只在建筑物使用时间开启。除此之外，也会在温暖的夏日，在比较室内室外温度后自动开启进行夜间自然降温。在夏天特别热的日子，会启动热泵的盐水 / 土壤地埋管热交换器，提供免费新风降温。设备间在一楼保温围护范围内，其中的盐水 / 水热泵设备提供约 34W 的供暖功率。

为了减少设备反复开停，并提高备用保障，安装了两台热泵，各按照最高供暖功率需求的 50% 设置。

盐水 / 土壤热交换器（约 12 个地热篓）安装在洼地渗水面的下方。利用土壤热交换器和雨水渗透设施相结合，更进一步提高了土壤热源的效率，因为这样会使土壤热源恢复得更快。

额外安装了一个至少 1000 升的供暖暂存热水箱，以提高热泵的运转时间，并过渡能源供应单位关停时间，用小型直通电加热器提供需求量很小的热水。

指标

鼓风门测试结果：n_{50} = 0.6/h

供暖

一级能源需求（按 PHPP 计算）：106kWh/（m^2a）用于供暖，热水，辅助和日常用电。

PHPP 无法显示非连续通风建筑的热负荷（按数据采集的实际状况），因此这里没有给出数值。

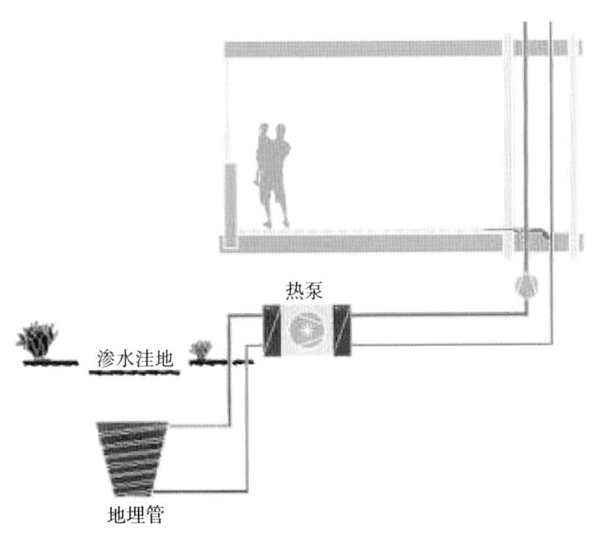

图 7 有效利用地热

建筑设备一览表 **表 3**

供暖系统	▶ 盐水到水热泵；供暖功率 34kW ▶ 12 个近地表盐水到土壤热交换篓，在雨水洼地渗透区域内 ▶ 暂存水箱 1000 升 ▶ 地暖 ▶ 夏季可以免费降温
饮用水加热系统	▶ 离散式小型直通热水器
发电系统	▶ 原计划将光伏板结合在金属屋面板中，但因为投资人退出而未实现
雨水利用系统	▶ 渗透至洼地排水沟，未作为建筑使用水，但有助于热泵地热篓的热再生恢复
建筑通风系统	▶ 有控制的通风系统带热回收（旋转式热交换器）；有效热回收率（按 PHPP）78.2%，风量达 3570m^3/h
建筑自动化系统	▶ 没有全面的建筑控制系统；个别数据点与在另一地点的克隆莱茵医院的建筑控制系统中心连线

建造成本

被动房标准建造成本为 5826000 欧元。

比较：

如按照 EnEV 节能条例 2009 标准建造成本应为 5530000 欧元。

按照被动房标准相较于节能条例 EnEV2009 标准，投资成本增量为 5.08%。

技术数据

净占地面积	1996m²
总占地面积	2329m²
总容积	8685m³
能耗面积（PHPP）	1658m²
体形系数	0.37
建造时间	2010 年 3 月—2011 年 10 月

详图 1　屋脊详图

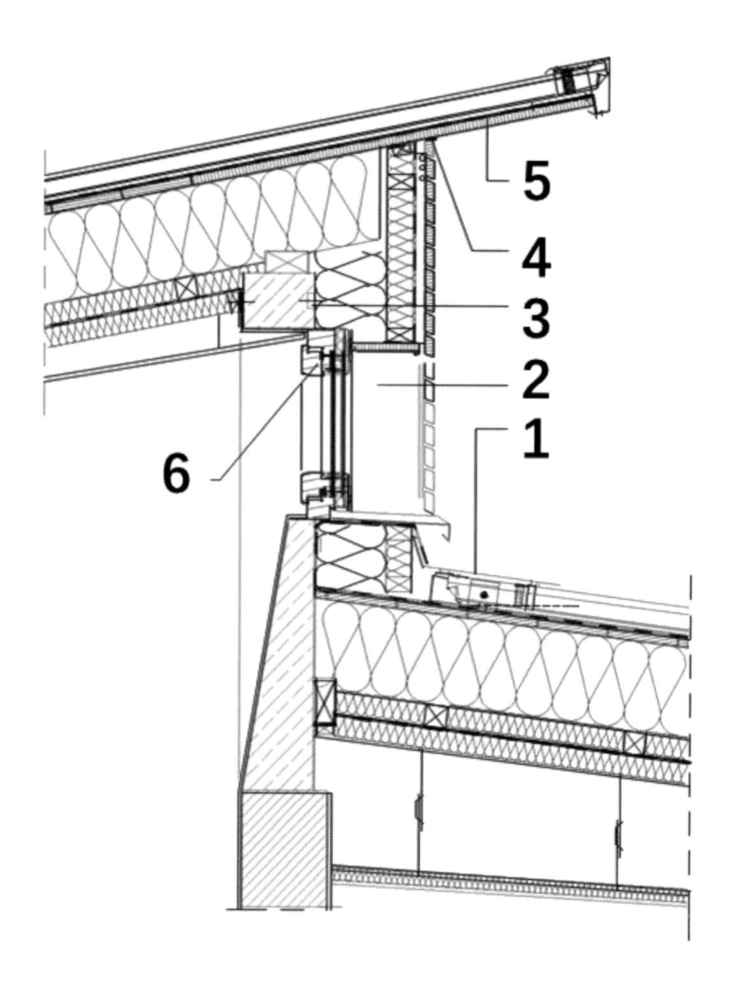

1　折角封板
2　轻金属窗帮，副框
3　锚固轨条
4　预压缩的缝隙密封带
5　欧松板，d = 25mm
6　被动房窗，3 层玻璃

详图 2　屋檐详图

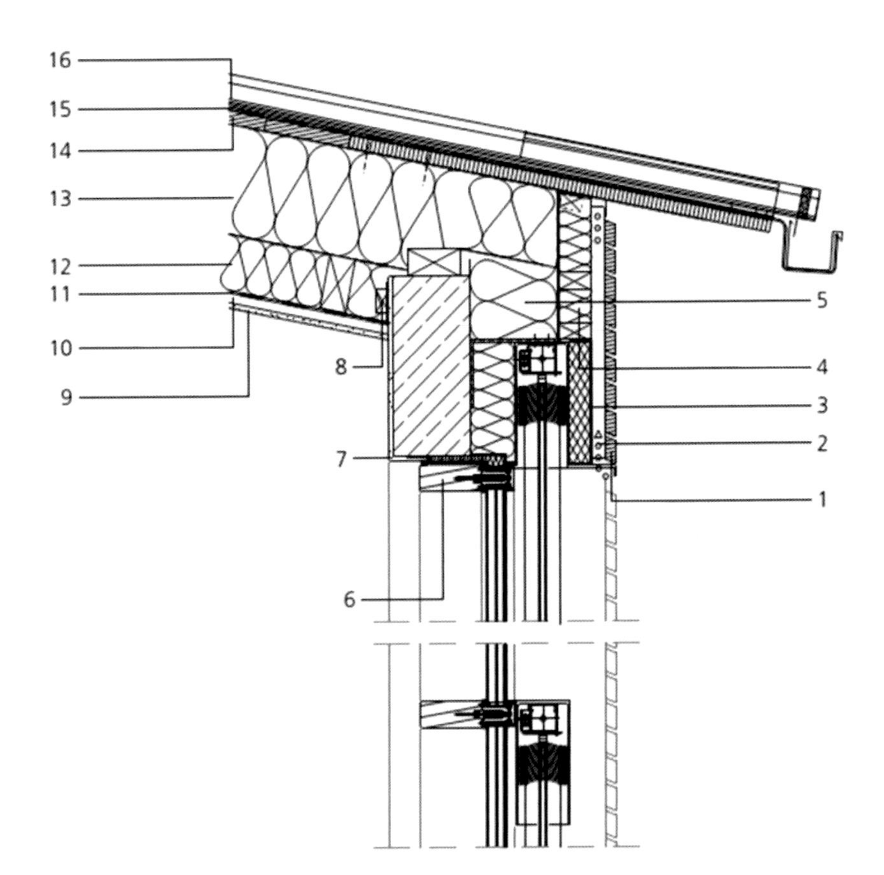

1　木面板，d ＝ 25mm
2　支撑木结构，通风层，d ＝ 30mm
3　保温材料保护卷材
4　岩棉保温材料，WLG 035，填充在支撑结构之间，d ＝ 80mm
5　岩棉保温材料，WLG 035，填充在支撑结构之间，d ＝ 200mm
6　被动房窗，3 层玻璃
7　石膏抹面，d ＝ 10mm
8　压条，30mm×50mm
9　石膏板，d ＝ 12.5mm
10　岩棉，WLG 035，d ＝ 40mm
11　隔汽膜
12　岩棉，WLG 035，d ＝ 120mm
13　岩棉，WLG 035，d ＝ 240mm
14　屋面板，d ＝ 30mm
15　透汽椽下防水布
16　褶边屋面板

第 10.10 章

详图 3 基座详图

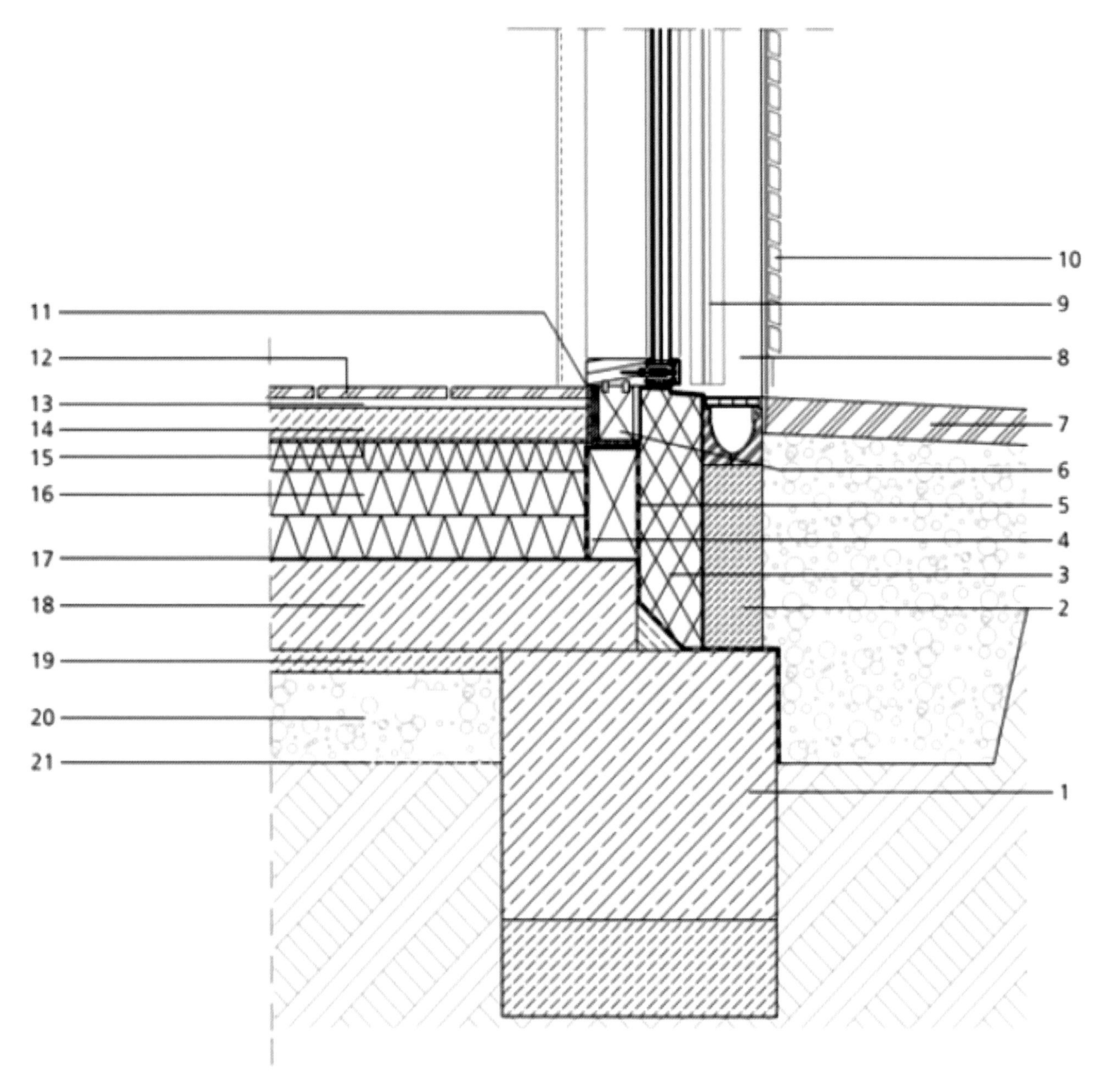

1 条形基础
2 贫混凝土
3 玻璃泡沫
4 门槛木，120mm×250mm
5 沥青密封
6 垫平木，80mm×120mm
7 覆面板
8 轻金属窗帮，副框
9 遮阳导轨
10 木墙板 d = 25mm
11 保温边条，密封
12 加工石材，d = 25mm
13 砂浆层，d = 20mm
14 水泥找平层，d = 75mm
15 聚乙烯 PE 膜
16 聚苯乙烯保温材料 d = 255mm
17 沥青熔接卷材
18 混凝土板，d = 200mm
19 垫层，d = 50mm
20 碎石层
21 地工布

10.11

原国家邮局的整修及改建

▶ 业主
Autonome Provinz Bozen–Südtirol
▶ 设计及项目管理
Michael Tribus Architecture Schießstandgasse 9 I-39011 Lana（BZ）Italien
▶ 建筑设备规划
Michael Tribus Architecture Schießstandgasse 9 I-39011 Lana（BZ）Italien
▶ 土地面积
2452m^2
▶ 主要使用面积
3015m^2
▶ 总占地面积
4716m^2
▶ 总建造成本
4820000 欧元
▶ 建造时间
2005 ～ 2007 年

项目简介

2003 年，奥地利南蒂罗尔邦政府（Südtirol）邀请竞标一项不久前取得的原国家邮局建筑的整修，由迈克尔·特里布斯建筑师赢得。建筑师在概念设计中提出建议：在整修同时，也对原建筑进行被动房的高标准节能改善。这是在南蒂罗尔邦政府不得因此增加成本的附带条件下获得认可。480 万欧元的预算，在整修工作之外还要兼顾能效改善建议的实施。由此从 2004～2006 年，建成了意大利第一座，也是迄今为止最大的被动房，而且也是世界上第一例获得被动房认证的整修行政建筑。

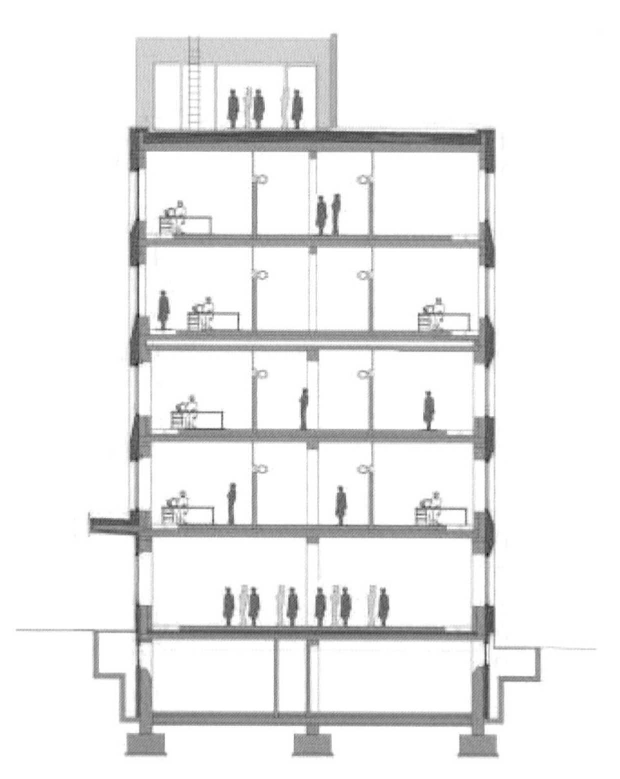

图 1　垂直剖面

位置与功能

原邮局建筑是意大利政府在 1950 年代兴建的，紧邻博森（Bozen）火车站。在 2006 年整修完成后，由南蒂罗尔邦政府“自然、风景和空间开发”部门使用。

项目对原有 12000m^3 建筑进行整修，并加建增高两层楼，使总容积扩建至 20000m^3，成为意大利第一座按被动房标准规划和实现的公共建筑。以其 7kWh/m^{2}a 的年能耗，也意味着一个“金级气候房”（KlimaHaus Gold＜10kWh/m^{2}a，意大利标准）的诞生。当时还没有这个标准。在此之前南蒂罗尔邦政府的建筑能效最高标准是 A 级气候房（＜30kWh/m^{2}a）。

结构

建于 1954 年的原建筑表现出结构力学上非常明晰的框架结构，两层增建的部分特意继承了这一风格。而 1975 年加建的部分屋顶层必须先行拆除，现有的各楼层中所有非承重墙也一律拆除。

一层为会议及展示的空间。在其上为四层办公室楼层，包括“空间秩序，自然与风景部”，空间秩序法务部，“空间秩序，环境与能源部”，以及上述相关部门的邦政府各主管单位办公室。

建筑物理情况

既有建筑的特征是容积紧凑，以及窗洞规整的外立面，这一原则在新加层上也保留沿用。只有如此，才能降低成本，控制在预算范围内。

与其朴素的建筑外形语言形成对比的，是对窗帮造型的变化处理，从而赋予了活泼的整体构图。35cm 厚的复合外保温系统，产生了多样的窗帮形式，成为外立面造型的主要元素。

利用便宜的预制保温楔形块，构成直角、60cm、120cm，甚至少数几处 180cm 斜削的窗帮。

使用了相应的保温层（35cm 厚 EPS，导热系数 0.031 W/mK）和 3 层玻璃窗（含窗框整体 U 值 0.79W/m^{2}K），几乎不需要常规的供暖系统。

热桥计算显示，即使保温层从 35cm 渐变为薄至 5cm，依然“表现良好”。这个部分平均 U 值为 0.138W/m^{2}K，而 35cm 的均匀保温层处 U 值低至 0.087W/m^{2}K，外墙保温层均匀厚度处和斜面削薄处的合计平均 U 值为 0.105W/m^{2}K。

被动房验算（**PHPP**） **表 1**

一般指标		
建造时间	2005–2007	
户数	/	
人员数	约 100	
改建容积 V_e	20000m^3	
室内温度	20℃	
内部热源	10W/m^2	
按能耗面积计算的指标	本项目实现数值	被动房认证限值
能耗计算面积	3015m^2	
采暖能耗指标	12kWh/（m^{2}a）	≤ 15kWh/（m^{2}a）
鼓风门测试结果	0.6h^{-1}	≤ 0.60h^{-1}
一级能源指标 （热水，采暖，辅助和家用电力）	118kWh/（m^{2}a）	≤ 120kWh/（m^{2}a）
一级能源指标 （热水，采暖，辅助电力）	64kWh/（m^{2}a）	
采暖负荷	15W/m^2	
按 2006 EnEv 使用面积计算的指标		要求
按 EnEv 计算的使用面积	3015m^2	
一级能源指标 （热水，采暖，辅助电力）		

各部件的建筑物理指标 **表 2**

建筑部件	按 DIN EN ISO 6946 建筑物理指标 U[W/（m^2K）]	示意图
外墙	0.087	1 外抹面，d = 15mm 2 EPS 保温材料，d = 350mm 3 防火外抹灰，d = 15mm 4 原有砖砌墙，d = 300mm 5 内抹面，d = 10mm
屋顶	0.129	1 屋顶深度绿化，d = 200mm 2 保护垫 3 排水垫，d = 20mm 4 密封卷材力学固定 5 XPS- 保温层，d = 280mm 6 XPS 保温层，d = 50–100mm 7 钢筋混凝土，d = 350mm 8 内抹面，d = 10mm
底板	0.448	1 地砖，d = 250mm 2 EPX 保温层 d = 140mm 3 找平层，d = 50mm 4 瓷砖，d = 15mm
窗	0.74 ～ 0.86	木框窗 U_f: 0.69W/（m^2K） 玻璃 g 值 0.52 U_g: 0.60W/（m^2K） U_w = 0.74 － 0.86W/（m^2K）

建筑设备措施

为了满足舒适度要求，有一部分冬季缺口需要供热，夏季缺口需要制冷。这是通过本来就不可或缺的通风设备，加上各个房间出风口处的加热装置调温达成的。各房间可以分别调温是业主期望的所谓标准方案，南蒂罗尔邦政府对公共新建行政管理建筑都如此要求。这种方式，一方面可以有连续不断的新风，另一方面同时可以实现分别加热（或夏季通过风机盘管制冷）。而所需的加热设备并不比一个独栋住宅的设备大。

图 2 办公室玄关

图 3 楼梯

对窗帮的变化处理考虑了以下几方面：

1. 光线入射到工作位置的最佳开口；
2. 从工作位置上外眺的最佳视野；
3. 一方面使进入低楼层的光线最大化，另一方面为高楼层提供被动遮阳。

在高楼层窗帮的上部区域是封闭的，以达到最大限度的遮阳效果。原来的想法是在被动房窗的外层采用成本较低的遮阳玻璃以防止夏季过热，但最终还是放弃了这一方案，而采用了外置机械遮阳。按照热工计算，使用遮阳玻璃是可以保证遮阳效果的，从而可以省去昂贵的安装机械式外遮阳。

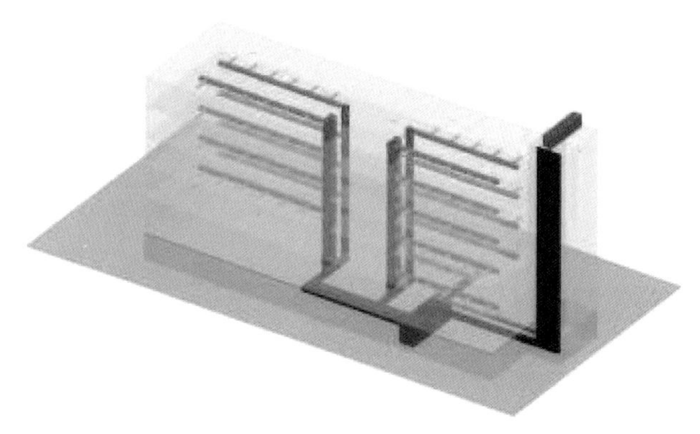

图 4 通风系统

整个建筑的通风是用一台安装于地下室的中央通风装置提供，风量 10000m^3/h，换气次数 0.4/h。空气的垂直分配，是通过在楼梯 / 电梯核心区域，将每 4 个管道井巧妙的结合为一体，从这里到中央休息区的左边和右边，在房门之上的高度，经由一个简单的直径 22cm 螺旋风管送到每一个房间。在空气送入房间的地方，还有一个加热器对进气加热。这样，每个房间都可以独立调节加热。关于这个系统优缺点的讨论下面还有更详尽的报告。没有装饰的螺旋风管，用曲面树脂玻璃包裹，竟变成了灯具。如此用很低的成本，风管兼作灯具，一举两得。

回风与此不同。在中央休息区，通过安装在每一间办公室门扇内的溢流开口（刨花板管道作为消声装置），每半层楼一次抽出。在楼梯间的左侧和右侧，中央回风栅口位于管道井区域。这个装置，以其成本和功能效用而言效率非常高。

到 2009 年夏天之前，住户多次反映，建筑内夏天温度即使开了制冷空调还是过高。

图 5 多样化的窗帮

经过多次与住户和技术人员磋商，最终与业主共同决定，更改最高层（五楼）的制冷空调。因为各层热空气沿着开放的楼梯间上升，在五楼形成巨大的热滞留。在这里对症下药最有效，同时这里的隔声也需要改善。于是安装了一个隔声 / 采暖 / 制冷顶棚，取代原来安装的风机盘管。在 2010 年 5 月改建时（夏季运营！），为了连接顶棚供暖，暂时停用了原有的供热管，当时就感觉到整个建筑的温度明显下降。由此可以推断，在此之前，在夏季仍然启动了进风加热。不舒服的过高温度原来主要源于错误的设备安装。在安装了带制冷的隔声顶棚之后，五楼的问题完全消除了。

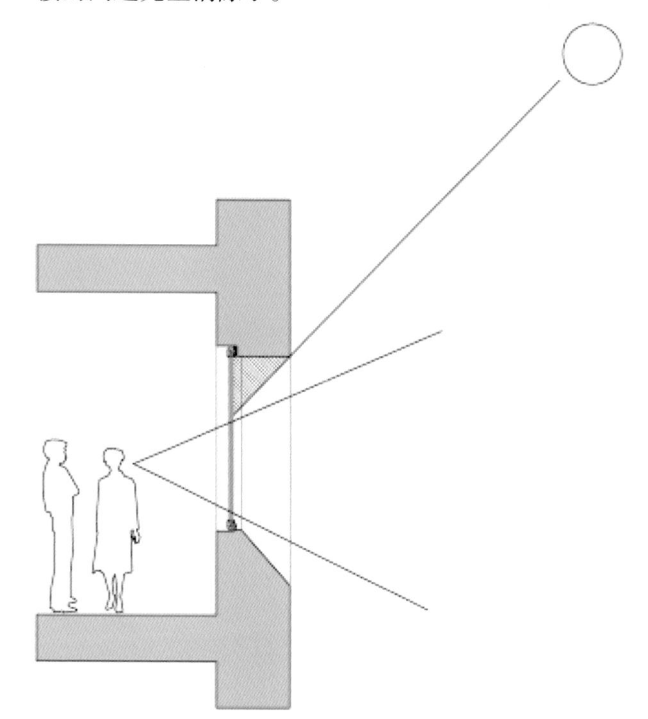

图 6 窗帮与入射光线

图 7　窗户细部

建筑设备一览表　　**表 3**

供暖系统	▶ 燃气取自公共甲烷配送管网
饮用水加热系统	▶ 饮用水取自公共管网，燃气加热
发电系统	▶ 光伏设备 59kW ▶ 电力取自公共电网
雨水利用系统	▶ 用于花园浇灌
建筑通风系统	▶ 可控通风，用一台带热回收中央通风设备，效率达 85%，风量 10000m³/h，换气次数 0.4/h
建筑自动化系统	▶ 无

建筑细节

即使在斜面窗帮的地方，窗框还是可以有保温覆盖，因此不会造成结露（见热桥计算中的等温线分布）。

斜角窗帮的热工计算是与德国达姆斯塔尔被动房研究所费斯特教授共同进行的，并得到他对此种结构的认可，以及对选用窗帮方案的支持。

屋顶绿化，以免形成封闭表面，从而保持雨水，防止扬尘。屋顶绿化在夏天可以减小城市热岛效应，以及减小围护表面的温度起伏。

图 8　绿化的屋顶露台

图 9　门厅造型—入口区

详图 1 窗帮

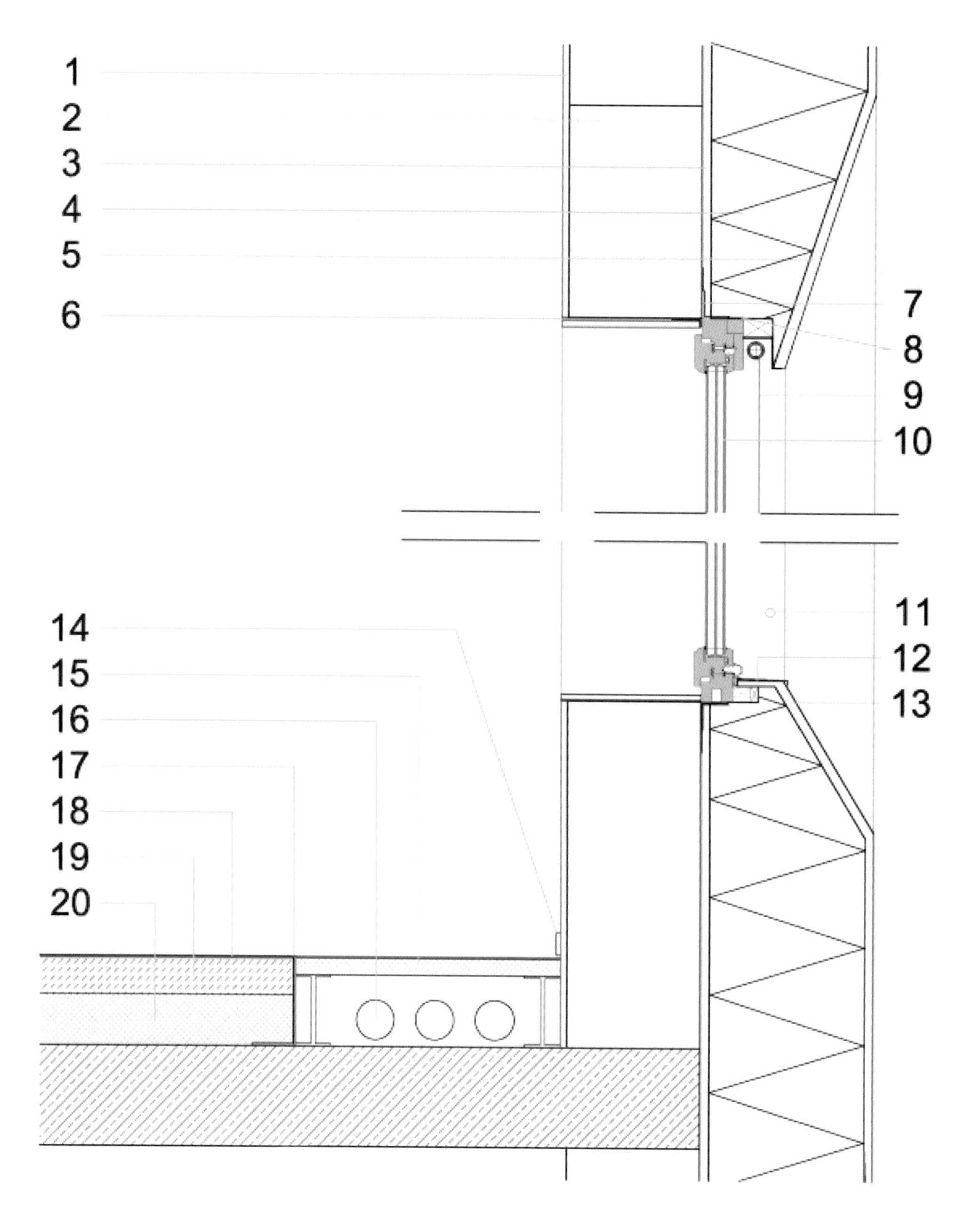

1 内抹灰
2 砖墙，d = 300mm
3 原有外抹面，d = 15mm
4 EPS 保温材料（Lambdapor），d = 350mm
5 外抹灰，d = 15mm
6 窗帮内侧，在石膏板内
7 窗框安装角钢
8 气密贴条
9 遮阳卷筒
10 被动房窗
11 防坠落铝圆杆
12 外侧铝窗台板
13 窗帮下斜面环氧树脂混合物
14 基座大理石踢脚线
15 地板安装夹层亚麻地板
16 地板管道
17 角钢
18 亚麻地板
19 找平层，d = 70mm
20 聚合物混凝土，d = 120mm

详图 2　通风系统

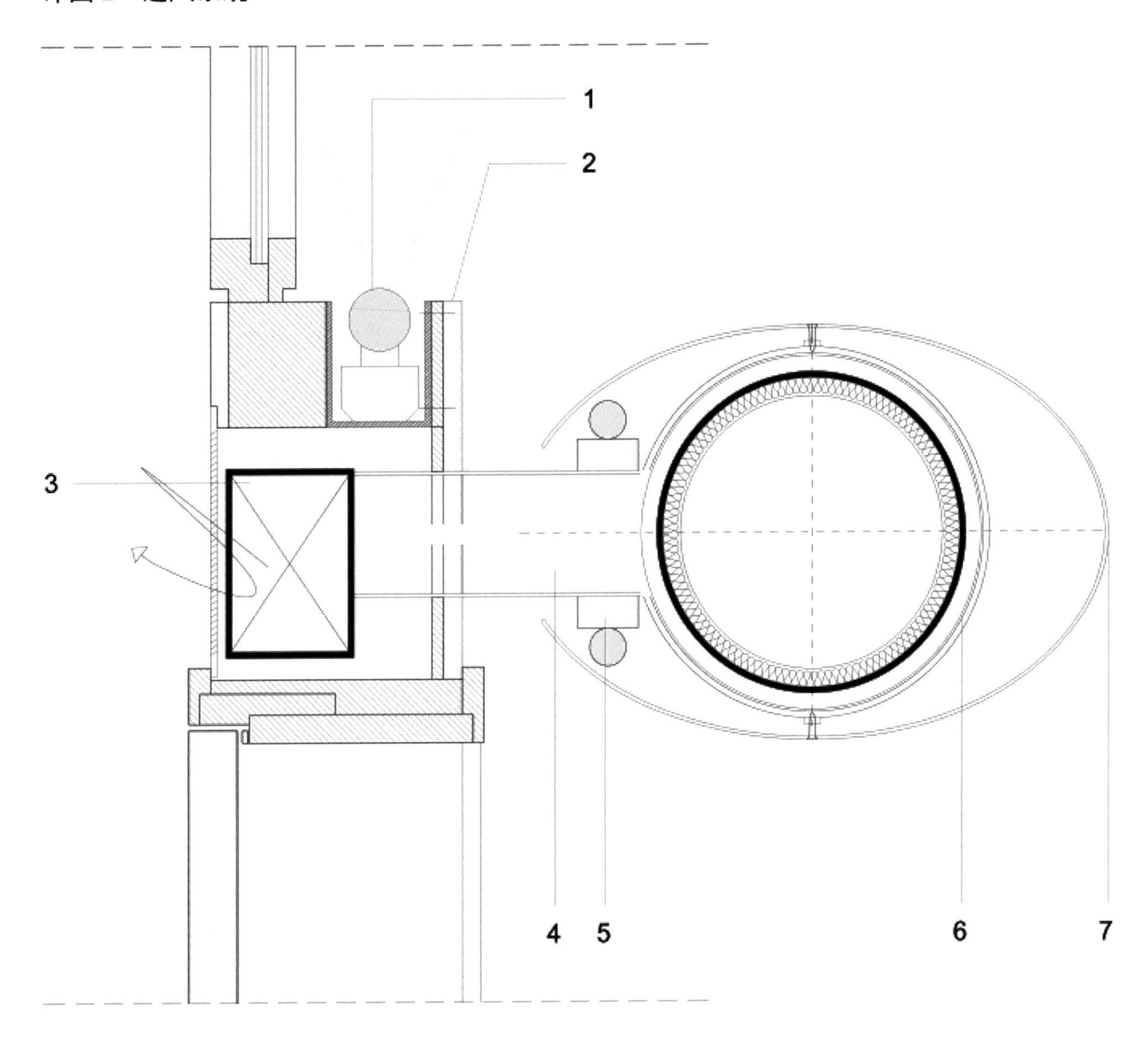

1　间接通风
2　抹灰基板
3　加热器
4　加保温送风管
5　荧光管
6　加保温送风管
7　有机玻璃，d ＝ 3mm– 通过固定点安装在送风管管壁上

10.12

优级被动房联排别墅的整体方案

▶ 业主 Südhausbau Verkaufsgesellschaft GmbH
▶ 设计与项目管理 Architektur-Werkstatt Vallentin GmbH Am Marienstift 12 84405 Dorfen
▶ 建筑设备规划 Ingenieurbüro Lackenbauer Nußbaumerstraße 16 83278 Traunstein
▶ 土地面积 1377m^2
▶ 主要使用面积 889.40m^2
▶ 总占地面积 / 所有楼层总占地面积 401.20m^2/1010.52m^2
▶ 建造时间 2012 ～ 2013 年

项目简介

这是一个在慕尼黑的六户联排房，三层带地下室，是按优级被动房标准建造的。此建筑在年能量平衡计算中，不但生产了居住使用以及日常设备使用所需的所有能量，而且还有富余的“正能量”反馈到公共电网。除了建筑物本身和建筑设备的高效节能，全面朝南，满铺的光伏设备，带大面积太阳能集热器的太阳能储冰供暖系统，也都作出了贡献。为此建筑制定了一个整体的舒适性方案，其中考虑了建筑室内气候、居住健康、生活品质各方面。每一户都装有完全控制的常用空间通风系统，保证了卫生的空气交换。朝南大面玻璃使得室内非常明亮。夏天利用遮阳保持舒适的温度。精心布置的绿化方案，接近自然的造型，改善了小气候，提升了整个建筑的视觉品质。应用自然可再生的建材和内外表面材料，更增强了自然风格的造型。以当代的建筑语言，贴近自然的形式，这个建筑从外观上看，感觉就是可持续建筑的典范。

图 1 入口区，连续雨棚

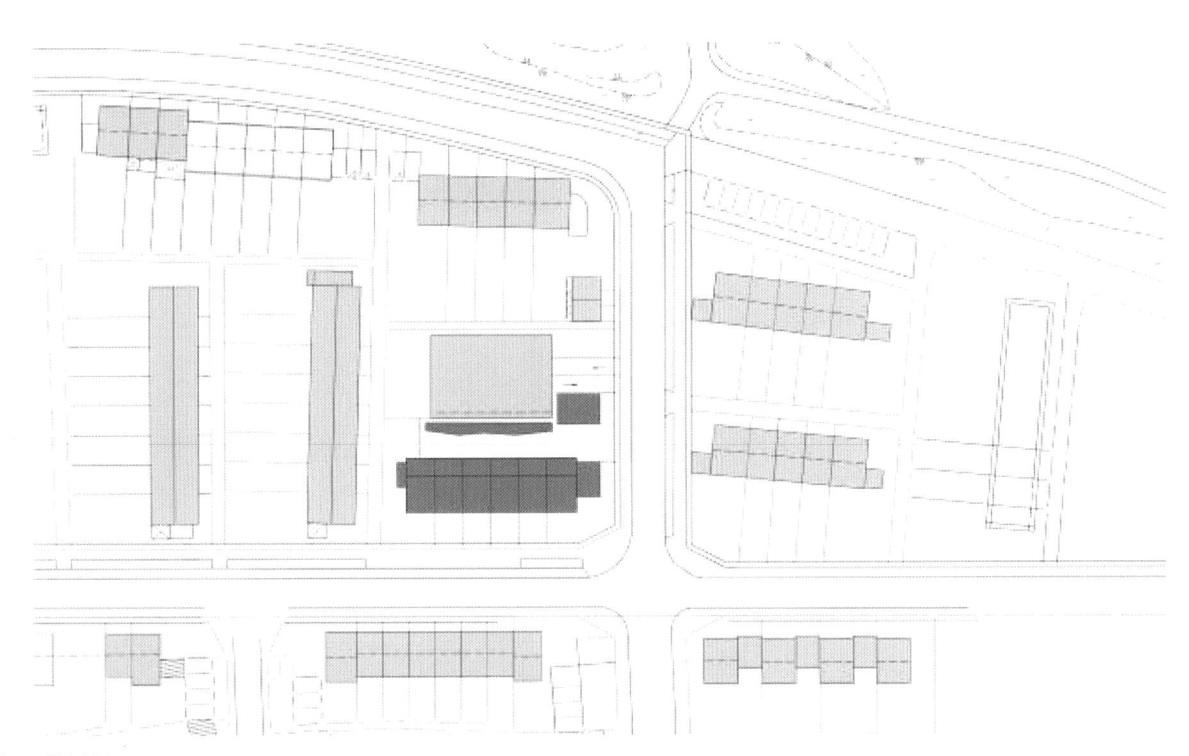

图 2 位置图

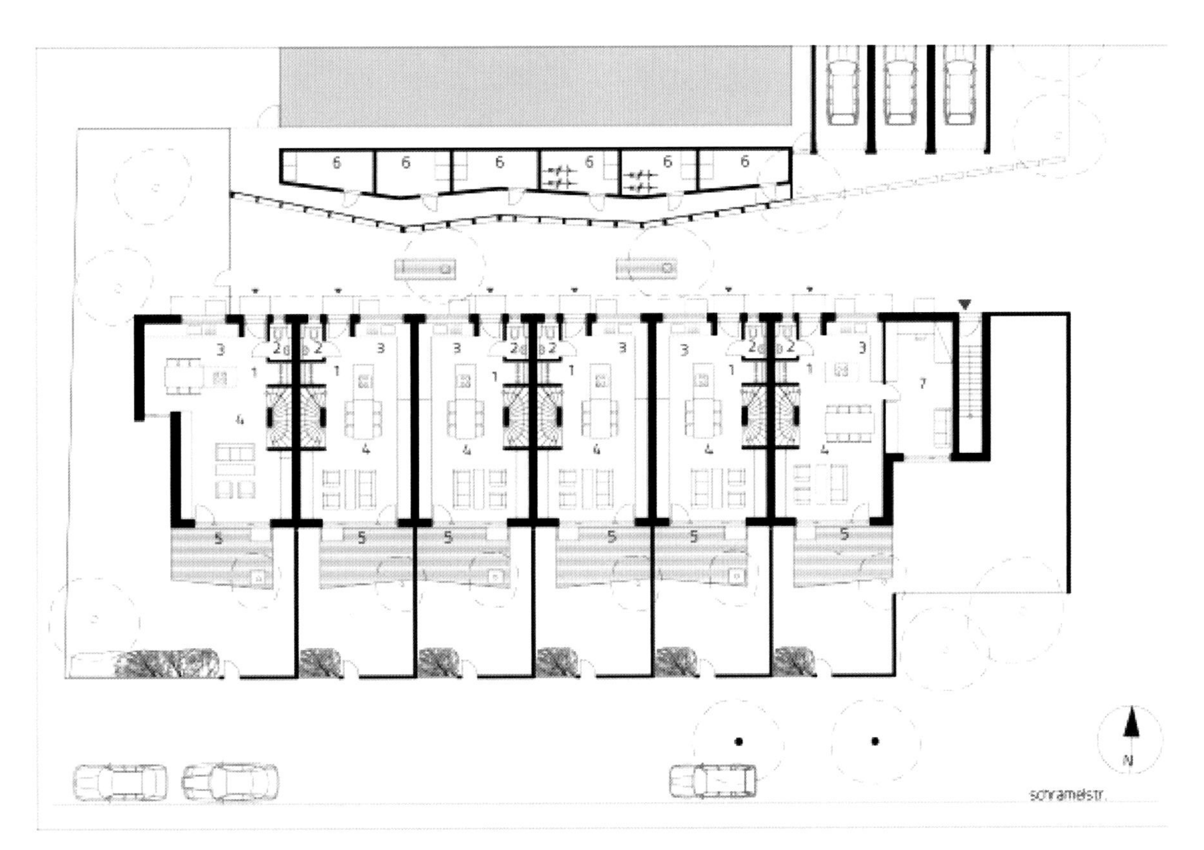

1 入口 / 衣帽间
2 厕所
3 厨房
4 起居室 / 餐厅
5 露台
6 垃圾房 / 储藏室
7 客房

图 3 一层平面图

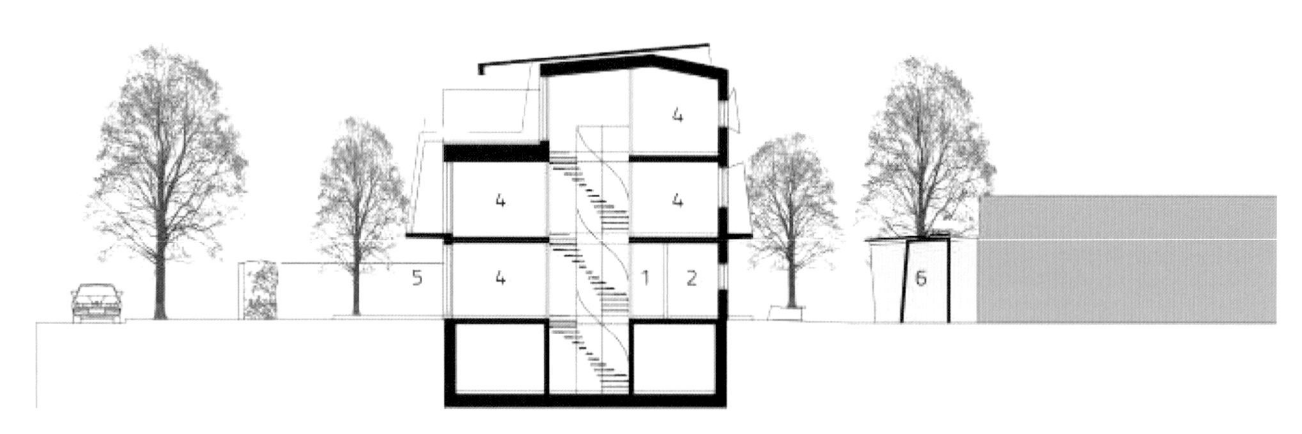

1 入口 / 衣帽间
2 厕所
4 起居室（3 为厨房，未出现）
5 露台
6 垃圾房 / 储藏室

图 4 建筑剖面图

建筑物体形紧凑，起居室朝南大面窗户光线充足。次要房间位于北侧，有足够的开窗。阳台和屋檐在夏天形成理想的室内空间遮阳，此时的阳光入射角较高。而冬季平射的阳光则可以深入室内，为此精确计算得到阳台宽度 1.4m 最为理想，遮阳在冬季可以充分获得宝贵的太阳得热。

此建筑和附近建筑的形式和表面令人联想到大自然里生动自由的形式。加上植栽，这栋建筑和周遭环境一同奏起了和谐的乐章。

图 5 入口处歪斜结构变化

图 6 山墙侧，扩大的居住区

图 7 合理安排的玻璃部分形成和谐的气氛

图 8 通过露台和阳台与室外衔接

在所有主要常用房间的前面，都有室外空间，用隔墙区分私人领域。在设计理念中，与室外空间的连接是一个重要部分，这就形成了有变化、高品质的居住环境。视觉上外立面深色墙板平面退居背景，更凸显了落叶松外饰面的效果。

作为生态被动房，建材在很大程度上选择可再生原料，包括木材在结构、外饰面、门、地板上的应用；在外墙和内墙中以纤维素和麻杆作为保温材料。表面用环保的油漆处理，外部设施中，入口通道用渗水材料铺设，充足的植物带来舒适的小气候。

结构

联排房采用混合结构，满足被动房标准要求。地下室的底板和外墙是不透水混凝土。地面以上的楼板和共用墙也是钢筋混凝土，并构成建筑物的框架结构。非承重的地面以上内墙以干法建造，建筑物的外围护和 5° 倾角的主要屋顶为木构造。这样，外围护的保温可以做到没有热桥。外围护为木框架结构，纤维素保温层，欧松板内侧及楼板下覆面。外围护保持透气，避免在保温层中发生结露。外饰面为刷漆木工板，背通风龙骨结构。在材料的选择上特别重视可再生原料和可回收产品，避免化学处理的建材。在外墙的安装层以矿物纤维保温，覆以石膏板。这种保温材料的选择是出于防火的考虑，主要屋顶为檩条上覆价格低廉的铝波形板。这样，光伏设备可以用简单的连接件固定。

东侧和西侧的附属建筑为砾石铺面，并绿化平屋顶。所有的窗门部件和固定玻璃幕墙都采用木框 3 层隔热玻璃，所有房间和厨房都是橡木实木拼花地板，浴室和厕所则为瓷砖地板。

图 9 屋顶铺满光伏板，这个建筑获得优级被动房认证

在屋顶露台区域内隔墙采用钢结构，外挂贴膜外立面饰板，金属栏杆带扁钢竖杆。檐口和屋檐细部，以及盖板、基座板、天沟、落水管都采用不锈钢板。

建筑物理情况

建筑物的热工品质相当于被动房，用 PHPP 软件进行了相应的验算，其结果见表 1。

被动房验算（PHPP） **表 1**

一般指标		
建造时间	2013	
户数	6	
人员数	28	
容积 V_e	4400m^3	
室内温度	20℃	
内部热源	2.1W/m^2	
按能耗面积计算的指标		
能耗面积	980m^2	
供暖能耗	13kWh/（m^2a）	≤ 15kWh/（m^2a）
鼓风门试验验结果	0.26h^{-1}	≤ 0.60h^{-1}
一级能源指标（热水，供暖，辅助及日常用电）	85kWh/（m^2a）	≤ 120kWh/（m^2a）
一级能源指标（热水，供暖，辅助用电）	38kWh/（m^2a）	
供暖负荷	8W/m^2	
按使用面积计算的指标		
按节能条例计算的使用面积	1321m^2	
一级能源指标（热水，供暖，辅助用电）	1.3kWh/（m^2a）	≤ 40kWh/（m^2a）

气密性

整个建筑外围护要保证气密。木框架结构的外面板和内面板必须粘贴密封，达到内侧气密，外侧不透风雨。被动房标准要求建筑围护气密，按以往气密建筑的经验［Feist 1993］，目标值为 50 帕压差换气次数低于 $0.6h^{-1}$。

鼓风门试验实测的结果为 $n_{50}=0.26h^{-1}$。

建筑设备措施

建筑通风

通风设备带有后端制热，热回收和交叉流热交换器。中央预调，没有单个房间控制。

在供热区域的分配中，热风设定为 45℃，有 / 无热传导器，有 / 无热泵。

储冰库供暖方案

一个热泵弥补了供暖需求缺口，热源为太阳能储冰库。利用安装在车库顶上的太阳能热收集器再生。利用地暖进行热分配。

铺满屋顶的光伏设备生产的能量，比日常需求还要多。因此，这是一个产能的优级被动房。这是因为被动房将能耗已经降到了最低，而光伏设备的产能约每户 8300kWh/（m^2a），假设每户的日常用电约 2500kWh/（m^2a）。

热水制备

热水以及地暖所需的热量，由安装在附属建筑地下室内的全楼供暖中心提供，并应用了太阳能集热器支持的储冰库技术。

热水由各户分别制备。带循环系统，在供暖区域的分配系统，和间接被加热的储水箱。

光伏设备

光伏设备生产的一次能源（以及终端能量）比建筑消耗的更多，包括日常用电。

建筑设备一览表　　表 2

供暖系统	▶ 热泵带暂存水箱带储冰库支持一套太阳能集热器供应全部连排房 6 户
饮用水加热系统	▶ 各户分离。室内热水站带板式热交换器和供暖分区阀门。 ▶ 太阳能储冰库带热泵 ▶ 太阳能空气集热器用于储冰库再生
发电系统	▶ 光伏设备 49.98kW
雨水利用统	▶ 用于灌溉及厕所冲水
建筑通风系统	▶ 通风设备带热回收及后端加热
建筑自动化系统	▶ —

详图 1 屋檐

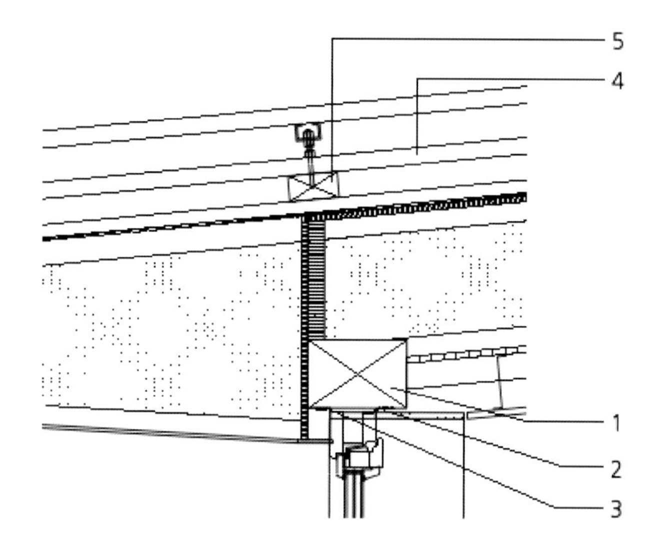

1 胶合方木，24/60
2 窗框贴条气密密封
3 贴条，防风雨
4 铝浪版
5 结构硬木檩条，铝波形板屋檐，6/12cm

详图 2 基座

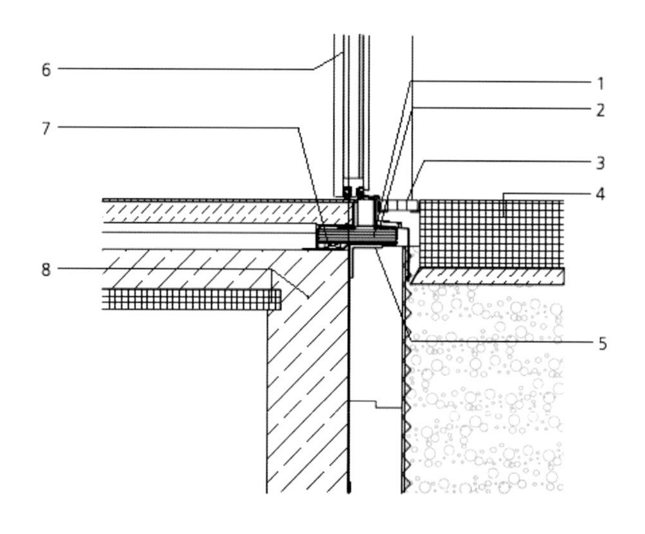

1 门槛密封 EPDM 三元乙丙橡胶
2 门槛：多层板 230/40mm
3 栅格
4 钢筋混凝土台阶
5 支座角钢 1x 大门轴线上，150/150/100mm
6 大门
7 硬木板门槛支座 /PU 泡沫，混凝土，现浇
8 钢筋混凝土

10.13

巴斯韦勒文理高中及体育馆

基本信息
▶ 业主 Stadt Baesweiler
▶ 设计及项目管理 RoA RONGEN ARCHITEKTEN GmbH Propsteigasse 2 41849 Wassenberg
▶ 建筑设备规划 VIKA Ingenieure
▶ 土地面积 —
▶ 主要使用面积 9251m^2
▶ 总占地面积 14473m^2
▶ 总建造成本 12100000 欧元 （KG200，300，400，500，700）
▶ 建造时间 2010 年

项目简介

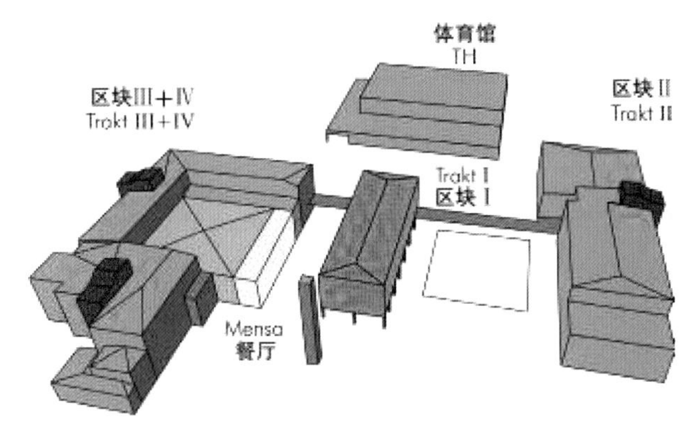

图 1　位置图

场地

巴斯韦勒市设定目标，要将所有市属现有建筑逐步进行节能优化。第一步对 21 栋社区建筑进行分析，探讨对它们进行节能优化的可能性，由此发展出了一个有示范性的规划策略。

在对这一批建筑作了详细的现状调查之后，包括询问使用者及细节分析，对每一栋建筑都给出了优化目标：从节能条例 EnEV 2009 所规定的最低要求，到被动房标准，各有不同。所得的结果形成了详尽的文件，作为德国联邦环境基金会（DBU）研究成果，也提供给其他社区和公众参考。这样，其他社区可以在进行建筑节能措施时也有依据方法，减少在规划过程中的超支。

作为这项研究的第一个措施，是将 40 多年的老高中及其体育馆进行现代化及节能优化，而且是按照新建被动房标准。这是前所未有的范例！

巴斯韦勒市负责此项目的决策者除了有关环境的高要求，例如节约 90% 的供暖能量，以及年减排 530 吨二氧化碳等，还设定了另一个目标。他们要借此建筑措施破除一种偏见，证明被动房不是千篇一律被保温层厚厚包裹的臃肿方盒子，它可以传达高水准的优美建筑语言。

平面及剖面

除了学校节能优化，还大幅改善了内部的功能流程。增加了一个食堂，这使它符合了全日制学校的要求。此外，还增加了一个自习中心，扩大了教师休息室；新增了一个教师工作室，还优化了计算机工作室，并赋予自然科学区更清晰的结构。

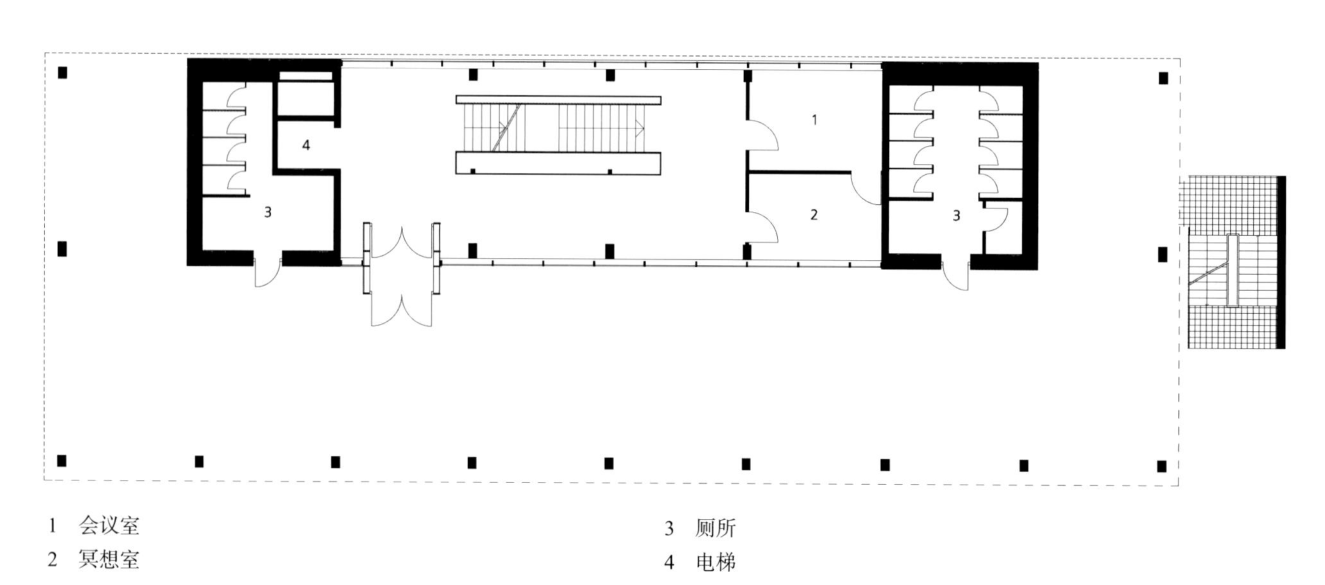

1　会议室
2　冥想室
3　厕所
4　电梯

图 2　一层平面图，第一区块

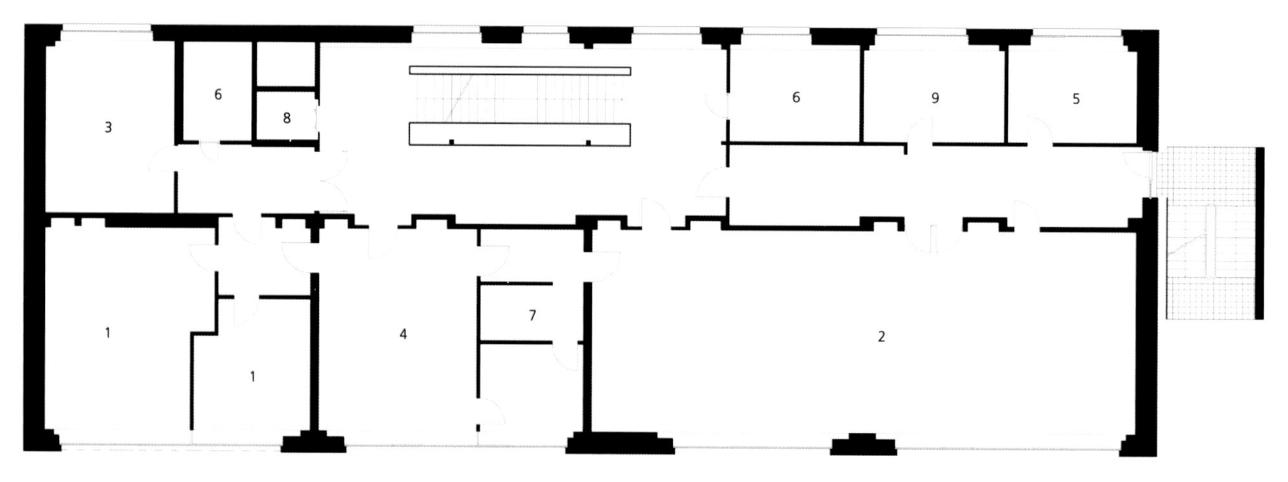

1　校长室
2　教员室
3　辅导室
4　秘书室
5　咖啡间
6　厕所
7　储藏室
8　电梯
9　复印室

图 3　二层平面图，第一区块

图 4 建筑立面，区块 1

结构

这个学校不仅要在节能和环境保护上成为先进的表率，还要在外观上与城市的面貌相协调。因此，放弃了在这亟需整修的钢筋混凝土框架结构上使用复合保温系统。

取而代之的是在造型上更加吸引人，但在结构上（特别是避免热桥方面）是复杂得多的倍耐板（HPL），这是用回收废纸经高压制成的。面板有不同的形状和不同的灰度，这样在多年之后更换面板时也不会显得突兀。

窗户的分隔原则上与整修前不同，因此原有建筑很多地方的承重结构（柱与梁）会被看见（从内部或从外部）。利用这种关系，赋予每一建筑区块一种主导颜色，同时把区块中的承重部件都漆上这种颜色。

墙板和逃生楼梯都选择了相配的颜色，内部房间也是如此。这样学生可以以颜色识别“自己的”区块，分别以黄区、绿区和红区命名。

图 5 区块 1 外观

图 6 区块 2 外观

图 7 室内，楼梯一瞥

图 8 室内，教室一瞥

建筑物理情况

建筑物的热工品质与被动房标准相当，用 PHPP 2007（费斯特教授开发的被动房规划程序包）进行了相应的被动房验证。以区块 1 为例，其结果见表 1。

各部件的建筑物理指标见表 2。

被动房验证（PHPP） **表 1**

一般指标		
建造时间	2010	
户数	0	
住客数	100	
改建容积 V_e	$3253m^3$	
室内温度	20℃	
内部热源	$2.10W/m^2$	
按能耗面积计算的指标	本项目实现数值	被动房认证限值
能耗计算面积	$1016.6m^2$	
采暖能耗指标	15kWh/（m^2a）	≤ 15kWh/（m^2a）
鼓风门测试结果	$0.5h^{-1}$	≤ $0.60h^{-1}$
一级能源指标 （热水，采暖，辅助和家用电力）	108kWh/（m^2a）	≤ 120kWh/（m^2a）
一级能源指标 （热水，采暖，辅助电力）	61kWh/（m^2a）	
采暖负荷	$12W/m^2$	
按 2006 EnEv 使用面积计算的指标	Realisierte Werte des Projekts	要求
按 EnEv 计算的使用面积	$1726.3m^2$	
一级能源指标 （热水，采暖，辅助电力）	36kWh/（m^2a）	≤ 40kWh/（m^2a）

各部件的建筑物理指标 **表 2**

建筑部件	按 DIN EN ISO 6946 建筑物理指标 U[W/（m^2K）]	示 意 图
外墙	0.143	 1 钢筋混凝土，d ＝ 75mm 2 HWL-Platte 3 木丝板，d ＝ 85mm 4 岩棉保温材料，WLG 032，d ＝ 300mm 5 背通风外立面 6 耐板 HPL 外立面
屋顶	0.068	 1 金属屋面板 2 通风空隙 3 岩棉保温材料 WLG 035，d ＝ 500mm 4 钢筋混凝土，d ＝ 200mm

续表

建筑部件	按 DIN EN ISO 6946 建筑物理指标 U[W/（m^2K）]	示 意 图
底板	0.149	1 地板铺面 2 找平层，d = 70mm 3 聚异氰脲酸酯保温材料 4 不透水钢筋混凝土底板，d = 150mm
窗	0.74	—

建筑设备

建筑设备组件一览表 **表 3**

供暖系统	▶ 带热回收通风设备 ▶ 未满足的供暖需求约 50% 由燃气冷凝式锅炉提供（地埋管 / 热泵） ▶ 地埋管夜间提供降温，以将日间积聚的热量消除
饮用水加热系统	▶ 直接电加热
发电系统	▶ —
雨水利用系统	▶ —
建筑通风系统	▶ 专为此建筑开发的 Menergra 通风设备
建筑自动化系统	▶ 建筑控制系统 Kieback & Peter

详图 1　屋檐详图

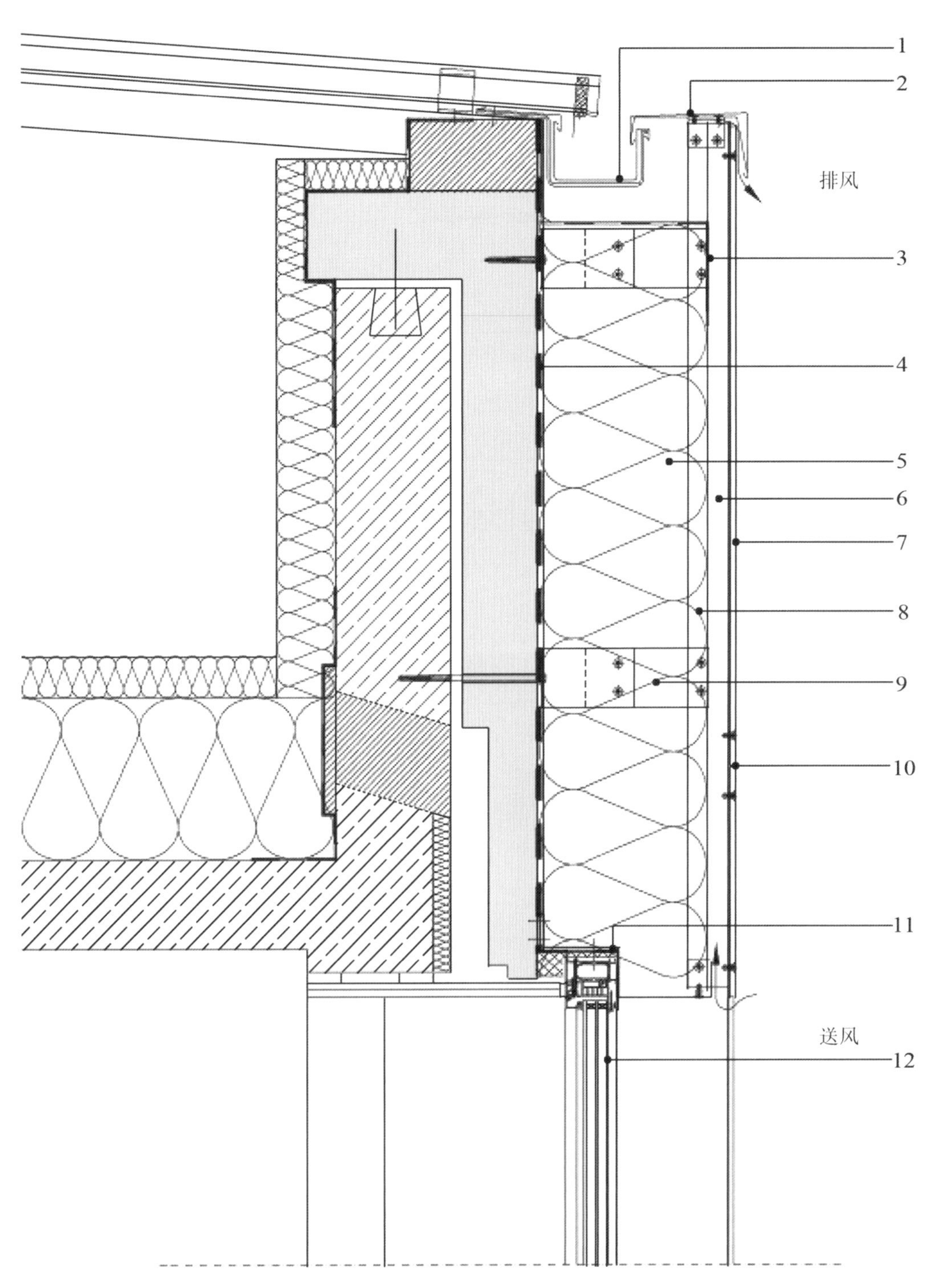

1　原有天沟
2　对原有天沟加锌盖板
3　保温层用阻汽气密层封口
4　墙缝和部件接口用气密贴条密封
5　保温材料 WLG 032，d ＝ 300mm
6　背通风，至少 20mm
7　立面外饰板，固定螺栓可见
8　垂直承重型材
9　ALKAPO-275 接头型材
10　接缝按生产厂家说明构成
11　窗户安装用角钢，按力学计算锚固
12　被动房固定窗，塑料铝皮，玻璃镶好安装

详图 2　两层楼之间节点详图

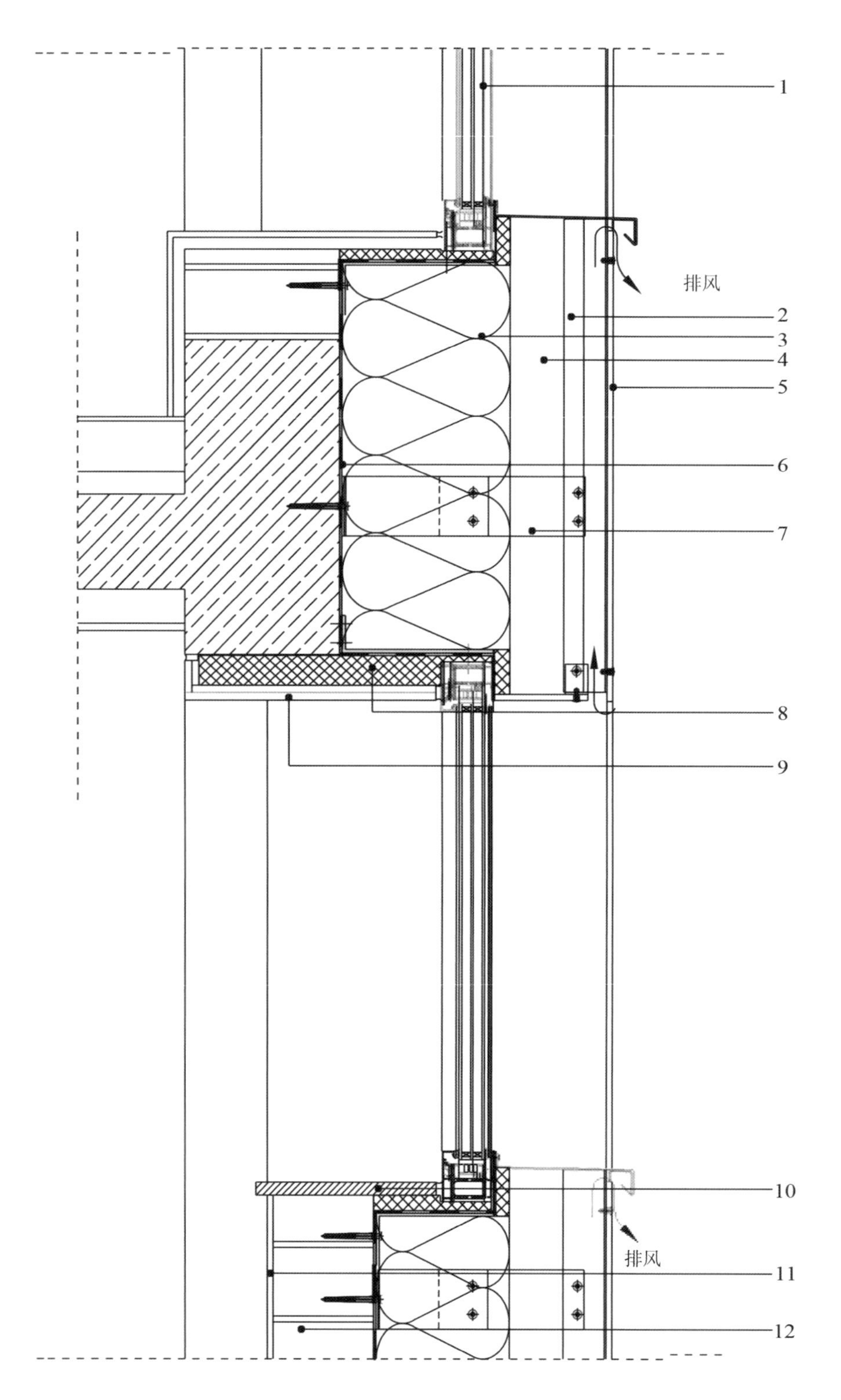

1　被动房固定窗，塑料铝皮，玻璃镶好安装
2　垂直承重型材
3　保温材料 WLG 032，d = 300mm
4　背通风，至少 20mm
5　HPL 立面饰板，倍耐板
6　墙缝和部件接口用气密贴条密封
7　ALKAPO-275 接头型材
8　保温垫 WLG 025
9　双层石膏板覆面
10　贴面胶合板窗台板，d = 22mm
11　内抹面
12　多孔混凝土

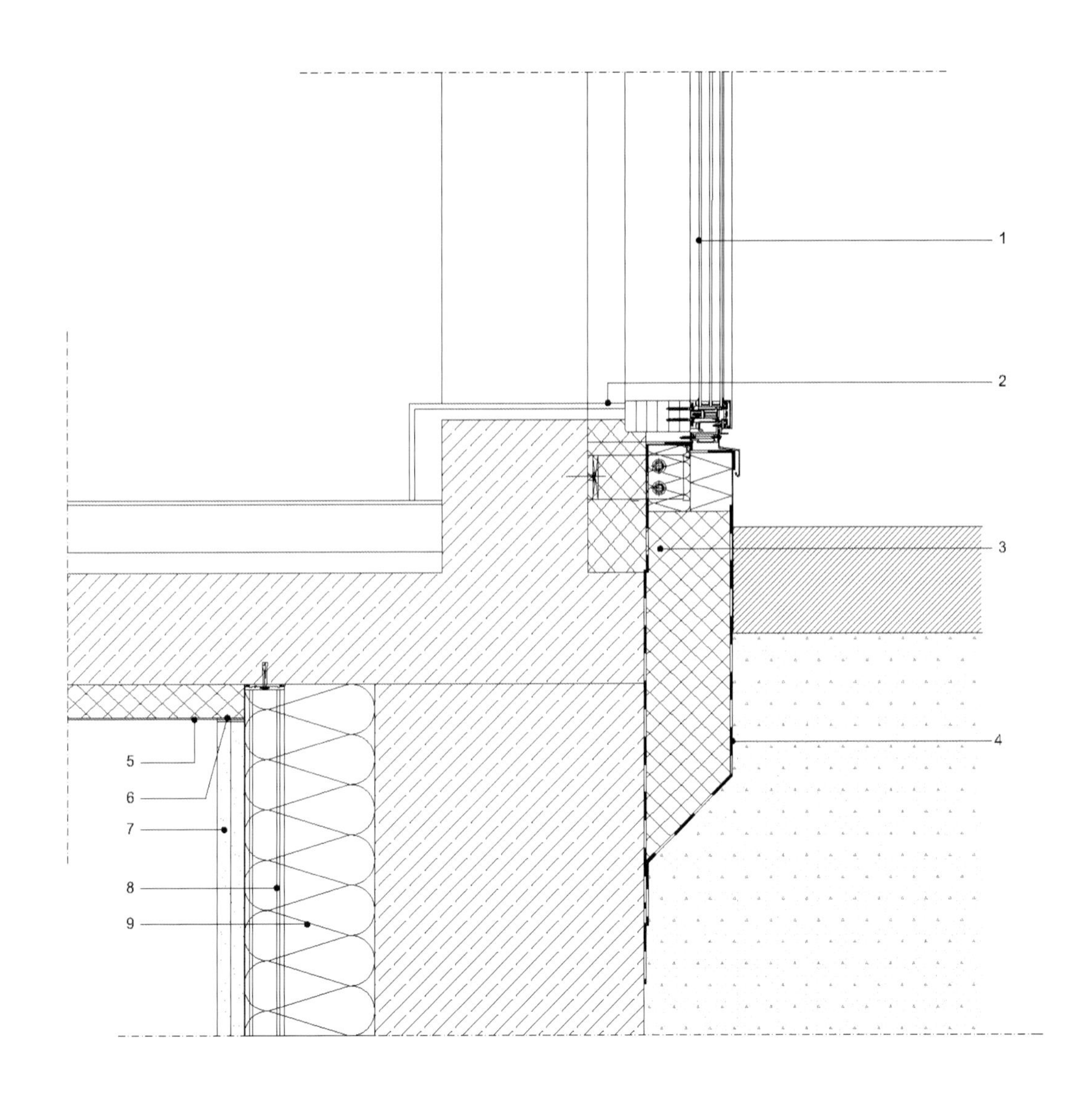

详图 3　基座详图 1，一层与地下室衔接节点

1 被动房横杆立柱外立面
2 基座密封，气密重叠粘贴在隔汽层上
3 周边保温层，WLG 032
4 原有土壤，压实
5 楼梯间保温层，二氧化硅覆盖，d = 60mm
6 防火抹灰
7 双层盒式墙面板，例如可耐福石膏板，2mm×25mm
8 CW 型材
9 A1 内保温，WLG 032

第 10.14 章

10.14

拉尔东学校，意大利第一座被动房学校

▶ 业主 Gemeinde San Giovanni Lupatoto
▶ 设计及项目管理 Michael Tribus Architecture Schießstandgasse9/1 I-39011 Lana（BZ），Italien
▶ 建筑设备规划 Michael Tribus Architecture Schießstandgasse9/1 I-39011 Lana（BZ），Italien
▶ 土地面积 1143.77m^2
▶ 主要使用面积 1174.56m^2
▶ 总占地面积 2314.20m^2
▶ 总建设成本 2500000 欧元
▶ 建造时间 2011 ～ 2014 年

项目简介

拉尔东学校（POLO SCOLASTICO RALDON）建筑群位于意大利维罗纳东南方约 10 公里的圣乔万尼罗普陀陀镇（San Giovanni Luputoto）。在 2012～2014 年间，增建了一栋 8850m^2 的小学部建筑，其中包括一个对校外开放的多功能厅。2010 年，镇政府为此特别任务开放竞标，目标是建立威尼托大区的第一栋公共近零能耗建筑（NZEB，按欧盟规定 2019 年起所有公共建筑必须达此标准），中标者也提出了实现一个以认证被动房为基础的方案。2014 年 9 月 5 日，该建筑以意大利第一所被动房学校在众多最高层政要出席的见证下光荣交付启用。

场地

包括中学部和体育馆的原校区要加以扩建，扩建部分布置于北面没有建筑的土地上。

除此之外，还计划扩建现有体育馆，即在原体育馆北面长侧加盖一个新的场馆建筑，以及对老体育馆观众区和小馆加以改造。这一部分，在都市计划中应在北侧的新校舍之后间隔一段时间才能进行。体育馆的规划暂时止于都市计划中的概念计划，而急迫需要的新校舍则付诸实施。

学校位于西侧进口街道旁，在其前方是学生交通用的巴士和小客车回转广场，于是在东面形成了一个空间非常开敞，而完全不受交通干扰的院子，供学生上课和休息时间使用。这个院子将原有的三栋中学建筑及体育馆与新建的小学（包括多功能厅）连接起来，一条有盖走廊更方便了建筑物之间的联系。在新校舍的东侧，在连接多功能厅和镇中心的轴线上，有一处新的公共停车场。

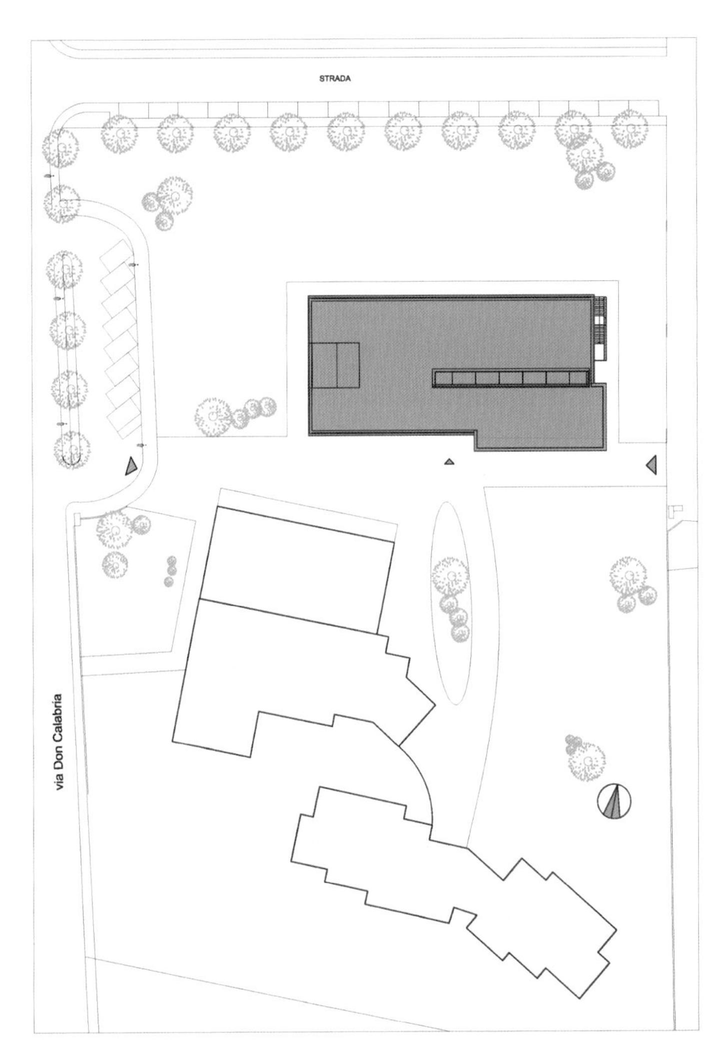

图 1 位置图

图 2 北立面

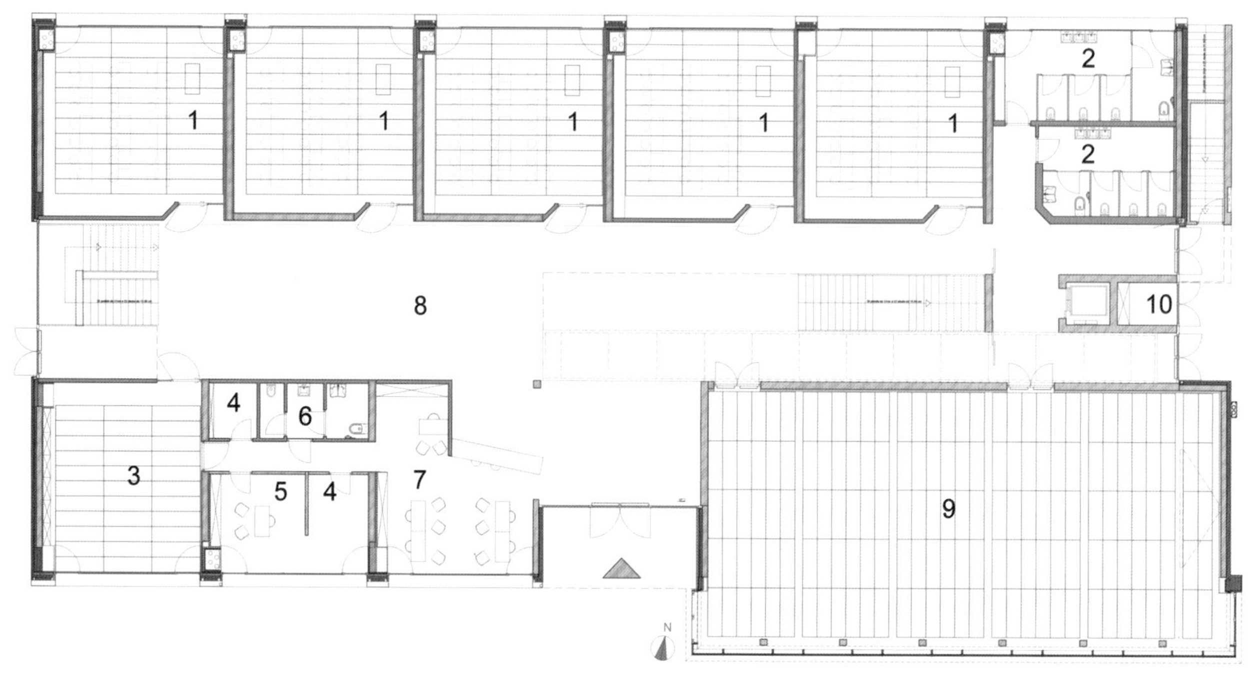

1　教室
2　学生厕所
3　教师室
4　储藏室
5　校长室
6　教师厕所
7　秘书处
8　走道
9　大礼堂
10　设备间

图 3　一层平面图

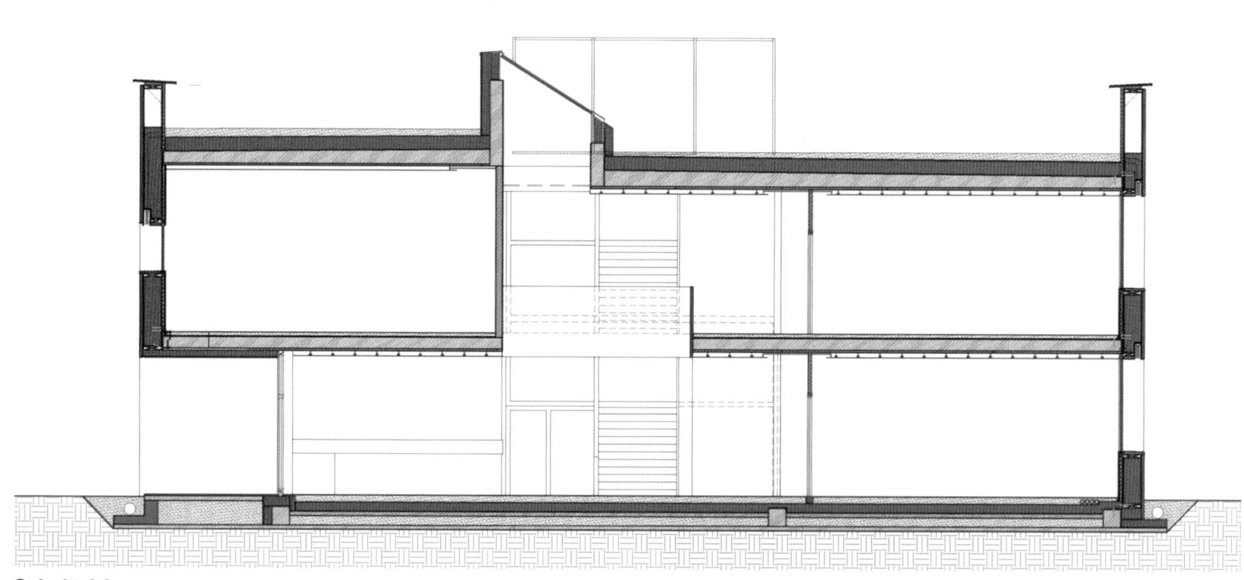

图 4　剖面图

这栋两层建筑的长轴为东西向，这是为了实现一个前所未有的新想法：所有的教室都尽量朝向北面开窗，这样可以让教室通过大面积的窗户得到充足的光线，又不至于太阳一出来就得遮阳。业主最初对这个不寻常想法没有把握，但在审查了外遮阳计算和所建议平面布置应用实例的三维模拟后，认可了这个方案。两层楼共计 10 间普通教室（每层 5 间）均朝北，在中央通道区的中心挑空，一个几乎 60m² 的宽大屋顶窗从上方透光。在南面是办公室、专业课教室和多功能厅。

图 5 室内，中央上行楼梯及天窗

图 6 教室

建筑朝向成为节能手段：普通教室朝北

该建筑在被动房理念主导下，主要功能空间（对学校而言是教室）的朝向也是节能手段的一个重要部分：这些空间除了常被低估的新风供给之外，也需要很多自然光。但自然光也带来了问题：经常导致温度过高，日光眩目。为避免这些问题，窗户朝北是一个非常简单、实用的办法。

为贯彻获得极佳自然光的这一首要目标，整个北立面都按照这一原则设计。在 1m 高胸墙以上的区域一直到顶棚的下缘完全是透明玻璃，中间是很大一片（4.5m×2m）3 层玻璃的无柱固定窗，可以引进最多的自然光。两侧是两扇较小的可开启内倾窗。可以视需要手动开启通风。或在室外温度舒适的季节完全采用自然通风。还可以放到内倾位置，进行夜间被动降温。

南立面的玻璃面积则小得多（约 35%）。这里靠近大门，安排了以下功能：一层西侧是行政部，二层专业课教室；东侧是两层的多功能厅，该厅有一个独立入口，供校外人员使用。

图 7 南立面及入口处

结构

学校采用简单实惠的构造，混凝土预制部件占比很高，这也主导了建筑的结构设计。近一半的垂直外围护为混凝土预制件，其中已经包含了高度隔热的保温层。另外，超过一半（约 52%）的部分采用预制内嵌玻璃窗轻木结构。通过高度预制及简单的建造方式，该建筑得以在 2500000 欧元的造价完成（相当于 310 欧元 /m^3，或 1260 欧元 /m^2 净使用面积）。因此，这个建筑成为一个典范：一方面，如何达到最高节能的效果；另一方面，实现高标准的建筑整体方案。

图 8 木墙

图 9 环绕保温层

物理建筑情况

此建筑的难题是，作为近零能耗新学校建筑，必须在非常低廉的预算内完成。为了达成这一目标，采用了与工业建筑原则非常相近的简单力学结构，选择最优化的跨距。基础直接浇筑在垫层混凝土之上，垫层下就是基地土壤。基础与垫层之间没有保温层，这与常规被动房作法不同。因此，土壤之上底板之下满铺的 20cm 厚的保温层会被条形基础上的墙体隔断，这必须作为热桥计算。学校建筑的垂直承重结构几乎完全采用 30cm 厚的混凝土预制件，这在教室之间起了非常好的隔声效果。在建筑的东面和西面这种承重墙板构成外围护的一部分，做成高保温的清水混凝土预制件。这种墙体构件含 12cm 厚的保温层，传热系数 U 值为可接受的 0.187W/m^2K，其预制清水混凝土外壳以碳纤维连接内层，保持间距。具体实施时，东西两立面因为安装未能达到要求的高标准，接缝图案没有做好，因此又在墙面上增贴了 5cm 厚的 EPS 保温层（复合外保温）来调整，这样，传热系数 U 值又达到了更好的 0.154W/m^2K，虽然原设计就可以满足被动房标准，而大礼堂外墙则按原设计的清水混凝土外表面及接缝构图实施（也就是没有加贴外保温层，传热系数 U 值仍为 0.187W/m^2K），非常美观。

其他外围护部分（约 50%）为预制木结构，传热系数 U 值为 0.090W/m²K。外立面固定玻璃及可开窗部分，以及前面提到的窗户之间的离散通风装置是在工地现场安装的。

被动房验证（PHPP） **表 1**

一般特征		
建造时间	2014	
户数	学校	
住客数	280	
改建体积 V_e	$8787m^3$	
室内温度	20℃	
内部热源	$2.80W/m^2$	
按能量计算面积计算的指标	项目实现的数值	被动房认证限值
能量计算面积	$1475m^2$	
采暖能量指标	14kWh/（m^2a）	≤ 15kWh/（m^2a）
鼓风门压力测试结果	$0.57h^{-1}$	≤ $0.60h^{-1}$
一次能源指标（热水、采暖、辅助及家用电力）	73kWh/（m^2a）	≤ 120kWh/（m^2a）
一次能源指标（热水、采暖、辅助电力）	59kWh/（m^2a）	
采暖负荷	$15W/m^2$	
按使用面积（依据 EnEV 2006）计算的指标		要求
使用面积（依据 EnEV）		
一次能源指标（热水、采暖、辅助电力）		

第 10.14 章

各部件的建筑物理指标 **表 2**

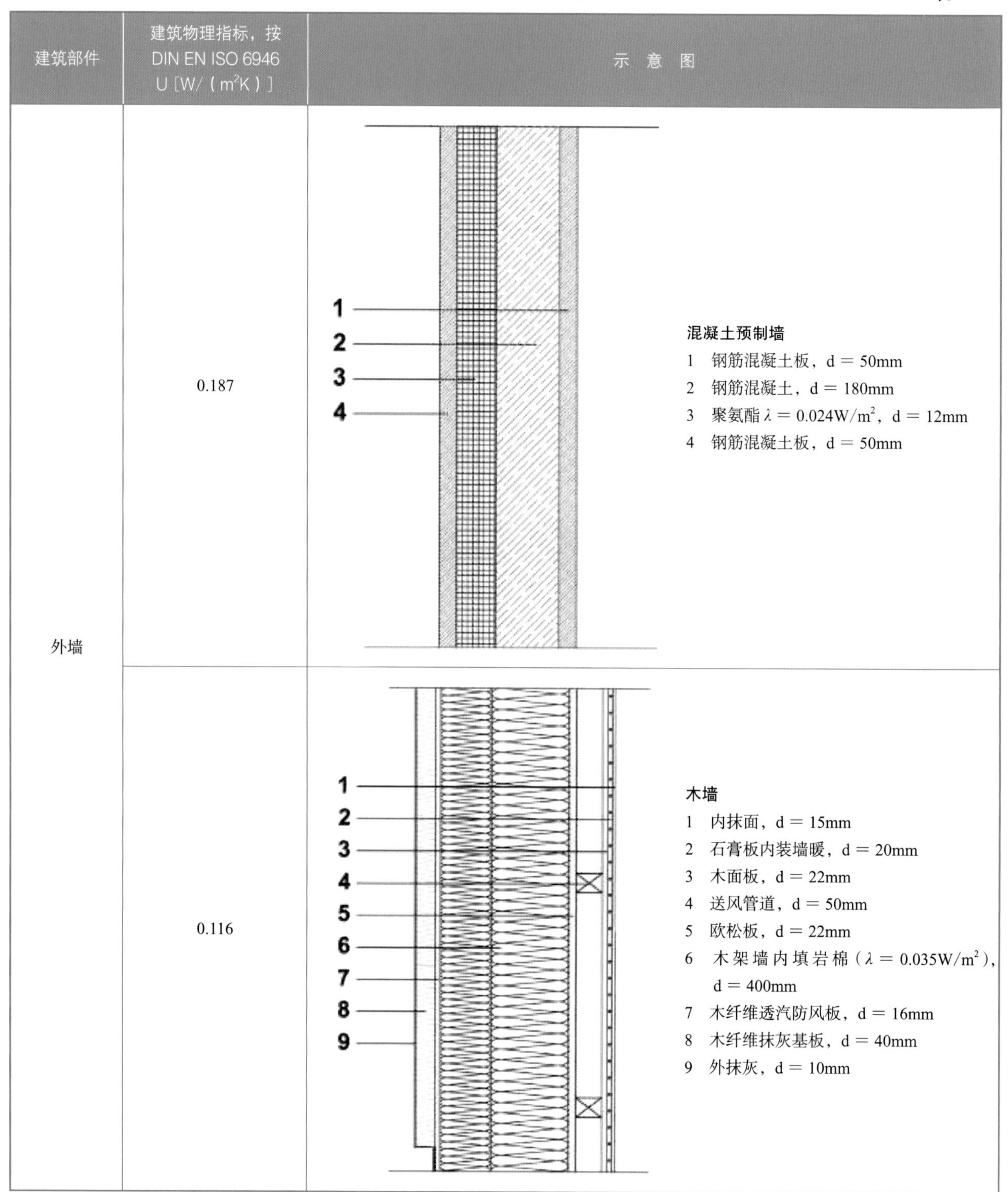

建筑部件	建筑物理指标，按 DIN EN ISO 6946 U [W/（m^2K）]	示 意 图
外墙	0.187	**混凝土预制墙** 1 钢筋混凝土板，d = 50mm 2 钢筋混凝土，d = 180mm 3 聚氨酯 $\lambda = 0.024W/m^2$，d = 12mm 4 钢筋混凝土板，d = 50mm
	0.116	**木墙** 1 内抹面，d = 15mm 2 石膏板内装墙暖，d = 20mm 3 木面板，d = 22mm 4 送风管道，d = 50mm 5 欧松板，d = 22mm 6 木架墙内填岩棉（$\lambda = 0.035W/m^2$），d = 400mm 7 木纤维透汽防风板，d = 16mm 8 木纤维抹灰基板，d = 40mm 9 外抹灰，d = 10mm

续表

建筑部件	建筑物理指标，按 DIN EN ISO 6946 U [W/（m^{2}K）]	示意图
屋顶	0.114	1 钢筋混凝土，d = 15mm 2 石膏板吊顶，d = 12.5mm 3 聚酯纤维吸声板 > 30kg/m^3，d = 30mm 空腔，d = 200mm 4 预制混凝土板内填混凝土，d = 30mm 5 EPS（λ = 0.036W/m^2），d = 300mm 6 屋顶防水密封带防护垫 7 砾石，d = 50mm
底板	0.148	1 油毡，d = 2mm 2 找平层，d = 40mm 3 泡沫混凝土，d = 80mm 4 分隔膜 5 EPS（λ = 0.036W/m^2），d = 200mm 6 垫层（贫混凝土），d = 100mm 7 碎石，d = 500mm 8 垫层（贫混凝土），d = 100mm 9 PVC 防水密封 10 夯实土壤
窗	0.715–0.855	1. Raiko Therm ＋ 50 H-V U_f：0.92W/（m^{2}K） SILVERSTAR g = 0.48 U_g：0.60W/（m^{2}K） U_w = 0.71－0.85W/（m^{2}K）
	0.845	2. Wolf Fenster Holz88FF U_f：1.06W/（m^{2}K）， SILVERSTAR g = 0.48 U_g：0.60W/（m^{2}K）， U_w = 0.84W/（m^{2}K）

建筑设备

作为被动房学校，特别要在建筑技术方案中考虑学校使用以下标准：

在学校上课时间，教室大约有 24 名学生和 1 名老师。因此按使用人数约 25 人，内部热源每人 70W = 1.750W。以 60m^2 面积计算，热负荷约为 30W/m^2。不算其他来自照明或可能有的电脑装置等内部热源，单凭这 30W/m^2 来自密集使用人员的热能就足提供上课时所需的加热量。但还要考虑在上课前的加热。教室预热必须要提前，以免供暖与内部热源叠加，造成不舒适的过热。

同样道理，例如地暖装置对教室并不理想，因为它们在关停后还有很长时间放热。拉尔东学校每间教室外墙上安装了约 6m^2 的墙暖，之所以选择这种低温大面积供暖系统，是考虑到以后有可能通过空气源热泵设备，结合光伏设备来供暖制冷，这种热泵和光伏设备由于费用原因暂时没有安装。目前热水与供暖是由一台甲烷锅炉提供的，锅炉连接到镇所属的市政燃气管网。

通风方案

拉尔东学校 100% 采用离散式通风系统。教室使用了 14 套通风装置（10 间普通教室，3 间专业课教室，还有 1 套用于行政区及教员室），通风量各为 570m^3/h。另外一套 3200m^3/h 的独立设备用于大礼堂及通道区。

图 10 大礼堂区域的出风口

在经认证的被动房中，还是第一次采用这种逐个房间通风的方案。在每一个房间，或一个区域，都有一套独立的通风装置。行政区的几个房间共用一套 570m^3/h 的设备。主要的优点是：

a）首先，这是总体成本更低的方案，同时可以实现简单的个别房间调控；

b）其次，这可以完全避免中央管道，以及复杂的阀门控制，还有连带的消防要求。虽然过滤网更换工作较多（15 个小设备对比一个大设备），被视为一个缺点；但小滤网便宜得多，而且校方人员自己就可以更换，又是明显的优点。

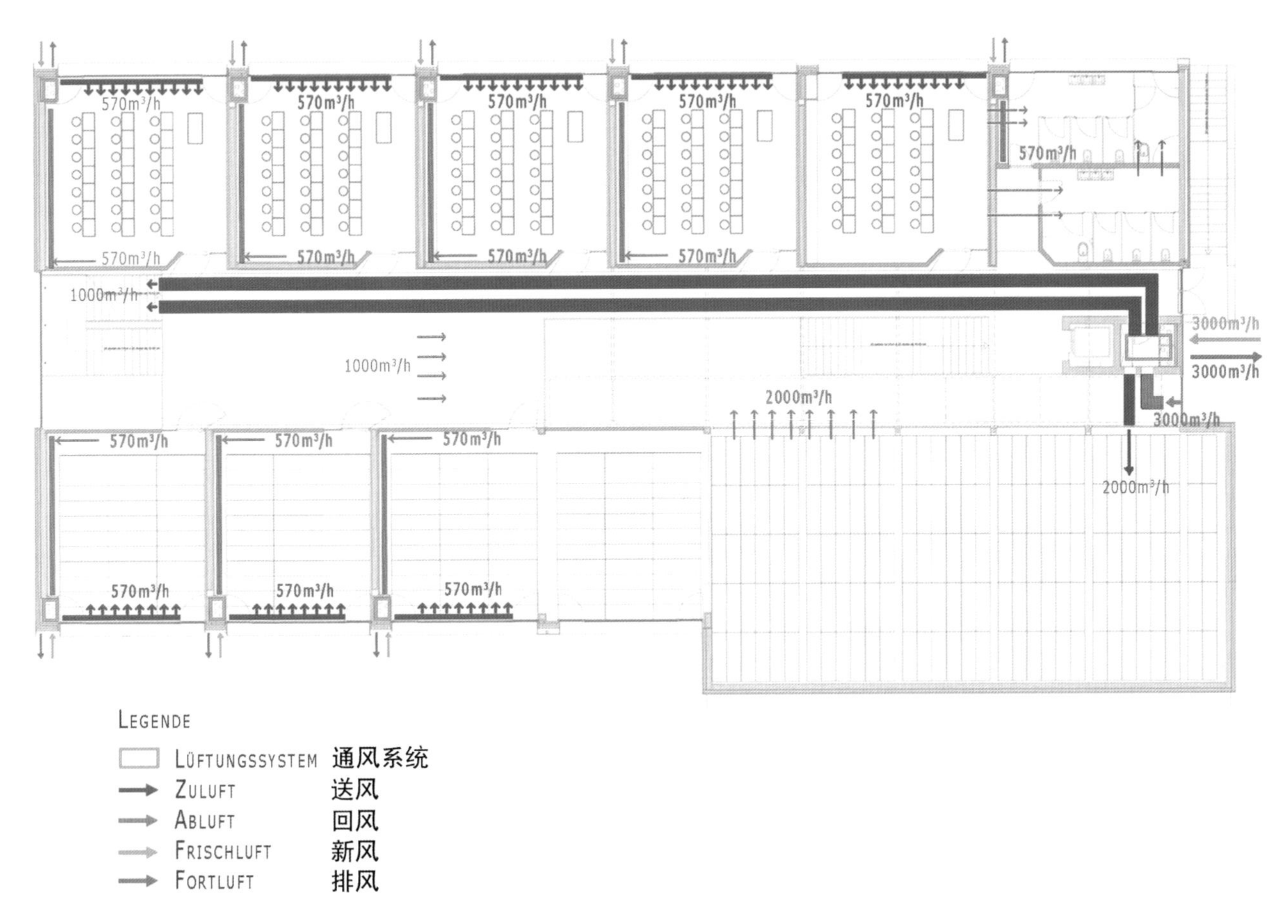

图 11 通风系统布置图

图 12 结合与外立面中的通风墙缝

图 13 通风缝：送风与窗台结合为一体

建筑设备一览表 **表 3**

系统	说明
供暖系统	▶ 墙暖版 23.9kW，取自公共输热网，甲烷冷凝式锅炉
饮用水加热系统	▶ 饮用水取自公共管网
发电系统	▶ 电力取自公共电网
雨水利用系统	▶ 无
建筑通风系统	▶ 离散式通风装置
建筑自动化系统	▶ 总线系统

详图 1　木墙

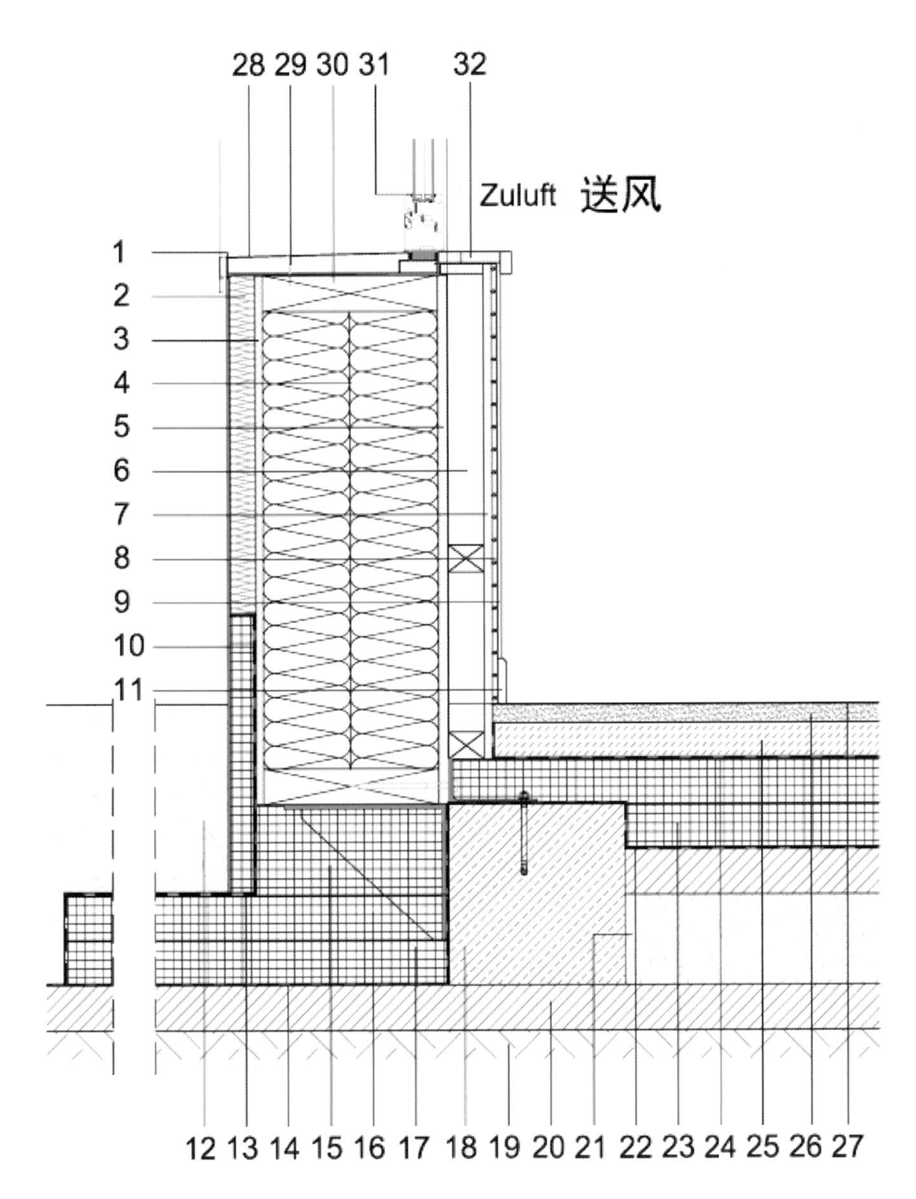

1　外抹面，d = 10mm
2　木纤维抹面附着板，d = 40mm
3　木纤维透汽防风板，d = 16mm
4　木架墙内填矿棉（$\lambda = 0.035W/m^2$），d = 400mm
5　欧松板，d = 22mm
6　送风管道，d = 80mm
7　欧松板，d = 18mm
8　石膏板内装墙暖，2mm×12.5mm
9　内抹面，10mm
10　基座金属板，d = 0.5mm
11　木踢脚条
12　碎石 630mm
13　上层 PVC 防水膜
14　下层 PVC 防水膜
15　XPS 保温材料，d = 400mm
16　XPS 保温材料，d = 100mm
17　XPS 保温材料，d = 100mm
18　钢筋混凝土基座 1，d = 400mm
19　夯实碎石
20　贫混凝土（垫层），d = 100mm
21　碎石，d = 500mm
22　贫混凝土上铺 PVC 防水膜，d = 100mm
23　EPS 保温材料 d = 200mm
24　保护膜
25　泡沫混凝土，80mm
26　水泥找平层，40mm
27　油毡，2mm
28　金属盖板，0.5mm
29　窗台板，45mm
30　木梁，80mm
31　3 层玻璃
32　木窗台含通风缝，d = 25mm

详图 2　与外墙一体化通风系统

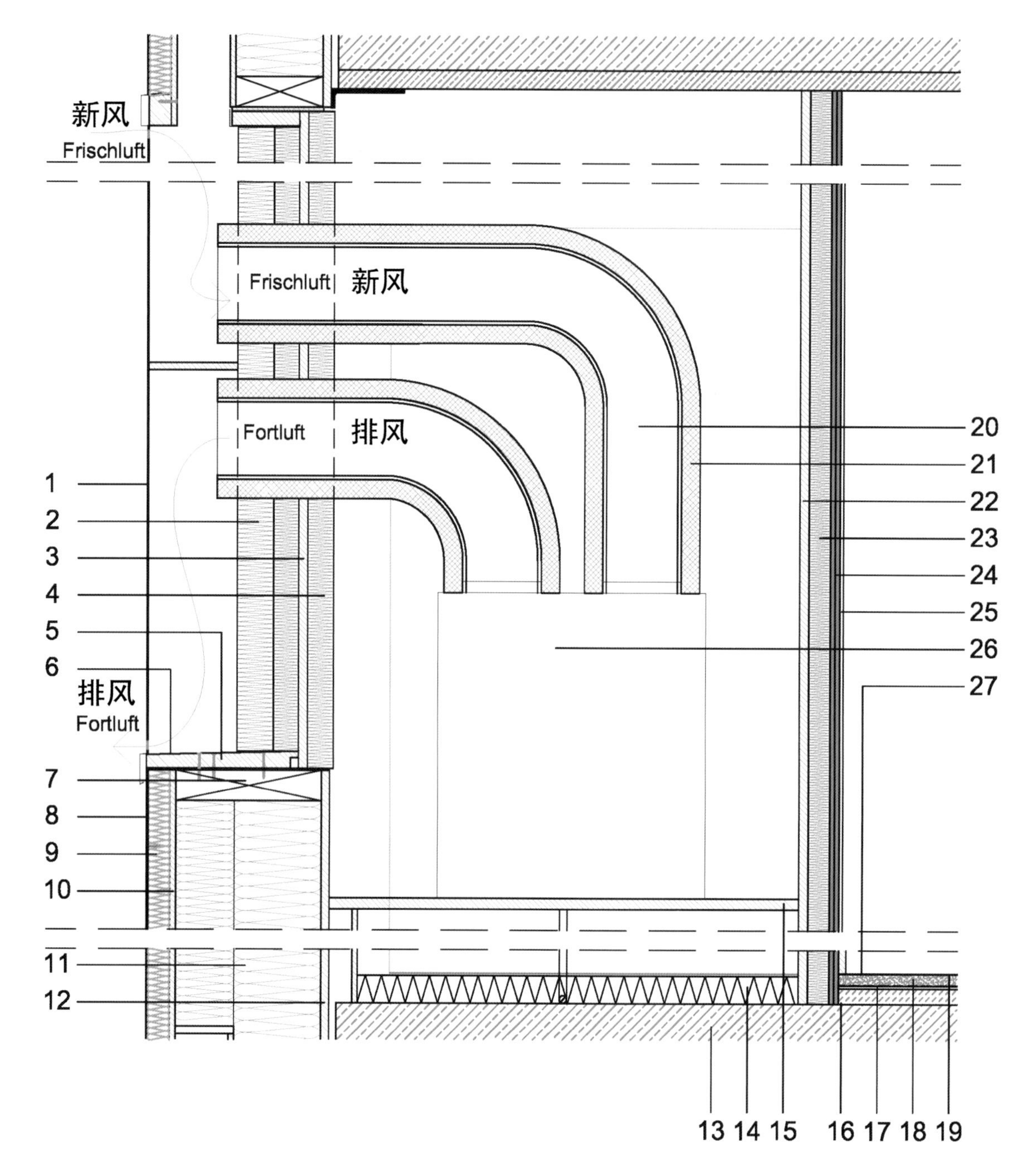

1　金属盖板 0.5mm
2　岩面保温材料，180mm
3　欧松板，25mm
4　岩面保温材料，70mm
5　木梁，35–45mm
6　金属盖板，0.5mm
7　木梁，80mm
8　外抹面，10mm
9　木纤维抹面附着板，40mm
10　DWD 木纤维透汽防风板，d = 16mm
11　岩棉保温材料，400mm
12　欧松板，22mm
13　钢筋混凝土楼板，350mm
14　保温材料 80mm
15　欧松板，30mm
16　消声垫，40mm
17　丙烯膜，8mm
18　水泥找平层
19　水泥找平层，40mm
20　通风管，ϕ180
21　隔声垫，50mm
22　欧松板，25mm
23　保温材料，60mm
24　石膏板 2mm×12.5mm
25　内抹面
26　离散式通风装置
27　油毡

10.15

世界首个认证被动房学校 奥弗克欣蒙特梭利学校

▶ 业主 Montessori Verein Erding e.V.
▶ 设计与项目管理 ArchitekturWerkstatt Vallentin GmbH Am Marienstift 12 84405 Dorfen 项目合作方 Ralf Grotz，Reinhard Loibl，Karl-Heinz Walbrunn
▶ 建筑设备规划 Ingenieurbüro Lackenbauer, Traunstein
▶ 土地面积 10200m^2
▶ 主要使用面积 2861m^2
▶ 总基地面积 / 所有楼层面积 Geschosse 1285m^2/4079m^2
▶ 总建造成本 8870000 欧元（KG 200–700）
▶ 建造时间 2003 ～ 2004 年

项目简介

在奥弗克欣（Aufkirchen）的蒙特梭利学校，是德国第一个被认证的被动房学校。建筑师在规划这个从小学到中学的学校时就定下目标，要为孩子们创造一个生活空间。设计呈现了一个如同从地里生长出来的两层楼，曲线起伏的绿色屋顶，有机形状的平面布置。充满阳光，亲切宜人的建筑，以变化无穷的利用可能性吸引着孩子们，让他们愉快地上课或休憩。虽然建筑造型复杂，要求很高，但仍然必须遵循经济原则，严格按照政府经费规定控制成本，这一点也成功地做到了。

令人瞩目的屋顶从地面升起，仿佛形成了一个山丘，不同的空间高度随着曲面无阶梯地自然变化。

图 1 冬天的西南立面

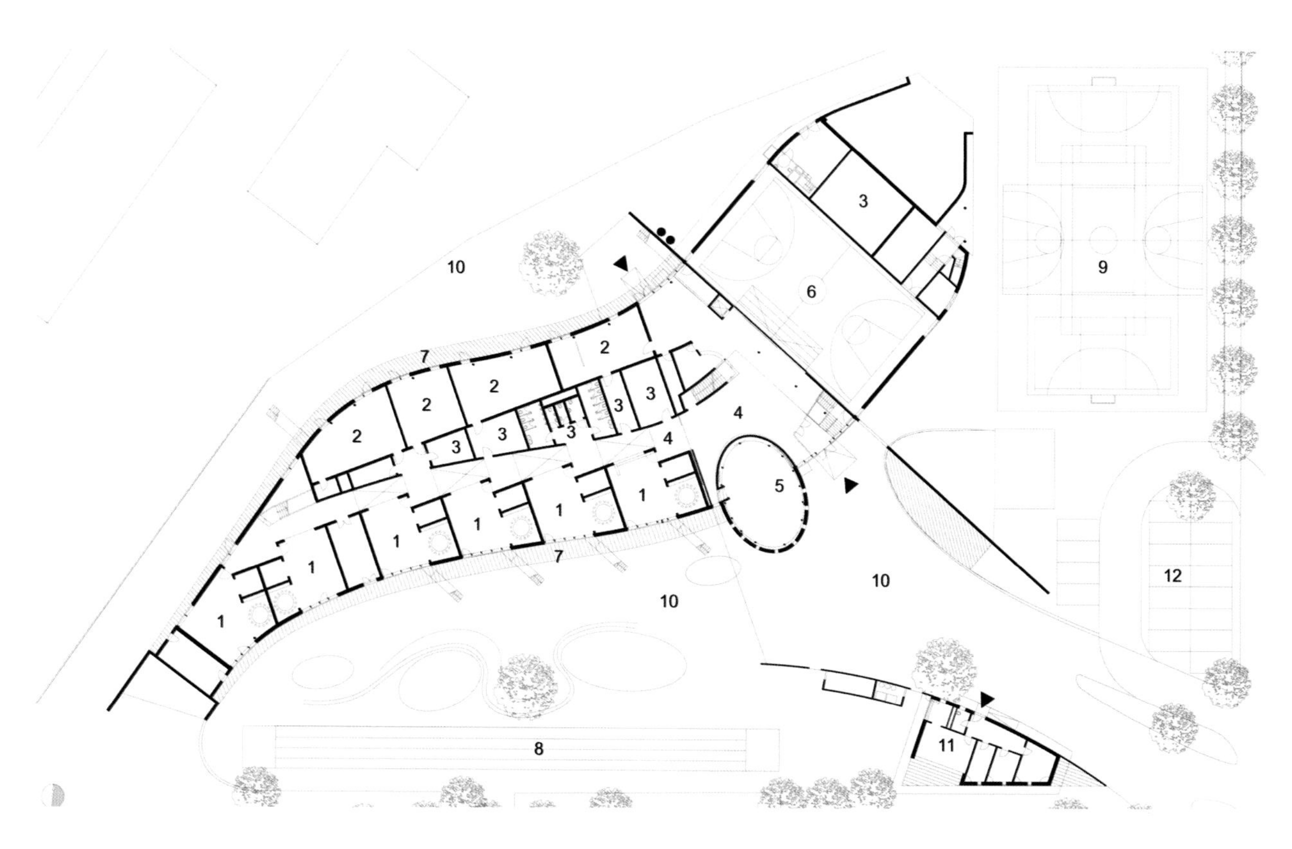

1 教室
2 专业教室
3 相邻区
4 走道和礼堂
5 多功能大礼堂
6 多功能大堂
7 廊道
8 跑道及室外设施
9 运动场
10 室外游戏区
11 门卫
12 停车场

图 2 一层平面图

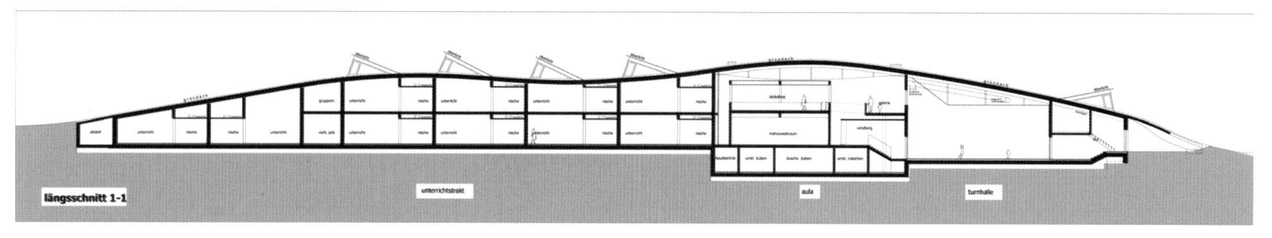

图 3 建筑剖面

因为屋顶两端下斜直达地面，该建筑只有两个外墙面，东南角向入口区和课间游憩场敞开。从外墙面突出来的圆厅和沿着入口步道的导墙，标志了学校入口大门。入口后面是一直通到屋顶下缘高度的礼堂，相邻的餐厅同时也是学生咖啡馆。如果把活动隔墙推到体育馆和圆形多功能空间里，礼堂可以扩大。举行大型活动时，可以用衔接礼堂平面和体育馆平面的活动观众看台，改变低半层楼高度的体育馆的功能。

紧邻礼堂就是一排教室，一层有 6 间中学教室及专业课教室，二层为 4 间小学教室及专业课教室和行政区。屋顶和中间层顶棚的天窗营造出通透的空间感，有多层次的视野和光照。

图 4 从采光棚射入走廊的自然光

图 5 东南侧课间活动庭院及体育场

图 6 建筑背面西侧安静的课间游憩场

两层楼所有的教室都可以直接通往学校花园。二层的外楼梯除了通往花园的功能外，也作为第二个逃生通道。

图 7 二层有一座桥通往教员室

融入风景的建筑，以及互相连通的室外区域（绿地，停车场，运动场，游憩场，花园）营造了内外交融的整体感。学校中还有许多其他细节，遵循着玛丽亚蒙特梭利的教育基本理念。

图 8 绿屋顶及采光棚从风景地貌中升起如一个小丘

结构

最初就决定了内部承重结构采用砌体建筑，砌体结构可以更好、更便捷地满足隔声和防火的要求。另外，砌体的巨大储热质量也是一大优点，对节能概念和室内气候都很重要（不仅冬天，特别是夏天）。从维持成本来看，这是一个很节约的方案。

地下室采用不透水混凝土，全部建筑混凝土部分都是清水混凝土品质。

外围护为木结构，因为成本低，保温效果好，而且预制木结构还有工期优势。部件的接缝规划与木结构施工方密切协调，确保无热桥而且气密。只要可能，木材不止用于外墙面，也用于内装修。混凝土与木材的结合，创造了居家的气氛。

通过混合建筑方式，可将木材和混凝土各自的优点充分发挥。内墙很大一部分都是承重墙，与木结构外墙构成基本框架，有意避免了次级承重结构，以保持屋顶支撑结构的跨距尽可能大，这种大跨距形成一个非常有效的结构。屋顶结构的中空部分用纤维素隔热，结构力学需要的高度为被动房要求的保温层提供了空间。因为水平平面构成了这个建筑的很大部分外围护（屋顶和底板），这种方式可以以低廉的价格提供优质的保温隔热。

建筑物理情况

建筑的热工品质相当于被动房标准，用 PHPP（费斯特教授开发的被动房规划程序包）进行了相应的验证，其结果见表 1。

被动房验证（PHPP） **表 1**

一般特征		
建造时间	2003	
户数	1	
人员数	260	
改建体积 V_e	17017m³	
室内温度	20℃	
内部热源	2.8W/m²	
按能量计算面积计算的指标		
能量计算面积	3275m²	
采暖能量指标	14kWh/（m²a）	≤ 15kWh/（m²a）
鼓风门压力测试结果	$0.09h^{-1}$	≤ $0.60h^{-1}$
一次能源指标（热水、采暖、辅助及家用电力）	89kWh/（m²a）	≤ 120kWh/（m²a）
一次能源指标（热水、采暖、辅助电力）	13kWh/（m²a）	
采暖负荷	10.6W/m²	
按使用面积计算的指标		
使用面积（依据 EnEV）	5896m²	
一次能源指标（热水、采暖、辅助电力）	26kWh/（m²a）	≤ 40kWh/（m²a）

按照所采用的建筑方式，完全无热桥是难以实现的。混凝土墙在底板上的支撑位置会产生热桥，这在验证计算中必须考虑在内。

气密性

因为屋顶结构是没有背通风的木结构，所以气密性是节能以外另一个保证结构不受破坏的重要条件（＝质量保证）。所有墙体上端和楼板末端都以三元乙丙橡胶（EPDM）膜覆盖密封，以保证气密面的终端完美气密。细心的施工，以及有经验的工程管理，得到了优异的测试结果。

鼓风门测试结果为 $n_{50} = 0.09h^{-1}$。

建筑设备

建筑通风

通风设备是作为“替换空气设备”设计的，这意味着空气湿度和室内温度不能靠通风设备调节，送风温度限制为最低 16℃。室外新风进风量从 30m³/h×人数降低到 15m³/h×人数，开窗通风必不可少。

向教室、专业课教室、办公室，以及教员室、体育馆、多功能空间供给新风。回风从内部的卫生间和衣帽间抽走，多余的送风从二层大厅统一抽走。中央通风设备设在地下层，中央通风设备包括送风和回风装置，通过旋转热交换器进行热交换。

热水设备

电热共生设备是以天然气驱动的。此设备不仅在供热方面满足了采暖和热水的基本需求，而且更进一步提供了电能。建筑的电功率基本需求为 2.5～3.5kW$_{电}$，这个设备约可承担 50%～70%。

所有建筑设备组件见表 2。

建筑设备一览表 表 2

供暖系统	▶ 热电联产设备余热，带储存槽及燃气冷凝式热水器
饮用水加热系统	▶ 热水来自热电联产设备
发电系统	▶ 自公共电网取电 ▶ 电力来自热电联产设备
雨水利用系统	▶ —
建筑通风系统	▶ 通风系统带旋转式热交换器热回收
建筑自动化系统	▶ —

详图 1　屋顶详图

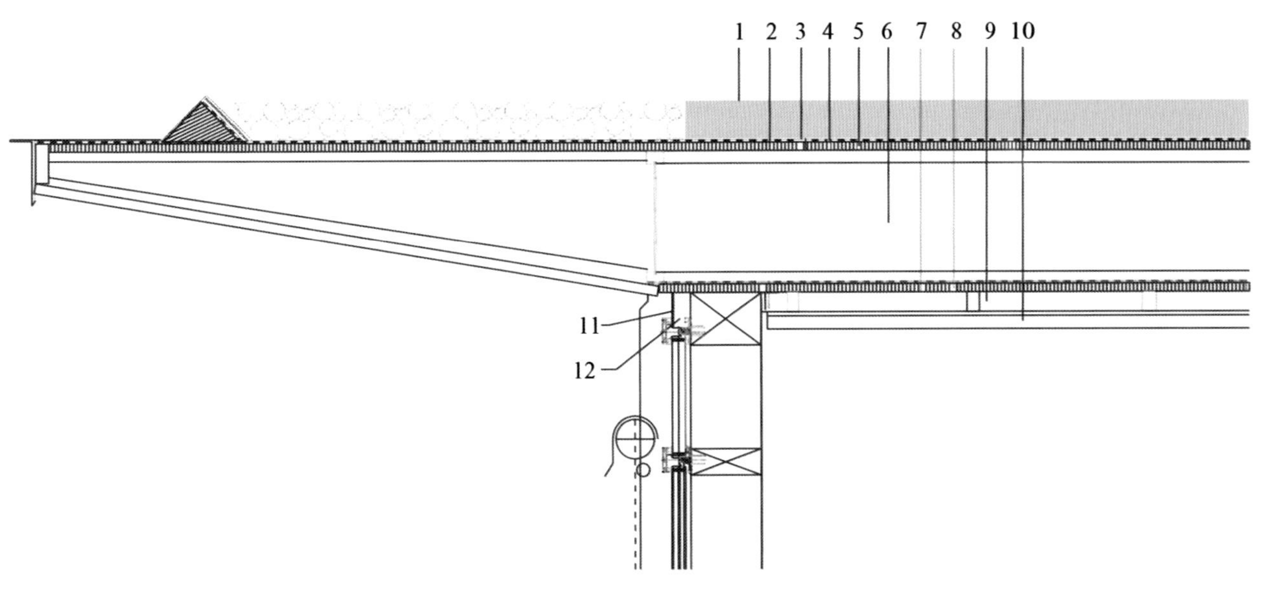

1　绿化土，d = 10cm
2　保护垫＋排水
3　三元乙丙橡胶 EPDM 密封
4　应急密封 PVC 卷材
5　欧松板，d = 2.5cm
6　木工字构件，其间填充保温材料 WLG 040（纤维素）WLG 040，d = 40cm
7　隔汽层
8　欧松板（气密平面），d = 2.5cm
9　通风龙骨，d = 6cm
10　承载板及龙骨
11　立面板
12　龙骨，d = 6cm

详图 2　墙与楼板节点

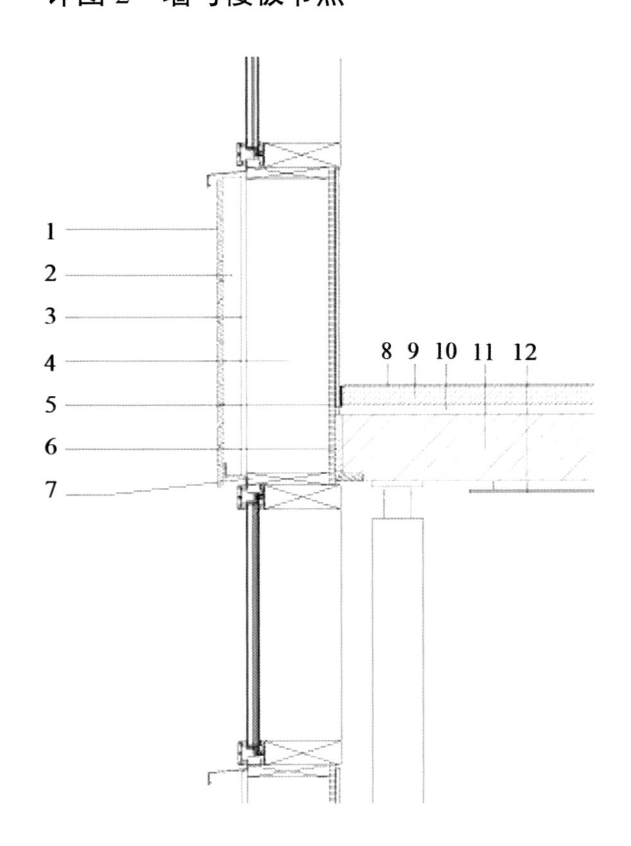

1　木饰面，2.4cm
2　通风龙骨，6cm
3　内层防风板，1.6cm
4　木架（Kerto 多层胶合板），其间为胶合板及保温材料（纤维素）WLG 040
5　欧松板（气密平面）2.2cm 带三元乙丙橡胶 EPDM 密封
6　石膏纤维板及涂料
7　横档（Kerto）
8　拼花地板
9　找平层 6cm
10　保温材料，WLG 040，3cm
11　楼板，钢筋混凝土
12　吊顶

第 10.16 章

10.16

美然西比拉斯街的住宅建筑

- ▶ 业主
  Dr. Paul Zanon，Dr. Roman Zanon
- ▶ 设计及项目管理
  Michael Tribus Architecture
  Schießstandgasse9/1
  I-39011 Lana (BZ), Italien
- ▶ 建筑设备规划
  Michael Tribus Architecture
  Schießstandgasse9/1
  I-39011 Lana (BZ), Italien
- ▶ 土地面积
  765.00m^2
- ▶ 主要使用面积
  477.86m^2
- ▶ 总占地面积
  510.09m^2
- ▶ 总建设成本
  1500000 欧元
- ▶ 建造时间
  2011 年

项目简介

西比拉斯街住宅项目，业主希望将一栋现有的战后历史性建筑，包括整个两层以及一个可住人的屋顶层，按照被动房标准整修或以新建被动房取代。

初步调查后，衡量开发的可能性和成本，决定采取新建方案。而新建筑必须和原有建筑一样，定位为彰显身份的高级租赁房。

新建筑必须将原建筑的容积率完全利用。一方面要考虑这一前提，另一方面要达到要求非常高的建筑美学效果。

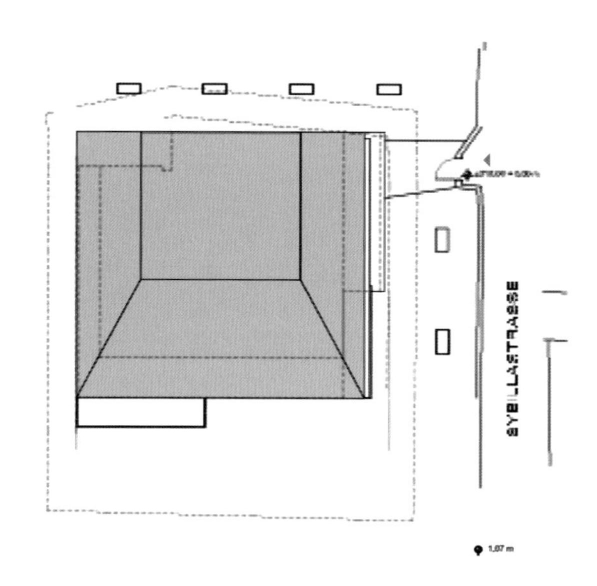

图 1 位置图

既要完全利用最大容积率（现有建筑 1491m^3 带地下室，新建筑地上 1678m^3，地下 1722m^3），又必须考虑车库通道技术和功能性的最优化，最终得出的方案在建筑外围护上做了妥协：地下室保温范围内的部分区域和保温的一层底板必须在空间上相互错开，无法上下一致重叠地纳入一个简洁紧凑的建筑样式内。

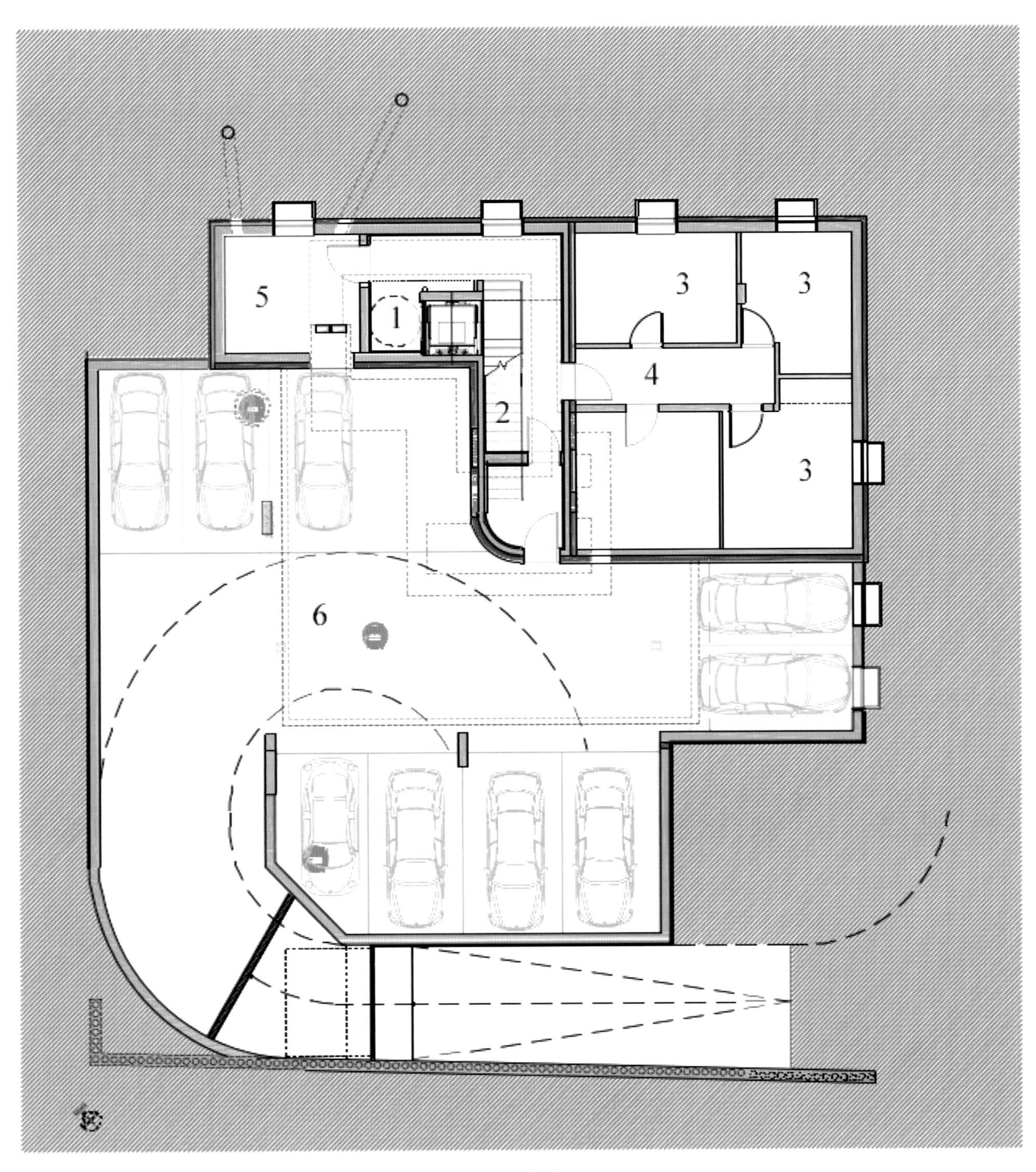

1 采暖设备房
2 楼梯间
3 地下室
4 玄关
5 前室
6 车库

图 2 地下室平面图

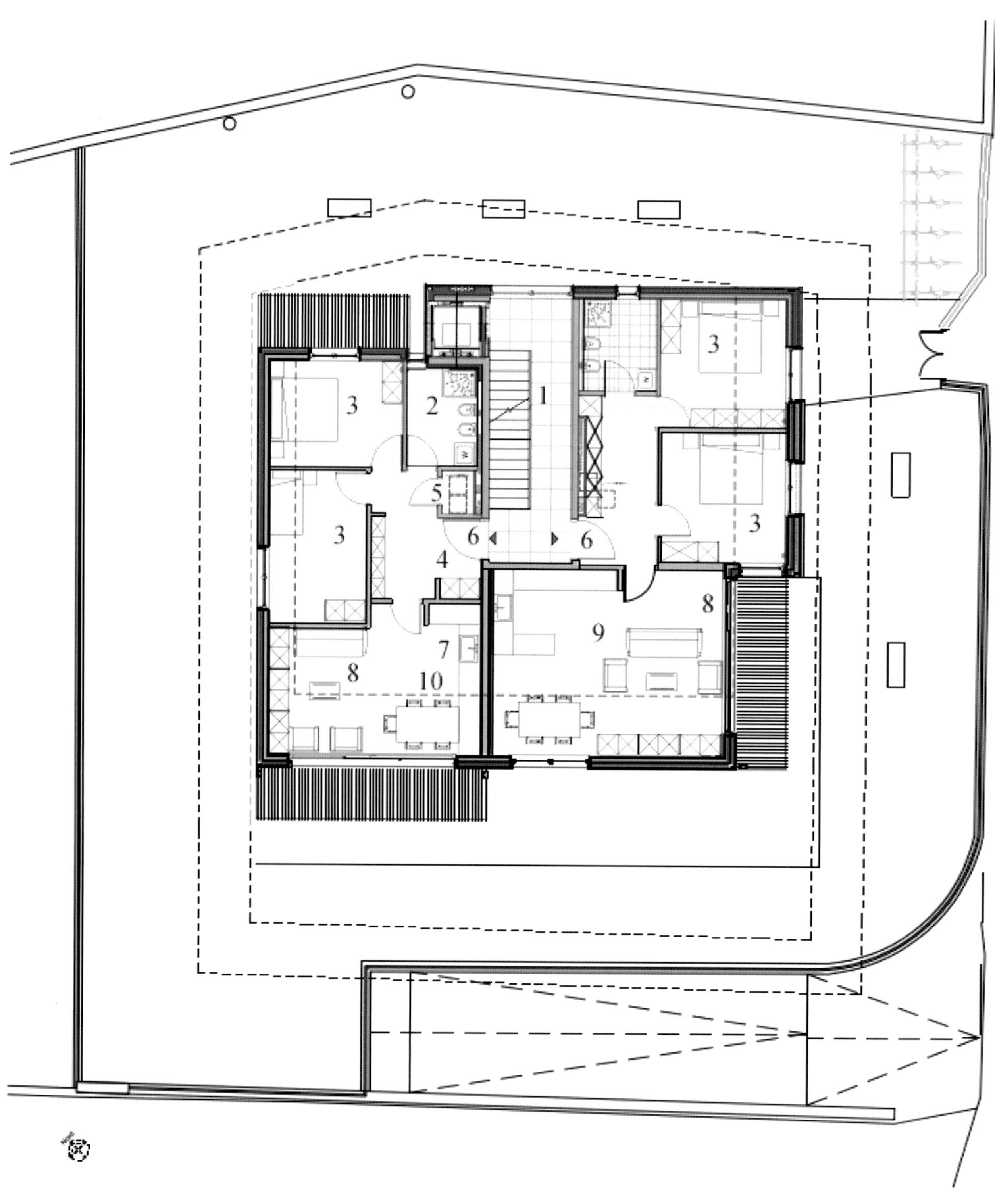

1 楼梯间
2 浴室
3 卧室
4 玄关
5 储藏室
6 入口
7 小厨房
8 起居室
9 厨房 / 餐厅
10 餐厅

图 3 二层平面图

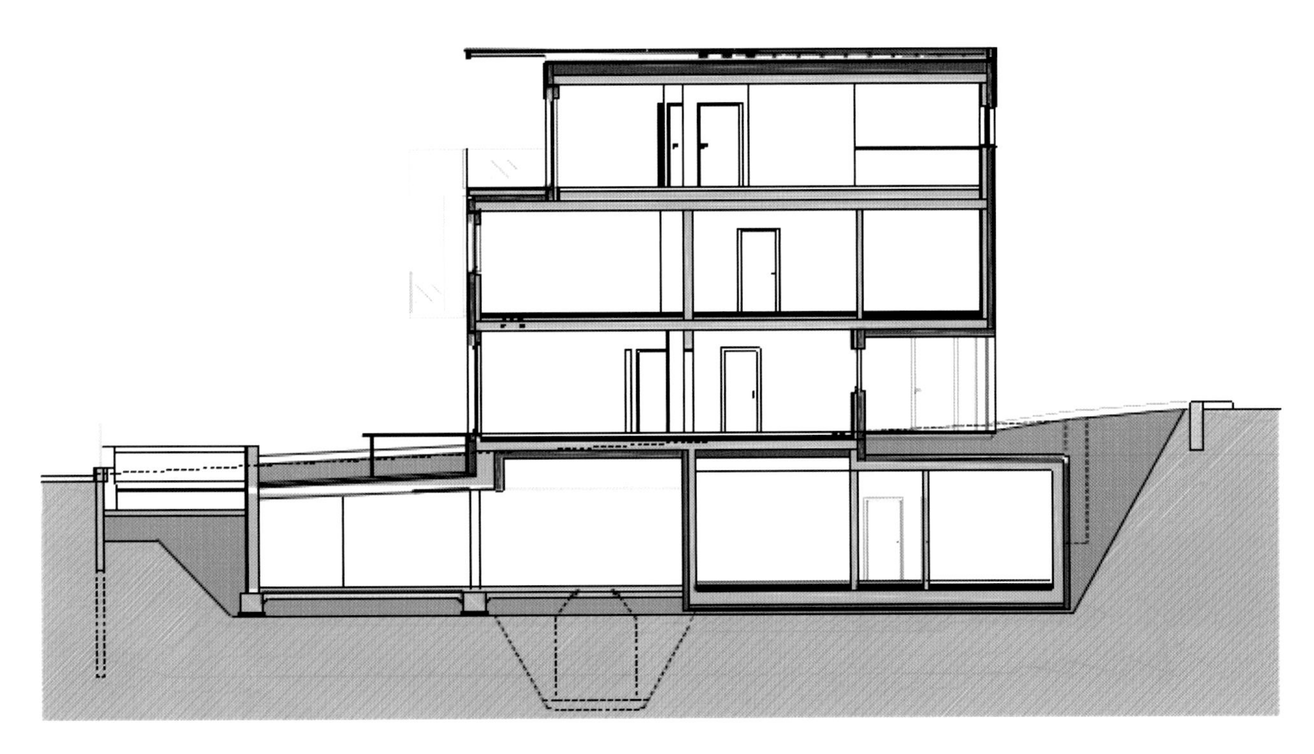

图 4 剖面图

另外一个削弱建筑紧凑性的地方，是屋顶层区域，这里的外墙相对于下方的外围护保温层向内错开。因此，最大限度地利用了地块容积率的建筑，外观上是一栋浅米白色抹灰的两层砌体，两层之上还有一层稍向内缩，深色外墙饰面的屋顶层。

从街上通过一层一个有雨棚的露天空隙区，来到大门入口。这里的一个单跑楼梯，通到每一层楼的中心。再从那一层楼的中央通往各户。

最大的公寓在一层，约 177m^2。进入公寓的中央走道正好把起居室和卧室区分开两边，二层为两个公寓（约 80m^2 和 97m^2）。屋顶层是一个 125m^2 的分租公寓，每一个公寓都有露台或 / 阳台，特别是屋顶层有 68m^2 的露台和阳台。

图 5 入口

结构

建筑为砌体结构，外围护为 365mm 厚外墙，由混凝土模版砖内夹 165mm 厚甲阶酚醛树脂泡沫材料保温层，整层浇筑混凝土芯构成。整个地下室，楼梯间墙板（以及二层的公寓隔墙），还有楼板都是现浇钢筋混凝土，公寓室内隔墙采用典型的砖砌墙。

所有的阳台和露台都作为在建筑的保温层以外的外置结构，或者是支撑于地面的自承重构件，或者是与楼板断桥隔热的悬挂结构。

图 6 利用保温层构成斜角

图 7 入口区

地下层在停车库区域地下范围内贴 5cm 外保温，以免发生结露。而在车库后方，属于公寓的地下室小隔间在隔热技术上与车库是分离的，它们被包括在被动房外围护之内，也相应的采用了高度保温隔热。

屋顶层的顶棚也是混凝土楼板，在屋顶层的保温层之上，是背通风外挑木结构人字梁屋顶。

所有窗户都是 3 层玻璃，窗框部分全部保温包覆。

图 8 外置式 / 悬挂式阳台

图 9 楼顶层露台

建筑物理情况

被动房验证 **表 1**

一般指标		
建造时间	2011	
户数	4	
住客数	16	
建筑容积 V_e	1997.80m^3	
室内温度	20℃	
内部热源	2.80W/m^2	
按能耗面积计算的指标	项目实现指标	被动房认证限值
能耗面积	477.86m^2	
供暖能耗指标	14kWh/（m^{2}a）	≤ 15kWh/（m^{2}a）
鼓风门试验结果	0.38h^{-1}	≤ 0.60h^{-1}
一级能源指标 （热水，供暖，辅助及运行电力）	76kWh/（m^{2}a）	≤ 120kWh/（m^{2}a）
一级能源指标 （热水，供暖，辅助电力）	30kWh/（m^{2}a）	
供暖负荷	11W/m^2	
按节能条例 2006 使用面积计算的指标		节能条例要求
按 EnEv 计算的使用面积		
一级能源指标 （热水，供暖，辅助电力）		

图 10 顶层公寓

各部件建筑物理指标 表 2

建筑部件	建筑物理指标，按 DIN EN ISO 6946，U［W/（m²K）］	示意图
外墙	0.116	1 外抹面，d = 15mm 2 d = 40mm 水泥粘结木屑保温板（作为混凝土芯外面转），d = 40mm 3 硬泡沫板，d = 165mm 4 钢筋混凝土，d = 120mm 5 内抹面，d = 15mm
屋顶	0.012	1 钢筋混凝土楼板，d = 170mm 2 分隔膜 3 EPS 保温层带 = 250mm 4 透汽木纤维板，d = 30mm 5 背通风层，d = 150mm 6 透汽木纤维板，d = 30mm 7 沥青毡，d = 50mm 8 砾石层，d = 10mm
屋顶层阳台	0.132	1 瓷砖，d = 15mm 2 不透水混凝土楼板，d = 160mm 3 沥青毡，d = 5mm 4 聚氨酯 PUR 保温层，d = 60mm 5 钢筋混凝土，d = 220mm 6 内抹面，d = 10mm

续表

建筑部件	建筑物理指标，按 DIN EN ISO 6946，U［W/（m^2K）］	示 意 图
底板	0.152	1 瓷砖，d = 12mm 2 砖粘剂，d = 3mm 3 找平层，d = 50mm 4 EPS 保温层，d = 50mm 5 水泥粘结 8/16 碎石，d = 35mm 6 混凝土基础板，d = 340mm 7 挤塑板保温层，d = 100mm 8 理清毡，d = 5mm 9 挤塑板保温层，d = 60mm 10 砾石，d = 10mm
窗	0.91–1.02	U_f：1.10W/（m^2K） SILVERSTAR g = 0.48 U_g：0.60W/（m^2K） U_w = 0.91－1.02W/（m^2K）

建筑设备措施

22m^2 的太阳能设备为 2000 升的分层储水箱加热。从水箱经过各对应的热交换器供给生活热水和采暖热水，另有 25kW 的燃气冷凝锅炉补充加热。

在四个公寓中，所有暂时停留房间及浴室都安装了地暖和可逐房调节的恒温调节器，可以按需要调节。相反的，卧室没有额外的采暖设备，只依赖安装的调温通风设备对送风加热来供暖。

建筑设备一览表 **表 3**

供暖系统	▶ 燃气炉
饮用水加热系统	▶ 饮用水取自公共管网 ▶ 以 22m^2 太阳能热水器加热，带 2000 升储水箱
发电系统	▶ 无
雨水利用系统	▶ 雨水储存用作花园灌溉和厕所冲水
建筑通风系统	▶ 中央通风设备，最大风量 1000m^3/h，90% 热回收。各户分别以流量调节器控制
建筑自动化系统	▶ 总线系统：由房间恒温器及气候站逐个房间自动遮阳控制

第 10.16 章

详图 1　一层

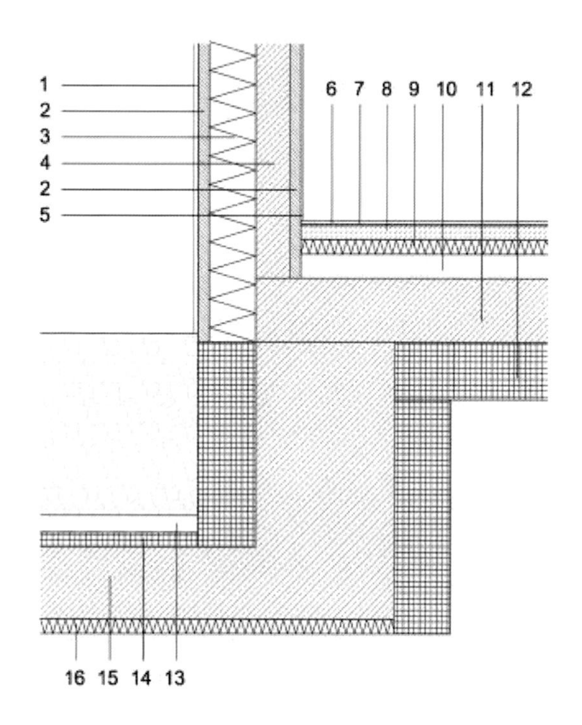

1　外抹面，d = 15mm
2　水泥粘结木屑保温板（作为混凝土芯外面转），d = 40mm
3　甲阶酚醛树脂硬泡沫板，d = 165mm
4　钢筋混凝土，d = 120mm
5　内抹面，d = 15mm
6　瓷砖，d = 12mm
7　瓷砖粘剂，d = 3mm
8　找平层，d = 50mm
9　保温层，d = 50mm
10　水泥粘结 8/16 碎石，d = 85mm
11　混凝土楼板，d = 220mm
12　挤塑板保温层，d = 200mm
13　垫层
14　挤塑板保温层，d = 500mm
15　混凝土楼板，d = 250mm
16　保温层及内抹面，d = 50mm

详图 2　露台窗节点

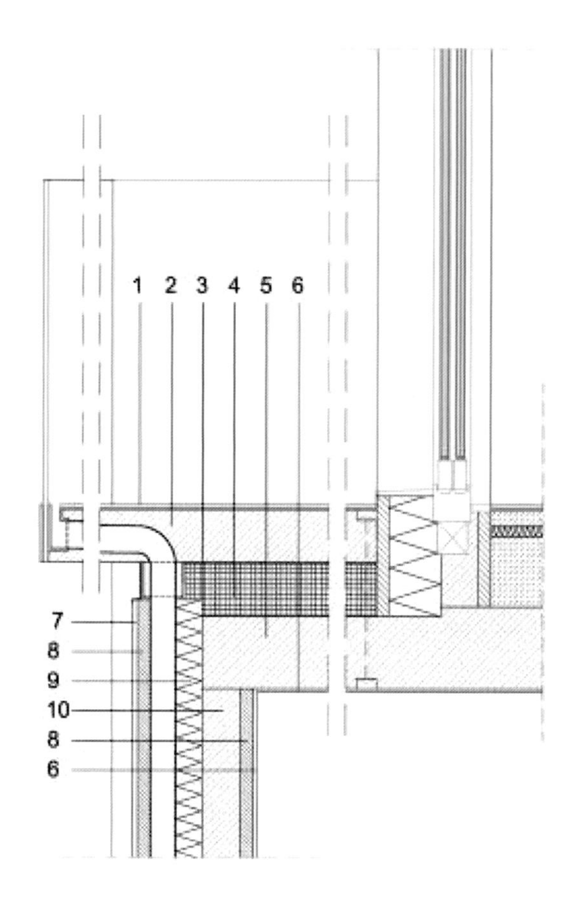

1　瓷砖和粘剂，d = 15mm
2　不透水混凝土楼板，d = 160mm
3　沥青毡，d = 5mm
4　聚氨酯保温层，d = 160mm
5　钢筋混凝土板，d = 220mm
6　内抹面，d = 10mm
7　外抹面，d = 15mm
8　水泥粘结木屑保温板，d = 40mm
9　硬泡沫保温板，d = 165mm
10　钢筋混凝土，d = 120mm

10.17

带中庭的别墅及办公室

▶ 业主 RenaVallentin
▶ 设计及项目管理 Architektur WerkstattVallentin GmbH AmMarienstift12 84405 Dorfen
▶ 建筑设备规划 Ing.-Büro Lackenbauer, Traunstein
▶ 土地面积 544m²
▶ 主要使用面积 192m²
▶ 总占地面积 / 各层总面积 168m²/283m²
▶ 建造时间 2005 年

项目简介

从这个项目可以看到，被动房节能概念完全可以与建筑造型美学并行不悖，为生活品质服务。在有限的预算下，被动房标准融入了简单、与自然结合的造型之中。

这一排房子临街的一面是封闭的，在两栋房子之间有一个朝河谷方向敞开的小庭院。因此，每一户与其南面的邻居共有一个中庭，向西面开口。住家和办公室经由贯穿的木廊道连接通达，所有的居住房间通过连结的廊道和大面积玻璃对着中庭，从每一个房间都可以感受到整个建筑体。

这个建筑窄而长，延伸突出于斜坡之上。主要房间面向内院，经过石阶楼梯来到花园下部及池塘。所有屋顶排水流入这个池塘，池塘除了生态平衡的功能外，还用于灌溉花园，其中栽种的是本地植物。

图 1 从廊道望向中庭

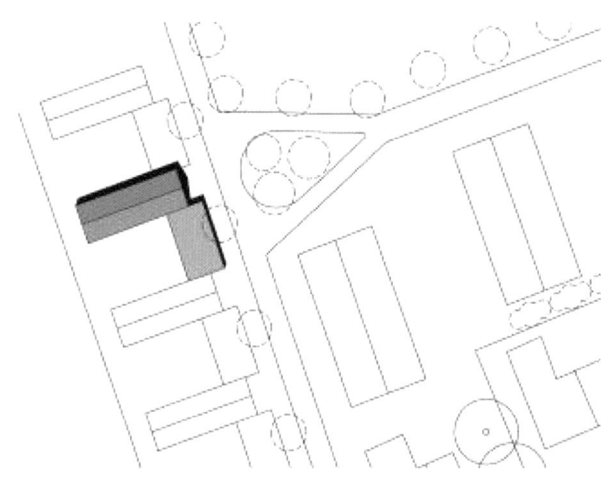

图 2 位置图

第 10.17 章

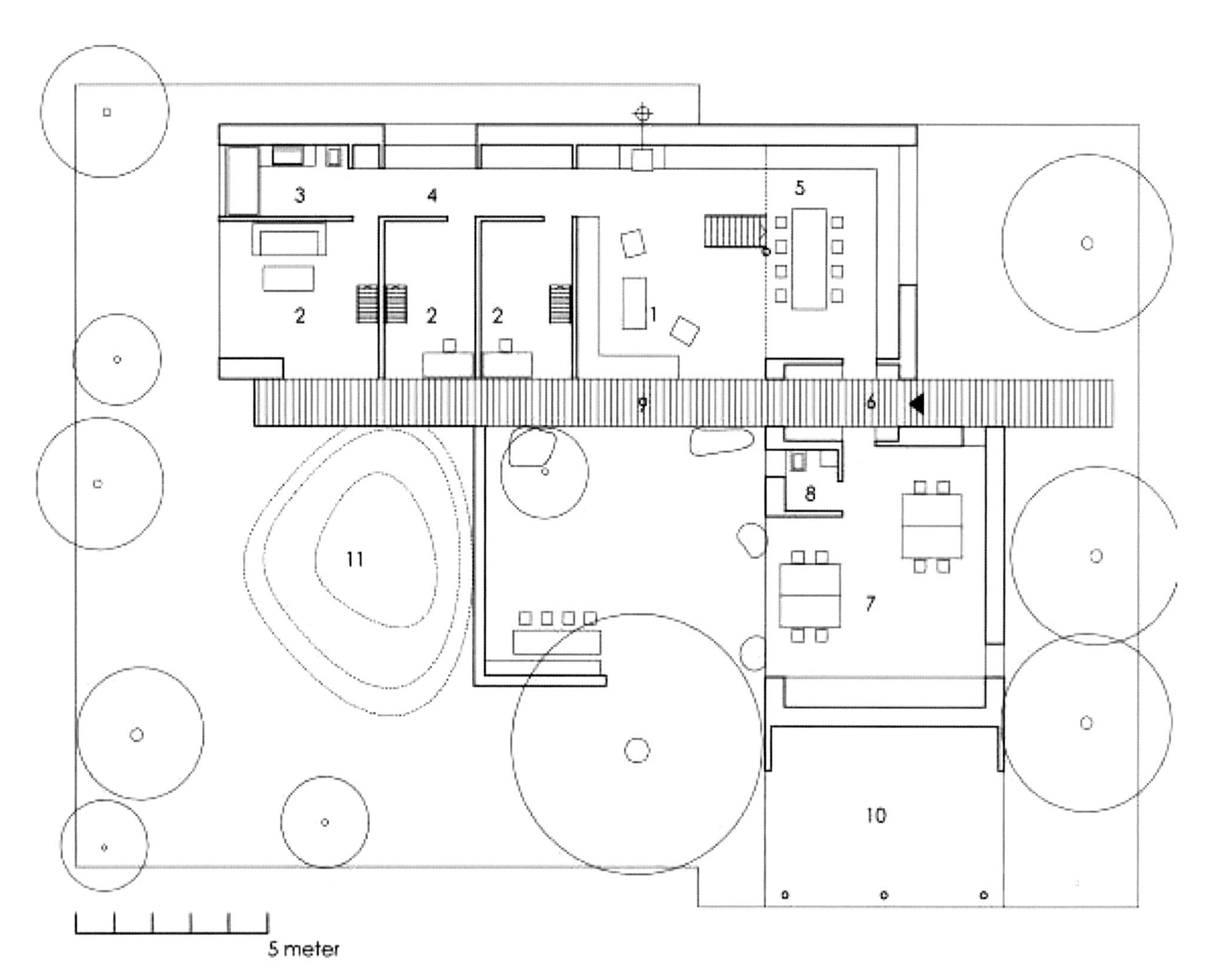

1 起居室 / 餐厅
2 小孩房
3 浴室
4 玄关
5 父母顶层廊房
6 入口
7 办公室
8 厕所
9 廊道
10 车库
11 池塘

图 3 一层平面图

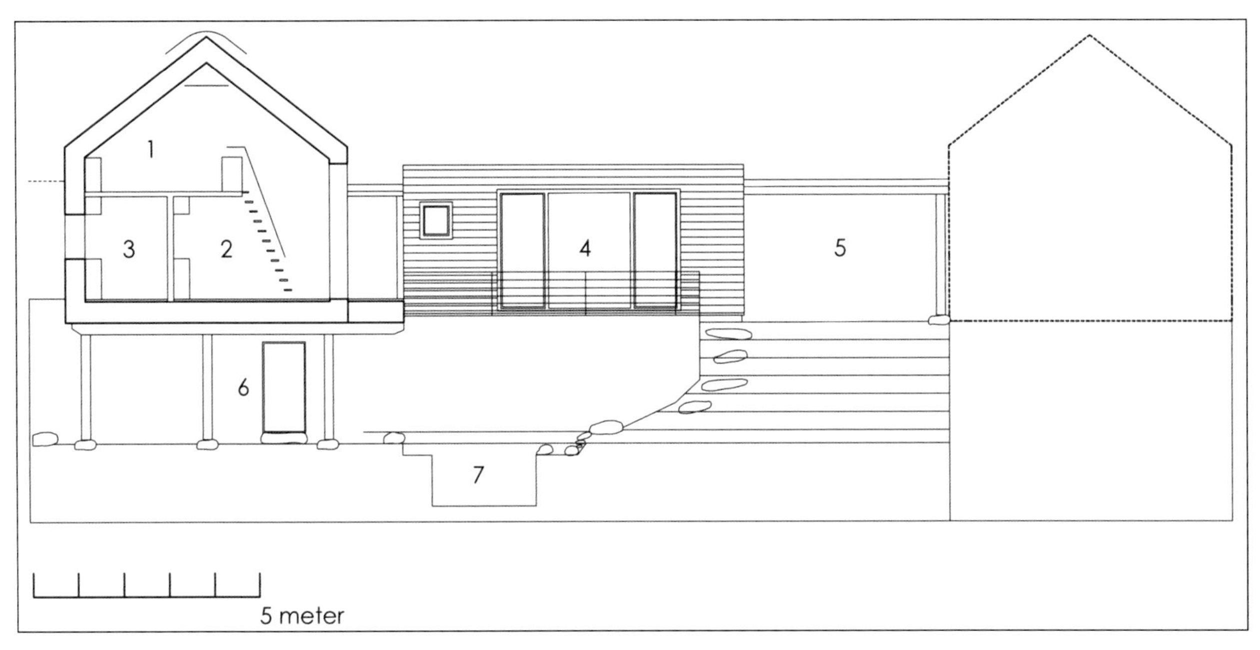

1 顶层廊房
2 小孩房
3 玄关
4 办公室
5 车库
6 室外座位
7 池塘

图 4 建筑剖面

在悬挑的檐下，形成遮雨的室外休憩座位。

图 5 东立面

悬挑出很远的屋顶更强调了建筑体的修长，顶层廊房在山墙面有大片玻璃。

图 6 外观

中庭三面被建筑体环绕，朝西面敞开，视野宽广。

厨房、起居室和顶层廊房合在一起，构成一个宽敞的整体大空间。

图 7 室内一景

图 8 从顶层廊房看向起居室区

图 9 廊道细部

结构

木框架结构叠置于地下部分的钢筋混凝土之上，住宅建筑有地下室。因为斜坡地形，可以从花园外面进入，办公室坐落在底板上。

木结构没有安装层，露出刨光的欧松板（定向刨花板 OSB）结构木质原貌。如此呈现一个非常统一的外表面。木结构组件为标准化的木工字梁，用纤维素填充保温。外覆面为简单的开放式水平多层木外墙板。屋顶为波纹铝板，形成弧形凸冠。选择的材料很简单，这与室外设施及其接近自然的花园形象元素共同散发出和谐的感觉。

整个外围护，包括外墙、屋顶和窗结构的高保温标准，与严格的无热桥、气密施工，再加上很强的日照得热，奠定了满足被动房标准的基础。如前所述，因为建筑形体紧凑性不佳，需要很多的日照得热。在节能设计中，窗面的得热和热损失平衡计算是必要的功课。

只要可能，尽量使用可再生材料。保温层用纤维素和亚麻。木结构框架，人造木板外装。成材松木干圆柱，支在凿刻粗犷的石墩上，给人以质朴天然的印象。波纹板屋顶，圆弧屋脊，感觉十分轻盈。

建筑内部，木结构一览无遗。未经装修的刨光欧松板没有外饰，本色外露表面。

建筑物理情况

建筑物的热工性能品质相当于被动房标准，用 PHPP（费斯特教授开发的被动房规划软件包）进行了相应的验证，其结果见表 1。

被动房验证（PHPP） 表 1

一般指标		
建造时间	2005	
户数	1	
住客数	5	
建筑容积 V_e	$585m^3$	
室内温度	20℃	
内部热源	$2.1W/m^2$	
按能耗面积计算的指标		
能耗面积	$169m^2$	
供暖能耗指标	15kWh/（m^2a）	≤ 15kWh/（m^2a）
鼓风门压力测试结果	$0.38h^{-1}$	≤ $0.60h^{-1}$
一级能源指标（热水，供暖，辅助及运行电力）	73kWh/（m^2a）	≤ 120kWh/（m^2a）
一级能源指标（因太阳能发电节省的能耗）	47kWh/（m^2a）	
一级能源指标（热水，供暖，辅助电力）	24kWh/（m^2a）	
Heizlast	$15.4W/m^2$	
按使用面积计算的指标		
按 EnEv 计算的使用面积	187	
一级能源指标（热水，供暖，辅助电力）	21.5kWh/（m^2a）	≤ 40kWh/（m^2a）

气密性

因为建筑紧凑性不佳，使得达到要求的气密性更为困难。没有安装层，大面积外墙面，以及许多接缝，都需要非常仔细的规划及施工。特别是外露的欧松板接缝，要求精致的细节工作。

鼓风门检测得到的结果为 $n_{50} = 0.38h^{-1}$。

建筑设备

供暖靠安装在大起居空间的柴粒炉产生热水。一方面，柴粒炉加热了周围的空间：包括厨房、饭厅、起居室和回廊；另一方面，将热水通过水袋存入地下室的储水箱。业主有意选择了人工开关锅炉，以便追踪掌握每一次加热启动。柴粒填充依靠人工，柴粒库在地下室。为了让夏天避免在大居住空间内使用供暖设备（烧热水），安装了 $12m^2$ 太阳能集热器，这甚至可以在晴朗的冬日满足热水需求。而此时日照得热充足，自然也不需要采暖。

建筑通风

夏季防热可通过被动手段（例如在南面的廊道遮阳）完美实现。在炎热的夏季可以开窗通风，如此全年的热舒适度都得以保障。

热水制备

太阳能热水设备及柴粒燃炉产生的热水汇合到储水箱，通过外置的热交换器取用热水。

所有建筑设备组件见表 2。

光伏设备

屋顶南侧装有 4kW 的光伏设备。满足了五口之家和办公室的全部电力需求。

建筑设备一览表 **表 2**

系统	设备
供暖系统	▶ 柴粒炉 / 锅炉
饮用水加热系统	▶ 太阳能集热器，柴粒炉 / 锅炉，热水 / 太阳能储热器
发电系统	▶ 光伏设备，4kW
雨水利用系统	▶ 流入花园池塘用于花园灌溉
建筑通风系统	▶ 带热交换通风设备
建筑自动化系统	—

第 10.17 章

详图 1 北侧屋脊 1：10

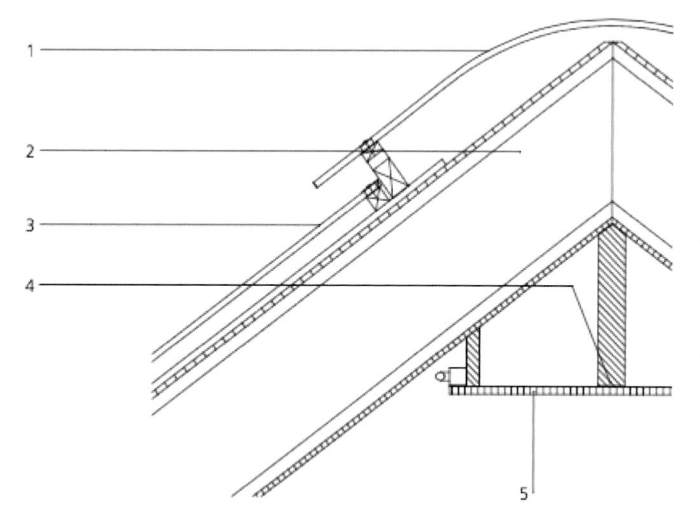

1 屋面铝波纹板形成弧形凸冠，18/76mm
2 木屋顶带下封面版（12mm），木椽子带纤维素保温，人造木板 / 欧松板（22mm）
3 屋面铝波纹板（18/76mm），承重龙骨（60mm），背通风龙骨（30mm）
4 屋脊胶合板 80/460mm
5 复合面板饰面，桦木刷漆

详图 2 屋檐 1：10

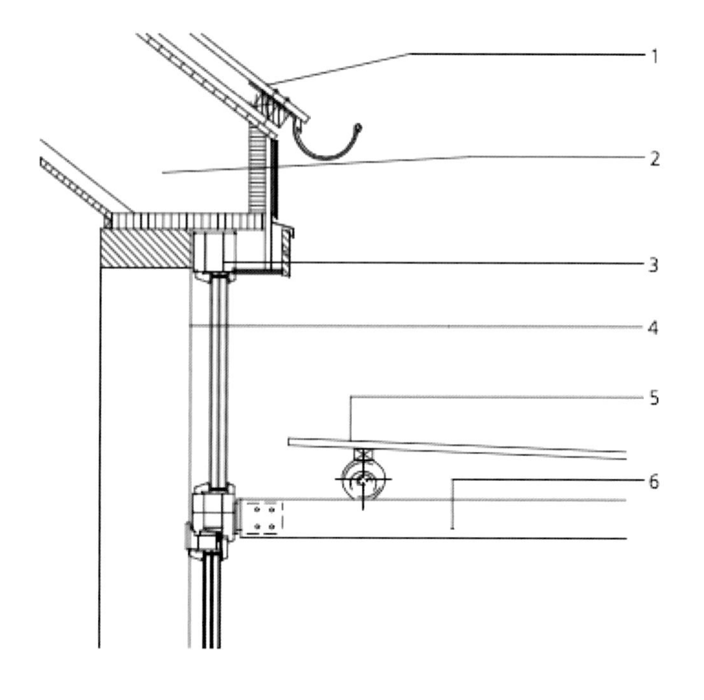

1 屋面铝波纹板（18/76mm），承重龙骨（60mm），背通风龙骨（30mm），布网
2 木屋顶带下封面版（12mm），木椽子带纤维素保温，人造木板 / 欧松板（22mm）
3 3 层玻璃被动房窗
4 胶合木横杆及竖杆
5 屋面铝波纹板盖板
6 雨檐结构，圆松木

10.18

联排房示范社区

▶ 业主 Ottmann GmbH & Co. Südhausbau KG Görresstraße 2 80798 München
▶ 设计及项目管理 ArchitekturWerkstatt Vallentin GmbH Am Marienstift 12 84405 Dorfen
▶ 建筑设备规划 Ingenieurbüro Lackenbauer Nußbaumerstr. 16 83278 Traunstein
▶ 土地面积 11022m²
▶ 主要使用面积 4070m²
▶ 总占地面积 1601m²/4924m²
▶ 建造时间 2010 年

项目简介

这个联排房社区包括三栋四联排房和两栋五联排房，一共 22 个联排房。每户面宽 6.5m。尽管居住空间和室外空间都很有限，但联排房还可以在实惠的成本条件下为住户提供最大可能的开放空间和私密性。悬挑出的二楼和木墙分隔构成花园中有遮蔽的区域。住宅区域几乎是不知不觉地过渡到室外区域，建筑和室外就这样相互渗透。联排房方案可以有从 125～161m² 的户型弹性变化。

屋顶层可以选择加盖或不加盖。比主体建筑略为内缩，构成自成一格的建筑体。所有的起居室都朝南，外接的露台可作为起居空间的延伸。

图 1 北侧有遮挡的入口颜色鲜明

第 10.18 章

图 2 位置图

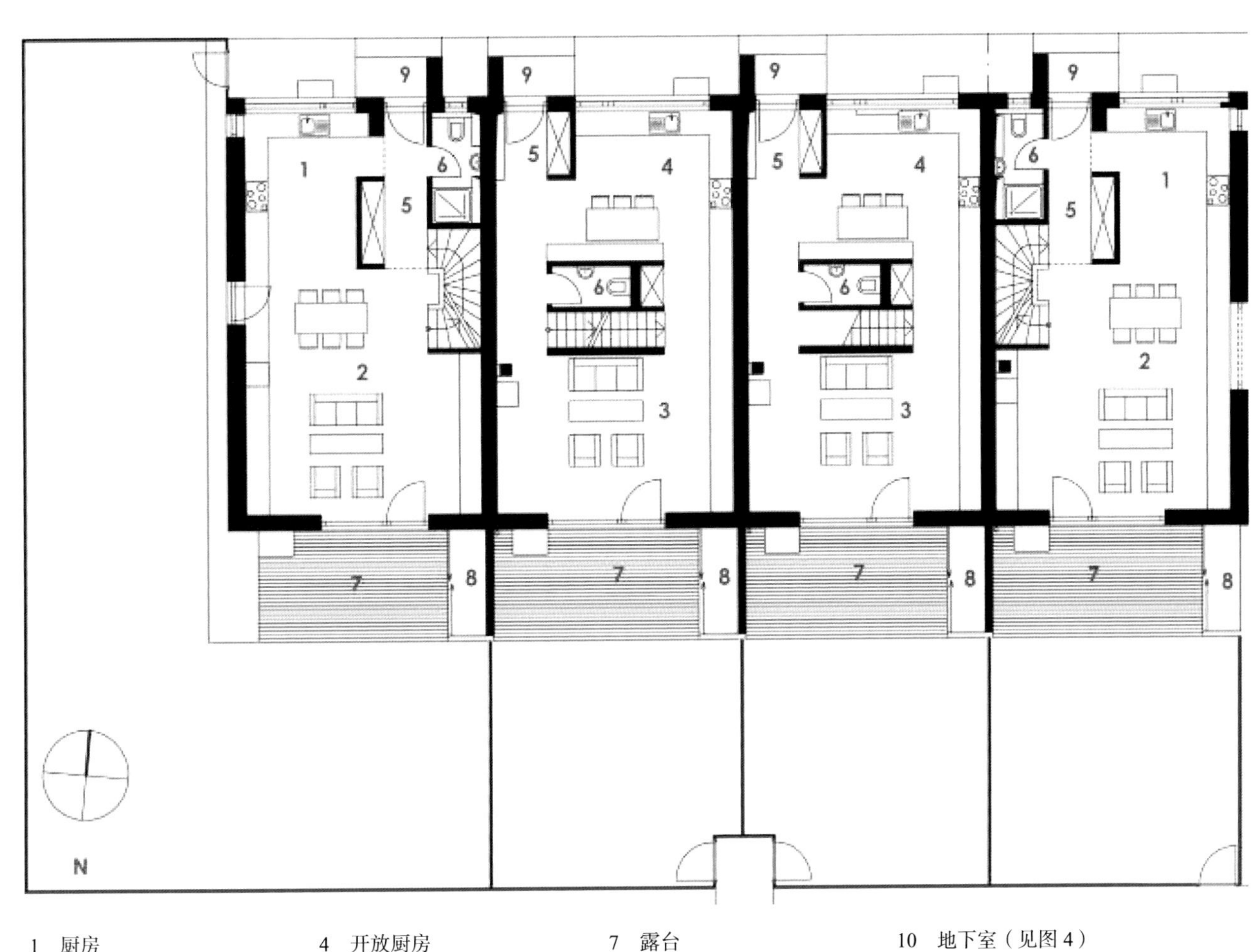

1 厨房
2 起居室 / 餐厅
3 起居室
4 开放厨房
5 衣帽间
6 厕所
7 露台
8 花园小屋
9 入口
10 地下室（见图 4）

图 3 一层平面图

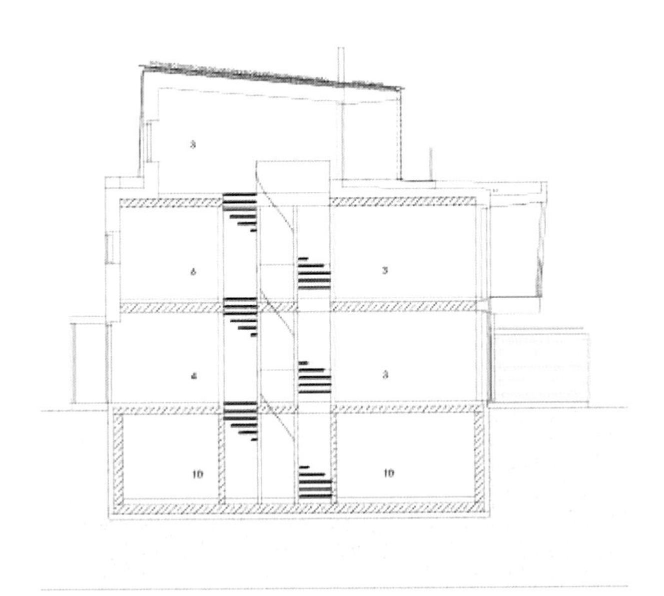

图 4 建筑剖面

此项目有两种基本户型，其中一种户型的特别之处在于横摆的单跑楼梯，将一层的开放式厨房和起居室分隔成两个空间。二层的布局清晰简单，有浴室和卧房。在北面有足够的开窗，而在南面的阳台尽可能大。另一种户型则将整个一层设计为一个包括厨房和起居室的大房间，只有半封闭的入口区域稍作分隔。二层卧室和浴室围绕着楼梯厅，形成紧凑的整体。

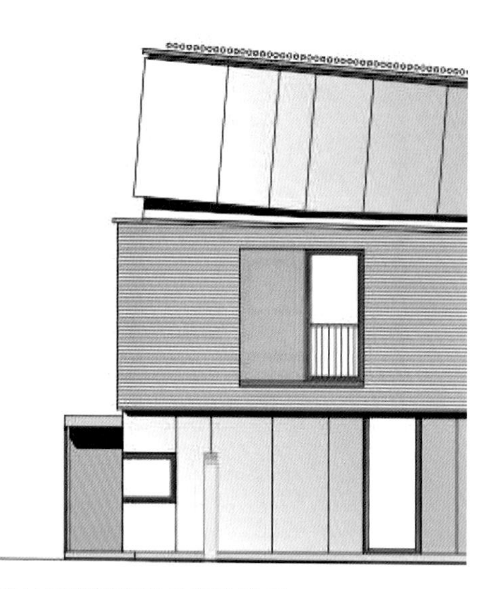

图 5 雕塑品般的外形清晰地分割各楼层

图 6 叠加屋顶层内缩形成独立建筑体

有些联排房还有三层的工作室和宽敞的屋顶露台，这是人们梦寐以求的私密空间。

一层深色的外墙面和南面的大片玻璃，令一层显得内敛低调。而木板外墙的二层相对突出，仿佛是一个浮在一层之上的独立建筑体。侧墙和雨棚的遮蔽形成了一个“室外房间”，连接了内外。1.4m 的悬挑，为一层和二层提供了夏天最理想的固定遮阳。

图 7 各排建筑以不同颜色的外立面元素标示

图 8 木墙围护的花园

图 9 厨房与起居区域连为宽敞的开放空间

结构

这个联排房社区是慕尼黑住宅建设公司 SÜDHAUSBAU 和建筑事务所 Vallentin 的实验开发项目的一部分。这个开发项目从此前先建的一排联排房就开始了，现在，在此项目上是第一次重新启动。另一个值得关注的地方是示范房的开发，这不但在能效上处于最新技术的前沿，而且在建筑美学上的设计也获得了客户的高度满意。外围护之所以选择木结构，也是借此在外观上呈现出建筑中的整体生态元素。

各种不同的设计方案都有一个共同的结构原则，那就是可以很好地移植到别的地点上。因此，可以在很大程度上进行预制。选择的是混凝土预制件内部框架，外围护为木结构组件，所有地面以上的内墙都采用干式工法。如此空间在分割上有很多的弹性，可以满足客户的特别期望。

木结构保温外围护在整排建筑中保持一致。边间的能耗要求较高，以安装层中加厚的保温材料做了部分弥补。其中也包括了柱子，这是支撑楼板的必要力学结构。

阳台设计为完全悬挑的建筑部分，这里悬挑的钢梁固定在木外墙上，而木构件又锚固在钢筋混凝土楼板上。如此这里没有热桥产生，因为木结构在这里发挥了隔热功能。

图 10 阳台近景

建筑物理情况

建筑的热工品质符合被动房标准，用 PHPP（费斯特教授开发的被动房规划设计软件包）进行了相应的验证，其结果见表 1。

被动房验证（PHPP） **表 1**

一般特征		
建造时间	2010	
户数	5 联排，22 单元	
住客数	22 单元各 4 人	
改建体积 V_e	14982m^3	
室内温度	20℃	
内部热源	2.1W/m^2	
按能量计算面积计算的指标		
能量计算面积	3377m^2	
采暖能量指标	14kWh/（m^2a）	≤ 15kWh/（m^2a）
风门压力测试结果	0.3h^{-1}	≤ 0.60h^{-1}
一次能源指标（热水、采暖、辅助及家用电力）	81kWh/（m^2a）	≤ 120kWh/（m^2a）
一次能源指标（热水、采暖、辅助电力）	21kWh/（m^2a）	
采暖负荷	9W/m^2	
按使用面积计算的指标		
使用面积（依据 EnEV）	4794m^2	
一次能源指标（热水、采暖、辅助电力）	15kWh/（m^2a）	≤ 40kWh/（m^2a）

气密性

此建筑采用混合材料结构，使得在不同结构之间的缝隙处理对整个结构至关重要。钢筋混凝土部件和木结构部件之间的接缝需要精细的设计和施工，以同时满足如隔声、消防、隔热等方面要求。就气密性而言更是如此，因为各种要求对被动房标准都是重要的。使用适当的密封带，还有各种不同表面下基底层的准备工作，都不可或缺。

实际鼓风门试验的结果为 $n_{50}0.3h^{-1}$。

建筑设备措施

建筑通风

每一户的地下室有一个位于保温围护之内的专属中央通风系统，带高效交叉逆流热交换器。新风吸入口合并在入口大门内。排风口在建筑临街的另一侧，安装于车库屋顶。风管垂直分布通过管道井，水平分布则在钢筋混凝土楼板之内。为在最低能耗下保障健康所需的基本新风换气，在地下层、一层、二层，以及屋顶层都安装了带热交换的机械通风设备。这套设备有符合被动房技术标准的高效交叉逆流热交换器，欧标送风、回风通风器、滤网、调节器。

热水制备

紧凑的供暖中心包括远程供暖过渡站、储水箱加热器，以及所有应有的调节和安全装置。

建筑设备一览表 **表 2**

供暖系统	▶ 泵 / 热水 / 双管供暖 ▶ 一体化散热器，管道内装散热器，对流器
饮用水加热系统	▶ 间接加热水箱
发电系统	▶ 电力取自公共电网
雨水利用系统	▶ —
建筑通风系统	▶ 通风系统带后端加热
建筑自动化系统	▶ —

第 10.18 章

详图 1　屋脊

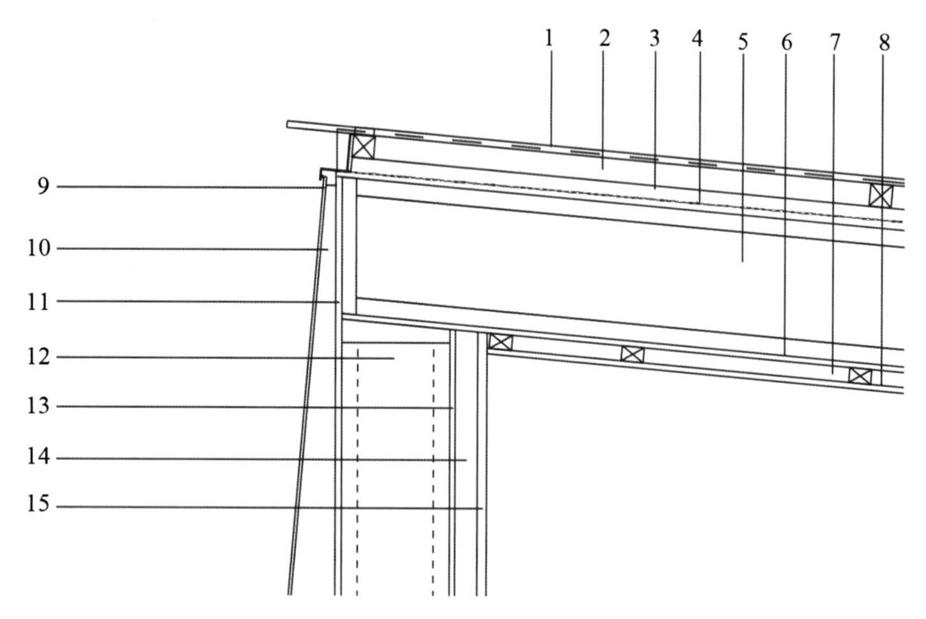

1　铝波纹板，35/137
2　支撑龙骨，KVH 60/60 bzw. 60/120mm
3　通风龙骨，40mm
4　屋面板，15mm
5　木工字梁及纤维素保温材料 360mm
6　欧松板，1mm
7　安装层，40mm
8　石膏纤维板，15mm
9　外立面板，8mm
10　通风龙骨，30－250mm
11　高密度费马策（Fermacell）石膏纤维板，15mm
12　木工字梁及纤维素保温材料，300mm
13　欧松板，15mm
14　安装层，60mm
15　石膏纤维板，25mm

详图 2　阳台节点

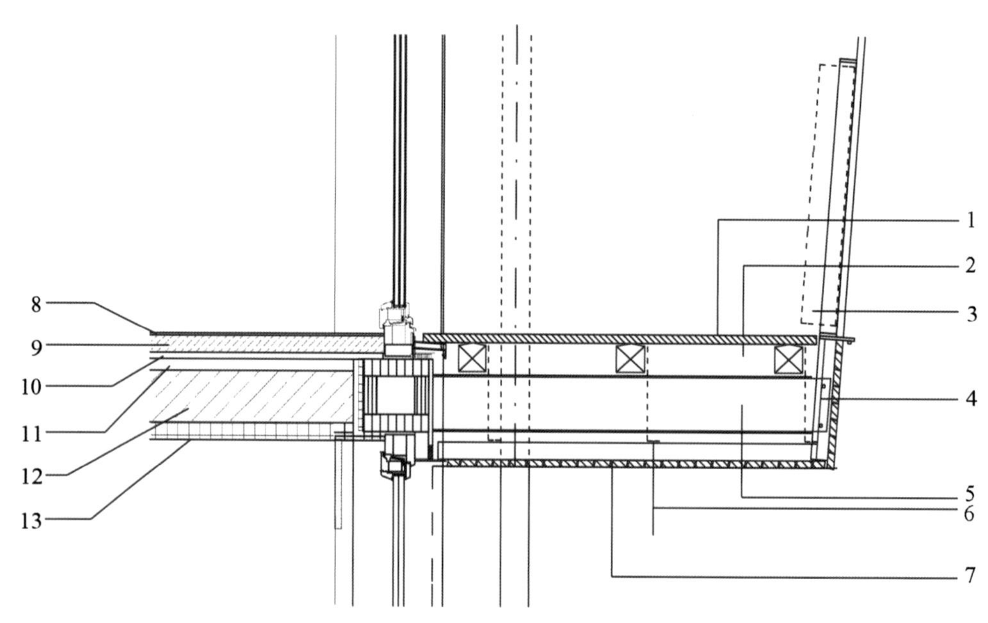

1　木条地板
2　支撑结构
3　栏杆，扁钢框架
4　钢梁延伸作为固定栏杆的连接板
5　钢梁 I 200 带连接外墙锚固板
6　下侧木盖板悬吊件
7　龙骨上木盖板，60/60mm
8　拼花地板，8mm
9　找平层，60mm
10　TSDE 22/20mm 带分隔层
11　保温层，40mm
12　钢筋混凝土楼板，180mm
13　填平及粉刷